高等学校"十一五"精品规划教材

地下水利用

主　编　周维博　施垌林　杨路华
副主编　史海滨　张忠学　杨武成　王艳芳
参　编　李海燕　胡安焱　李为萍
主　审　李云峰　刘俊民

内 容 提 要

本书为高等学校"十一五"精品规划教材之一,除绪论外,共分九章。内容为:地下水的分类、特点及运移规律;地下水利用中水文地质参数及其他参数的确定方法;地下水资源的计算与评价;管井出水量计算;地下水资源计算的数值法;地下水取水建筑物的设计与施工;井灌(排)工程规划;井灌(排)管理;地下水与环境保护等。

本教材适用对象为高等学校水利水电工程、农业水利工程、水文与水资源工程、给水排水工程等相关专业的本科生、研究生,也可供相关领域的工程技术人员参考。

图书在版编目(CIP)数据

地下水利用/周维博,施垌林,杨路华主编.—北京:中国水利水电出版社,2006(2021.7重印)
 高等学校"十一五"精品规划教材
 ISBN 978-7-5084-4143-6

Ⅰ.地… Ⅱ.①周…②施…③杨… Ⅲ.地下水资源-资源利用-高等学校-教材 Ⅳ.P641.8

中国版本图书馆 CIP 数据核字(2006)第 129788 号

书 名	高等学校"十一五"精品规划教材 **地下水利用**
作 者	主编 周维博 施垌林 杨路华
出版发行	中国水利水电出版社 (北京市海淀区玉渊潭南路1号D座 100038) 网址:www.waterpub.com.cn E-mail:sales@waterpub.com.cn 电话:(010)68367658(营销中心)
经 售	北京科水图书销售中心(零售) 电话:(010)88383994、63202643、68545874 全国各地新华书店和相关出版物销售网点
排 版	中国水利水电出版社微机排版中心
印 刷	北京市密东印刷有限公司
规 格	787mm×1092mm 16开本 16.5印张 391千字
版 次	2007年1月第1版 2021年7月第4次印刷
印 数	9001—10000册
定 价	**39.00元**

凡购买我社图书,如有缺页、倒页、脱页的,本社营销中心负责调换
版权所有·侵权必究

前言

本书是根据教育部有关文件和《高等学校水利类〈高等学校精品规划教材〉编审会议纪要》的精神,为加强全国高等院校水利类教材建设,以农林和水资源工程专业为主要教学对象而编写的专业课教材。

从1981年《地下水利用》第一轮教材问世至今已有25年,期间虽有1988年和1993年第二轮和第三轮的编写,内容进行了多次修改。随着我国社会经济的不断发展,水资源供需矛盾日趋尖锐,尤其是地表水严重短缺和水体污染,合理开发利用地下水是我国北方解决水资源短缺的重要和基本措施,对农业灌溉和城市供水等方面起着十分重要的作用。一些地区由于地下水长期开采大于补给,地下水开发已引起了一系列环境地质问题。如何对地下水进行合理开发利用,对出现的环境问题进行治理,是新时期《地下水利用》研究和解决的问题。从1993年第三轮教材迄今已有10余年历史,对地下水研究的新成果已有不少,为了丰富《地下水利用》教材内容,及时将新的知识介绍给学生,也为从事地下水利用的研究者和工程技术人员提供技术参考,实有必要编写一本新的《地下水利用》教材。本教材与前三轮教材相比较,增加了"地下水的分类、特点及运移规律"和"地下水环境与保护"等章节内容,并对有些章节进行了补充和修改。

本书各章节编写人员分工如下:绪论由周维博(长安大学)编写,第一章由张忠学(东北农业大学)编写,第二章由胡安焱(长安大学)、周维博编写,第三章由王艳芳(宁夏大学)编写,第四章由李海燕(甘肃农业大学)编写,第五章由史海滨(内蒙古农业大学)、李为萍(内蒙古农业大学)编写,第六章由杨武成(沈阳农业大学)、周维博编写,第七章、第八章由杨路华(河北农业大学)编写,第九章施坰林(甘肃农业大学)。全书由周维博统稿。

本书承蒙长安大学李云峰教授和西北农林科技大学刘俊民教授审阅,提出了许多宝贵意见,长安大学马艳、郭小砾、曾发琛硕士承担了文本校对和部分插图工作,在此一并表示衷心感谢。

由于作者水平有限,书中不妥之处,承望读者批评指正。

作 者

2006年9月

目 录

前言

绪论 ··· 1

第一章 地下水的分类、特点及运移规律 ·· 6
- 第一节 地下水的类型及其特征 ·· 6
- 第二节 地下水的补给、径流、排泄条件 ··· 14
- 第三节 地下水的物理性质和化学成分 ··· 20
- 第四节 地下水运动的基本规律 ·· 25

第二章 地下水利用中水文地质参数及其他参数的确定方法 ·································· 33
- 第一节 利用抽水试验资料确定水文地质参数 ·· 33
- 第二节 利用地下水动态资料确定水文地质参数 ··· 47
- 第三节 用室内方法确定水文地质参数 ··· 49
- 第四节 其他参数的确定 ··· 53

第三章 地下水资源的计算与评价 ·· 57
- 第一节 概述 ··· 57
- 第二节 地下水资源的数量计算与评价 ··· 62
- 第三节 地下水资源的质量计算与评价 ··· 71

第四章 管井出水量计算 ·· 78
- 第一节 单井出水量的计算 ·· 78
- 第二节 群井出水量的计算 ·· 92

第五章 地下水资源计算的数值法 ·· 98
- 第一节 基本概念 ··· 98
- 第二节 有限差分法 ·· 100
- 第三节 有限单元法 ·· 120
- 第四节 计算示例 ··· 138

第六章 地下水取水建筑物的设计与施工 ··· 149
- 第一节 地下水取水建筑物的分类 ··· 149
- 第二节 管井设计 ··· 151
- 第三节 管井施工 ··· 161

第四节　大口井与辐射井 ………………………………………… 173
　　第五节　截潜流工程 ……………………………………………… 185
第七章　井灌（排）工程规划 ………………………………………… 190
　　第一节　概述 ……………………………………………………… 190
　　第二节　规划分区 ………………………………………………… 192
　　第三节　水量平衡计算 …………………………………………… 194
　　第四节　井灌区的机井和工程规划 ……………………………… 204
　　第五节　井渠双灌和综合治理规划 ……………………………… 212
第八章　井灌（排）区管理 …………………………………………… 215
　　第一节　井灌（排）区的用水管理 ……………………………… 215
　　第二节　水井的管理养护与修复 ………………………………… 218
　　第三节　地下水动态与观测 ……………………………………… 219
　　第四节　井灌（排）区工程技术经济分析 ……………………… 224
第九章　地下水与环境保护 …………………………………………… 229
　　第一节　地下水超采引起的环境地质问题 ……………………… 229
　　第二节　地下水环境污染与防治 ………………………………… 239
参考文献 ………………………………………………………………… 255

绪 论

一、地下水利用在我国农田水利事业中的作用

全世界干旱及半干旱地区的面积分别约占陆地面积的 24% 及 10.9%，遍及 50 多个国家和地区，主要分布在亚洲、非洲、澳洲、美洲等。我国干旱及半干旱地区的面积约占全国总面积的一半，主要分布在我国西北、华北、内蒙古及青藏高原的绝大部分地区，这些地区的地表水资源比较缺乏。因此，这些地区的水资源开发利用，除应充分开发利用地面水资源外，还必须积极、合理地开发利用地下水资源。

地下水资源既是一种宝贵的自然资源，也是自然环境的重要组成部分。随着世界人口的不断增长，只有合理地利用和有效地保护地下水资源，才能保证经济和社会的持续发展。在干旱地区地下水被视为"稀缺资源"，更需要特别小心地加以保护和以珍惜的方式加以利用。

根据我国北方干旱及半干旱地区对地下水资源开发利用的经验分析，合理开发利用地下水在农田水利事业中具有以下重要作用。

（1）水源稳定可靠，灌溉保证率高。其原因主要有两个。

1）与地表水相比，地下水（特别是深层地下水）由于受气象因素影响较小，具有较强的季节、年调节能力，因此其防旱抗旱能力较强。在天旱需水时，一些河湖常常干涸，而地下水则不致如此。因此，地下水源比较稳定可靠，灌溉保证率高。这一点在我国旱象频繁、地表水源不稳的华北和西北地区表现得十分突出。以河北省黑龙港地区为例，该地区 1965～1968 年旱象严重时河水很少，甚至断流，地表水灌溉的保证率很低；而井水（特别是深井水）则较为稳定。

2）浅层含水层，特别是平原地区厚度较大的潜水层，就像一个天然地下水库一样，具有较强的年内调节和多年调节作用。由于潜水埋藏较浅，补给容易。在井渠结合灌区，井灌开采的地下水，可通过渠系和田面渗漏予以补给。中国农业科学院水利部农田灌溉研究所在河南省人民胜利渠、七里营乡的观测发现，该乡每年浅井（井深 30～40m）灌溉利用地下水约 1500 万 m^3，与引黄（河水）渠灌的渗漏补给量 1420 万～1670 万 m^3 地下水大致相等。即浅层地下水井灌开采量，当年即可因渠灌渗漏补给而比较容易得到恢复。位于陕西黄土台塬的宝鸡峡灌区和泾惠渠灌区，由灌区渗漏在黄土地层中形成的地下水储量超过 20 亿 m^3，其中泾惠渠灌区可开采的年调节水量为 1.7 亿～2.3 亿 m^3。因此，在我国北方地区，因灌溉渗漏形成的地下水，有着调节河源来水丰欠的巨大作用，它是保证灌区防旱抗旱的可贵水源。

在纯井灌区，旱季开采的水量在当年雨季（或补给季节）即可得到一定程度的补给。根据河北省水文地质队的动态观测资料，河北平原 1974～1978 年平均年开采量为 88 亿 m^3，浅层水基本保持稳定，虽然 1973～1976 年因降水偏少，地下水连续下降，但 1977～1978 年降水量较大，地下水位基本恢复到 1973 年的水平。这说明在枯水年适当超采的水

量，一般通过丰水年的补给，就可得到恢复。正是由于含水层（特别是平原地区厚度较大的潜水含水层）具有年调节和多年调节的作用，使得干旱季节或干旱年开采的地下水在丰水年得到恢复补给，从而使水源稳定可靠，农田灌溉用水有一定的保证率。

(2) 能适时适量灌溉，增产效果明显。由于地下水灌溉工程小，灌溉面积不大，因此，管理方便，调度灵活，能适时适量进行灌溉，及时满足作物生长需水要求。实践证明，目前，一般井灌区产量都比较高，地下水灌溉的增产效果十分显著。目前我国北方地区种植的大棚蔬菜，大多采用地下水灌溉，就是因为地下水灌溉具有能适应蔬菜小水勤浇的特点。

(3) 在易涝易碱地区能起到防涝治碱作用。易涝易碱地在我国西北、华北和东北地区均有分布，在这些地区发展井灌（井排）是综合治理旱、涝、碱的重要有效措施。井灌的除涝治碱作用主要表现为：能调节地下水量平衡，降低（或控制）潜水水位；改变表土盐分垂直分布；增大雨季土壤和"地下水库"蓄水能力。国内外大量试验表明，井排（垂直排水）和水平排水相比，具有水位降深大，占地小，无需修建大量土建工程，达到灌排两用的目的。在我国北方由于发展地下水灌溉而使涝碱地得到治理的例子很多，如河南省的温县，封丘、开封，河北省的南皮、曲周，山东的茌平等。井灌在河北、河南、山东、苏北、宁夏等地的盐碱地改良中已起着十分重要的作用。

(4) 地下水是发展喷灌、微喷灌、滴灌、渗灌等节水灌溉技术的理想水源，因为地下水含沙量极少，比较清澈干净，不会阻塞灌水器，也不会像含泥沙量大的地表水那样，喷洒在植物叶上会阻塞植物的气孔而危害植物。

二、地下水利用发展概况

(一) 国外地下水利用简况

由于世界人口的持续增长，生产建设的不断发展以及地表水资源不断被污染，促使各国更重视把优质地下水首先用作饮用水的供水水源，在一些干旱半干旱地区的国家，则把地下水作为农业灌溉利用的主要水源，下面介绍几个地下水开发规模大、经验多的国家的情况。

1. 美国

美国地下水开发的历史较长，早在19世纪后期加州中央各地、芝加哥、南达科他州等地已开采地下水，主要用于农业灌溉和生活供水。

美国地下水开发程度相对较高，1985年地下水开采量（1013亿 m^3/a），占全国淡水利用量的21.7%，市政公共供水中地下水占40.1%，农业用水中占34.4%，饮用地下水源的人口占53%，工矿自备水源中地下水占17.3%。地下水在生活饮用、市政公共和农业供水中占有重要地位。

美国是发达国家中利用地下水灌溉规模最大的国家，而且主要集中在美国西部。西部地区气候较为干旱，农业发展在很大程度上依靠灌溉，地下水的开采强度很大。西部17个州的井灌面积占全国井灌总面积的80%以上，其中得克萨斯州的井灌面积占全州总灌溉面积的82%，加利福尼亚州为40%以上。

2. 印度

印度位于南亚次大陆，面积约为197万 km^2。尽管全国多年平均降水量为1143mm，但中部及南部仍有干旱缺水地区需要发展灌溉。古代印度就有利用大口浅井汲取地下水的历史,20世纪30年代,在恒河平原开始打深度百米以内的管井取水灌溉。印度地下水开采量中90％以上用于农业灌溉,用于居民供水和工业供水的量不足地下水开采量的10％,印度多年平均可恢复地下水资源为4500亿 m^3/a,目前年抽水量达1350亿 m^3/a,已利用30％左右。20世纪50年代以来,印度的地下水灌溉面积比重随总灌溉面积的增长而增长,1951年井灌面积0.9亿亩,占全国总灌溉面积的29％;1969年井灌面积增至1.64亿亩,占全国总灌溉面积的30％;1984年井灌面积达2.04亿亩,占全国总灌溉面积的38％;1992年井灌面积达5.7亿亩,占全国总灌溉面积的45.3％。井灌面积之大居世界第一位。

3. 巴基斯坦

巴基斯坦位于南亚次大陆西北部,面积约79万 km^2。大部分地区属干旱、半干旱地区,年平均降雨量,北方山区为889mm,南方仅为127mm。巴基斯坦的灌溉集中在印度河平原。印度河平原面积为26.6万 km^2,占全国总土地面积的1/3,耕地2.7亿亩,占全国的90％,灌溉面积2.0亿亩,占全国89％。印度灌溉农业已有几千年的历史,灌溉是农业的保证。由于长期大流量引水,高渠库常年输水和有灌无排等原因,地下水位不断升高,成为农业的最大危害。1959年巴基斯坦为了发展农业生产,开始实行"盐分控制和土壤改良计划"(SCARP-Salinity Control and Reclamation Projects)。随即修建大规模的排水工程,按照这个计划,印度河平原到1996年将治理盐碱化面积1.35亿亩,主要包括修建管井5.9万眼,开挖排水沟7.7万 km。1979年6月统计,已建管井1.2万眼,筒井15万眼,挖排水沟5600km,控制面积4005万亩,每年提取地下水250亿 m^3,占河、渠和田间渗漏年补给总量600亿 m^3 的41.7％。当地下水质较好(矿化度小于1g/L)时,就直接用于灌溉,否则,抽出的水送入排水系统,最后集中建抽水站排入下一级灌溉渠道,与渠水掺和供下游灌区使用。巴基斯坦是井灌井排,既灌溉,又治碱,地表水地下水联合运用的成功实例。

(二) 我国地下水开发利用简况

我国是世界上开发利用地下水最早的国家之一,早在相当于我国仰韶文化的母系氏族公社时期(距今约5700年前),我们的祖先就已经采用凿井取水。到了距今2000多年前的春秋战国时代,随着生产力的发展,凿井技术有了进一步提高,在四川自贡一带已有深达数百米的盐井,这可真是世界上在岩石中开凿的首批深井。汉武帝时,在今陕西渭北高原上修筑了我国最早的井渠结合的农田灌溉典范"龙首渠"。驰名中外的新疆"坎儿井",至今仍不失为开发山前倾斜平原地下水的有效措施之一。上述事例充分说明我国古代劳动人民,在开发利用地下水方面早就创造了光辉的历史,作出了卓越的贡献。

新中国成立以来,地下水开发利用事业得到迅速发展,1949年前全国水井配套动力仅有9万多 kW,截止到1997年底,全国已配套机井343万眼。1949年全国井灌面积为1582万亩,占有效灌溉总面积2.39亿亩的6.6％;1975年全国井灌面积为1.55亿亩,占有效灌溉总面积6.92亿亩的22.4％,1985年全国井灌面积为1.67亿亩,占有效灌溉总面积7.19亿亩的23.2％;1990年全国井灌面积为1.76亿亩,占有效灌溉总面积的7.26亿亩的24.2％。灌溉面积之大,居世界第二位。

地下水在城市供水中也发挥了重要作用，1988年全国有310个城市开采利用地下水作为城市供水水源，约占全国城市总数的71%。107个重点城市中有54个城市以地下水为主要供水水源，其中北方46个城市，约占北方重点城市的70%，南方8个城市，约占南方重点城市的20%。地下水源地生产井和自备井总共约13.6万眼，地下水总开采量约占全国城市总供水量的1/3。

1997年，全国地下水实际开采量达968.78亿 m^3（其中：农田灌溉用水占54.3%；城镇工业用水占17.5%；农村生活用水占12.8%；农村工业和林牧渔业用水占8.0%；城镇生活用水占7.4%），占全国总用水的17.4%。在我国，由于地下水资源的地区分布及需求不同，各省（自治区、直辖市）和各流域片地下水供水量占总供水量的比例相差很大。地下水供水量占供水量一半以上的有河北、北京、山西、河南等四个省（直辖市），其中，河北省地下水供水量占了总供水量的3/4，北京市地下水供水量占总供水量的2/3；山东、辽宁、陕西、内蒙古、黑龙江、天津、吉林、等省（自治区、直辖市）地下水供水量占总供水量的比例也较高，为30%～40%；福建省和上海市地下水供水量占总供水量的比例最小，只有0.79%和1.11%。

北方大多数流域的地下水供水量在总供水量中占有较大比例，其中海河流域占61.9%，黄河中游占57.8%，辽河流域占53.0%，淮河流域中23.7%，河西内陆河占25.2%；南方各流域片地下水供水量占总供水量的比例较小，一般在5%以下。

综观世界各国，地下水开发利用的历史长短不一，地下水开发程度的地区性差异也很大。地下水开发不仅受自然条件的制约，而且与各国的经济和社会发展密切相关。但总体而论，其开发过程基本上可归纳为三个不同的时期，并且也具有相应的经验和教训。

初期，在地下水开发处于数量小，地点分散的阶段，进行地下水水源地的勘察应列为地下水开发的主要前期工作，通过勘察以论证地下水的开发方案。

中期，在地下水处于连片开发，且水源地相互干扰明显增大的阶段，应将区域性大面积地下水资源评价列为论证地下水合理开发重要工作。

后期，在地下水需求量与多年评价补给量相接近，且需求量还在不断的增长阶段，应将包括技术管理、政策和法规制定的地下水管理列为支持地下水合理开发的重要工作。同时还应研究人工回灌补给地下水、地表水联合运用等问题，注意加强地下水资源保护，实施地下水系统管理。

三、《地下水利用》课程讲述的主要内容

《地下水利用》作为高等学校农业水土工程、水利水电工程、水文与水资源工程专业的一门技术基础课程，它的基本内容包括以下几方面。

（1）地下水的类型、特征及运移规律。阐述地下水的基本类型，地下水补给来源、地下水径流的形成及影响因素，地下水运动的基本方程。

（2）地下水资源的计算与评价。分别阐述地下水资源的数量计算与质量计算方法及评价方法。主要介绍地下水资源评价中水文地质参数的确定方法，地下水资源计算中有限差分法和有限单元法两种常用的数值方法。

（3）地下水取水建筑物的设计与施工。主要内容包括水井出水量的确定，管井、大口井、辐射井及水平取水工程的设计与施工方法。

（4）井灌（排）工程规划及管理。阐述井灌工程规划的原则，单井灌溉面积、合理井距与井数的确定，井群与井网布置方法，井灌区用水管理、水井的管护与修复、井灌区地下水动态与观测以及地下水人工回补等知识。

（5）地下水开发中的环境保护。阐述地下水开发中引起的环境负效应问题，诸如地下水超采引起的地下水位下降、地面塌陷、土地荒漠化以及地下水污染等环境地质问题，提出地下水开发利用保护的措施。

本门课程是一门集理论性与实践性较强的技术基础课。学习本门课程的目的是为了培养学生在综合运用已学过的水文地质、地下水动力学等相关专业课的基础上，通过理论联系实际，能根据不同地质地貌单元地下水的埋藏条件，结合当地地下水开发利用需要，合理选择地下水集取建筑物的适宜类型和结构形式，正确进行地下水利用工程的规划、设计、施工和管理方面的技术工作，并能开展地下水开发利用与管理保护方面的科学研究工作。

第一章 地下水的分类、特点及运移规律

第一节 地下水的类型及其特征

埋藏在地表以下岩石（包括土层）的空隙（包括孔隙、裂隙和空洞等）中的各种状态的水称为地下水。地下水这一名词有广义与狭义之分。广义的地下水是指赋存于地面以下岩土空隙中的水；包气带及饱水带中所有含于岩石空隙中的水均属之。狭义的地下水仅指赋存于饱水带岩土空隙中的水。饱水带中的重力水是开发利用或排除的主要对象。

地下水的运动和聚集，必须具有一定的岩性和构造条件。空隙多而大的岩层能使水流通过，称为透水层。贮存有地下水的透水岩层，称为含水层。空隙少而小的致密岩层是相对的不透水岩层，称为隔水层。然而，在各种不同情况下，人们所指称的含水层与隔水层涵义有所不同，他们的定义具有相对性。岩性相同、渗透性完全一样的岩层，可能在有的地方被当作含水层，而在另一些地方被当作隔水层。即使在同一个地方，渗透性相同的某一岩层，在涉及某些问题时被看作透水层，在涉及另一些问题时则可能被看作隔水层。含水层、隔水层与透水层的定义取决于运用他们时的具体条件。

地下水受诸多因素的影响，各种因素的组合错综复杂，因此，出于不同的目的或角度，人们提出了各种各样的地下水分类。但概括起来主要有两种：一种是根据地下水的某种单一的因素或某种特征进行的分类，如按硬度分类、按地下水起源分类等；另一种是根据地下水的若干特征综合考虑进行的分类。如根据地下水的埋藏条件则可分为包气带水、潜水和承压水。不论哪种类型的地下水，均可按其含水层的空隙性质分为孔隙水、裂隙水和岩溶水。

一、包气带水

位于潜水面以上未被水饱和的岩土中的水，称为包气带水。包气带水主要是土壤水和上层滞水，如图1-1所示。

（一）土壤水

埋藏于包气带土壤层中的水，称土壤水。主要包括气态水、吸着水、薄膜水和毛管水。靠大气降水的渗入、水汽的凝结及潜水由下而上的毛细作用补给。大气降水向下渗入，必须通过土壤层，这时渗入的水一部分保持在土壤层中，成为所谓的田间持水量（即土壤层中最大悬着毛管水含水量），多余的部分呈重力水下渗补给潜水。

土壤水主要消耗于蒸发和蒸腾，水分的变化相当剧烈，主要受大气条件的控制。当土壤层透水性不好，气候又潮湿多雨或地下水位接

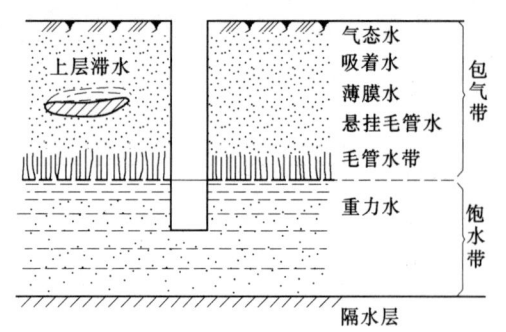

图1-1 包气带及饱水带示意图

近地表时，易形成沼泽，称沼泽水。当地下水面埋藏不深，毛细管可达到地表时，由于地表水分强烈蒸发，盐分不断积累于土壤表层，则形成土壤盐渍化，从而危害农作物生长。所以，研究控制土壤层中的水分的变化，对农业生产和建筑物基础埋置具有重要意义。

（二）上层滞水

上层滞水是存在于包气带中的，局部隔水层之上的重力水。上层滞水接近地表，补给区和分布区一致。接受当地大气降水或地表水的补给，以蒸发的形式排泄。雨季获得补充，积存一定水量，旱季水量逐渐消耗，甚至干涸。上层滞水一般含盐量低，但易受污染。根据上层滞水水量不大，季节变化强烈的特点，它只能用于农村少量人口的供水及小型灌溉供水。不仅松散沉积层中可以埋藏有上层滞水，就是在裂隙岩层和可溶岩层中同样也可以埋藏有上层滞水。

二、潜水

（一）潜水及其特征

潜水是埋藏于地面以下第一个稳定隔水层之上的具有自由水面的重力水，如图 1-2 所示。潜水一般多储存在第四系松散沉积物中，也可以存储在裂隙或可溶性基岩中，形成裂隙潜水和岩溶潜水。

潜水面任意一点的高程，称为该点的潜水位（H）。潜水面至地面的铅直距离为潜水的埋藏深度（T）。自潜水面至隔水底板之间的铅垂直距离为含水层厚度（H_0）。

根据潜水的埋藏条件，潜水具有以下特征：

（1）潜水具有自由水面。在重力作用下可以由水位高处向水位低处渗流，形成潜水径流。

（2）潜水的分布区和补给区基本上是一致的。在一般情况下，大气降水、地面水都可通过包气带入渗直接补给潜水。

（3）潜水的动态（如水位、水量、水温、水质等随时间的变化）随季节不同而有明显变化。如雨季降水多、潜水补给充沛，则使潜水面上升，含水层厚度增大，水量增加，埋藏深度变浅；而在枯水季节则相反。

（4）在潜水含水层之上因无连续隔水层覆盖，因此，容易受到污染。

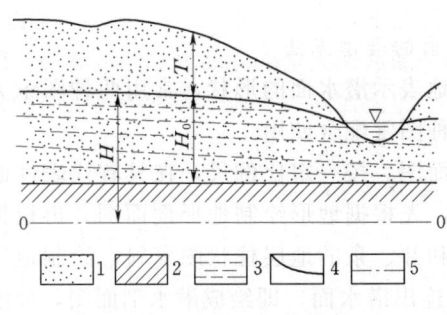

图 1-2 潜水埋藏示意图
1—砂层；2—隔水层；3—含水层；
4—潜水面；5—基准面；
T—潜水埋藏深度；H_0—含水层厚度；
H—潜水位

（二）潜水面的形状及其表示方法

1. 潜水面的形状

在自然界中，潜水面的形状因时因地而异，它受地形、地质、气象、水文等各种自然因素和人为因素的影响。一般情况下，潜水面不是水平的，而是向着邻近洼地（如冲沟、河流、湖泊等）倾斜的曲面。只有当盆地或洼地中潜水集聚而潜水面呈水平状态时，则形成潜水湖，如图 1-3 所示。

潜水面的形状与地形有一定程度的一致性，一般地

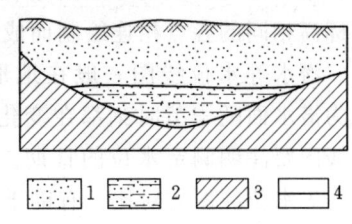

图 1-3 潜水湖示意图
1—砂；2—含水砂；
3—隔水层；4—潜水面

面坡度越陡，潜水面坡度也就越大。但潜水面坡度总是小于相应的地面坡度。其形状比地形要平缓得多。

当含水层的透水性和厚度沿渗流方向发生变化时，会引起潜水面形状的改变。在同一含水层中，当岩层透水性随渗流方向增强或含水层厚度增大时，则潜水面形状趋于平缓，反之变陡，如图1-4所示。

气象、水文因素会直接影响潜水面的变化，如大气降水和蒸发，可使潜水面上升或下降。在某些情况下，地面水体的变化也会引起潜水面形状的改变，如图1-5所示。

人为修建水库或渠道以及抽取或排除地下水，都会引起地下水位的升高或降低，改变潜水面的形状。

2. 潜水面的表示方法

为清晰地表示潜水面的形状，常用两种图示方法，并且两种图常配合使用。

（1）剖面图。按一定比例尺，在具有代表性的剖面方向上，先根据地形绘制地形剖面图，再根据钻孔、试坑和井、泉的地层柱状图资料，绘制地质剖面图。然后画出剖面图上各井、孔等的潜水位、连出潜水面，即绘成潜水剖面图，如图1-6所示。它也称为水文地质剖面图。从这种图上可以反映出潜水面与地形、含水层岩性及厚度、隔水层底板等的变化关系。

（2）等水位线图。在平面上潜水面的形状，可以用潜水面等高线图表示，此图称潜水等水位线图。如图1-7所示。其绘制方法与绘制地形等高线图基本相同，即根据在大致相同的时间内测得的潜水面各点（如井、泉、钻孔、试坑等）的水位资料，将水位标高相同的各点相连绘制而成。

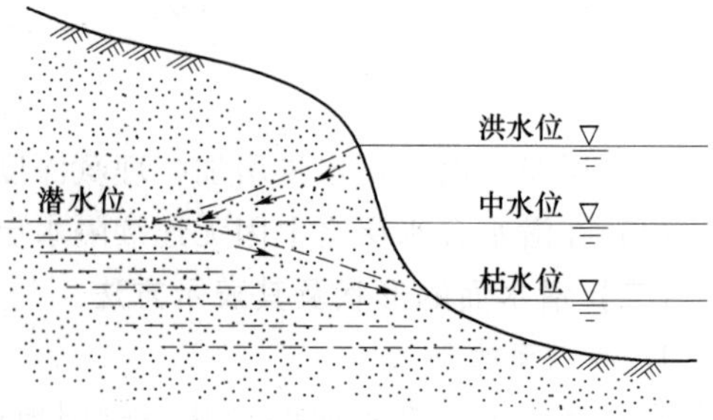

潜水等水位线图一般在地形图上绘制。因为潜水面随季节时刻都在变化，所以等水位线图要注明测定水位的日期。通过不同时期内等水位线图的对比，有助于了解潜水的动态。

根据潜水等水位线图可以解决下列问题：

（1）确定潜水的流向。因为潜水是沿着潜水面坡度最大的方向流动的，所以垂直等水位线从高水位指向低水位的方向，即为潜水的流向。常用箭头表示，如图1-8所示。

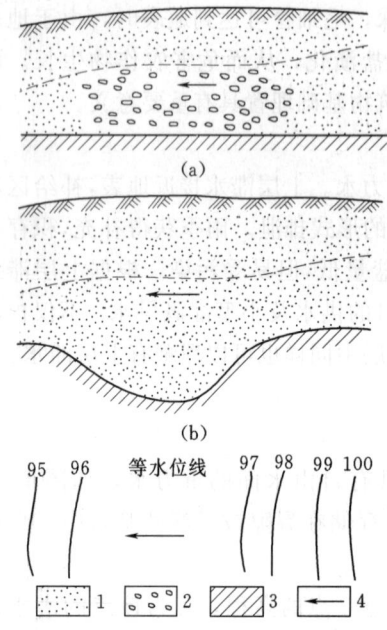

图1-4 潜水面形状与岩层透水性及厚度的关系
(a) 岩层透水性沿流程变化；
(b) 岩层厚度沿流程变化
1—含水砂；2—含水砾石；
3—隔水底板；4—流向

图1-5 河水位变化与潜水面形状的关系

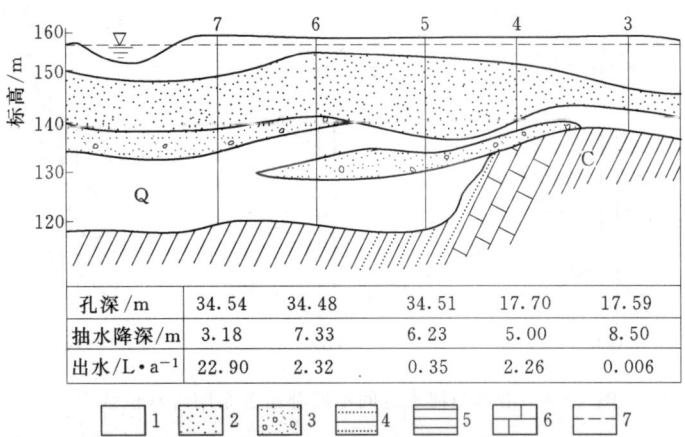

图 1-6 水文地质剖面图
1—粘性土；2—砂；3—砂砾石；4—砂；
5—页岩；6—石灰岩；7—地下水位

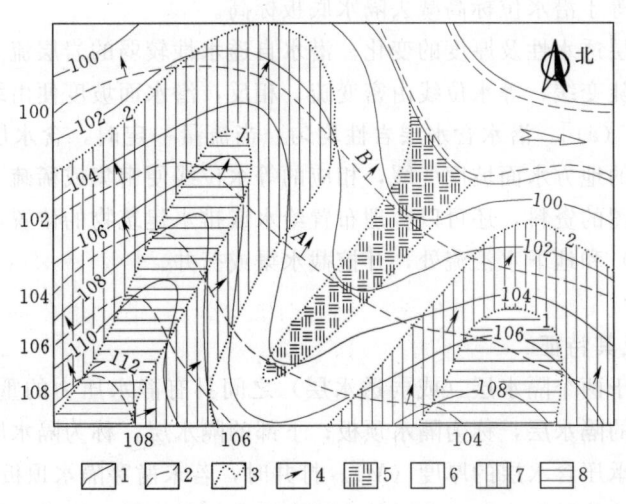

图 1-7 潜水等水位线图及埋藏深度图
1—地形等高线；2—等水位线；3—等埋深线；
4—潜水流向；5—潜水埋藏深度为零区（沼泽区）；
6—埋深 0~2m 区；7—埋深 2~4m 区；8—埋深大于 4m 区

（2）确定潜水面的坡度。在潜水流向上任取两点得水位差，与水的渗流路径之比，即为潜水的水力坡度。一般潜水的水力坡度很小，常为千分之几至百分之几。

（3）确定潜水与河水的相互关系。在近河等水位线图上可以看出，潜水与河水有以下三种关系：①潜水补给河水，如图 1-8（a）所示，潜水面倾向河流，多见于河流的中上游山区；②河水补给潜水，如图 1-8（b）所示，潜水面背向河流，多见于河流的下游（如黄河下游）；③一岸河水补给潜水，另一岸为潜水补给河水，如图 1-8（c）所示，即

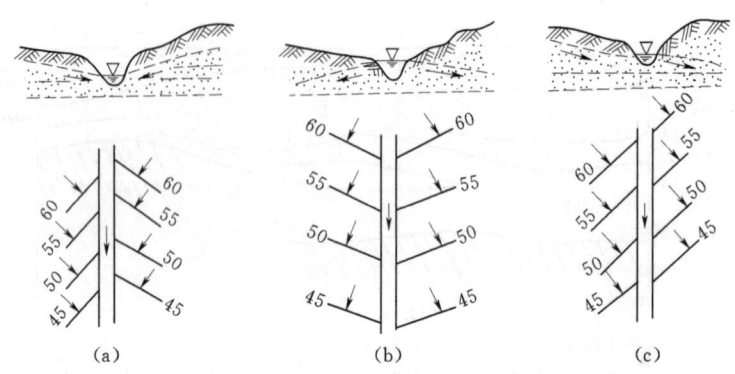

图 1-8 潜水与河水之间不同补给关系的等水位线图

潜水面一岸背向河流，另一岸倾向河流，如某些山前地区的河流可见到此种情况。

(4) 确定潜水的埋藏深度。某一地点的地面标高减去该点的水位标高，即为此点的潜水埋藏深度。根据各点的埋藏深度，可进一步做出潜水埋藏深度图（图 1-7）。

(5) 确定含水层的厚度。若在等水位线图上有隔水底板等高线时，则可确定任一点的含水层厚度，其值等于潜水位标高减去隔水底板标高。

(6) 推断含水层透水性及厚度的变化。潜水自透水性较弱的岩层流入透水性强的岩层时，潜水面坡度由陡变缓，等水位线由密变疏；相反，潜水面坡度便由缓变陡，等水位线由疏变密［图 1-4 (a)］。潜水含水层岩性均匀，当流量一定时，含水层薄的地方水面坡度变陡，含水层厚的地方水面坡度变缓，相应的等水位线便密集或稀疏［图 1-4 (b)］。

根据等水位线图的资料，还可以合理布置给水或排水建筑物的位置，一般应平行等水位线（垂直于流向）和地下水汇流处，开挖截水渠或打井。

三、承压水

(一) 承压水及其特征

承压水是充满于两个隔水层（或弱透水层）之间具有静水压力的重力水（图 1-9）。承压水含水层上部的隔水层，称为隔水顶板；下部的隔水层，称为隔水底板；顶、底板之间的垂直距离称为承压含水层的厚度（M）。打井时，若未凿穿隔水顶板则见不到承压水，当凿穿隔水顶板后才能见到水面，此时的水面高程为初见水位；以后水位不断上升，达到一定高度便稳定下来，该水面高程称稳定水位，即该点处承压含水层的承压水位（测压水位）。承压水位高出地面的，称作正水头（H_1），低于地面的称作负水头（H_2）。在适宜的地形地质条件下，水可以溢出地表甚至自喷（H_1）。

当两个隔水层之间的含水层未被水充满时，则称为层间无压水。

承压水的埋藏条件，决定了它与潜水具有不同的特征：

(1) 承压水具有承压性能，其顶面为非自由水面。

(2) 承压水分布区与补给区不一致。

(3) 承压水动态受气象、水文因素的季节性变化影响不显著。

(4) 承压水的厚度稳定不变，不受季节变化的影响。

(5) 承压水的水质不易受到污染。

(二) 承压水的埋藏类型

承压水的形成主要决定于地质构造。在适宜的地质构造条件下，无论是孔隙水、裂隙水或岩溶水均能构成承压水。适宜形成承压水的蓄水构造（蓄水构造是指在地下水不断交替过程中能积蓄地下水的一种构造）大体可分为两类：一类是盆地或向斜蓄水构造，称为承压（或自流）盆地；另一类是单斜蓄水构造，称为承压（或自流）斜地。

1. 承压盆地

承压盆地按水文地质特征由补给区、承压区和排泄区3个部分组成（图1-9）。

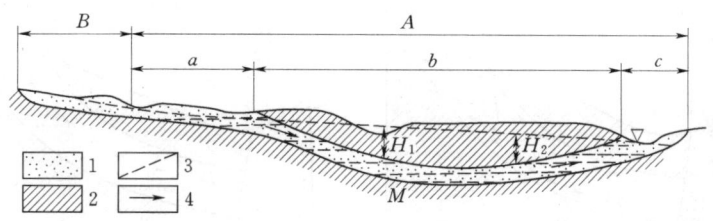

图1-9 承压盆地剖面示意图
A—承压水分布范围；B—潜水分布范围；
a—补给区；b—承压区；c—泄水区；
H_1—正水头；H_2—负水头；M—承压水厚度；
1—含水层；2—隔水层；3—承压水位；4—承压水流向

（1）补给区一般位于盆地边缘地势较高处，含水层出露地表，可直接接受大气降水和地表水的入渗补给。

（2）承压区一般位于盆地中部，分布范围广，地下水承受静水压力。

（3）排泄区一般位于盆地边缘的低洼地区，地下水常以上升泉的形式排泄于地表。

当承压盆地内有几层承压含水层时，各个含水层都有不同的承压水位（图1-10）。若蓄水构造与地形一致时，称为正地形，此时下层的承压水位高于上层承压水位；若蓄水构造与地形不一致时，称为负地形，其下层的承压水位低于上层的承压水位。水位高低不同，可造成含水层之间通过弱透水层或断层发生水力联系，形成含水层之间的补给排泄关系。承压盆地的规模差异很大，四川盆地是典型的承压盆地。小型的承压盆地一般只有几平方公里。

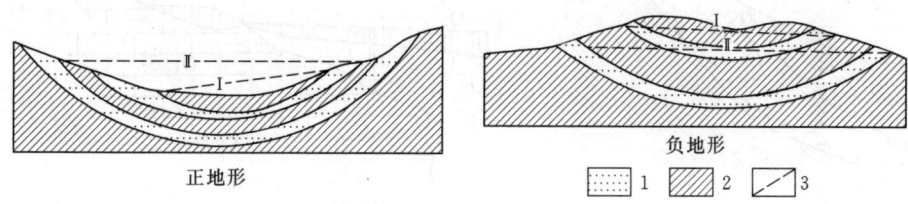

图1-10 承压蓄水构造与地形关系
1—含水层；2—隔水层；3—承压水位；
Ⅰ—上层承压水位；Ⅱ—下层承压水位

2. 承压斜地

承压斜地的形成有 3 种情况：

（1）含水层被断层所截而形成的承压斜地（图 1-11）。单斜含水层的上部出露地表成为补给区。下部被断层切割，若断层不导水，则向深部循环的地下水受阻，在补给区能形成泉排泄。此时补给区与排泄区在相邻地段。若断层是导水的，断层出露的位置又较低时，承压水可通过断层排泄于地表，此时补给区与排泄区位于承压区的两侧与承压盆地相似。

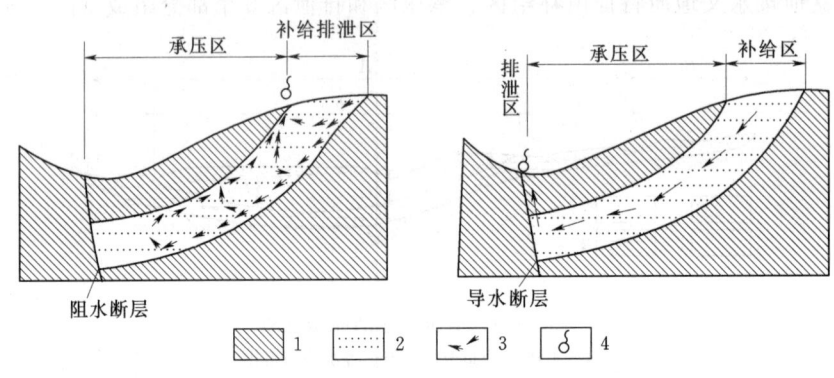

图 1-11　断层形成的承压斜地
1—隔水层；2—含水层；3—地下水流向；4—泉

（2）含水层岩性发生相变和尖灭、裂隙随深度增加而闭合，使其透水性在某一深度变弱（成为不透水层）形成承压斜地（图 1-12）。此种情况与阻水断层形成的承压斜地相似。

（3）侵入岩体阻截形成的承压斜地。各种侵入岩体（如花岗岩、闪长岩等），当它们侵入到透水性很强的岩层中并处于含水层下游时，便起到阻水作用而形成承压斜地。如山东济南的承压斜地，济南市南为寒武奥陶系构成的山区，地形与岩层产状均向济南方向倾伏。由于市区北侧被闪长岩侵入体所阻截，来自南面千佛山一带石灰岩补给区的地下水流，便在侵入体接触带汇集起来，使水位抬高，形成了承压斜地。地下水通过近 20m 厚的第四系覆盖层出露地表而成为泉（图 1-13），如趵突泉、珍珠泉等泉群。在 2.6km² 的

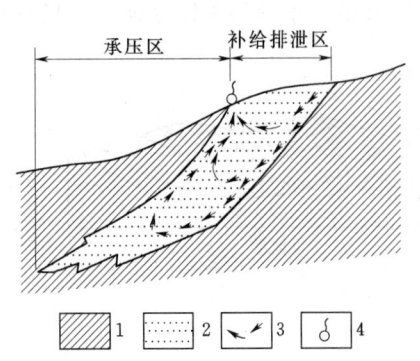

图 1-12　岩性变化形成的承压斜地
1—隔水层；2—含水层；3—地下水流向；4—泉

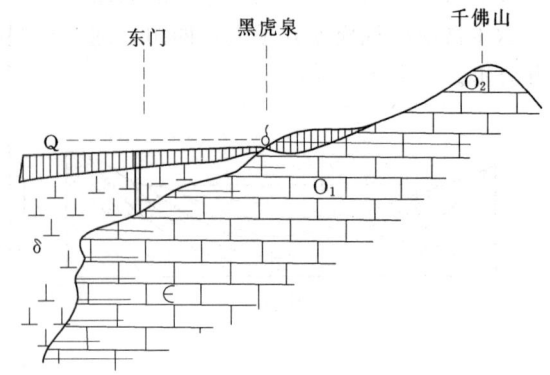

图 1-13　济南市（千佛山—趵突泉）水文地质剖面图
Q—第四系；O_2—中奥陶统石灰岩；O_1—下奥陶统白云岩；
∈—寒武系石灰岩；δ—闪长岩

范围内出露有 106 个泉，故济南有"泉城"之称。

承压盆地和承压斜地在我国分布非常广泛。根据其地质年代和岩性的不同，可分为两类：一类是第四系松散沉积物构成的承压盆地和承压斜地，广泛地存在于山间盆地和山前平原中；另一类是第四系以前坚硬岩层构成的承压盆地和承压斜地。

（三）承压水等水压线图（见图 1-14）

承压水位标高相同点的连线，便是承压水等水压线。平面图上的等水压线图，可以反映承压水（位）面的起伏情况。承压水（位）面和潜水面不同，潜水面是一个实际存在的地下水面，即含水层的顶面，而承压水（位）面是一个势面，这个面可以与地形极不吻合，甚至高出地面。只有当钻孔打穿上覆隔水层至含水层顶面时才能测到。因此，承压水等水压线图通常要附以含水层顶板等高线。

承压水等水压线图的绘制方法，与潜水等水位线图相似。在某一承压含水层内，将一

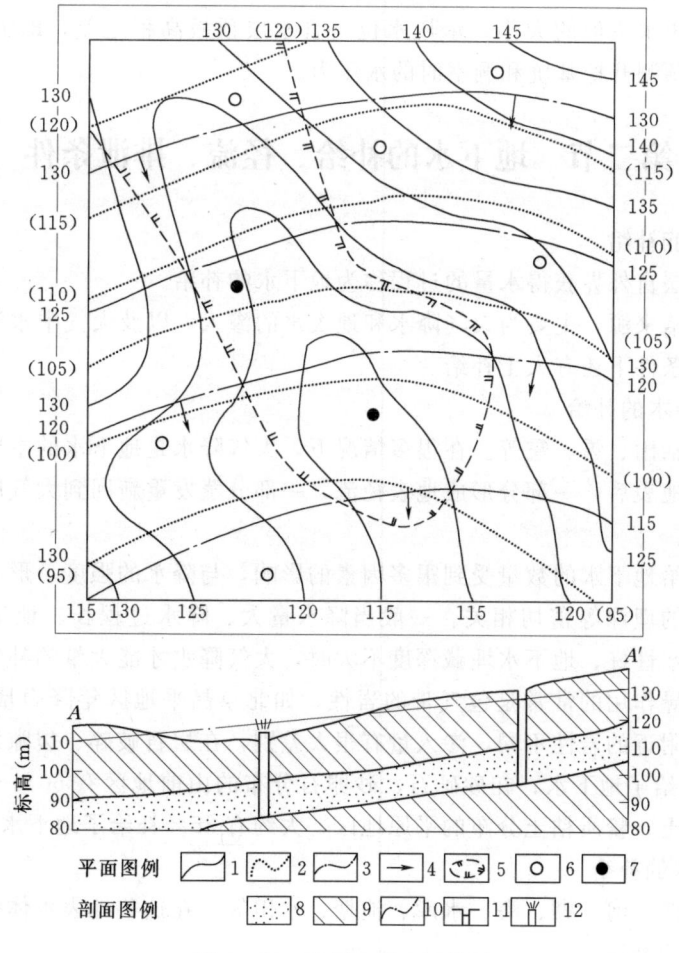

图 1-14 承压水等水压线图

1—地形等高线；2—含水层顶板等高线；3—等水压线（m）；4—地下水流向；5—承压水自溢区；
6—钻孔（平面图）；7—自喷钻孔（平面图）；8—含水层；9—隔水层；
10—承压水位线；11—钻孔（剖面图）；12—自喷钻孔（剖面图）

定数量的钻孔、井、泉（上升泉）等的初见水位（或含水层顶板的高程）和稳定水位（即承压水位）等资料，绘在一定比例尺的地形图上，用内插法将承压水位等高的点相连，即得等水压线图，如图1-14所示。

根据等水压线图，可以分析确定以下几个问题：

（1）确定承压水的流向。承压水的流向应垂直等水压线，常用箭头表示，箭头指向较低的等水压线。

（2）计算承压水某地段的水力坡度。也就是确定承压水（位）面坡度。在流向方向上，取任意两点的承压水位差，除以两点间的距离，即得该地段的平均水力坡度。

（3）确定承压水位距地表的深度。可由地面高程减去承压水位得到。这个数字越小，开采利用越方便；该值是负值时，表示水会自溢于地表。据此可选定开采承压水的地点。

（4）确定承压含水层的埋藏深度。用地面高程减去含水层顶板高程即得。

（5）确定承压水头值的大小。承压水位与含水层顶板高程之差，即为承压水头值高度。据此，可以预测开挖基坑和洞室时的水压力。

第二节 地下水的补给、径流、排泄条件

一、地下水的补给

地下水含水层自外界获得水量的过程称为地下水的补给。

地下水的补给来源，主要为大气降水和地表水的渗入，以及大气中水汽和土壤中水汽的凝结，在一定条件下还有人工补给。

（一）大气降水的补给

大气降水包括雨、雪、雹等。在很多情况下，大气降水是地下水的主要补给方式。当大气降水降落到地表后，一部分形成地表径流，一部分蒸发重新回到大气层，一部分渗入地下成为地下水。

大气降水补给地下水的数量受到很多因素的影响，与降水的强度、形式、植被、包气带岩性、地下水的埋深等密切相关。一般当降水量大、降水过程长、地形平坦、植被茂盛、上部岩层透水性好、地下水埋藏深度不大时，大气降水才能大量的补给地下水。这些影响因素中起主导作用的常常是包气带的岩性，如北京昌平地区年降雨量平均为600mm左右，由于地表附近的岩性不同，渗入量有很大差别，在岩石破碎、裂隙发育的山区降水量有80%渗入补给了地下水；在砂砾石、砂卵石分布的山前地区有50%～60%补给地下水；在粉砂、粉土、粉质粘土分布的平原地区，大约有35%补给了地下水。

（二）地表水的补给

地表水包括江、河、湖、海、水库、池塘、水田等。在这些地表水体附近，地下水有可能获得地表水的补给。

河流补给地下水常见于某些大河流的下游和河流中上游的洪水期，在这样的条件下河水往往高于岸边的地下水位。在干旱地区，降水量少，河水的渗漏往往是地下水的主要补给源。

地表水对地下水的补给强度主要受岩层透水性的影响，同时也取决于地表水水位与地下水水位的高差、洪水的延续时间、河流流量、河流的含泥沙量、地表水体与地下水联系范围的大小等因素。

（三）凝结水的补给

在干旱地区，降水都很少。例如我国内蒙古、新疆的一些地区年降水量还不足100mm，大气降水和地表水体的渗入补给量都很少。在这类地区凝结水往往是地下水的主要补给水源。在一定温度下，空气中只能含有一定量的水蒸气，空气在10℃时最大含水量为 $9.3g/m^3$，而在5℃时最大含水量为 $6.8g/m^3$，多于以上数量的水分就会凝结成为液态从空气中分离出去。由于这类地区昼夜温差很大，白天空气中含水量可能还不足，但夜晚温度很低时，空气中的水蒸气却出现过饱和现象，多余的水蒸气就从空气中析离出来，在地表凝结成水，渗入地下补给地下水。

（四）含水层之间的补给

当两个含水层之间存在水头差且有联系通道时，水头较高的含水层就会补给水头较低的含水层，如图1-15所示。

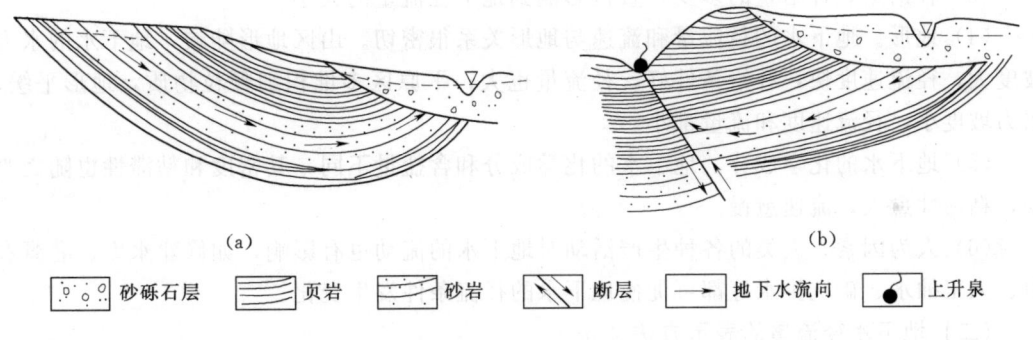

图 1-15 含水层之间的补给
(a) 承压水补给潜水；(b) 潜水补给承压水

松散沉积物含水层之间的粘性土层，并不完全隔水，而具有微透水性。具有一定水头差的相邻含水层，通过弱透水层发生的渗透，称为越流。显然，隔水层越薄，隔水性越差，相邻含水层之间的水头差越大，则越流补给量越大。尽管单位面积上的越流量通常很小，由于越流是在弱透水层分布的整个范围内发生，总的补给量也是相当可观的。

（五）人工补给

地下水的人工补给，就是借助某些工程设施，人为地将地表水自流或用压力引入含水层，以增加地下水的补给量。人工补给地下水具有占地少、造价低、易管理、蒸发少等优点，不仅可以增加地下水资源量，还可以改善地下水的水质，调节地下水的温度，防止海水倒灌，减少地面下沉。目前一些国家人工补给地下水占地下水总利用量的30%左右，我国近些年来也开始了这方面的工作。从发展的观点来看，人工补给地下水势必越来越成为地下水的重要补给源之一，尤其在一些集中开采地下水的地区。

二、地下水的径流

地下水在岩层空隙中的流动过程称为地下水的径流。

（一）地下水径流的产生及影响因素

自然界中的水在不断地循环，地下水在岩层中的径流是整个地球水循环的一部分。大气降水或地表水通过包气带向下渗漏，补给含水层成为地下水，地下水又在重力作用下由水位高处向水位低处流动，最后在地形低洼处排出地表或直接排入地表水体，如此反复地循环就是地下水径流的根本原因。因此，天然状态下（除了某些盆地外）和开采状态下的地下水都是流动的。同时地下水的补给、径流和排泄是紧密联系在一起的，是形成地下水运动的一个完整的、不可分割的过程。

地下水径流的方向、速度、类型、径流量主要受下列因素影响：

（1）含水层的空隙性。空隙发育且空隙大的含水层透水能力强，地下水流动速度快。如细砂层中的地下水在天然条件下一般流动得很缓慢，但溶洞中的地下水流速高达每日数千米，这种流动与地表河水流动相差不多，形成地下河系。

（2）地下水的埋藏条件。地下水因埋藏条件不同可表现为无压流动和承压流动。无压流动（潜水流动）只能在重力作用下由高水位向低水位流动；深层地下水多为承压水，它们不单有下降运动，因承受压力，也会产生上升运动。

（3）补给量。补给量的多少，直接影响到地下径流量的大小。

（4）地形。地下水的径流量和流速与地形关系很密切。山区地形陡峻，地下水的水力坡度大，径流速度快，补给条件好，径流量也大；平原区多堆积细颗粒物质，地形平缓，水力坡度小，径流速度和流量都小。

（5）地下水的化学成分。地下水的化学成分和含盐量不同，其密度和粘滞性也随之改变，粘滞性愈大，流速愈慢。

（6）人为因素。人类的各种生产活动对地下水的流动也有影响，如修建水库、灌溉农田、人工抽水、矿坑排水等都可促使地下水的径流条件发生变化。

（二）地下水径流量的表示方法

地下水径流量常用地下径流率 M 来表示，其意义为 $1km^2$ 含水层面积上的地下水流量（$m^3/s \cdot km^2$），也称为地下水径流模数。

年平均地下水径流率可按下式计算

$$M = \frac{Q}{365 \times 86400 A} \qquad (1-1)$$

式中　A——地下水径流面积（km^2）；

Q——一年内在面积 A 上的地下水径流量（m^3）。

地下径流率是反映地下径流量的一种特征值，受到补给、径流条件的控制，其数值大小是随地区和季节而变化的。因此，只要确定某径流面积在不同季节的径流量，就可计算出该地区在不同时期的地下径流率。

三、地下水的排泄

含水层失去水量的过程称为地下水的排泄。在排泄过程中，地下水的水量、水质及水位都会随着发生变化。地下水的排泄方式有：泉、河流、蒸发、人工排泄等。

（一）泉水排泄

泉是地下水的天然露头。地下水只要在地形、地质、水文地质条件适当的地方，都可以泉的方式涌出地表。因此，泉水常常是地下水的重要排泄方式之一。

1. 泉的形成

泉的形成主要是由于地形受到侵蚀，使含水层暴露于地表；其次是由于地下水运动过程中岩石透水性变弱或受到局部隔水层阻挡，使地下水位抬高溢出地表，如果承压含水层被断层切割，且断层又导水，则地下水也能沿断层上升到地表形成泉。

泉一般在山区及山前地区出露较多，尤其是在山区的沟谷底部和山坡脚下。由于这些地方受侵蚀强烈，岩石多次受褶皱、断裂、侵入作用，形成了有利于地下水向地表排泄的通道，因而山区常有泉水。平原区一般都堆积了较厚的第四纪松散岩层，地形切割微弱，地下水很少有条件直接排向地表，所以泉很少见。

2. 泉的分类

泉按其补给来源可分为三类：

（1）上层滞水泉。此类泉水靠上层滞水排泄补给。泉水流量变化大，枯水季节水量很小，甚至枯干。水质往往不好，一般不能作为供水水源。

（2）潜水泉。此类泉由潜水排泄补给，也叫下降泉，如图1-16（a）、（b）、（c）、（d）。潜水泉的水量较上层滞水泉稳定，水质一般较好，但季节性变化仍是明显。

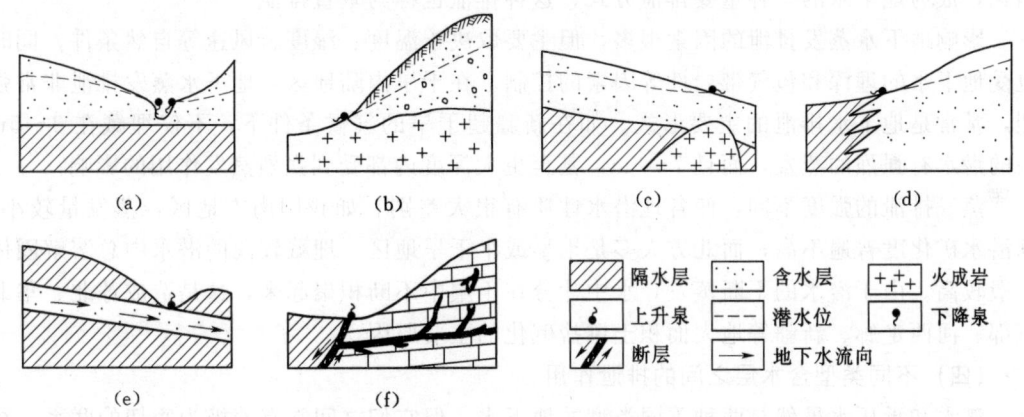

图1-16 泉的形成条件
(a) 侵蚀下降泉；(b) 接触下降泉；(c) 溢出泉；
(d) 溢出泉；(e) 侵蚀上升泉；(f) 断层泉

（3）承压水泉。此类泉水由承压水排泄形成。其出露特点是泉水向上涌出，因此也叫上升泉或自流泉，如图1-16（e）、（f）所示。这种泉较为稳定，水质也好，若有足够大的水量，则是理想的供水水源。

根据泉的出露原因可分为：

（1）侵蚀泉。当河流、冲沟切割到潜水含水层时，潜水即排出地表形成泉水，这种泉与侵蚀作用有关，因此称为侵蚀下降泉，如图1-16（a）所示。若承压含水层顶板被切割穿，承压水便喷涌成泉，则称为侵蚀上升泉，如图1-16（e）所示。

（2）接触泉。地形被切割到含水层下面的隔水层，地下水被迫自两者接触处涌出地表，此类泉称为接触下降泉，如图1-16（b）所示。在岩脉或侵入体与围岩接触处，因冷凝收缩而产生裂隙，地下水便沿裂隙涌出地表成泉，则可称接触上升泉。

（3）溢出泉。岩石透水性变弱、隔水层隆起以及阻水断层所隔等因素使潜水流动受阻而涌出地表形成泉，此类泉称溢出泉或回水泉，如图1-16（c）、（d）所示。在此类泉的出露口附近地下水表现为上升运动，如不仔细分析地质条件，很容易将它误认为是上升泉。

（4）断层泉。承压含水层被导水的断层切割时，地下水便沿断层上升，流出地表成为泉，此类泉称为断层泉，如图1-16（f）所示。断层泉常沿断层线成串分布。

（二）向地表水的排泄

当地下水水位高于地表水水位时，地下水可直接向地表水体排泄。特别是切割含水层的山区河流，往往成为排泄中心。地表水接受地下水排泄的方式有两种：一是散流形式，这种散流排泄是逐渐进行的，其排泄量通过测定上、下游断面的河流流量可计算出来；另一种方式是比较集中的排入河中，岩溶区的暗河出口就代表了这种排泄。

此外，人工抽水、矿山排水等方式也起到把地下水排泄到地表的作用。

（三）蒸发排泄

蒸发是水由液态变为气态的过程。地下水，特别是潜水可通过土壤蒸发、植物蒸发而消耗，成为地下水的一种重要排泄方式，这种排泄也称为垂直排泄。

影响地下水蒸发排泄的因素很多，但主要取决于温度、湿度、风速等自然条件，同时也受地下水的埋深和包气带岩性等因素的控制。在干旱内陆地区，地下水蒸发排泄非常强烈，常常是地下水排泄的主要形式。如在新疆超干旱的气候条件下，不仅埋藏在3～5m内的潜水有强烈的蒸发，而且7～8m，甚至更大深度内都受到强烈蒸发作用的影响。

蒸发排泄的强度不同，使各地潜水性质有很大差别。如我国南方地区，蒸发量较小，则潜水矿化度普遍不高；而北方大多是干旱或半干旱地区，埋藏较浅的潜水中总溶解固体一般较高。由于潜水的不断蒸发，水中盐分在土壤中不断积聚起来，这是造成苏北、华北东部、河西走廊、新疆等地大面积土壤盐碱化的主要原因。

（四）不同类型含水层之间的排泄作用

潜水和承压水虽然是两种不同类型的地下水，但它们之间常有着极为密切的联系，往往相互转化和互相补给。如果潜水分布在承压水排泄区，而承压水面又比潜水面高时，承压水则成为潜水的补给源；反之，潜水成为承压水的一个排泄出路，如图1-15（a）所示。当承压含水层的补给区位于潜水含水层之下，则潜水可直接向承压水排泄，如图1-15（b）所示。

如果潜水含水层与下部的承压含水层之间存在有导水的断层时，则切断隔水层的断层将成为两个含水层的过水通道，潜水位高于承压水位时，潜水将向承压水排泄，而承压水相应获得潜水补给；反之，承压水将向潜水排泄，如图1-17所示。

从以上的论述中可以看出，两个相邻的含水层之间之所以能产生排泄作用，是由于两含水层之间有水流通道和存在有水位（头）差。在生产实践中可以人为地使其一含水层向另一含水层排泄。例如，在一些地区的地下建筑施工中，为了防潮和不使建筑物浸泡在水中，可采用人工排水的方法来降低潜水位，即将高水位的潜水用钻孔（管井）作为通道排入下部的承压含水层中。

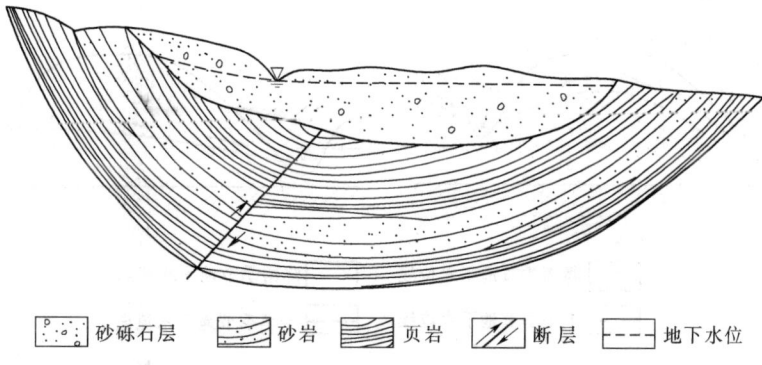

| | | | | ---- 地下水位 |

图 1-17 潜水和承压水通过断层相互补给和排泄示意

四、地下水补给、径流、排泄条件的转化

当一个地区自然条件发生变化，或人工改变地下水位时，地下水的径流方向会随着改变，补给区和排泄区也相应迁移，甚至排泄区可变为补给区。研究地下水的循环，还应研究条件改变之后，地下水运动状态的转化特点、新的补给源和新的排泄途径。

地下水补给、径流、排泄条件的转化，可归并为以下两大类。

（一）自然条件改变引起的转化

1. 河水位的变化

如前所述，河水与地下水的补给关系并不固定，常因河水位的涨落而相互转化。当河水位高于两岸的地下水位时，河水向两岸渗透补给，抬高两岸的地下水水位；当河水位低于地下水位时地下水就反过来补给河水。

2. 地下水分水岭的改变

由于地壳的升降运动、自然条件的变化以及岩溶地区地下水的袭夺等因素，均可造成地下水分水岭的迁移。

岩溶地区因地下河改道而常使分水岭发生迁移。如图 1-18 所示。由于河流的袭夺，使甲河的补给面积逐渐扩大，分水岭逐渐向乙河方向移动，最终将移到乙河位置，这时乙河已不能接受地下水的补给，而由地下水的排泄区变成了甲河的补给区。

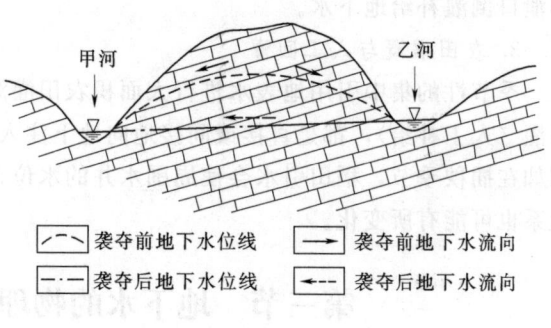

图 1-18 河流袭夺引起分水岭迁移

同一地区因不同季节补给量的变化，也会使地下水分水岭迁移，并引起地下水的补给、径流、排泄发生颠倒。如果地下水的分水岭位于两地表水体之间，在降雨季节地下水获得充分的补给，两地表水体均可排泄地下水，如图 1-19（a）所示、干旱季节地下水因排泄而消耗，地下水位不断下降，最后两地表水体间的地下分水岭消失，由于两地表水体之间有高程差，导致高处的地表水体通过含水层流向低处的地表水体，而使高处水体由排泄区变为补给区，如

图 1-19 (b) 所示。

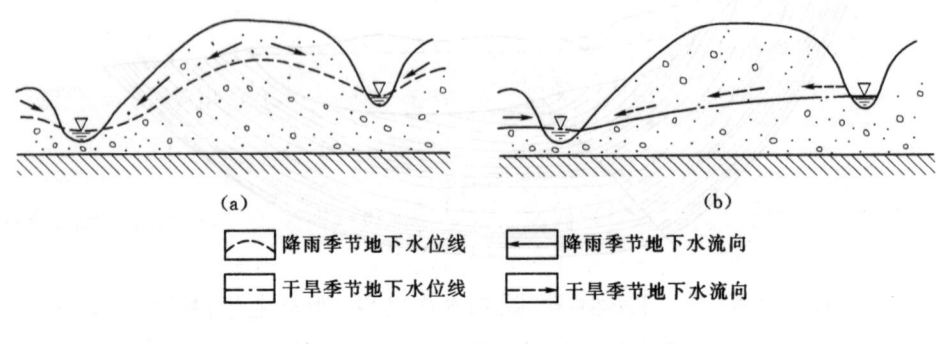

图 1-19 两地表水体间地下径流的变化
(a) 降雨季节；(b) 干旱季节

(二) 人类活动引起的转化

1. 修建水库

由于大型水库的修建，改变了地表水体的分布格局，促使地下水径流条件发生转化。如湖南龙山县在石灰岩中修建一水库，拦截地下暗河水进行灌溉，石灰岩裂隙十分发育，当水位升到一定高度后，地下水就发生回流，由山脚下流出 $4000m^3/d$ 的水量，这时山脚成为排泄区，而本来接受地下水排泄的水库却变为地下径流的补给区。

2. 人工开采和矿区排水

为各种目的而进行的开采利用地下水和为开发矿产资源而进行的矿山排水，都要大量集中抽取地下水，使地下水位不断下降，从而形成以开采区或矿区为中心的下降漏斗区，这样，必将引起开采区或矿区附近的地下水补给、径流与排泄条件发生较大变化。如广东沙洋矿区，当 13 个井同时排水时，使位于矿区以南 2km 处排泄口的地下水倒灌矿坑，沼泽干涸，泉水断流，泉群总流量按 $1m^3/d$ 的速度减小，同时也引起排泄区的地表溪流沿排泄口倒灌补给地下水。

3. 农田灌溉与人工回灌

季节性的集中引用地表水进行大面积农田灌溉以及为增大地下水补给量而进行的人工回灌（人工补给），都是直接或间接地向地下注入一定水量，均可使地下水水位逐渐抬高。例如在插秧季节，稻田引水会使周围水井的水位普遍上升，则地下水的补给、排泄和径流关系也可能有所变化。

第三节 地下水的物理性质和化学成分

地下水参与自然界的水循环，并储存和运动于岩石的空隙中，不断与其周围介质发生复杂的物理和化学作用，从而形成了自己的物理性质和化学成分。同时，由于地下水不断循环运动，又使自己的物理性质和化学成分随时发生变化。因此，地下水的物理性质和化学成分反映了地下水的形成环境和形成过程。故而，地下水的物理性质和化学成分的研究，可以帮助查明地下水的形成规律。在利用地下水资源或消除地下水的灾害威胁时，亦需要研究地下水的物理性质和化学成分。所以对地下水物理性质和化学成分的研究，具有理论和实践的双重意义。

一、地下水的物理性质

地下水的物理性质包括：温度、颜色、透明度、嗅味、味道、相对密度、导电性及放射性等。

（一）温度

埋藏深度不同的地下水，具有不同的温度变化规律。埋深3～5m，即日常温带以内的地下水，具有昼夜变化规律；具有年变化规律的地下水，一般埋深为5～50m，即年常温带以内。年常温带以下，地下水温度随深度增大而增高，其变化规律决定于地热增温率。地热增温率是指在年常温带以下，温度每升高1℃所需增加的深度，单位为m/℃。整个地壳的地热增温率的平均值为30～33m/℃。

通常根据温度将地下水划分为：过冷水（低于0℃）、冷水（0～20℃）、温水（21～42℃）、热水（43～100℃）、过热水（高于100℃）。地下水温度对水中盐类含量影响很大。水温增高，化学反应速度和盐的溶解度也增高。据实验，当水温增高10℃时，水分子的扩散速度约增加20%，而化学反应速度增加2～3倍，钠盐和钾盐的溶解度随温度的升高而增加，钙盐（硫酸盐）则随温度升高而降低。因此，冷水常是钙质的，热水、温水常是钠质的。气体则是温度越高，溶解度越小。

（二）颜色

地下水一般是无色的，但有时由于某种离子含量较多，或者富集悬浮物和胶体物质，则可显示出各种各样的颜色（表1-1）。

表1-1　　　　地下水颜色与其中所含物质的关系

水中物质	地下水颜色	水中物质	地下水颜色
含硫化氢	翠绿色	含锰的化合物	暗红色
含低铁	浅绿灰色	含粘土	无荧光的淡黄色
含高铁	黄褐色或锈色	含腐殖质	暗或黑黄灰色（带荧光）
含硫细菌	红色	含悬浮物质	决定于悬浮物颜色

（三）透明度

地下水的透明度取决于其中的固体与胶体悬浮物的含量。按透明度将地下水分为4级：透明的、微浊的、浑浊的、极浑的（表1-2）。

表1-2　　　　地下水透明度的分级表

分　级	鉴　定　特　征
透明的	无悬浮物及胶体，60cm水深，可见3mm粗线
微浊的	有少量悬浮物，大于30cm水深，可见3mm粗线
浑浊的	有较多的悬浮物，小于30cm水深，可见3mm粗线
极浑的	有大量悬浮物或胶体，水很浅也不可见3mm粗线

（四）嗅味

地下水通常是无气味的，但当其中含有某些离子或某种气体时，则出现特殊的气味。如含亚铁盐很多的水有铁腥气味，含硫化氢气体时有臭鸡蛋气味，含腐殖质时有腐草气味，气味的强弱与温度有关，一般在低温时不易辨别，加热到40℃时气味最显著。

（五）味道

味道取决于地下水的化学成分，纯水是无味的，但由于地下水中多少溶解了一些盐类或气体，因此，具有一定的味感。如含较多的二氧化碳（CO_2）时清凉爽口；含有重碳酸钙[$Ca(HCO_3)_2$]的水很可口，一般称甜水；当含有大量有机物时，水有较强的甜味，但这种水对人体有害不宜饮用；含硫酸钠（$NaSO_4$）和硫酸镁（$MgSO_4$）时，水有苦涩味；含氯化钠（$NaCl$）时水有咸味，当水中溶解的盐类多于10g/L时，则有很咸的味感。浓度越大味感越强，水温低时味感不明显，一般在20～30℃时味感显著。所以地下水味的强弱，决定于其中某种成分的浓度、地下水的温度和人的味感神经的敏感性。

（六）相对密度

地下水的相对密度决定于其中所溶解的盐分含量。地下淡水的相对密度通常认为与4℃时的化学纯水的相对密度相同，其数值为1。水中溶解的盐分越多，相对密度越大，有的可达1.2～1.3 g/cm^3。

（七）导电性

地下水的导电性取决于其中所含电解质的数量和质量，即各种离子的含量与其离子价。离子含量愈多，离子价愈高，则水的导电性愈强。此外水温对导电性也有影响。

（八）放射性

地下水的放射性决定于其中所含放射性元素的数量，地下水都具有或强或弱的放射性，但一般极为微弱。储存和运动于放射性矿床及酸性火成岩分布区的地下水，其放射性相应增强。

二、地下水的化学性质

（一）地下水的化学成分

地下水中含有各种气体、离子、胶体物质以及有机物质。自然界中存在的元素，绝大多数已在地下水中发现，但是，只有少数是含量较多的常见元素。这些常见元素，或者是地壳中含量较高，且在水中具有一定溶解度的，如O_2、Ca、Mg、Na、K等；或者是地壳中含量并不很大，但是溶解度相当大的，如Cl等；某些元素如Si、Fe等，虽然在地壳中含量很大，但由于其溶于水的能力很弱，所以，在地下水中的含量一般并不高。

1. 地下水中的主要气体成分

地下水中常见的气体成分有O_2、N_2、CO_2及H_2S等。一般情况下，地下水中气体含量不高，每公升水中只有几毫克到几十毫克。但是，气体成分能够很好的反映地球化学环境；同时，某些气体的含量会影响盐类在水中的溶解度以及其他的化学反应。

(1) 氧（O_2），氮（N_2）。地下水中的氧气和氮气主要来源于大气。它们随同大气降水及地表水补给地下水，以入渗补给为主、与大气圈关系密切的地下水中含O_2及N_2较多。

溶解氧含量愈多，说明地下水所处的地球化学环境愈有利于氧化作用进行。O_2的化

学性质远较 N_2 为活泼，所以在较封闭的环境中，O_2 将耗尽而只留下 N_2。因此，N_2 的单独存在，通常可说明地下水起源于大气并处于还原环境。

（2）硫化氢（H_2S）。地下水中出现硫化氢，其意义恰好与 O_2 相反，说明处于缺氧的还原环境。在与大气较为隔绝的环境中，当有有机质存在时，由于微生物的作用，SO_4^{2-} 将还原生成 H_2S。因此，H_2S 一般出现于封闭地质构造的地下水中，如油田水中。

（3）二氧化碳（CO_2）。地下水中的二氧化碳主要有两个来源。一种由有机物的氧化（植物的呼吸作用及有机质残骸的发酵作用）形成。这种作用发生于大气、土壤及地表水中，生成的 CO_2，随同水一起入渗补给地下水；浅部地下水中主要含有这种成因的 CO_2。另一种是深部变质作用形成的，即碳酸盐类的岩石，在深部高温影响下，分解生成 CO_2。地下水中含 CO_2 愈多，则其溶解碳酸盐类的能力以及对结晶岩类进行风化作用的能力便愈强。

由于近代工业的发展，大气中人为产生的 CO_2 显著增加，特别在工业集中区，补给地下水的降水中的 CO_2 含量往往格外高。

2. 地下水中主要离子成分

地下水中分布最广、含量较多的离子共有七种，即：氯离子（Cl^-）、硫酸根离子（SO_4^{2-}）、重碳酸根离子（HCO_3^-）、钠离子（Na^+）、钾离子（K^+）、钙离子（Ca^{2+}）及镁离子（Mg^{2+}）。

一般情况下，随着总矿化度（含盐量）的变化，地下水中占主要地位的离子成分也随之发生变化。低矿化水中常以 HCO_3^- 及 Ca^{2+}、Mg^{2+} 为主；高矿化水则以 Cl^- 及 Na^+ 为主；中等矿化的地下水中，阴离子常以 SO_4^{2-} 为主，主要阳离子则可以是 Na^+，也可以是 Ca^{2+}。

地下水的矿化度与离子成分间之所以往往具有这种对应关系，主要由于水中盐类的溶解度不同。总的说来，氯盐的溶解度最大，硫酸盐次之，碳酸盐的较小，钙的硫酸盐、特别是钙、镁的碳酸盐溶解度最小。随着矿化度增大，钙、镁的碳酸盐首先达到饱和并沉淀析出。继续增大时，钙的硫酸盐也饱和析出。因此，高矿化水中便以易溶的氯和钠占优势了。

3. 地下水中的胶体成分

地下水中的胶体成分分为有机和无机两类。有机胶体在地球表面分布广泛，尤其在热带、沼泽地带的地下水中含量很高。无机胶体有的不稳定，易生成次生矿物而沉淀，如氢氧化铝胶体易形成水矾土、叶蜡石沉淀。有的溶解度很小，如二氧化硅（SiO_2），在水中含量较低。

4. 地下水中的有机成分和细菌成分

有机成分主要是生物遗体的分解，多富集于沼泽水中，有特殊臭味。

细菌成分可分为病源菌和非病源菌两种。一般采用细菌总数（菌数/L）、菌度（含有一条大肠杆菌的水的毫升数）和检定量（1L 水中大肠杆菌的含量）来衡量水的卫生程度。1L 水中细菌总数越少，菌度越大，或检定量越小，则水越卫生。根据地下水中菌度的多少，将水的卫生状况分类见表 1-3。

表 1-3　　　　　　　　　　　　地下水按菌度分类表

名　称	菌度（mL）	名　称	菌度（mL）
卫生的水	大于 300	不卫生的水	1.0～10
相当卫生的水	100～300	极不卫生的水	0.1～1.0
不可靠的水	10～100		

（二）地下水的主要化学性质

1. 地下水的酸碱性

地下水的酸碱性主要取决于水中氢离子浓度，常用 pH 值表示，$pH=-\lg[c(H^+)]$。根据地下水 pH 值的大小，将水分成以下几级：强酸性（pH<5）、弱酸性（pH=5～7）、中性（pH=7）、弱碱性（pH=7～9）、强碱性（pH>9）。多数地下水 pH 值为 6.5～8.5。

2. 地下水的总矿化度

地下水中所含各种离子、分子与化合物的总量称为矿化度（mineralized degree），以每升水中所含克数（g/L）表示。为了便于比较，习惯上以 105～110℃时把水灼干所得的干涸残余物总量表示总矿化度。也可将分析所得阴、阳离子含量相加，求得理论干涸残余物值。但应注意，因为在灼干时有将近一半的重碳酸根分解成 CO_2 及 H_2O 逸出，所以相加时 HCO_3^- 应取其重量的一半。按地下水总矿化度的大小，将其分类见表 1-4。

表 1-4　　　　　　　　　　　　地下水按矿化度的分类表

类　别	总矿化度（g/L）	类　别	总矿化度（g/L）
淡水	小于 1	盐水（高矿化水）	10～50
微咸水（弱矿物化水）	1～3	卤水	大于 50
咸水（中等矿化水）	3～10		

3. 地下水的硬度

水的硬度（hardness of water）取决于水中 Ca^{2+}、Mg^{2+} 的含量。硬度分为：总硬度、暂时硬度、永久硬度等。

总硬度：总硬度相当于水中所含 Ca^{2+}、Mg^{2+} 的总量。

暂时硬度：水煮沸后，水中一部分 Ca^{2+}、Mg^{2+} 与 HCO_3^- 作用生成碳酸钙（$CaCO_3$）和碳酸镁（$MgCO_3$）沉淀。呈碳酸盐沉淀的这部分 Ca^{2+}、Mg^{2+} 的总量即暂时硬度。

永久硬度：由钙、镁的氯化物、硫酸盐、硝酸盐等所引起的硬度叫作非碳酸盐硬度。由于这些盐煮沸后不会生成沉淀而被除去，习惯上把这种硬度叫做永久硬度。

$$总硬度 = 暂时硬度 + 永久硬度$$

碳酸盐硬度：地下水中与 HCO_3^- 含量相当的 Ca^{2+}、Mg^{2+} 的总量为碳酸盐硬度。

硬度的表示方法有多种，随各国的习惯而有所不同，如德国度、法国度等，有将水中的盐类折算成碳酸钙而以碳酸钙的量作为硬度标准的，也有将盐类合算成氧化钙而以氧化钙的量来表示的。（注意：1 德国度=10mg/L 的 CaO，10mg/L 的 $CaCO_3$ 称为 1 法国度。）

我国目前常用的表示方法有两种：①以度（°）计，以每升水中含 10mg CaO 为 1 度（°）；②用 $CaCO_3$ 含量表示。

我国在地下水质量标准（GB/T14848—1993）中规定，Ⅰ类水总硬度（以 $CaCO_3$ 计）（mg/L）不大于 150，Ⅱ类水总硬度不大于 300，Ⅲ类水总硬度不大于 450，Ⅳ类水总硬度不大于 550，Ⅴ类水总硬度大于 550。

第四节　地下水运动的基本规律

地下水存在于岩石的孔隙、裂隙和溶洞中，并在其中运动。我们把赋存地下水的孔隙岩石称为多孔介质，赋存地下水的裂隙岩石称为裂隙介质。地下水在多孔介质和裂隙介质中的运动称为渗流。地下水有吸着水、薄膜水、毛管水和重力水等形式。吸着水、薄膜水是不参与渗流运动的，毛管水的运动属于专门研究的课题。我们这里只讨论重力水在多孔介质和裂隙介质中的运动。地下水运动的基本要素（如水位、流速、流向等）的大小和方向不随时间而变化的地下水运动称为地下水的稳定运动。如果地下水运动的基本要素中的任一个或者全部要素随时间而变化，则称为地下水的非稳定运动。在自然界的不同条件下，地下水的运动性质有很大的差别。我们把地下水的流束（流层）互不混杂的流动称为层流运动。将地下水的流束（流层）相互混杂而无规则的运动称为紊流运动。地下水缓慢运动时，做层流运动。当流速逐渐加大到一定程度时，就转化为紊流运动。

一、地下水运动的基本定律

（一）达西定律（线性渗透定律）及其适用范围

1852~1855 年，法国水力学家达西（Darcy）通过大量的试验，发现渗透速度与水力坡度的一次方成正比，为线性关系，其表达式为

$$Q = KJA \tag{1-2}$$

或

$$V = KJ \tag{1-3}$$

式中　Q——渗流量（m^3/d，L/s）；

　　　J——水力坡度；

　　　A——过水断面面积（m^2）；

　　　V——渗透速度（m/d，m/s）；

　　　K——渗透系数（m/d，m/s）。

在实际的地下水流中，由于水力坡度各处不同，可以把达西定律写成更一般的形式

$$\vec{V} = -K \frac{dH_w}{dS} \tag{1-4}$$

式中　H_w——水头（m）；

　　　$-\dfrac{dH_w}{dS}$——水力坡度。

渗透速度矢量沿三个坐标轴的分量分别为

$$V_x = -K \frac{\partial H_w}{\partial x}; \quad V_y = -K \frac{\partial H_w}{\partial y}; \quad V_z = -K \frac{\partial H_w}{\partial z} \tag{1-5}$$

公式中的渗透系数 K 是表示岩石透水性大小的水文地质参数。数值上等于水力坡度

为 1 时的渗透速度，具有速度的量纲。渗透系数的数值，既取决于含水层的性质，也取决于渗透液体的物理性质。

达西定律有一定的适用范围，超出这个范围，地下水的渗流就不符合达西定律了。如果用雷诺数表示达西定律的适用范围的话，可归纳如下：

(1) 存在一个临界雷诺数 $R_{e临}$，该值在 1～10 之间 $R_e < R_{e临}$，即低雷诺数时，属低速流，这时有一个粘滞力（忽略惯性力）占优势的层流区域，该区域内达西定律是适用的。上述 $R_{e临}$ 就是达西定律成立的上限。同时说明，服从达西定律的 $R_{e临}$ 比地下水由层流转变为紊流时的雷诺数要小，也即达西定律的适用范围比层流运动范围要小。

(2) 当 $R_{e临} < 20～60$ 时，出现一个过渡带，从粘滞力占优势的层流运动过渡到非线性的层流运动。该带当渗透速度增大后，惯性力也逐渐增大，当惯性力接近摩擦阻力的数量级时，由于惯性力与速度的平方成正比，从而使渗透速度与水力梯度的关系就不再呈线性关系，也即偏离了达西定律。

(3) 高雷诺数时则为紊流，此时达西定律的使用就失效了。

(二) 非线性渗透定律

在紊流运动条件下，地下水的渗透服从谢才（A. Chezy）公式

$$v = K_c \sqrt{J} \tag{1-6}$$

或

$$Q = K_c \sqrt{J} A \tag{1-7}$$

式中　K_c——紊流运动时的渗透系数（m/d，m/s）；

其他符号的意义同前。

上式表明，在紊流运动时，地下水的渗透速度与水力坡度的 1/2 次方成正比。

只是在少数情况下，如地下水在大裂隙或大溶洞中的运动，才服从上述非线性渗透定律。水力坡度很大时，在孔隙介质中也可以出现紊流运动的情况。

二、地下水运动的基本方程

(一) 渗流的连续性方程

设在充满液体的渗流区域内取一无限小的平行六面体，其各边长度为 Δx、Δy、Δz，并且和坐标轴平行。如沿坐标轴方向的渗透速度分量为 v_x、v_y、v_z，液体的密度为 ρ（图 1-20）。

在 Δt 时间内流入六面体左边界面的液体质量为

$$\rho Q_x \Delta t = \rho v_x \Delta y \Delta z \Delta t$$

而从六面体右边界面流出的液体质量为

$$\left[\rho Q_x + \frac{\partial (\rho Q_x)}{\partial x} \Delta x \right] \Delta t$$

亦即

$$\rho v_x \Delta y \Delta z \Delta t + \frac{\partial (\rho v_x)}{\partial x} \Delta x \Delta y \Delta z \Delta t$$

沿 x 轴方向流入六面体和流出六面体的液体质量差为

$$\rho v_x \Delta y \Delta z \Delta t - \left[\rho v_x \Delta y \Delta z \Delta t + \frac{\partial (\rho v_x)}{\partial x} \Delta x \Delta y \Delta z \Delta t \right]$$

第四节 地下水运动的基本规律

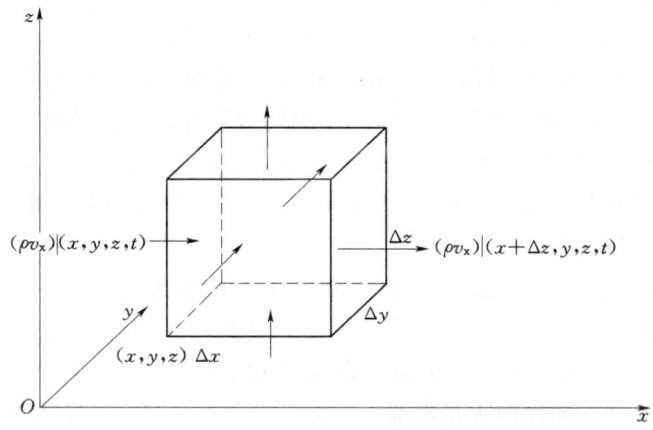

图 1-20 渗流区域中的单元体

$$= -\frac{\partial(\rho v_x)}{\partial x}\Delta x\Delta y\Delta z\Delta t$$

同理，可以写出沿 y 轴方向和 z 轴方向流入六面体和流出六面体的液体质量差分别为

$$-\frac{\partial(\rho v_y)}{\partial y}\Delta x\Delta y\Delta z\Delta t$$

和

$$-\frac{\partial(\rho v_z)}{\partial z}\Delta x\Delta y\Delta z\Delta t$$

因此，在 Δt 时间内，流入和流出平行六面体的总质量差为

$$-\left[\frac{\partial(\rho v_x)}{\partial x}+\frac{\partial(\rho v_y)}{\partial y}+\frac{\partial(\rho v_z)}{\partial z}\right]\Delta x\Delta y\Delta z\Delta t$$

在平行六面体内，液体所占的体积为 $n\Delta x\Delta y\Delta z$。其中 n 为孔隙度。因此，平行六面体内液体的质量为 $\rho n\Delta x\Delta y\Delta z$。在 Δt 时间内，平行六面体内液体质量的变化为

$$\frac{\partial}{\partial t}[\rho n\Delta x\Delta y\Delta z]\Delta t$$

平行六面体内液体质量的变化（即贮存量的变化），是由于液体流入平行六面体和流出平行六面体的液体质量差造成的。根据质量守恒定律，两者在数值上应该相等。所以

$$-\left[\frac{\partial(\rho v_x)}{\partial x}+\frac{\partial(\rho v_y)}{\partial y}+\frac{\partial(\rho v_z)}{\partial z}\right]\Delta x\Delta y\Delta z = \frac{\partial}{\partial t}[\rho n\Delta x\Delta y\Delta z] \tag{1-8}$$

式（1-8）称为渗流的连续性方程式。

如果把地下水当作不可压缩的均质液体，地下水的密度 ρ＝常数，同时假设流入和流出平行六面体的液体总质量差等于零。因此有

$$\frac{\partial v_x}{\partial x}+\frac{\partial v_y}{\partial y}+\frac{\partial v_z}{\partial z}=0 \tag{1-9}$$

式（1-9）即为稳定流情况下渗流的连续性方程。它实质上表明在稳定流条件下同一时间内流入的水量和流出的水量是相等的。

（二）承压水非稳定运动的基本微分方程

所谓地下水的非稳定运动是指地下水运动要素随时间而变化的运动。这主要是由于天然因素或人为因素的影响，引起地下水补给、径流、排泄条件的变化而造成的，如含水层补给面积上大气降水的不均匀渗入、潜水的不均匀蒸发与地下水有水力联系的地表水体的水位变化、水井抽水、矿坑排水等等。因此，实际上自然界地下水的状况总是在不断地变化着。地下水的运动总是不稳定的。如果变化不大，在某些情况下，也可近似地把它作为稳定运动来考虑，以简化计算。

根据渗流的连续性原理，Δt 时间内，流入各边长度为 Δx，Δy，Δz 的平行六面体（图1-20）的水量为

$$Q_x \Delta t + Q_y \Delta t + Q_z \Delta t$$

在 Δt 时间内，流出此六面体的水量则为

$$\left(Q_x + \frac{\partial Q_x}{\partial x}\Delta x\right)\Delta t + \left(Q_y + \frac{\partial Q_y}{\partial y}\Delta y\right)\Delta t + \left(Q_z + \frac{\partial Q_z}{\partial z}\Delta z\right)\Delta t$$

因此，Δt 时间内此六面体内水量的变化为

$$-\left(\frac{\partial Q_x}{\partial x}\Delta x + \frac{\partial Q_y}{\partial y}\Delta y + \frac{\partial Q_z}{\partial z}\Delta z\right)\Delta t$$

由于我们所研究的是承压含水层，从隔水顶板上部不可能获得补给。所以，六面体内水量的变化必然引起贮存的变化。在 Δt 时间内，由于贮存的变化引起的小土体内水体积的增量，根据贮水率的定义应为

$$S_s \frac{\partial H}{\partial t}\Delta x \Delta y \Delta z \Delta t$$

显然，它们是相等的，即

$$-\left(\frac{\partial Q_x}{\partial x}\Delta x + \frac{\partial Q_y}{\partial y}\Delta y + \frac{\partial Q_z}{\partial z}\Delta z\right)\Delta t = S_s \frac{\partial H}{\partial t}\Delta x \Delta y \Delta z \Delta t \qquad (1-10)$$

根据达西定律，矢量渗透速度 v 沿坐标轴 x，y，z 的分量 Δx，Δy，Δz 分别为

$$v_x = -K\frac{\partial H}{\partial x}; \qquad v_y = -K\frac{\partial H}{\partial y}; \qquad v_z = -K\frac{\partial H}{\partial z}; \qquad (1-11)$$

于是

$$Q_x = v_x \Delta y \Delta z = -K\frac{\partial H}{\partial x}\Delta y \Delta z$$

Q_y，Q_z 也可分写类似的表达式，于是可得

$$\left[\frac{\partial}{\partial x}\left(K\frac{\partial H}{\partial x}\right) + \frac{\partial}{\partial y}\left(K\frac{\partial H}{\partial y}\right) + \frac{\partial}{\partial z}\left(K\frac{\partial H}{\partial z}\right)\right]\Delta x \Delta y \Delta z \Delta t = S_s \frac{\partial H}{\partial t}\Delta x \Delta y \Delta z \Delta t$$

化简后得

$$\frac{\partial}{\partial x}\left(K\frac{\partial H}{\partial x}\right) + \frac{\partial}{\partial y}\left(K\frac{\partial H}{\partial y}\right) + \frac{\partial}{\partial z}\left(K\frac{\partial H}{\partial z}\right) = S_s \frac{\partial H}{\partial t} \qquad (1-12)$$

对于均质各向同性的含水层来说，可进一步化简为

$$\frac{\partial^2 H}{\partial x^2} + \frac{\partial^2 H}{\partial y^2} + \frac{\partial^2 H}{\partial z^2} = \frac{S_s}{K}\frac{\partial H}{\partial t} \qquad (1-13)$$

为了计算方便，我们引入一个参数——导水系数 T。

$$T = KM \tag{1-14}$$

式中 M——含水层厚度；

K——渗透系数，通常取垂直断面上渗透系数的平均值。

导水系数表示水力坡度 $J=1$ 时，通过整个含水层厚度的单宽流量，量纲 $[L^2 T^{-1}]$，通常用 m^2/d 做单位。在非均质含水层中 T 是坐标的函数，因地而异。导水系数 T 和贮水系数 S 都是含水层的重要水文地质参数，在水文地质计算中有重要的意义。

把 T 和 S 代入式（1-12）和式（1-13）中得

$$\frac{\partial}{\partial x}\left(K\frac{\partial H}{\partial x}\right) + \frac{\partial}{\partial y}\left(K\frac{\partial H}{\partial y}\right) + \frac{\partial}{\partial z}\left(K\frac{\partial H}{\partial z}\right) = \frac{S}{M}\frac{\partial H}{\partial t} \tag{1-15}$$

和

$$\frac{\partial^2 H}{\partial x^2} + \frac{\partial^2 H}{\partial y^2} + \frac{\partial^2 H}{\partial z^2} = \frac{S}{T}\frac{\partial H}{\partial t} \tag{1-16}$$

式（1-15）在二维情况下还可写成下列形式

$$\frac{\partial}{\partial x}\left(T\frac{\partial H}{\partial x}\right) + \frac{\partial}{\partial y}\left(T\frac{\partial H}{\partial y}\right) = S\frac{\partial H}{\partial t} \tag{1-17}$$

这几个方程为承压水非稳定运动的基本微分方程。

如果化为柱坐标，则式（1-16）变为

$$\frac{1}{r}\frac{\partial}{\partial r}\left(r\frac{\partial H}{\partial r}\right) + \frac{1}{r^2}\frac{\partial^2 H}{\partial \theta^2} + \frac{\partial^2 H}{\partial z^2} = \frac{S}{T}\frac{\partial H}{\partial t} \tag{1-18}$$

有些文献中，以 $\frac{1}{a}$ 代替 $\frac{S}{T}$，即令 $a = \frac{T}{S}$，a 通常称为压力传导系数（导压系数），量纲为 $[L^2 T^{-1}]$，于是式（1-16）有下列形式

$$\frac{\partial^2 H}{\partial x^2} + \frac{\partial^2 H}{\partial y^2} + \frac{\partial^2 H}{\partial z^2} = \frac{1}{a}\frac{\partial H}{\partial t} \tag{1-19}$$

（三）潜水非稳定运动的基本微分方程

潜水含水层和承压水含水层不同，它的上部没有隔水顶板，因此在推导微分方程时，应当考虑上部的入渗补给。

布西涅斯克（J. Boussinesq）在研究潜水的非稳定运动时，假定水是不可以压缩的流体，均质岩层中的潜水是缓变运动，导出了非稳定运动的微分方程式。

先考虑平面问题。我们取平行于 xoz 平面的单位宽度进行研究。

在渗流场内取出一块土体（图1-21）。它的上界面为潜水面，下界面为隔水层，前后左右为两个相距为 dx 的垂直断面。引起该小土体内水量变化的因素为：

（1）大气降水的入渗补给或潜水蒸发 ε（入渗时取正值，蒸发时取负值）。
（2）从上游断面流入的水量 q。
（3）从下游断面流出的水量 $q+dq$。

在 dt 时间内，从上游断面流入的水量为 $q = v_x h dt$，从下游断面流出的水量为

$$q + dq = v_x h dt + \frac{\partial(v_x h)}{\partial x} dx dt$$

dt 时间内，从上部入渗的补给量为 $\varepsilon dx dt$。

因此，在 dt 时间内，在小土体中水量的增量为

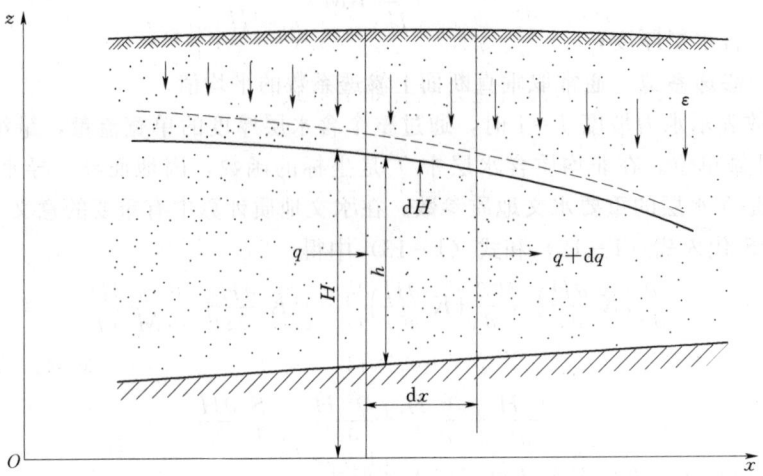

图 1-21 潜水非稳定流运动

$$\left[v_x h - v_x h - \frac{\partial(v_x h)}{\partial x}dx + \varepsilon dx\right]dt = \left[-\frac{\partial(v_x h)}{\partial x} + \varepsilon\right]dx dt \qquad (1-20)$$

由于认为水是不可压缩的流体，小土体内的水量增加必然会引起潜水面的上升，水量减少则会引起潜水面的下降。设潜水面变化的速率为 $\frac{\partial H}{\partial t}$，在 dt 时间内潜水面的升高（或降低）为 $\frac{\partial H}{\partial t}dt$。潜水面的变化而引起的小土体内水体积的增量为

$$\mu \frac{\partial H}{\partial t}dx dt$$

式中的 μ 当潜水面上升时为饱和差，下降时为给水度。

显然，这两个增量应当是相等的，即

$$\left[-\frac{\partial(v_x h)}{\partial x} + \varepsilon\right]dx dt = \mu \frac{\partial H}{\partial t}dx dt$$

将 $v_x = -K\frac{\partial H}{\partial x}$ 代入上式，得

$$K\frac{\partial}{\partial x}\left(h\frac{\partial H}{\partial x}\right) + \varepsilon = \mu \frac{\partial H}{\partial t}$$

经整理后得

$$\frac{\partial H}{\partial t} = \frac{K}{\mu}\frac{\partial}{\partial x}\left(h\frac{\partial H}{\partial x}\right) + \frac{\varepsilon}{\mu} \qquad (1-21)$$

即

$$\frac{\partial}{\partial x}\left(h\frac{\partial H}{\partial x}\right) + \frac{\varepsilon}{K} = \frac{\mu}{K}\frac{\partial H}{\partial t} \qquad (1-22)$$

式（1-22）即为潜水在平面运动情况下的布西涅斯克方程。

潜水在空间运动的情况下，可以用类似的方法导出布西涅斯克方程，其表达式如下

$$\frac{\partial}{\partial x}\left(h\frac{\partial H}{\partial x}\right) + \frac{\partial}{\partial y}\left(h\frac{\partial H}{\partial y}\right) + \frac{\varepsilon}{K} = \frac{\mu}{K}\frac{\partial H}{\partial t} \qquad (1-23)$$

或写成

$$\frac{\partial H}{\partial t} = \frac{K}{\mu}\left[\frac{\partial}{\partial x}\left(h\frac{\partial H}{\partial x}\right) + \frac{\partial}{\partial y}\left(h\frac{\partial H}{\partial y}\right)\right] + \frac{\varepsilon}{\mu} \qquad (1-24)$$

当隔水底板水平时，布西涅斯克方程有如下形式：

在平面运动的情况下为

$$\frac{\partial}{\partial x}\left(h\frac{\partial H}{\partial x}\right) + \frac{\varepsilon}{K} = \frac{\mu}{K}\frac{\partial h}{\partial t} \qquad (1-25)$$

在空间运动的情况下为

$$\frac{\partial}{\partial x}\left(h\frac{\partial h}{\partial x}\right) + \frac{\partial}{\partial y}\left(h\frac{\partial h}{\partial y}\right) + \frac{\varepsilon}{K} = \frac{\mu}{K}\frac{\partial h}{\partial t} \qquad (1-26)$$

对于非均质含水层，渗透系数是坐标的函数，即 $K = f(x,y)$。此时，布西涅斯克方程有如下的形式

$$\frac{\partial}{\partial x}\left(Kh\frac{\partial H}{\partial x}\right) + \frac{\partial}{\partial y}\left(Kh\frac{\partial H}{\partial y}\right) + \varepsilon = \mu\frac{\partial H}{\partial t} \qquad (1-27)$$

布西涅斯克方程是研究潜水非稳定运动的基本微分方程，它是一个二阶的非线性偏微分方程。除了对某些个别情况找到几个特解以外，这个方程现在还没有精确的解析解。为了解布西涅斯克方程，通常采用近似方法把这个非线性方程转换为线性方程，然后求解。这种方法叫做线性化。有关布西涅斯克方程线性化的方法读者可以参阅有关专门文献。但目前广泛采用的是用数值法（有限差分法和有限单元法）来求近似解。

把式（1-27）和式（1-17）加以比较，式（1-17）中少一项 ε。但式（1-17）是在垂直方向没有水量交换的情况下导出的，所以没有这一项 ε。如果像式（1-27）那样，垂直方向有水量交换，设单位时间、单位面积上垂直方向补给含水层的水量为 ε（流出为负），则在建立方程时根据水量平衡的原则，和式（1-27）一样，在方程式的左端要加一项 ε，变为

$$\frac{\partial}{\partial x}\left(T\frac{\partial H}{\partial x}\right) + \frac{\partial}{\partial y}\left(T\frac{\partial H}{\partial y}\right) + \varepsilon = S\frac{\partial H}{\partial t} \qquad (1-28)$$

这样两者在形式上就相似了。式（1-28）中的 S 相当于式（1-27）中的 μ。虽然两者的物理意义截然不同，但在方程中起的作用却是相似的。为了简化起见，有时把它们合并成一个统一的表达式

$$\frac{\partial}{\partial x}\left(F\frac{\partial H}{\partial x}\right) + \frac{\partial}{\partial y}\left(F\frac{\partial H}{\partial y}\right) + \varepsilon = S\frac{\partial H}{\partial t} \qquad (1-29)$$

其中：$F=T=KM$（m²/d）　　　　承压水区；
$F=Kh=K(H-z)$（m²/d）　　无压水区 [Z 为含水层底板标高（m）]；
$E=S$　　　　　　　　　　承压水区；
$E=\mu$　　　　　　　　　　无压水区；

但要注意，在无压水区由于水流厚度 h 也是未知的，因而方程式是非线性的。

（四）地下水稳定运动的基本微分方程

前面我们讨论了地下水非稳定运动的基本微分方程。作为它们的特例，当水位变化很小，$\frac{\partial H}{\partial t} \to 0$ 时，可以当作稳定运动来研究。因此，只要令非稳定运动基本微分方程右端

的 $\frac{\partial H}{\partial t}$ 项等于零，就可以得到相应的稳定运动方程。

对于一般的非均质承压含水层来说，由式（1-15）得

$$\frac{\partial}{\partial x}\left(K\frac{\partial H}{\partial x}\right) + \frac{\partial}{\partial y}\left(K\frac{\partial H}{\partial y}\right) + \frac{\partial}{\partial z}\left(K\frac{\partial H}{\partial z}\right) = 0 \qquad (1-30)$$

对于均质各向同性含水层来说，由式（1-16）得

$$\frac{\partial^2 H}{\partial x^2} + \frac{\partial^2 H}{\partial y^2} + \frac{\partial^2 H}{\partial z^2} = 0 \qquad (1-31)$$

对于潜水来说，由式（1-27）和式（1-23）得

$$\frac{\partial}{\partial x}\left(Kh\frac{\partial H}{\partial x}\right) + \frac{\partial}{\partial y}\left(Kh\frac{\partial H}{\partial y}\right) = 0 \qquad (1-32)$$

$$\frac{\partial}{\partial x}\left(h\frac{\partial H}{\partial x}\right) + \frac{\partial}{\partial y}\left(h\frac{\partial H}{\partial y}\right) = 0 \qquad (1-33)$$

这几个方程是地下水稳定运动的基本微分方程。式（1-31）通常称为拉普斯（Laplace）方程。

第二章 地下水利用中水文地质参数及其他参数的确定方法

水文地质参数是表征含水层水理特性的定量指标。在地下水资源计算、评价、动态预测和其他水文地质计算工作中，都涉及到含水层的水文地质参数。在地下水开发利用中，常用的水文地质参数有渗透系数（K）、导水系数（T）、给水度（μ）、贮水系数（μ^*）、压力（或水位）传导系数（a）、隔水系数（B）、越流系数（K_e）、影响半径（R）、降雨入渗补给系数（α）、潜水蒸发系数（C）等。这些参数确定得正确与否，直接影响地下水资源计算与评价及动态预测的精度。

水文地质参数的确定，在地下水勘查、开发利用的不同阶段，可以采用不同的方法。在勘探阶段或地下水开发利用的初期，通常采用野外抽水试验来测定水文地质参数。但由于抽水试验的数量有限，往往不能代表大面积含水层的情况。在地下水已开发利用，且有较长期的地下水动态观测资料的情况下，可以通过地下水的开采资料和动态观测资料，确定水文地质参数。用这种方法确定的水文地质参数代表性强，往往比较符合实际。

在特定条件下，也可以采用室内试验的方法确定某些水文地质参数，但一般与实际情况相差较大。此外，也可利用专用模拟机和电子计算机确定复杂条件下的水文地质参数。

第一节 利用抽水试验资料确定水文地质参数

野外抽水试验，是目前获取水文地质参数的主要方法之一。利用抽水试验资料，能够确定含水层的渗透系数 K 等多种水文地质参数。

一、利用稳定流抽水试验资料确定水文地质参数

因稳定流抽水试验方法和试验井的结构不同，计算参数的公式也不一样，仅介绍最常用的基本公式。

（一）利用裘布依公式确定渗透系数 K

利用裘布依完整井出水量计算公式，导出渗透系数 K 的计算公式如下。

1. 潜水完整井计算渗透系数公式

（1）利用单井抽水试验资料，则

$$K = \frac{0.733Q(\lg R - \lg r_0)}{H_0^2 - h_0^2} = \frac{0.733Q(\lg R - \lg r_0)}{(2H_0 - s_0)s_0} \tag{2-1}$$

（2）利用抽水井和一个观测孔资料，则

$$K = \frac{0.733Q(\lg r_1 - \lg r_0)}{h_1^2 - h_0^2} = \frac{0.733Q(\lg r_1 - \lg r_0)}{(2H_0 - s_0 - s_1)(s_0 - s_1)} \tag{2-2}$$

（3）利用两个观测孔资料，则

$$K = \frac{0.733Q(\lg r_2 - \lg r_1)}{h_2^2 - h_1^2} = \frac{0.733Q(\lg r_2 - \lg r_1)}{(2H_0 - s_1 - s_2)(s_1 - s_2)} \tag{2-3}$$

2. 承压完整井计算渗透系数公式

（1）利用单井抽水试验资料，则

$$K = \frac{0.366Q(\lg R - \lg r_0)}{M(H_0 - h_0)} = \frac{0.366Q(\lg R - \lg r_0)}{Ms_0} \quad (2-4)$$

（2）利用抽水井和一个观测孔资料，则

$$K = \frac{0.366Q(\lg r_1 - \lg r_0)}{M(h_1 - h_0)} = \frac{0.366Q(\lg r_1 - \lg r_0)}{M(s_0 - s_1)} \quad (2-5)$$

（3）利用两个观测孔资料，则

$$K = \frac{0.366Q(\lg r_2 - \lg r_1)}{M(h_2 - h_1)} = \frac{0.366Q(\lg r_2 - \lg r_1)}{M(s_1 - s_2)} \quad (2-6)$$

上三式中　K——渗透系数（m/d）；

　　　　　Q——出水量（m³/d）；

　　　　　R——影响半径（m）；

　　　　　r_0——抽水井半径（m）；

　　　　　H_0——抽水井静水位（m）；

　　　　　h_0——抽水井动水位（m）；

　　　　　r_1——观测孔1距抽水井井轴中心的距离（m）；

　　　　　s_0——抽水井中的水位降（m）；

　　　　　r_2——观测孔2距抽水井井轴中心的距离（m）；

　　　　　s_1——观测孔1中的水位降（m）；

　　　　　h_1——观测孔1动水位（m）；

　　　　　s_2——观测孔2中的水位降（m）；

　　　　　h_2——观测孔2动水位（m）；

　　　　　M——承压含水层厚度（m）。

抽水井为潜水完整井及观测孔布置，见图2-1、抽水井为承压完整井及观测孔布置见图2-2。

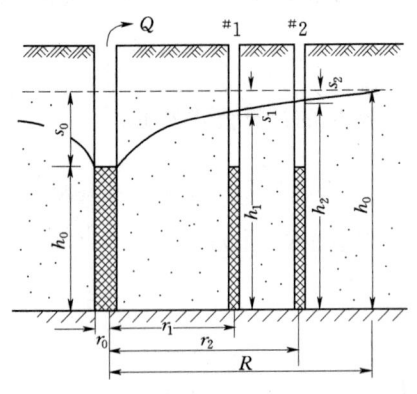
图2-1　潜水完整井及观测孔示意图

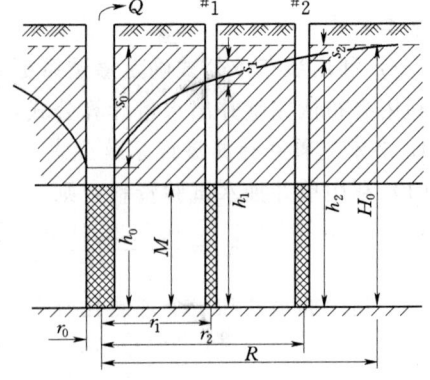
图2-2　承压完整井及观测孔示意图

应当指出，单井抽水试验，因其没有观测孔，井的结构、抽水设备的运行等因素往往影响观测资料的精度，计算出的参数精度低且代表性也较差，因而此法仅适用于地下水的普查阶段、详查阶段。

有观测孔（特别是有两个以上）的抽水试验，可避免上述因素影响，利用观测孔的观测资料计算出的参数精度高，代表性好。此法多用于地下水的勘探阶段。

无论采用哪种抽水试验，都需要有3次以上的抽水降深。

除此之外，为提高参数计算的精度，还应注意以下问题。

(1) 消除水跃值影响。理论上，均质含水层的渗透系数K应是一常数，但在用抽水试验资料求K值时，往往出现用不同水位降深、不同井型结构以及不同抽水试验方法的抽水试验资料计算出的K值，往往随着水位降深的增大，K值减小。在水位降深相同的情况下，由于试验井的结构不同，计算的K值也不同。如无滤水管的比有滤水管的K值大；井径增大，K值相应增大；不同类型的滤水管，K值也不相同；填砾比不填砾的K值大。在井型结构、水位降深相同的情况下，用单井或一个观测孔的抽水试验资料计算的K值比用两个观测孔的抽水资料计算的K值小。我国学者施普德根据实践经验认为，产生上述矛盾的主要原因是水跃值的影响，所以在利用稳定流抽水试验资料确定渗透系数时，需要消除水跃值的影响，否则计算的K值一般偏小。

(2) 选择高质量的试验井。试验井的滤水结构设计不合理，施工质量不高，如填砾不合规格、洗井不彻底等，势必影响井的出水量或产生过大的水跃值，使计算出的K值偏小。

(3) 避免混合流的影响。如果抽水试验中，流向井的水流已由层流转化为混合流，甚至紊流时，则水的流动偏离线性渗透定律。在这种情况下，如果仍采用层流运动的裘布依公式，则所计算的K值会因降深的增大而偏小。为避免上述情况出现，应适当控制抽水降深，以免因流速过大而出现混合流。

（二）有越流补给时渗透系数K、越流系数K_e的确定

在承压含水层有越流补给的抽水试验中，当越流补给量等于抽水量时，或当抽水时间$t \to \infty$，即抽水时间持续很长时，地下水位下降漏斗达到稳定，就可按越流补给状况下的稳定流计算。其水位降深s的计算公式为

$$s = \frac{Q}{2\pi KM} K_0\left(\frac{r}{B}\right) \quad (2-7)$$

式中 $K_0\left(\frac{r}{B}\right)$——越流补给井函数，可从水文地质手册中查得。其标准曲线称作量板；

其余符号同前。

当抽水井远离补给边界或隔水边界，并有一个观测孔时（图2-3），K值计算式为

$$K = \frac{0.16Q}{Ms} K_0\left(\frac{r}{B}\right) \quad (2-8)$$

式中 s——观测孔中的水位降。

K值计算方法及步骤如下：

(1) 将稳定流状态下有越流补给的承压水标准曲线（量板）铺好，见图2-4。

(2) 用同一观测时间，不同距离的观测孔（一般不少于3个）的水位下降值，在双对数坐标纸上绘制与量板曲线模数相同的s—r曲线。

(3) 将上述资料曲线叠置在量板曲线上，在曲线的重合段上取资料曲线上任一点坐标

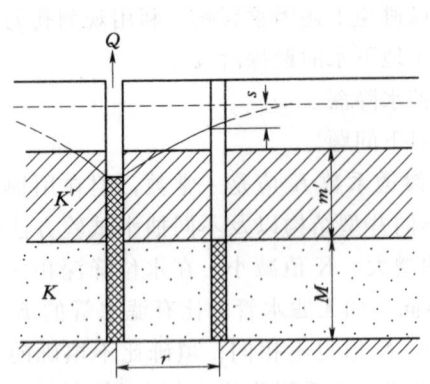

图 2-3 稳定状态下有越流承压水的井流

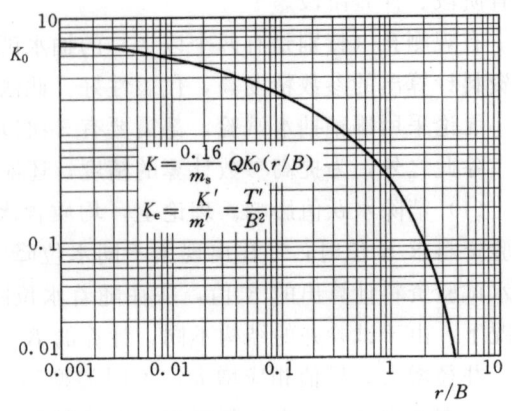

图 2-4 稳定状态下有越流承压水的标准曲线
（根据博尔顿 1960）

(s, r) 值（为了便于计算，多将该点选于整数坐标位置上），同时相应在量板曲线上找出 $K_0\left(\dfrac{r}{B}\right)$ 及 $\left(\dfrac{r}{B}\right)$ 值。

(4) 将 $K_0\left(\dfrac{r}{B}\right)$、$\dfrac{r}{B}$、$s$、$r$ 代入公式

$$\left.\begin{aligned} K &= \dfrac{0.16Q}{Ms} K_0\left(\dfrac{r}{B}\right) \\ \dfrac{r}{B} &= \dfrac{r}{\sqrt{\dfrac{KMm'}{K'}}} \end{aligned}\right\} \qquad (2-9)$$

$$K' = \dfrac{\left(\dfrac{r}{B}\right)^2 (KMm')}{r^2} \qquad (2-10)$$

式中　K'——隔水层渗透系数；
　　　m'——隔水层厚度。

即可求得有越流情况下含水层的渗透系数 K 和隔水层的渗透系数 K'。

(5) 求得 K、K' 后，可按下式求得越流系数 K_e，即

$$K_e = \dfrac{K'}{m'} \qquad (2-11)$$

不同井型及不同水文地质条件下的渗透系数 K 有不同的确定方法，可参考有关水文地质手册。

二、利用非稳定流抽水试验资料确定水文地质参数

非稳定流抽水试验是目前应用较多的一种确定承压含水层水文地质参数的方法。一般采用主孔定流量抽水，利用主孔和多个观测孔观测地下水位降深随时间的变化过程。然后根据抽水流量和水位降深资料确定水文地质参数。

（一）承压含水层导水系数 T 和压力传导系数 a 的确定

1. 配线法

根据非稳定流试验条件，当抽水流量 Q 为常数时，常用降深—时间配线法及降深—距离配线法。

（1）降深—时间配线法。该法在仅有抽水井和一个观测孔时适用。

因
$$s = \frac{Q}{4\pi T}W(u) \tag{2-12}$$

$$u = \frac{r^2}{4at} \tag{2-13}$$

故
$$t = \frac{r^2}{4a}\frac{1}{u} \tag{2-14}$$

由于观测孔的位置是固定的，水文地质参数亦为定值，即 $\frac{r^2}{4a}$ 为一常数。

分别对式（2-12）和式（2-14）取对数，则有

$$\lg s = \lg\frac{Q}{4\pi T} + \lg W(u) \tag{2-15}$$

$$\lg t = \lg\frac{r^2}{4a} + \lg\frac{1}{u} \tag{2-16}$$

即
$$\lg s = \lg W(u) + C_1（常数） \tag{2-17}$$

$$\lg t = \lg\frac{1}{u} + C_2（常数） \tag{2-18}$$

由式（2-17）和式（2-18）可以看出，在对数坐标纸上绘制 $\lg s$—$\lg t$ 关系曲线，就相当于绘制 $[\lg W(u) + C_1]$—$(\lg u + C_2)$ 关系曲线，或者可以说，$\lg W(u)$—$\lg u$ 关系曲线与 $\lg s$—$\lg t$ 关系曲线形状相同，仅是纵横坐标各差一个常数 C_1 和 C_2。降深—时间配线法便是由此提出来的。

具体作法是，将观测孔不同时间所观测的水位降深值点绘在透明的双对数坐标纸 a 上（图 2-5）并与事先在双对数坐标纸上作好的理论标准曲线（亦称量板）b 重叠（对数纸 a 与量板 b 采用同一模数），并使两对数纸的纵横坐标分别平行，平移对数纸 a，使实测点"重合"在理论标准曲线上，见图 2-6，选出配合点，读出相应的 $W(u)$、u、s 和 t，代入式（2-12）和式（2-13），即可求得 T 值和 a 值。

为了使配线取得较好的效果，应当使 $\lg s$—$\lg t$ 曲线有较大的曲率。即不仅能观测到相

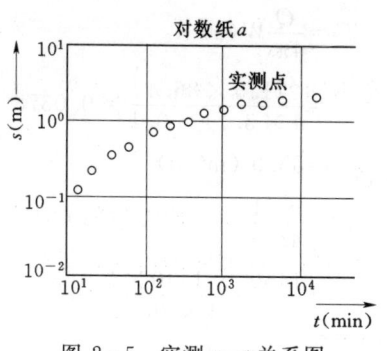

图 2-5 实测 s—t 关系图

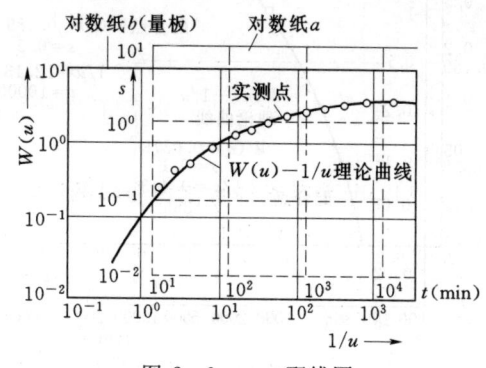

图 2-6 s—t 配线图

当于标准曲线的平缓部分，更重要的在于观测到曲线的陡峻部分。因而，抽水初期的观测数据相当重要，应加密观测次数，使曲线在每个对数周期内有 8~10 个点，并为求观测数据正确可靠。为了保证能观测到抽水初期的水位，观测孔位置的选择很重要，距抽水井过近或过远都是不适宜的。

【例 2-1】 某承压井深度 946m，抽水流量 $Q=21.5$L/s，观测孔距抽水井距离 r 为 1450m，孔深为 1004m，从 1973 年 2 月 8 日进行抽水试验，观测资料见表 2-1。

表 2-1　　　　　　　　　某深井抽水试验资料

观测时间				累计时间 (min)	抽水井出水量 (m^3/h)	观测孔	
月	日	时	分			埋深 (m)	降深 (m)
2	8	11	15	285	77.45	3.404	0
		16	0		77.45	3.455	0.051
2	9	8	0	1245	77.45	4.435	1.031
		16	0	1725	77.45	4.965	1.561
2	10	16	0	3165	77.45	6.495	3.091
2	11	8	0	4125	77.45	6.655	3.251
		16	0	4605	77.45	6.855	3.451
2	12	8	0	5565	77.45	7.250	3.846
		16	0	6045	77.45	7.425	4.021
		18	45	6210	停泵		

解　首先将试验数据点绘在透明双对数坐标纸上，如图 2-7 中配线图上的小圆圈。然后将 $W(u) \sim \dfrac{1}{u}$ 理论标准曲线与实测点重叠（以大部分实测点重叠为准），保持纵横坐标轴相互平行，图 2-7 即为配线后的正确位置。

任选一配合点，并查出相应的坐标值 $W(u)$、s、$\dfrac{1}{u}$ 和 t 值，它们分别为 $W(u)=0.0378$，$s=0.1$m，$\dfrac{1}{u}=0.443$，$t=365$

将这些值代入式（2-12）和式（2-13），得

$$T = \dfrac{Q}{4\pi s} W(u)$$

$$= \dfrac{21.5 \times 86.4}{4 \times 3.14 \times 0.1} \times 0.0378$$

$$= 55.9 \, (m^2/d)$$

$$a = \dfrac{r^2}{4t} \dfrac{1}{u}$$

$$= \dfrac{1450^2 \times 1440 \times 0.443}{4 \times 365}$$

$$= 9.18 \times 10^5 \, (m^2/d)$$

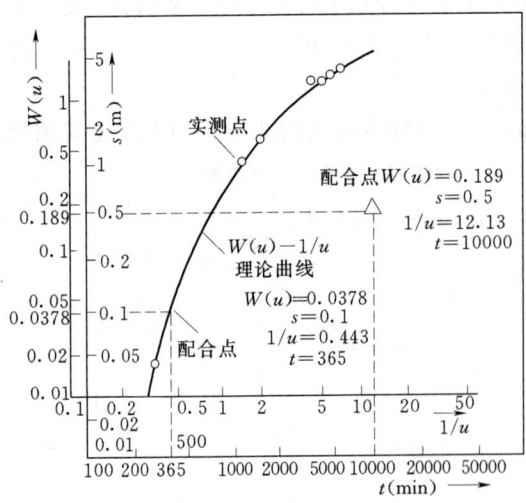

图 2-7　观测孔降深—时间配线图

需要说明的是，配合点也可以不在曲线上选。从式（2-15）和式（2-16）可以看出，$\lg t$ 与 $\lg \frac{1}{u}$ 及 $\lg s$ 与 $\lg W(u)$ 的差值均为一常数，因而配线后，任一对应的 t、$\frac{1}{u}$、s 及 $W(u)$ 值即为其解。

下面根据配合点外的任一点值进行计算，从图 2-7 中查得

$$W(u)=0.189, s=0.5, \frac{1}{u}=12.13, t=1000$$

则

$$T=\frac{Q}{4\pi s}W(u)=\frac{21.5\times 86.4}{4\times 3.14\times 0.5}\times 0.189=55.9\ (\text{m}^2/\text{d})$$

$$a=\frac{r^2}{4t}\frac{1}{u}=\frac{1450^2\times 1440\times 12.13}{4\times 10000}=9.18\times 10^5\ (\text{m}^2/\text{d})$$

结果完全一样。

为了便于计算，在确定配合点时，宜选取整数值，如 $W(u)=1$，$\frac{1}{u}=10$，再找对应的 s 值及 t 值即可。

（2）降深—距离配线法。当进行有多个观测孔的抽水试验时，可采用降深—距离配线法确定水文地质参数。这样求得的参数代表观测孔所控制范围的含水层水文地质参数的平均值。

从式（2-13）可知，当时间为定值时，u 与 r^2 成正比，即

$$u=\frac{1}{4at}r^2$$

式中，$\frac{1}{4at}$ 为一常数，对照式（2-12）和式（2-13），同样可以看出 r^2—s 的关系和 $W(u)\sim u$ 的关系也是一致的。式（2-13）两边取对数，得

$$\lg u=\lg\frac{1}{4at}+\lg r^2 \quad (2-19)$$

即

$$\lg u-\lg r^2=\lg\frac{1}{4at}=\text{常数} \quad (2-20)$$

与降深—时间配线法一样，在双对数坐标纸上绘制 $W(u)\sim u$ 标准曲线，并点绘同一时刻各观测孔距抽水井距离 r 的平方与相应降深 s 的曲线，即 $s\sim r^2$ 对数关系曲系。进行配线即可求解参数 a 和 T。

【例 2-2】 某地质队于 1970 年 10 月进行了一次抽水试验，其抽水试验平面布置见图 2-8。除 17 号为抽水孔外，其余均为观测孔，抽水试验观测数据见图 2-9。抽水开始时间为 10 月 28 日 10：00，取 10 月 29 日 20：00 时各观测孔资料进行分析。

解 求出各观测孔与抽水孔之间距离的平方值，并与相应的降深值点绘于双对数纸上，即图 2-9 中的小圆圈，然后与理论曲线进行配线，图 2-9 为配线后的正确位置，读出相应的值，即可计算出水文地质参数 $W(u)=1$，$s=0.24\text{m}$，$u=0.1$，$r^2=6.2\times 10^5\text{m}^2$。

则

$$a=\frac{1}{4ut}r^2=\frac{1}{4\times 0.1\times 34/24}\times 6.2\times 10^5=1.095\times 10^6(\text{m}^2/\text{d})$$

$$T=\frac{Q}{4\pi s}W(u)=\frac{23.34\times 86.4}{4\times 3.1416\times 0.24}\times 1=665\ (\text{m}^2/\text{d})$$

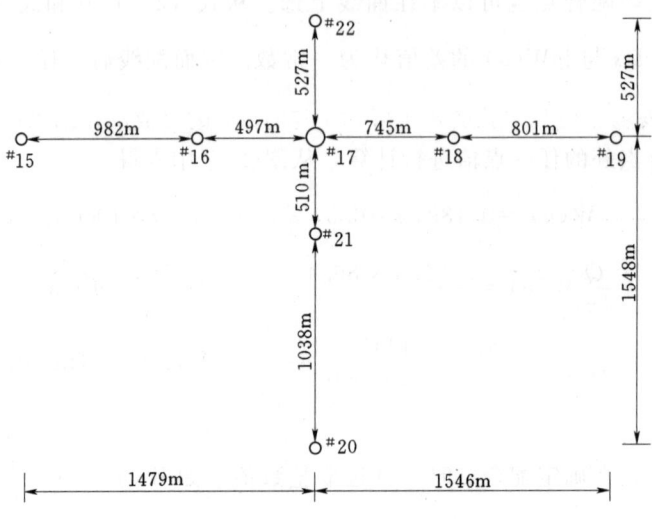

图 2-8 抽水试验平面布置图

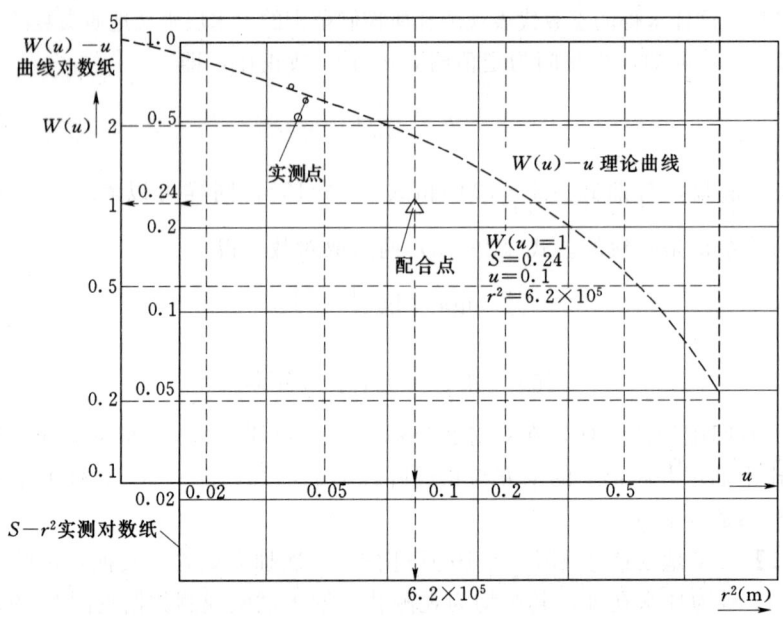

图 2-9 距离—降深配线法求水文地质参数

2. 直线解析法

当抽水时间较长或观测孔距抽水井较近,满足 $u \leqslant 0.05$ 时,泰斯公式简化式为

$$s = \frac{0.183Q}{T}\lg\frac{2.25at}{r^2} = \frac{0.183Q}{T}\lg\frac{2.25a}{r^2} + \frac{0.183Q}{T}\lg t \quad (2-21)$$

因 Q、T、a、r 皆为常数,令

$$\frac{0.183Q}{T}\lg\frac{2.25a}{r^2} = A(\text{常数})$$

$$\frac{0.183Q}{T} = B(\text{常数})$$

则
$$s = A + B\lg t \tag{2-22}$$

式（2-22）表示一个观测孔的水位降深 s 与时间 t 的对数，在抽水持续一定时间后呈直线关系，见图 2-10。

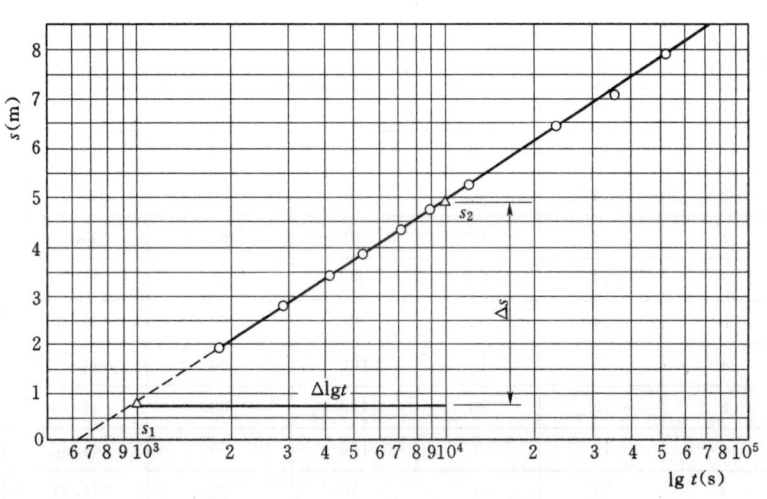

图 2-10 $s = f(\lg t)$ 关系图

A 为直线的截距，B 为直线的斜率。故 $B = \frac{\Delta s}{\Delta \lg t} = \frac{s_2 - s_1}{\lg t_2 - \lg t_1}$，又因 $B = \frac{0.183Q}{T}$，所以

$$\frac{0.183Q}{T} = \frac{s_2 - s_1}{\lg t_2 - \lg t_1}$$

$$T = \frac{0.183}{s_2 - s_1} \lg \frac{t_2}{t_1} \tag{2-23}$$

若取 $t_2 = 10 t_1$，则

$$T = \frac{0.183Q}{s_2 - s_1} \tag{2-24}$$

为求 a 值，将直线延长与横坐标轴相交，交点坐标为 $(0, t_0)$ 代入泰斯简化式，则

$$s = \frac{0.183Q}{T} \lg \frac{2.25 a t_0}{r^2} = 0$$

则
$$\lg \frac{2.25 a t_0}{r^2} = 0; \quad \frac{2.25 a t_0}{r^2} = 1$$

$$a = \frac{r^2}{2.25 t_0} \tag{2-25}$$

从而
$$\mu^* = \frac{T}{a}$$

同理可以推导 $s - \lg r$、$s - \lg \frac{r^2}{t}$ 或 $\lg \frac{t}{r^2}$ 的直线解析公式。

41

【例 2-3】 某抽水井深 120m，取水段 80～110m，观测井深 160m，距抽水井的距离为 43m，抽水试验记录见表 2-2。

表 2-2　　　　　　　　　　抽水试验记录表

观测时间					抽水井		观测井
月	日	时	分	累计时间（min）	出水流量（m³/h）	水位埋深（m）	降深（m）
6	8	13	30	0	60	42.04	0
6	8	13	40	10	60	42.77	0.73
6	8	13	50	20	60	43.32	1.28
6	8	14	0	30	60	43.57	1.53
6	8	14	10	40	60	43.76	1.72
6	8	14	30	60	60	44.00	1.96
6	8	14	50	80	60	44.18	2.14
6	8	15	10	100	60	44.32	2.28
6	8	15	30	120	60	44.43	2.39
6	8	16	0	150	60	44.58	2.54
6	8	17	0	210	60	44.81	2.77
6	8	18	0	270	60	45.03	2.99
6	8	19	0	330	60	45.14	3.10
6	9	0	15	645	60	45.50	3.47
6	9	4	4	874	60	45.78	3.68

解　将实测数据点绘在单对数纸上，找出呈直线关系的线段，如图 2-11 所示，$t > 30\text{min}$ 后 $s - \lg t$ 成直线关系。从图中查得在 $t_1 = 30\text{min}$，$t_2 = 300\text{min}$ 时，$\Delta s = 1.45\text{m}$，代入式（2-24），得

$$T = \frac{0.183Q}{\Delta s} = \frac{0.183 \times 60 \times 24}{1.45} = 182 \ (\text{m}^2/\text{d})$$

$s = 0$ 时，$t_0 = 2.7$，代入式（2-25），得

$$a = \frac{r^2}{2.25 t_0} = \frac{43^2 \times 1440}{2.25 \times 2.7} = 4.38 \times 10^5 (\text{m}^2/\text{d})$$

3. 水位恢复法

当抽水停止后，地下水位随时间逐渐上升恢复，可利用水位恢复过程资料求水文地质参数。由于水位恢复过程中，排除了抽水过程中的一些因素的干扰，计算结果较接近实际情况，同时能对用抽水资料所求的水文地质参数起校核作用。

（1）抽水稳定后停抽。抽水稳定后的降深为 s_0，停抽后任意时间 t，距抽水井 r 处的水位剩余降

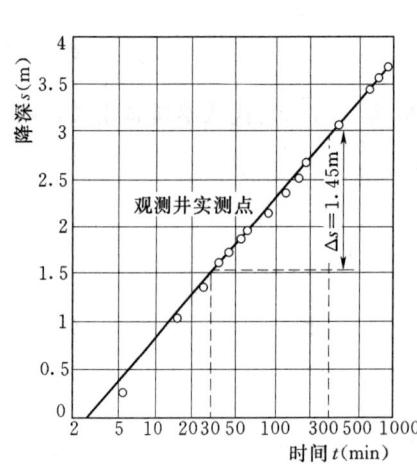

图 2-11　$s - \lg t$ 直线关系图

深值 s_r 可根据势叠加原理表示，即

$$s_r = s_0 - \frac{Q}{4\pi T}W(u) \tag{2-26}$$

式中，$\frac{Q}{4\pi T}W(u)$ 取负值是因为水位恢复时，恢复水位与抽水降深是相反的。

当 $u \leqslant 0.05$ 时，即当观测孔距离 r 值不大时，s_r—$\lg t$ 很快成直线关系（图 2-12），因此，可用直线解析法。方法同前。

当 $u \geqslant 0.05$ 时，即在停抽初期，T 值采用下式求解，即

$$T = \frac{Q}{4\pi(s_0 - s_1)}W(u_1) \tag{2-27}$$

其中，$W(u_1)$ 可用下面方法求得：

选择任意 u_1，按 $u_2 = \frac{u_1 t_1}{t_2}$ 计算 u_2 值，查表得 $W(u_1)$、$W(u_2)$，代入下式求解，即

$$\frac{s_0 - s_1}{s_0 - s_2} = \frac{W(u_1)}{W(u_2)} \tag{2-28}$$

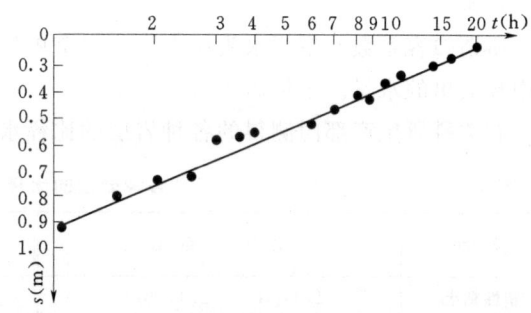

图 2-12 观测孔恢复水位的 $s = f(\lg t)$ 曲线图

式中，s_1、s_2 为 t_1 及 t_2（停抽起算）相对应之水位降深值。

进行试算时，应使式（2-28）两端相等，然后求出 $W(u_1)$ 值，代入式（2-27），即可求 T 值。

将求出的 u_1 值代入下式可求得 a 值，即

$$a = \frac{r^2}{4u_1 t_1} \tag{2-29}$$

（2）抽水未稳定后停抽。同样，根据势叠加原理有

$$s_r = \frac{Q}{4\pi T}W\left(\frac{r^2}{4at}\right) - \frac{Q}{4\pi T}W\left(\frac{r^2}{4at_p}\right) \tag{2-30}$$

式中 s_r——停抽后某时刻的剩余降深（m）；

t——从开始抽水算起的时间（d）；

t_p——从停止抽水算起的时间（d）。

当 $u \leqslant 0.05$ 时，可用直线解析法求解，即

$$s_r = \frac{Q}{4\pi T}\left(\ln\frac{2.25at}{r^2} - \ln\frac{2.25at_p}{r^2}\right) \tag{2-31}$$

$$s_r = \frac{2.3Q}{4\pi T}\ln\frac{t}{t_p}$$

绘制 s_r—$\lg\frac{t}{t_p}$ 关系曲线（直线），用前述方法可求 T、a 值。

（二）弹性释水系数 μ^* 的确定

承压含水层弹性释水系数（亦称储水系数）μ^* 的定义为：当水头压力变化一个单位（1m）时，从单位面积（1m²）承压含水层中释放出的水量。μ^* 为一无因次数。

在前已述及的方法中,在求得承压含水层的导水系数 T 和压力传导系数 a 之后,便可按下式求出 μ^*,即

$$\mu^* = \frac{T}{a} = \frac{KM}{a} \tag{2-32}$$

在我国北方一些地区的承压含水层中进行的抽水试验表明,μ^* 值大多变化于 $1\times10^{-5}\sim1\times10^{-4}$ 范围内。

若把弹性释水系数 μ^* 用含水层厚度 M 除之,则得"比释水系数" μ_1(亦称弹容系数,贮水率)。

所谓弹容系数,系指水头压力变化一个单位(1m)时,从单位体积($1m^3$)承压含水层中释放出的水量。单位为 1/m。

有关科研生产部门测得的各种岩层的比释水系数如表 2-3 所列。

表 2-3 各种岩性的比释水系数 μ_1

岩 性	比 释 水 系 数	岩 性	比 释 水 系 数
塑性粘土	$1.9\times10^{-3}\sim2.4\times10^{-4}$	密实砂土	$1.9\times10^{-5}\sim1.3\times10^{-5}$
固结粘土	$2.4\times10^{-4}\sim1.2\times10^{-4}$	密实砂砾	$9.4\times10^{-6}\sim4.6\times10^{-6}$
稍硬粘土	$1.2\times10^{-4}\sim8.5\times10^{-5}$	裂隙岩层	$1.9\times10^{-6}\sim3.0\times10^{-7}$
松散砂土	$9.4\times10^{-5}\sim4.6\times10^{-5}$	固结岩层	3.0×10^{-7} 以下

(三)潜水含水层水文地质参数的确定

潜水含水层水文地质参数,主要是指含水层的渗透系数 K 和给水度 μ。确定方法有直线解析法、配线法等。

1. 直线解析法确定渗透系数

当抽水降深较小,$s<0.1H_0$ 时,可用含水层的平均厚度代替泰斯公式中的含水层厚度 M,即用 $\dfrac{H_0+h}{2}$ 代替 M。其中,H_0 为潜水层厚度(m);h 为动水位至含水层底板深度(m)。

当 $u\leqslant0.05$ 时,有

$$s = \frac{2.3Q}{4\pi K\dfrac{H_0+h}{2}}\lg\frac{2.25at}{r^2} \tag{2-33}$$

经变换,则有

$$H_0 - h = \frac{2.3Q}{2\pi K(H_0+h)}\lg\frac{2.25at}{r^2}$$

$$H_0^2 - h^2 = \frac{2.3Q}{2\pi K}\lg\frac{2.25at}{r^2}$$

$$h^2 = H_0^2 - \frac{2.3Q}{2\pi K}\lg\frac{2.25at}{r^2} = H_0^2 - \frac{2.3Q}{2\pi K}\left(\lg\frac{2.25at}{r^2}+\lg t\right)$$

令

$$A = H_0^2 - \frac{2.3Q}{2\pi K}\lg\frac{2.25a}{r^2}, \quad B = \frac{2.3Q}{2\pi K} \tag{2-34}$$

则
$$h^2 = A - B\lg t \tag{2-35}$$

式（2-35）为一直线方程式（图 2-13），截距 A 和斜率 B 中包含所要求的参数。计算方法同前。

2. 泰斯公式配线法

当 $0.1H < s < 0.3H$ 时，可用泰斯公式配线法，但要用修正降深 s_c 代替公式中的降深 s，并用潜水含水层厚度 H_0 代替 M，即

$$s_c = s - \frac{s^2}{2H_0} \tag{2-36}$$

$$s_c = \frac{Q}{4\pi K H_0} W(u) = \frac{Q}{4\pi T} W(u) \tag{2-37}$$

式中　s_c——修正后的降深值（m）。

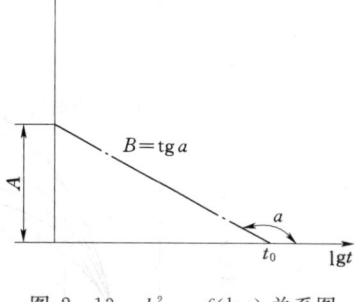

图 2-13　$h^2 = f(\lg t)$ 关系图

可用前述的承压水泰斯公式，通过配线法确定有关参数。

3. 布尔顿 Boulton 公式配线法

若需考虑抽水过程中的延迟（滞后）释水作用时，则可用下面的公式，即

$$s = \frac{Q}{4\pi T} W\left(u_e, u_d, \frac{r}{B}\right) \tag{2-38}$$

抽水初期，式（2-38）可简写为

$$s = \frac{Q}{4\pi T} W\left(u_e, \frac{r}{B}\right) \tag{2-39}$$

抽水后期，式（2-38）可简写为

$$s = \frac{Q}{4\pi T} W\left(u_d, \frac{r}{B}\right) \tag{2-40}$$

根据以上各式，可绘制出潜水非稳定流标准曲线（图 2-14）。可利用非稳定流抽水试验资料，用时间——降深配线法确定有关参数。

潜水标准曲线虽有适于抽水初期的 A 组曲线和抽水后期的 B 组曲线之分，但配线方法与承压含水层是相同的。

确定参数时，首先将抽水试验过程中测得的观测孔水位与时间的关系点绘在双对数坐标纸上，然后利用 $s-t$ 曲线的前半部分选配 A 组标准曲线，查得相应的 $\frac{1}{u_e}$、$\frac{r}{B}$、$W\left(u_e, \frac{r}{B}\right)$、$t$、$s$ 值，自式（2-38）和下式

$$\mu^* = \frac{4Tt}{r^2 \dfrac{1}{u_e}} \tag{2-41}$$

即可求得 T 及 μ^* 值。

再根据 $s-t$ 曲线的后半部分，选择 B 组标准曲线，但应注意 $\frac{r}{B}$ 值应与 A 组曲线选配的值是一致的，确定配合点，查得相应 $\frac{1}{u_d}$、$W\left(u_d, \frac{r}{B}\right)$、$s$、$t$ 代入式（2-38）和下式

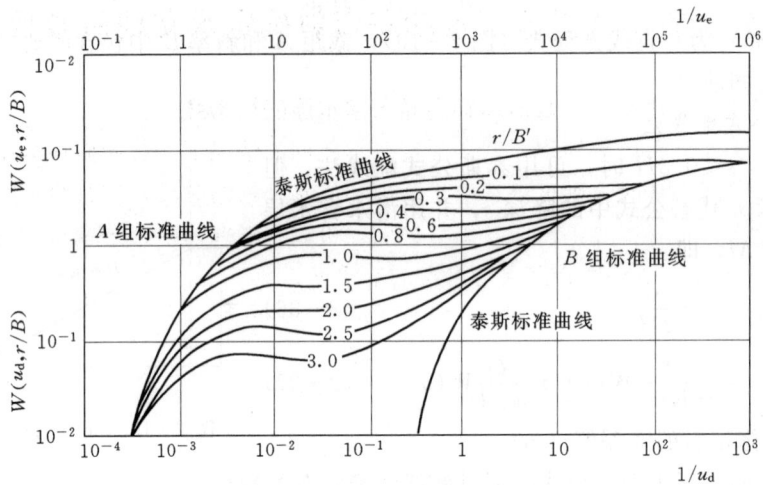

图 2-14 滞后给水的标准曲线

$$\mu_d = \frac{4Tt}{r^2 \dfrac{1}{u_d}} \quad (2-42)$$

即可求得 T 及 μ_d。

式（2-41）和式（2-42）中，μ^*、μ_d 分别相当于潜水含水层的弹性释水系数和重力给水度。

（四）关于抽水试验的讨论

1. 关于抽水试验的类型

抽水试验可分为稳定流抽水试验和非稳定流试验两种类型。对于无垂向补给的无限含水层，地下水流总是非稳定的，因此，不宜做稳定流抽水试验。对于有补给的含水层，水流一般是由非稳定到稳定，做两种类型的抽水试验均可。如果抽水井距补给边界很近而且含水层的导水性很好，如某些傍河水源地，抽水时非稳定过程的延续时间很短，很快达到稳定，做非稳定流抽水试验效果不好。

2. 关于抽水试验的布置

根据布置的方式，抽水试验可分为单孔抽水试验，多孔抽水试验和群孔干扰试验。一般说来，前两者多用于确定参数，后者常用来进行数值计算。单孔抽水试验只有一个抽水孔兼观测孔。多孔抽水试验只有一个抽水孔至少带有一个观测孔，观测孔常垂直和平行流向布置 1—4 排，每排 1—5 个孔。

3. 关于抽水试验的延续时间

如果试验的目的仅仅为了求出导水系数和贮水系数，而且含水层又是承压含水层，则只要抽水试验的 $\lg s—\lg t$ 或 $\lg s—\lg(t/r^2)$ 曲线出现弯曲部分，便于和标准曲线拟合即可，一般时间不长，只要几个小时。如果含水层是无压的，并且想通过抽水试验同时求出导水系数、贮水系数和给水度，则抽水试验要延续到迟后排水结束，曲线的尾部进入泰斯曲线，这样所需的时间就较长。

第二节 利用地下水动态资料确定水文地质参数

一、利用动态资料和开采量资料确定潜水含水层的给水度

在开采区水井分布比较均匀,开采强度基本相同的情况下,若侧向补给比较微弱,且潜水蒸发可以忽略不计时,则可以选取无降雨和灌水补给的时段,进行给水度计算。在此情况下,地下水位下降主要是由于开采引起的,可以根据区内的开采量与平均地下水位下降值 Δh_p,用式(2-43)计算潜水含水层的给水度,即

$$\mu = \frac{h_w}{\Delta h_p} \tag{2-43}$$

式中 h_w——单位面积平均开采量,以平均水层厚度计(m);

Δh_p——地下水位平均下降值(m)。

采用这种方法计算给水度时,计算时段越长,开采量越大,水位降深越大,计算精度越高。但在选择计算时段时,应注意避免动水位变化的影响。为了提高 μ 值计算精度,一般应在开始抽水后至停止抽水前这一时期内选取计算时段,这样就可以在一定程度上消除动水位的影响。

此外,为了提高精度,时段前后水位应采取全区水位的加权平均值。每个观测

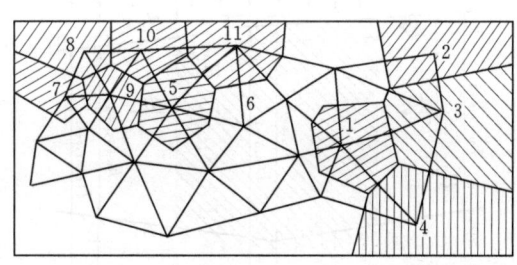

图 2-15 各观测井控制面积示意图

井所控制的面积,可通过该井与周围各观测井连线中点作垂线求得,如图 2-15 所示的阴影部分的面积。

平均地下水位 h_p(或平均地下水埋深),平均地下水位变幅 Δh_p 可用以下公式求得,即

$$h_p = \sum a_i \frac{h_i}{A} = \sum p_i h_i \tag{2-44}$$

$$\Delta_p = \sum a_i \frac{\Delta_i}{A} = \sum p_i \Delta_i \tag{2-45}$$

$$\Delta h_p = \sum a_i \frac{h_i}{A} = \sum p_i \Delta h_i \tag{2-46}$$

式中 a_i——第 i 个观测井控制的面积(m^2);

h_i——第 i 个观测井的地下水位(m);

Δ_i——第 i 个观测井的地下水位埋深(m);

Δh_i——第 i 个观测井的地下水位变幅(m);

p_i——第 i 个观测井控制面积 a_i 与总面积 A 的比值;

A——计算区总面积(m^2)。

用这种方法计算平均地下水位变幅,不需要绘制水位变幅图,也不需要计算不同水位变幅所占的面积,故较为简便。

二、利用动态资料用有限差分法确定参数

有限差分法,是一种近似求解渗流方程,特别是求解非稳定渗流方程的重要方法,它被广泛用来根据动态资料计算水文地质参数。

如图 2-16 所示,从含水层中分离出一个计算段,再将它用断面 $n-1$、n、$n+1$ 划分出上、中、下游三个断面。图 2-16 中:

$H_{n,s+2}$——在末了瞬间 $s+2$ 时刻,n 断面上的地下水位;

$H_{n,s}$——在观测期间开始瞬间 s 时刻 n 断面上的地下水位;

$h_{n-1,s+1}$、$h_{n,s+1}$、$h_{n+1,s+1}$——在中间时刻 $s+1$ 时上、中、下游各断面上的含水层厚度;

$H_{n-1,s+1}$、$H_{n,s+1}$、$H_{n+1,s+1}$——在中间时刻 $s+1$ 时,上、中、下游各断面的地下水位;

$L_{n-1,n}$、$L_{n,n+1}$——上游至中游、中游至下游断面间的距离。

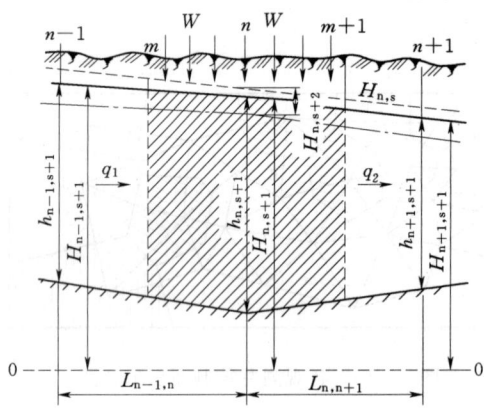

图 2-16 潜水非稳定流有限差分法计算图
上线—在时间间隔 Δt 末了瞬间 $s+2$ 时的降落曲线;
中线—在同一时间间隔内,中间瞬间 $s+1$ 时的降落曲线;
下线—在同一时间间隔内开始瞬间 s 时的降落曲线

若取单位宽度的含水层加以分析,则在 Δt 时段内流进的水量为

$$q_1 = K\left(\frac{h_{n-1,s+1}+h_{n,s+1}}{2} \times \frac{H_{n-1,s}-H_{n,s+1}}{L_{n-1,n}}\right)\Delta t \quad (2-47a)$$

$$q_2 = K\left(\frac{h_{n,s+1}+h_{n+1,s+1}}{2} \times \frac{H_{n,s+1}-H_{n+1,s+1}}{L_{n,n+1}}\right)\Delta t \quad (2-47b)$$

在 Δt 时段内的入渗量 q_3 可用研究段长度段乘以入渗强度而得,即

$$q_3 = W\left(\frac{1}{2}L_{n-1,n}+\frac{1}{2}L_{n,n+1}\right)\Delta t \quad (2-48)$$

在 Δt 时段内,所取研究段的含水层中潜水位随时间的变动值为

$$\Delta H_n = H_{n,s+2} - H_{n,s} \quad (2-49)$$

由此而产生的水量变化值为

$$q_4 = \mu(H_{n,s+2}-H_{n,s})\left(\frac{L_{n-1,n}+L_{n,n+1}}{2}\right) \quad (2-50)$$

按水均衡原理有

$$q_1 - q_2 + q_3 = q_4 \quad (2-51)$$

综合前述各式,求得底板为任意坡度的一维差分方程式为

$$\frac{H_{n,s+2}-H_{n,s}}{\Delta t} = \frac{2K}{\mu(L_{n-1,n}+L_{n,n+1})}\left(\frac{h_{n-1,s+1}+h_{n,s+1}}{2}\frac{H_{n-1,s+1}-H_{n,s+1}}{L_{n-1,n}}\right.$$
$$\left.-\frac{h_{n,s+1}+h_{n+1,s+1}}{2}\frac{H_{n,s+1}-H_{n+1,s+1}}{L_{n,n+1}}\right)+\frac{W}{\mu} \quad (2-52)$$

若入渗强度 $W=0$,且含水量层底板是水平的,即 $H_{n-1,s+1}=h_{n-1,s+1}$、$H_{n,s+1}=h_{n,s+1}$、$H_{n+1,s+1}=h_{n+1,s+1}$,则得计算给水度的简化公式为

$$\mu = \frac{K\Delta t}{(L_{n-1,n}+L_{n,n+1})(h_{n,s+2}-h_{n,s})}\left(\frac{h_{n-1,s+1}^2-h_{n,s+1}^2}{L_{n-1,n}}-\frac{h_{n,s+1}^2-h_{n+1,s+1}^2}{L_{n,n+1}}\right) \quad (2-53)$$

式中 K——含水层渗透系数（m/d，m/s）；

μ——含水层给水度或有效孔隙率；

W——入渗强度；

Δt——自时刻 s 到时刻 $s+2$ 所经过的时间（s）。

若 μ 为已知，则可变化式（2-53），用以计算入渗强度 W。

【例 2-4】 无入渗期间，在 3 个位于地下水流向上的观测井中实测的水位动态资料如表 2-4 所列，试用这些资料计算给水度 μ 值，已知含水层为细砂组成，渗透系数 $K=8.83$m/d，隔水底板可视为水平的，底板标高为 121.00m，观测孔 1~2 相距 830m，观测孔 2~3 相距 1630m。

表 2-4　　　　　　　　水位观测资料

观测时间	水 位 标 高 (m)		
	观 测 孔 1	观 测 孔 2	观 测 孔 3
1970 年 1 月 2 日	—	147.81	—
1970 年 1 月 30 日	148.30	147.75	144.96
1970 年 2 月 28 日	—	147.69	—

解 因 $W=0$，不计蒸发，则潜水位之降落仅是地下水出流的结果，据此可用式（2-53）计算给水度 μ 值。为此，先计算出有关的值：

$\Delta t = 57$ 天即观测时段始末相距时间

$h_{n,s}$、$h_{n,s+1}$、$h_{n,s+2}$ 分别为 26.81mm，26.75mm 及 26.69m

$h_{n-1,s+1}$、$h_{n+1,s+1}$ 分别为 27.30m 和 23.96m。

将已知值代入式（2-53），得

$$\mu = \frac{8.83 \times 57}{(830+1630)(26.69-26.81)}\left(\frac{27.30^2-26.75^2}{830}-\frac{26.75^2-23.96^2}{1630}\right) = 0.087$$

第三节　用室内方法确定水文地质参数

一、室内方法确定渗透系数

（一）根据颗粒分析的和孔隙度计算渗透系数

在松散岩层中，其组成颗粒越粗大，孔隙直径也越大，透水性也越强，因而渗透系数也大，反之则小。由此可知，松散岩层的渗透系数与岩层粒度成分之间，存在着密切的关系。因而才有可能通过对不同粒度的试样进行渗透试验的方法，寻找并建立渗透系数与粒度或与孔隙度之间的关系式。这类公式不少，兹举其中两个。

1. 哈赞公式

$$K = cd_{10}^2(0.7+0.03t) \text{ (m/d)} \quad (2-54)$$

式中 c——经验系数，取决于含水层的清洁和等粒程度，对于清洁而粒径又均匀的，

$c=1200$，不等粒和密实的砂，$c=400$；故 c 值价于 $400\sim1200$ 之间；

d_{10}——砂的有效粒径（mm），按粒度分析的累积曲线确定；

t——水温（℃）。

哈赞公式仅适用于粒径为 $0.1\sim0.3$mm 的砂，而且其不均匀系数不能大于 5，其他情况下不适用。

2. 克留格尔公式

当渗透水的温度为 10℃时，其公式为

$$K_{10} = 1.16 \times 10^6 \times \frac{p}{A^2} \text{ (m/d)} \tag{2-55}$$

当渗透水温为 18℃时，其公式为

$$K_{18} = 1.44 \times 10^6 \times \frac{p}{A^2} \text{ (m/d)} \tag{2-56}$$

其中

$$A = 60(1-p) \sum_{i=1}^{n} \frac{g_i}{d_{pi}} \tag{2-57}$$

式中　K_{10}、K_{18}——渗透水温 10℃和 18℃时的渗透系数（m/d）；

　　　p——孔隙率；

　　　A——颗粒的总单位表面积（mm²），也就是 1cm³ 土体中包含的全部颗粒的表面积；

　　　n——颗粒分析所得之粒组数；

　　　g_i——第 i 粒径组之重量含量；

　　　d_{pi}——第 i 粒径组之平均粒径，等于包含在粒径组内的颗粒平均直径值（mm）。

（二）用仪器测定渗透系数

根据岩样性质的差异，所用的仪器和方法也不同，但其基本原理均与达西定律的试验原理相同，从方法上可分为"定水头"和"变水头"两大类。

1. 定水头法测定渗透系数

定水头法测定渗透系数用吉姆仪进行，如图 2-17 所示。

在稳定渗流情况下，记录测压管中的水位差 h，量测在观测时间 t 内流入量杯中的水量 V，利用下式（2-58），便可算出试样的渗透系数 K，即

$$K = \frac{VL_1}{thF} = \frac{QL_1}{hF} \text{ (m/s)} \tag{2-58}$$

式中　Q——渗透流量（m³/s）；

　　　L_1——渗透试样高度（m）；

　　　F——试样断面面积（m²）。

试验方法参阅有关文献。

2. 变水头法测定渗透系数

该法用变水头渗透系数测定管进行，见图 2-18。测验时，管内装 10cm 高的砂样，然后装满水，水则通过试样流入下面的容器中。

记录有关数据按式（2-59）计算渗透系数 K，即

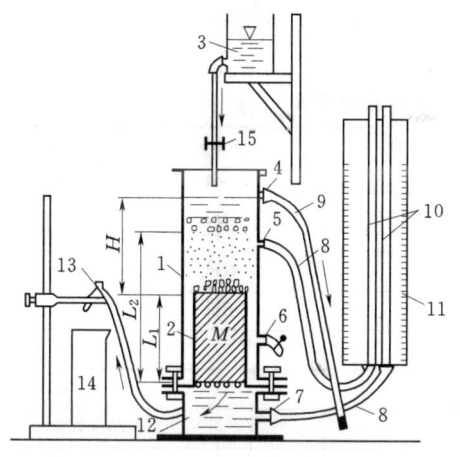

图 2-17 吉姆仪

M—原状土样；1—试筒；2—取样筒；
3—供水箱；4、5、6、7、12—管嘴；
8—测压管连接胶管；9—溢流管；10—测压管；
11—水位标尺；13—出水管；14—量杯；15—夹子

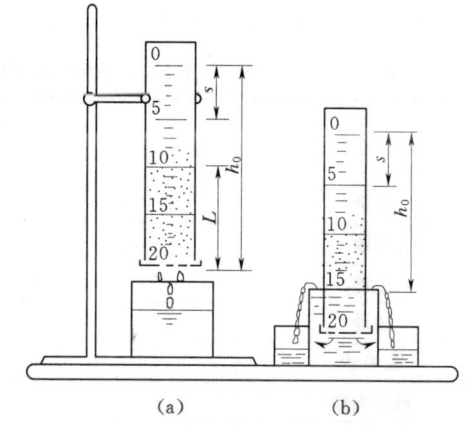

图 2-18 渗透系数测定管

（a）适用于中细砂的；（b）适用于粗砂的

$$K = -\frac{L}{t}\ln\left(1 - \frac{s}{h_0}\right) \quad (\text{cm/s}) \tag{2-59}$$

式中　s——t 时间内的水位降值（cm）；

　　　h_0——开始时管中水头高度（cm）；

　　　L——渗透试样高度（cm）；

　　　t——管中水位从 0 降至 s 所需时间（s）。

仪器测定渗透系数法，因试样的代表性差且难以保持原状试样，故一般用于速测砂土渗透系数 K 的近似值。

（三）根据经验数据确定渗透系数

渗透系数之经验数据可参阅表 2-5 及表 2-6。

表 2-5　　　　　　　　渗透系数经验数值表

岩　性	渗透系数（m/d）	岩　性	渗透系数（m/d）
重亚粘土	<0.05	中粒砂	5～20
轻亚粘土	0.05～0.1	粗粒砂	20～50
亚粘土	0.1～0.5	砾石	100～200
黄　土	0.25～0.05	漂砾石	200～500
粉土质砂	0.5～1.0	漂石	500～1000
细粒砂	1～5		

二、给水度的室内测定

（一）根据饱和含水量及持水量直接计算法

1. 砂性岩土的计算公式

$$\mu = W_n - W_m \tag{2-60}$$

式中 W_n——单位岩体的饱和含水量；

W_m——单位岩体的最大分子持水量。

表 2-6　　　　　实验室理想条件下的渗透系数经验数值表*

岩 性	岩 石 颗 粒		渗透系数 (m/d)
	粒径（mm）	所占比重（%）	
粉砂	0.05~0.1	<70	1~5
细砂	0.1~0.25	>70	5~50
中砂	0.25~0.5	>50	10~25
粗砂	0.5~0.1	>50	25~50
极粗砂	1.0~2.0	>50	50~100
砾石夹砂			75~150
带粗砂的砾石			100~200
清洁的砾石			>200

* 当含水层夹泥量大时，或颗粒不均匀系数大于 2~3 时，取小值。

2. 粘性岩土的计算公式

$$\mu = W_n - W_t \tag{2-61}$$

式中 W_n——单位岩（土）体的饱和含水量；

W_t——单位岩（土）体的田间持水量。

（二）根据经验数据确定给水度

在缺少实测资料的情况下，可参照经验数值确定给水度，见表 2-7 及表 2-8。

表 2-7　　　　　　　给水度经验数值表

岩 性	给 水 度	岩 性	给 水 度
砂性粘壤土	0.005~0.05	中砂	0.20~0.25
砂壤土	0.05~0.10	粗砂及砾石砂	0.25~0.35
粉砂	0.10~0.15	裂隙灰岩	0.008~0.10
细砂	0.15~0.20	裂隙砂岩	0.02~0.03

表 2-8　　　　　黄淮海平原地区给水度经验数值表

岩 性	给水度	岩 性	给水度	岩 性	给水度
砂砾石	0.26	细砂	0.18~0.19	半胶结砂	0.10
粗砂	0.26	粉细砂	0.16~0.18	淤泥	0.10
中粗砂	0.22	粉砂	0.14~0.16	粘土	0.03
中砂	0.21	亚砂土	0.12~0.14		
中细砂	0.20	亚砂土—亚粘土	0.11~0.12		

在室内确定给水度，由于试样很难保持现场的自然状态等原因，所以测定值都与实际值有较大的误差。

第四节 其他参数的确定

一、降雨入渗系数 α 的确定

降雨量中,渗入地下转化为地下水的数量称为降雨入渗量,降雨入渗量通常通过降雨入渗系数 α 表示,所谓降雨入渗系数,即是在同一面积上,雨水渗入补给地下水的数量占降雨量的百分数,即

$$\alpha = \frac{Q_n}{X} \quad (2-62)$$

式中 Q_n——降雨入渗量(以水柱高度计)(mm);

X——降雨量(mm)。

下面介绍几种 α 的确定方法。

1. 根据动态观测资料确定 α 值

在以降雨为补给源的地区,在每次中雨或大雨之后,地下水位会显著升高,随后,由于排泄作用,地下水位又缓慢下降,升高的水位反映了入渗地层中入渗水量的多少,该量和降雨量可以通过长期观测取得,两者之比值为降雨入渗系数,即

$$\alpha = \frac{Q_n}{X}$$

因

$$Q_n = \Delta H \mu$$

故

$$\alpha = \frac{\Delta H \mu}{X} \quad (2-63)$$

若考虑雨前地下水位的变化(图2-19),则降雨入渗系数也可以用式(2-64)表示,即

$$\alpha = \frac{\mu(H_{max} - H + \Delta h t)}{X} \quad (2-64)$$

式中 ΔH——降雨后入渗补给水量使地下水位增高的高度(m);

X——在水位上升期间以水层厚度表示的降雨量(m);

H——降雨前观测孔中的水柱高度(m);

H_{max}——降雨后观测孔中的最大水柱高度(m);

t——从 H 增大到 H_{max} 的时间(d);

Δh——降雨前的地下水位天然平均降速(m/d);

μ——降雨入渗地层的给水度。

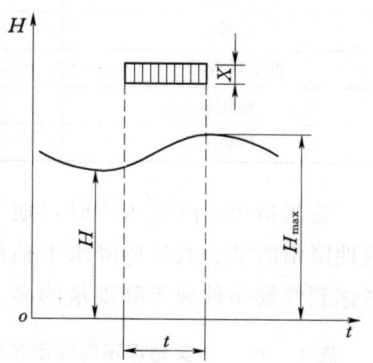

图2-19 降雨入渗补给过程示意图

该法的优点是概念明确,方法简单,但其计算精度受 μ 值选取是否正确的影响很大,同时在计算 ΔH 时,式(2-63)没有考虑地下水的水平运动和蒸发,因而求得的 α 值也只能是近似的。

2. 利用直线斜率法确定 α 值

按水均衡原理,在无地表水补给的情况下有

$$Q_n = X - Y - Z \quad (2-65)$$

令

$$h = X - Y$$

则

$$Q_n = h - Z \quad (2-66)$$

式中 Q_n——降雨入渗量（mm）;

　　　Y——年总径流深度（mm）;

　　　Z——年蒸发量（mm）;

　　　X——年降雨量（mm）。

通过变换，利用式（2-66）得

$$\alpha = \frac{h-z}{X} \quad (2-67)$$

或

$$h = Z + \alpha X \quad (2-68)$$

式（2-68）的形式属直线方程，如根据实际资料证明确为直线方程，则入渗系数 α 为该直线的斜率。这样，只要求得斜率，即确定了 α 值。

该法的优点是应用简便，只要有径流和降雨两项资料即能求得 α。但方法本身存在着缺点和问题，例如，在均衡方程中没有考虑包气带的作用，且当存在其他补排条件时便不能应用。该法一般在覆盖层薄、透水性好的基岩裂隙水或岩溶水分布地区，可能接近于实际数值。

3. 根据试验场观测数据选用 α 值

考虑到降雨入渗系数与土壤性质和地下水埋深有关，可参照我国某些试验场所得的资料（表 2-9），加以选用。

表 2-9　不同地下水埋深条件下多年平均降雨入渗系数 α 值表（以降雨量的%计）

岩性 \ 地下水埋深（m）	0.5	1.0	1.5	2.0	3.0
亚粘土	47.0	35.1	28.1	23.7	20.8
亚砂土	46.4	36.9	31.4	28.0	—
黄土质亚砂土	56.9	42.6	34.1	28.7	25.2
粉细砂	56.6	48.7	43.7	29.1	—
砂砾石	65.7	67.6	68.7	69.0	64.4

应当指出，降雨入渗时，地下水面以上土层的蓄水能力除决定于地下水埋深外，还与前期降雨的多少或年内降水丰枯程度有关，因而有些地区在确定降雨入渗系数 α 时，还需考虑到气候条件或年降雨量的多少，见表 2-10。

表 2-10　某地区不同降雨年份降雨入渗补给系数 α 值表（以降雨量的%计）

年降雨量（mm） \ 地下水埋深（m）	300	400	500	600	700	800	900
0.5	39.0	39.5	41.0	44.0	48.1	52.1	55.2
1.0	12.0	20.0	26.0	32.1	38.8	44.6	48.9
2.0	0	6.2	13.2	19.7	26.0	31.0	35.2
3.0	0	3.8	10.4	16.1	21.4	25.8	29.2
4.0	0	1.3	7.6	13.0	18.0	22.3	25.6

二、潜水蒸发系数 C 的确定

蒸发是浅层潜水消耗的主要方式之一。蒸发量的大小与潜水的埋藏深度、气象条件、包气带土壤岩性以及地面植被等有密切关系。潜水埋深为零时，蒸发量主要取决于气象条件，此时蒸发量最大。随着潜水埋深的增大，蒸发量逐渐减少，当埋深达到一定深度后，潜水蒸发趋近于零，这一深度通常称为潜水蒸发的极限深度。

潜水蒸发量（或蒸发强度）采用下面经验的公式计算，即

$$E = E_0\left(1 - \frac{\Delta}{\Delta_0}\right)^n \tag{2-69}$$

式中 E——潜水蒸发量（或蒸发强度）；

E_0——水面蒸发量（或蒸发强度）；

Δ——潜水埋深（m）；

Δ_0——潜水蒸发的极限深度（m）；随土壤岩性和气候条件而变化，见表 2-11；

n——与土壤质地有关的指数，一般取 1～3。

表 2-11　　　　　潜水蒸发极限深度（据北京市水文地质公司资料）

岩　性	潜水蒸发极限深度（m）	岩　性	潜水蒸发极限深度（m）
亚粘土	5.16	粉细砂	4.10
黄土质亚砂土	5.10	砂砾石	2.38
亚砂土	3.95		

式（2-69）较适用于亚砂土、亚粘土等土壤质地较轻的情况，对粘性土层则误差较大。一般潜水蒸发量的观测资料较少，而水面蒸发量的观测资料较多，则可利用水面蒸发量资料，采用式（2-70）计算潜水蒸发量，即

$$E = CE_0 \tag{2-70}$$

式中，C 为潜水蒸发系数，即潜水蒸发量与水面蒸发量的比值，通常以百分数表示。

将式（2-70）代入式（2-69）得

$$C = \left(1 - \frac{\Delta}{\Delta_0}\right)^n \tag{2-71}$$

北京市水文地质公司根据观测资料提出的多年平均潜水蒸发系数，可供参考（见表 2-12）。

表 2-12　　　　　潜水蒸发系数表（以%表示）

岩性＼地下水埋深（m）	0.5	1.0	1.5	2.0	3.0
亚粘土	52.9	29.8	14.7	8.2	4.6
黄土质亚砂土	80.1	43.1	19.7	8.7	2.8
亚砂土	74.3	25.5	3.2	1.7	—
粉细砂	82.6	47.2	16.8	4.4	—
砂砾石	48.6	41.0	1.4	0.4	—

三、灌溉入渗补给系数 β 的确定

灌溉水的入渗是灌区地下水的重要来源,灌溉入渗补给系数 β 可用下式计算

$$\beta = \frac{I_r}{I} = \frac{\mu \Delta h}{I} \tag{2-72}$$

式中　I_r——灌溉入渗补给地下水的水量（mm）；

　　　I——灌溉水量（mm）；

　　　Δh——由灌溉回归水所引起的地下水位升幅（mm）。

灌溉水入渗补给系数的大小和耕地的土质、平整程度、土壤含水量、所使用的灌水技术、灌水定额以及地下水埋深等因素有关,一般通过专门的灌溉回归试验测定,在缺乏试验资料时,可参考类似条件下的数值,一般经验值采用 $\beta = 0.1 \sim 0.2$。表 2-13 为豫北忠义试验场的大田实测资料,该场包气带岩性为亚砂土。

表 2-13　　　　　　　　　灌溉入渗系数值

灌水定额 （m³/亩）	地下水埋深 1.6m I_r（mm）	β	地下水埋深 1.8m I_r（mm）	β
40	3.6	0.09		
50	9.2	0.18	4.40	0.09
60	14.80	0.25	9.60	0.16
70	21.20	0.30	15.20	0.22
80	28.00	0.35	21.20	0.27

四、渠系渗漏补给系数 γ 确定

渠系渗漏补给是灌区地下水位抬升和地下水量增加的主要因素,渠系渗漏补给系数 γ 可用下式计算

$$\gamma = \frac{Q_S}{Q} \tag{2-73}$$

$$Q_S = r(1-\eta)Q \tag{2-74}$$

式中　Q_S——渠道渗漏补给量（m³）；

　　　Q——渠首引水量（m³）；

　　　r——渠系渗漏修正系数；

　　　η——渠系利用系数。

新疆渠系渗漏修正系数 r 见表 2-14。

表 2-14　　　　　　　　　新疆渠系渗漏修正系数

砂性 \ 埋深（m）	0~2	2~5	5~10	>10
砂性土	0.8~0.87	0.65~0.85	0.6~0.75	0.5~0.65
粘性土	0.75~0.85	0.60~0.75	0.55~0.60	0.4~0.55

第三章 地下水资源的计算与评价

第一节 概述

一、地下水资源的特点

地下水资源是指对人类生产与生活具有使用价值的地下水，它属于地球上水资源的一部分。

地下水资源与其他资源相比，它有许多特点。正确认识这些特点，对合理开发利用地下水资源是很重要的。地下水资源有以下三个基本特点：

（1）可恢复性。地下水资源与固体矿产资源相比，它具有可恢复性。在漫长的地质年代中形成的固体矿产资源，开采一点就少一点；地下水资源却能得到补给，具有可恢复性。因此合理开采不会造成资源枯竭；但开采过量又得不到相应的补给，就会出现亏损。所以，保持地下水资源开采与补给的相对平衡是合理开发利用地下水应遵循的基本原则。

（2）调蓄性。地下水资源与地表水资源相比，它具有一定的调蓄性。如果在流域内没有湖泊、水库、则地表水很难进行调蓄，汛期可能洪水漫溢，旱季也许河道断流。而地下水可利用含水层进行调蓄，在补给季节（或丰水年）把多余的水储存在含水层中，在非补给季节（或枯水年）动用储存量以满足生产与生活的需要。利用地下水资源的调蓄性，在枯水季节（或年份）可适当加大开采量，以满足用水需要，到丰水季节（或年份）则用多余的水量予以回补。"以丰补枯"是充分开发利用地下水的合理性原则。

（3）转化性。地下水与地表水在一定条件下可以相互转化。由地表水转化为地下水是对地下水的补给；反之，由地下水转化为地表水则是地下水的排泄。例如，当河水位高于沿岸的地下水位时，河水补给地下水；相反，当沿岸地下水位高于河水位时，则地下水补给河水。因此在开发利用水资源时，必须地表水和地下水统筹规划。转化性是开发利用地下水和地表水资源的适度性原则。

二、地下水资源的分类

为了研究地下水资源形成的基本规律，对地下水资源进行计算和评价必须对地下水资源进行分类。由于地下水资源的复杂性，其分类一直是国内外学者重点研究的问题，并提出了不同的分类方案，下面介绍几种在我国影响比较大的分类方法。

（一）普洛特尼柯夫分类法（大储量分类法）

在新中国成立初期，我国沿用前苏联普洛特尼柯夫提出的储量概念，把地下水储量分成：静储量、动储量、调节储量和开采储量四种。

1. 静储量

静储量是指天然条件下储存于潜水最低水位以下含水层中的重力水体积，按下式（3－1）计算，即

$$V_{静} = \mu M F \quad (3-1)$$

式中 $V_{静}$——静储量（m^3）；
 μ——含水层的给水度，以小数计；
 M——最低潜水位以下含水层的平均厚度（m）；
 F——含水层的分布面积（m^2）。

2. 动储量

动储量是指单位时间内通过垂直于地下水流向的含水层过水断面的地下水量，按式（3-2）计算，即

$$V_{动} = KAJ \quad (3-2)$$

式中 $V_{动}$——动储量，即天然径流量（m/d）；
 K——含水层的平均渗透系数（m/d）；
 A——过水断面的面积（m^2）；
 J——地下水流的平均水力坡度。

3. 调节储量

调节储量指天然条件下（或多年）最高与最低水位之间潜水含水层中重力水的体积，可按式（3-3）计算，即

$$V_{调} = \mu \Delta h F \quad (3-3)$$

式中 $V_{调}$——调节储量（m^3）；
 μ——含水层水位变动带的给水度，以小数计；
 Δh——年（或多年）最高与最低水位之差（m）；
 F——计算区的面积（m^2）。

以上三种储量代表天然状态下存在于含水层中的地下水储量，统称为天然储量。

4. 开采储量

开采储量指技术经济合理的引水工程能从含水层中取出的水量，并在预定开采期内不发生水量显著减少和水质恶化等现象。确定开采储量是比较困难的，因此，没有固定的计算公式。

普氏分类法，在我国地下水评价工作中起过重要作用，在 20 世纪 50～70 年代的水文地质勘察中几乎都采用，甚至目前有些地下水资源评价的文献中还使用这些术语。但是，在实践中，大家都感到此种分类法还存在不少问题。

首先，普氏分类法不能确切地反映地下水资源的形成规律。地下水资源与固体矿产不同，它具有流动性和可恢复性，普氏把描述固体矿产的储量概念移用到地下水来，显然是不确切的。而地下水始终处于补给和消耗的变动过程中，补给和排泄是引起地下水运动的一对基本矛盾，正是由于这种矛盾的存在，才有地下水的形成和运动。尤其是地下水能得到补给，这是其他任何矿产资源包括石油矿产都是没有的，普氏分类法没有能反映这一特点。

其次，普氏分类法没有能够以"三水"（大气降水、地表水和地下水）互相转化的观点分析评价地下水资源，没有考虑开采后地下水的补给量与排泄量会发生怎样的变化。实践表明，开采条件下，除得到天然补给外，还由于水动力条件的变化使地表水和大气降水向地下水转化量增加，而天然排泄量（主要为潜水蒸发量和侧向排泄量）将大为减少，从

而增加了开采补给量。

（二）以水均衡为基础的分类法（三分法）

一个地下水均衡单元（例如，某一地下水流域，或某一地下水蓄水构造，或某一含水层的开采地段等）在某均衡时段内，地下水的循环总是表现为补给—排泄—储存量变化三种形式，它们三者之间，在数量上的均衡关系可表达为

$$V_\text{补} - V_\text{排} = \pm \Delta V \tag{3-4}$$

补给量（$V_\text{补}$）、排泄量（$V_\text{排}$）和储存量的变化（$\pm \Delta V$）三者无论是天然状态还是人工开采条件下，尽管各自的数量会有变化，但上述总关系是不变的。

由上述分析可知，地下水资源可分为：补给量、排泄量和储存量三类。

1. 补给量

补给量是指单位时间内进入某一单元含水层或含水岩体的重力水体积，它又分为天然补给量、人工补给量和开采补给量。

天然补给量是指天然状态下进入某一含水层的水量（平原区主要是降水入渗补给、地表水渗漏和邻区地下来流；山丘区主要是大气降水入渗补给）。

人工补给量是指人工引水入渗补给地下水的水量。

开采补给量是指开采条件下，除天然补给量之外，额外获得的补给量。例如，开采引起动水位下降，降落漏斗扩展到邻近的地表水体（河流、湖泊、水库等），使原来补给地下水的地表水渗漏补给量增大（如顶托渗漏变为自由渗漏等）；或使原来不补给地下水的地表水体变为补给地下水；或使邻区的地下水流入本区，从而得到额外补给。

为了正确地进行地下水资源评价，关于地下水补给量有下列两点必须说明：

（1）地下水的补给量是使地下水运动、排泄、水交替的主导因素，没有地下水的补给，就谈不上地下水资源，一个水源地能有多少地下水可以开发利用，首先取决于补给量，所以计算补给量是地下水资源评价的核心内容。

（2）计算地下水补给量时，应按天然状态与开采条件下两种情况分别进行。实际上许多地区的地下水都已不同程度的开采，很少还保持纯净的天然状态。因此，评价时，应首先计算现状条件下地下水补给量，然后再估算开采后可能获得的额外补给量。

2. 排泄量

排泄量是指单位时间内从某一单元含水层或含水岩体中排泄出去的重力水体积，排泄量可分为天然排泄量和人工开采量两类。

天然排泄量有潜水蒸发、补给地表水体（河、沟、湖、库等）、侧向径流进入邻区等。人工开采量是取水建筑物从含水层中取出来的地下水量。人工开采量反映了取水建筑物的取水能力，它是一个实际开采值；但它不一定是合理的。因此，在这种分类中，有人提出"允许开采量"的概念。

允许开采量是指通过技术经济合理的取水建筑物，在整个开采期内水量和动水位不超过设计要求，水质水温变化在允许范围内，不影响已建水源地正常生产，不发生危害性工程地质现象的前提下，单位时间从水文地质单元（或取水地段）中能够取得的水量。

允许开采量的大小主要取决于补给量，但一般不等于补给量，因为地下水排泄量总是或多或少存在的，所以，一般允许开采量要比补给量小。如果开采区在开采过程中能夺取

较多开采补给量时,它也可能大于天然补给量。

3. 储存量

储存量是指储存在含水层内的重力水体积,该量可分为容积储存量和弹性储存量。容积储存量是指潜水含水层中所容纳的重力水体积,可用式(3-5)计算,即

$$V_{容} = \mu V \tag{3-5}$$

式中 $V_{容}$——潜水含水层中的容积储存量(m^3);

μ——给水度,以小数计;

V——计算区潜水含水层的体积(m^3)。

弹性储存量是指将承压含水层的水头降至含水层顶板以上某一位置时,由于含水层的弹性压缩和水体积弹性膨胀所释放的水量,可用式(3-6)计算,即

$$V_{弹} = \mu^* \Delta s F \tag{3-6}$$

式中 $V_{弹}$——承压含水层的弹性储存量(m^3);

μ^*——承压含水层的弹性释水(贮水)系数,无因次;

Δs——承压水位降低值(m);

F——计算区承压含水层的面积(m^2)。

由于地下水位是随时间不断变化的,所以储存量也是随时间而增减。天然条件下,在补给期,补给量大于排泄量,多余的水量便在含水层中储存起来;在非补给期,地下水的消耗大于补给,则动用储存量来满足消耗。所以,地下水储存量起着调节作用,在人工开采条件下,同样如此,如开采量大于补给量,就要动用储存量,以支付不足;当补给量大于开采量时,多余的水变为储存量。储存量的调节作用是很重要的。

这种以水均衡为基础的地下水资源分类法,与普氏分类法相比要合理的多。它基本上反映了地下水的补排关系,为地下水资源的分类与评价提供了可靠的理论并指明了方向,在我国非区域性(集中开采区)的地下水资源评价中已得到广泛应用。

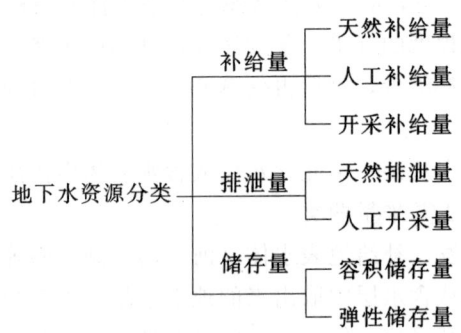

(三)以分析补给资源为主的分类法(二分法)

区域地下水资源评价时,一般把地下水资源分为补给资源和开采资源,并着重分析补给资源,在此基础上估算开采资源。

1. 补给资源

补给资源是指在地下水均衡单元内,通过各种途径接受大气降水和地表水的入渗补给而形成的具有一定化学特征、可资利用并按水文周期呈规律变化的多年平均补给量。补给

资源的数量一般用区域内各项补给量的总和（或各项排泄量的总和）来表征。

在平原区，以总补给量表示补给资源，它包括降水入渗补给量、河（沟）渗漏补给量、地表水体（湖泊、水库、闸坝和坑塘等）蓄水渗漏补给量、渠系和田间入渗补给量等。

在山丘区，地下水的补给主要来自大气降水，但直接由降水入渗来估算地下水补给量比较困难，可采用总排泄量来反求总补给量，因为两者多年平均值几乎是相等的。

2. 开采资源

一个地下水均衡单元内的地下水补给资源量，受开采条件和其他条件的限制，虽然不可能全部被开发利用，因此，需要对地下水资源量中可开采资源进行评价。

开采资源是用可开采量来表征的。可开采量是在技术上可能、经济上合理和不造成水位持续下降、水质恶化及其他不良后果条件下可供开采的多年平均地下水量。可开采量的涵义跟允许开采量相似，但前者是多年平均值，而且，在区域地下水资源评价中，一般情况下，可开采量总是小于总补给量。

可开采量采用多年平均值的优点在于可提高用水保证率，使地下水资源得到合理而又充分的利用，丰水期把多余的水量储存起来，以便枯水期应用。但是，含水层一定要有足够的储水容积，否则，补给再多，无处储存，也就无法形成具有实际供水价值的可开采量。

三、地下水资源评价区的划分与评价的主要任务

（一）评价区的划分

地下水资源评价是针对某一特定区域进行的。如果这个区域内的水文气象条件、地质构造条件、地貌条件、水文地质条件、岩性条件等比较相近，就可把整个区域作为一个计算单元进行计算。如果在区域内的上述条件差异较大，为准确计算地下水资源量，就要进行分区。水利部水文局编制的《地下水资源调查评价工作技术细则》提出，按地形地貌特征、地下水类型，把评价区分为平原区、山丘区、沙漠区和内陆闭合盆地平原区，称为一级区。其中，山丘区按地形地貌特征、含水层岩性及地下水类型的不同分为一般山丘区、岩溶山区、黄土高原区、山间盆地平原区。

一级区按水文地质条件的不同，又划分为若干个水文地质区（或水文地质单元），列为二级区。

二级区按地下水埋深、包气带岩性的不同，再分为若干个均衡计算区，称为三级区。均衡计算区是各项资源量的最小计算单元。

（二）评价的主要任务

地下水资源评价就是对一个地区地下水资源的质量、数量，时空分布特征和开发利用的技术要求作出科学的定量分析并评价其开采价值，它是地下水资源合理开发与科学管理的基础工作。目的是查清地下水资源的基本情况，为国民经济各部门的科学决策提供可靠的依据。

区域地下水资源评价的对象，水利等部门主要是针对与大气降水、地表水有直接联系的、更新较快且易于开采的浅层地下水资源（包括潜水与微承压水），评价的重点是矿化度小于 $2g/L$ 的多年平均淡水资源量。

地下水资源评价的主要任务是：

（1）水质评价。对水质的要求是随其用途的不同而不同的。因此必须根据用水部门对水质的要求，进行水质分析，评价其可用性，并提出开采区水质监测与防护措施。

（2）水量评价。水量评价的任务是通过区域内地下水资源总补给量的分析计算，而后确定允许开采量，并对能否满足用水部门需要以及有多大保证率作出科学评价。概括地说，地下水水量评价，一是算水账；二是计算允许开采量；三是确定用水保证率。

（3）开采技术条件评价。分析论证在长期开采的条件下是否会引起不良的工程地质问题，并提出相应的预防措施。

第二节　地下水资源的数量计算与评价

地下水资源数量计算与评价，包括补给量计算、排泄量计算和允许开采量（亦称可开采量）计算三个方面。其中允许开采量计算最为重要，因为它是地下水资源数量计算与评价的目的所在。

地下水的开采是通过各种取水建筑物实现的，所以，取水建筑物的类型、结构及布局等可直接影响开采效果。实践中，在某些傍河水源地由于引水工程布置不同，所获得的开采量相差很大，这里就存在取水工程的技术是否合理。另外，取水工程的不同布局也可能取到同样的水量，但还有一个经济造价问题。因此，在供水勘测中，应尽量按技术经济合理的取水工程来设计。

允许开采量要求在整个开采期限内出水量不减少，动水位变化不超过设计要求。就是说，当枯水期（年）补给量不足时，可以使用储存量。但是，必须从丰水期（年）得到补给加以偿还。否则，开采量就得不到保证。如果技术经济上允许动用储存量的一部分，则可抽用。

允许开采量还规定不影响邻近已有水源地的正常开采，不发生危害性的工程地质现象，这是对允许开采量的限制条件。即要在各种允许条件下水量有保证，又要达到充分利用水源的目的。

允许开采量与开采量的概念是不同的。允许开采量代表在一定的均衡单元内含水层中，单位时间内以最优取水方案可以取出的最大水量，而且这个允许开采量在技术经济上既要合理又要可行，同时也不会引起其他的一些不良后果。而开采量是指目前实际正在开采的水量或预计开采的水量，它仅代表取水工程的产水能力，开采量应小于允许开采量，否则会引起一些不良后果。

下面介绍常用的五种评价方法。

一、水量均衡法

水量均衡法是地下水资源评价的基本方法之一。它是研究评价区（均衡区）在一定时段内（均衡期）地下水的补给量、储存量与排泄量之间的平衡关系，确定影响地下水动态各要素及规律，从而评价水源地可开发利用地下水资源的一种方法。

对于一个均衡区（或水文地质单元）的含水层组来说，地下水在补给和排泄过程中任一时段的补给量和排泄量之差,永远等于含水层中储存量的变化量,这就是水量均衡的基本原理。

(一) 水量均衡方程式

根据水量均衡方程,可建立如下水均衡方程

$$Q_{补} - Q_{排} = \pm \Delta Q_{储} \tag{3-7}$$

式中 $Q_{补}$——地下水的总补给量（m^3）;

$Q_{排}$——地下水的总排泄量（m^3）;

$\pm \Delta Q_{储}$——地下水储存量的变化量（m^3）。

在天然条件下从多年平均来看,地下水储存量的变化量等于零。即地下水水量趋于平衡,这时 $Q_{补} = Q_{排}$。

因此,在天然条件下既可以用多年平均各项补给量之和计算补给量,也可以用多年平均各项排泄量之和计算补给量。

若把地下水的开采量作为排泄量考虑,便可建立开采条件下的水均衡方程

$$(Q_{入} - Q_{出}) + (W - Q_{开}) = \mu F \Delta H / \Delta t \tag{3-8}$$

$$W = Q_{雨} + Q_{河} + Q_{越} + \cdots - Q_{蒸}$$

式中 $(Q_{入} - Q_{出})$——侧向补给量与排泄量之差（m^3/d）;

$(W - Q_{开})$——垂向补给量与排泄量之差（m^3/d）;

$\mu F \Delta H / \Delta t$——单位时间内含水层中储存量的变化量（$m^3/d$）;

μ——含水层的平均给水度,以小数计;

F——均衡区的面积（m^2）;

Δt——计算时段（或均衡期）;

ΔH——在时段内含水层水位的平均变幅（m）;

$Q_{雨}$——降水入渗补给量（m^3/d）;

$Q_{河}$——地表水体渗漏补给量（m^3/d）;

$Q_{越}$——越流补给量（m^3/d）;

$Q_{蒸}$——潜水蒸发总量（m^3/d）。

考虑到开采过程,式（3-8）可改写为下列预测区域开采量的基本公式

$$Q_{开} = (Q_{入} - Q_{出}) + W - \mu F \Delta H / \Delta t \tag{3-9}$$

式（3-9）表明含水层的区域开采量由三部分组成,一是侧向补给量（$Q_{入} - Q_{出}$）,二是垂向补给量 W,三是开采过程中含水层的储存量 $\mu F \Delta H / \Delta t$。上述关系从理论上阐明了开采量的可能组成规律。

(二) 适用条件

该法适用于地下水埋藏较浅,地下水的补给和排泄条件易于查清楚的地区。对于干旱或半干旱山前洪积平原和喀斯特地区,某些河谷地区以及封闭的自流盆地,使用效果一般都较好。

对深层承压含水层或山区基岩裂隙含水层,其补给、径流和排泄条件不易查清或条件复杂时,不易使用该法。

(三) 水量均衡法的计算步骤

1. 划分均衡区、确定均衡期

由于均衡法是以某一特定的区域作为一个整体进行分析，如果进行地下资源评价的区域面积较大，或区域内水文地质条件和开采条件并无显著差异，则可以将整个区域作为一个均衡区进行计算。否则为了提高计算精度，就需要首先将计算区域划分为若干个均衡区，在均衡区内若水文地质条件还有较大的差异，可以再分为若干均衡段。

均衡区一般是根据地下水类型和含水介质的成因类型的组合进行划分，如基岩山区裂隙地下水系统，平原区松散层孔隙水系统。平原区又可分为洪积扇地下水子系统，冲积平原地下水子系统等。

均衡段主要是根据含水层的导水系数、给水度、降水入渗系数、地下水位埋深等定量指标进行划分。其目的是为了处理水文地质参数上的差异，提高地下水资源量的计算精度。

均衡期一般为一个水文年。为了使地下水资源评价结果更加具有代表性，力争选用包括丰水年、平水年和枯水年在内的一个多年均衡期。

2. 确定均衡要素、建立均衡方程

均衡要素指均衡方程中各种补给项和排泄项。一般来说，不同均衡区水文地质条件不同，其均衡要素也不同，应在查明区域地下水补给、径流和排泄条件的基础上确定并计算均衡要素，建立均衡方程。

3. 地下水资源评价

在给出均衡期地下水允许变幅值的条件下，将计算的均衡要素代入均衡方程

$$Q_{开} = (Q_入 - Q_出) + W - \mu F \Delta H / \Delta t \tag{3-10}$$

计算均衡时段的地下水开采量，用此量可分析评价地下水资源对用水的保证程度。

二、开采试验法

开采试验法是模拟水源地开采条件（包括开采方案及提水设备）进行抽水试验来评价地下水资源的一种方法。这种方法适用于完全没有水文地质资料（或水文地质条件复杂），水文地质条件（主要是补给条件）难以查清的地区，当急需确定地下水允许开采量时，可打井（或利用已有井）按需要的开采流量进行抽水试验，依试验结果计算地下水允许开采量。这种通过实际抽水试验确定地下水允许开采量的方法被称为开采试验法。

这种评价方法，对潜水或承压水，对新水源地或旧水源地均适用。由于群井抽水试验耗资巨大，所以开采试验法只适用于中小型水源地。

在枯水季节按开采条件进行试验性开采抽水，一般抽水延续一至数月。地下水动态从抽水开始到水位恢复进行全面观测。结果可能出现以下两种情况。

（一）稳定状态

按设计开采量长时间抽水，若水位降深达到设计降深后，一直能保持稳定，停抽后水位又能较快地恢复到天然状态下的静水位。这说明抽水量小于开采条件下的补给量，按此抽水量开采是有补给保证的，这时的抽水量就是要求的允许开采量。

(二) 非稳定状态

按设计开采量长时间抽水时，若水位降深达到设计降深后，并不稳定，还继续下降，停抽后，虽然水位有所恢复，但始终达不到天然状态下的静水位。这说明抽水量大于开采条件下的补给量，按此抽水量开采是没有保证的。这时可按下述方法求允许开采量。

1. 用水位下降时的资料求允许开采流量

在水位持续下降的过程中，当大部分漏斗出现等幅下降后，任一时段的水量平衡关系为

$$\mu F \Delta S = (Q_{抽} - Q_{补}) \Delta t \tag{3-11}$$

式中 μF——水位下降 1m 时储存量的减少量（m^2）；μ 为给水度（以小数计）F 为降落漏斗面积（m^2），我们将 μF 当作一个值看待；

　　　ΔS——Δt 时段的水位降低（m）；

　　　Δt——水位持续下降的时间（d）；

　　　$Q_{抽}$——Δt 时段的平均抽水流量（m^3/d）；

　　　$Q_{补}$——开采条件下的补给流量（m^3/d）。

由式（3-11）可得出

$$Q_{抽} = Q_{补} + \mu F \Delta S / \Delta t \tag{3-12}$$

式（3-12）说明，抽水量等于开采条件下的补给量与含水层消耗的储存量之和。

为了求 $Q_{抽}$，认为 $Q_{补}$ 和 μF 变化不大，作常量对待，则将抽水流量比较稳定、水位下降比较均匀的若干时段的资料分别代入式（3-12），可列出下列联立方程式

$$Q_{抽1} = Q_{补} + \mu F \Delta S_1 / \Delta t_1$$
$$Q_{抽2} = Q_{补} + \mu F \Delta S_2 / \Delta t_2$$
$$\vdots$$
$$Q_{抽n} = Q_{补} + \mu F \Delta S_n / \Delta t_n$$

用解联立方程的方法求 $Q_{补}$ 和 μF。

2. 用水位恢复资料检验、校核 $Q_{补}$ 的可靠性

（1）若在抽水过程中，减少抽水流量，使 $Q_{抽} < Q_{补}$，则地下水位会等幅回升，$Q_{补}$ 的计算公式为（ΔS 为负值）

$$Q_{补} = Q_{抽} - \mu F \Delta S / \Delta t \tag{3-13}$$

式中 μF——前已求出的单位储存量的平均值（m^2）；

　　　$\Delta S / \Delta t$——水位等幅回升速度（m/d）。

（2）当停止抽水时，$Q_{抽} = 0$，水位恢复，则

$$Q_{补} = \mu F \Delta S / \Delta t \tag{3-14}$$

需要注意的是，利用水位恢复资料进行检验时，此时 $\Delta S / \Delta t$ 为等幅回升速度。

【例 3-1】 某水源地位于基岩裂隙水的富水地段，在 $0.2km^2$ 面积内打了 12 个钻孔，最大孔距不超过 300m。在其中 3 个孔中进行了 4 个多月的抽水试验，观测数据列入表 3-1。

表 3-1　　　　　　　　　　　　抽水试验观测数据表

时间（月．日）	5.1～5.25	5.26～6.2	6.7～6.10	6.11～6.19	6.20～6.30
平均抽水量（m³/d）	3169	2773	3262	3071	2804
水位平均下降速度（m/d）	0.47	0.09	0.94	0.54	0.19

试验表明，在水位迅速下降阶段结束后，开始等幅持续下降，停抽或抽水量减少时，水位都有等幅回升现象。这表明正常抽水已经大于实际补给量。选用5月1日至6月30日各时段的资料分别代入式（3-12），可以列出5个方程式

$$3169 = Q_{补} + 0.47\mu F \quad (1)$$

$$2773 = Q_{补} + 0.09\mu F \quad (2)$$

$$3262 = Q_{补} + 0.94\mu F \quad (3)$$

$$3071 = Q_{补} + 0.54\mu F \quad (4)$$

$$2804 = Q_{补} + 0.19\mu F \quad (5)$$

为了充分利用资料，将上述5个方程搭配联解可求出 $Q_{补}$ 和 μF 的值，结果列于表3-2。

计算结果表明，不同时段组合所求出的 $Q_{补}$ 相差不大，比较稳定。μF 变化较大。可能是由于裂隙发育不均、降落漏斗扩展不匀所致。

再用水位恢复资料验证，水位恢复数据和验证结果列入表3-3。

表 3-2　　　　　　　　　$Q_{补}$ 和 μF 值表

联立方号	(1)和(2)	(3)和(4)	(3)和(5)	(4)和(5)	平均值
$Q_{补}$	2679	2813	2688	2659	2710
μF	1042	478	611	763	724

表 3-3　　　　　　　　　　　水位恢复计算表

时间（月．日）	水位恢复值（m）	$S/\Delta t$（m/d）	平均抽水流量（m³/d）	μF 平均值	计算公式	补给量（m³/d）
7.2～7.6	19.36	3.87	0	723	(3-14)	2802
7.21～7.26	19.98	3.38	107	723	(3-13)	2518
平均值						2660

根据计算和检验结果，允许开采量评价如下：

本区的补给量是有限的，如果开采量超过补给量，则水位就会持续下降，为了合理利用地下水资源，允许开采量是 2600～2700 m³/d。

三、相关分析法

地下水资源的形成是一个受多种因素综合影响的复杂过程，很难用确定性的模型来准确地表述它们的关系。在实际运用确定性模型的求解过程中，很多情况下是人为地把某些因素加以删减或简化。因此用确定性模型来评价有一定的局限性。如果水源地已有一段开

采时间,并有系列观测资料,就可以根据概率统计的原理,利用已有的观测资料建立起开采量与其影响因素之间的随机性模型,这就是统计分析法。

概率统计分析法有多种,目前应用比较普遍的是相关分析法。

(一) 概述

一般来说,相关变量之间的关系大致可以分为两类:一类是确定性关系,即函数关系,如一个井的涌水量与降深值常为确定性关系;另一类是非确定性关系,如开采量受许多因素(水位、降水量、蒸发量、地表水渗漏等)的控制,其值是不确定的。但通过大量的观测数据,则可以发现开采量与降水量之间确实存在密切的关系,这种关系在数理统计中称为相关关系,对这种关系的分析,称为相关分析。

在研究变量之间的相关关系时,首先应从物理成因方面定性地挑选相关因子,在共同影响一个变量的许多因素中,确定哪些是主要因素,哪些是次要因素,并找出这些因素间的关系。

变量间的相关关系分为单相关和复相关。两个变量的相关称为单相关,又叫一元相关。多于两个变量的相关称为复相关,又叫多元相关。一元相关可分为一元线性相关和一元非线性相关,本节主要介绍这种相关。

(二) 一元线性相关分析

1. 建立回归方程

在地下水水量评价中,经常要分析开采量(Q)与降深(S)的关系。对一个水源地而言,因井数很多,影响因素复杂,加上观测误差,开采量和降深的关系通常是统计相关关系。如某水源地有一系列开采量和对应水位降深的观测资料,将这些资料点绘到坐标纸上,它们就会呈现一定的分布趋势。若呈直线趋势,则可用一个线性方程来近似描述 Q—S 的关系,这种方程称为一元线性回归方程。设此直线方程为

$$Q = A + BS \tag{3-15}$$

式中 A、B——待定系数。

要使上式满足回归方程的要求,必须使直线同所有观测值之差的平方和最小,即

$$\Delta = \sum_{i=1}^{n}(Q_i - Q)^2 = \sum_{i=1}^{n}(Q_i - A - BS_i)^2 = 最小$$

因 Q_i 和 S_i 都是已知值,故 Δ 可看作为 A 和 B 的函数,要使函数值最小,则它对 A 和 B 的偏导数应等于零,即

$$\frac{\partial \Delta}{\partial A} = \frac{\partial}{\partial A}\left[\sum_{i=1}^{n}(Q_i - A - BS_i)^2\right] = -2\sum_{i=1}^{n}(Q_i - A - BS_i) = 0$$

$$\frac{\partial \Delta}{\partial B} = \frac{\partial}{\partial B}\left[\sum_{i=1}^{n}(Q_i - A - BS_i)^2\right] = -2\sum_{i=1}^{n}(Q_i - A - BS_i)S_i = 0$$

设观测值为 n 组,用均值 $\overline{Q} = \frac{1}{n}\sum Q_i$,$\overline{S} = \frac{1}{n}\sum S_i$ 代入上式,即可求得待定系数:

$$A = \overline{Q} - B\overline{S}$$

$$B = \frac{\sum(Q_i - \overline{Q})(S_i - \overline{S})}{\sum(S_i - \overline{S})^2}$$

把求得待定系数 A、B 值代入式（3-15），即可求得回归方程。

2. 计算相关系数

这样求得的回归方程实用价值如何？也就是这两个变量之间线性关系密切程度如何？在数理统计上用相关系数 r 来衡量。它的绝对值介于 0~1 之间，$|r|$ 越接近于 1，说明两变量的线性相关程度愈密切，回归方程的实用价值愈大。当 $r=0$ 时为零相关。

相关系数可用下式求得

$$r = \frac{\sum_{i=1}^{n}(Q_i - \overline{Q})(S_i - \overline{S})}{\sqrt{\sum_{i=1}^{n}(Q_i - \overline{Q})^2 (S_i - \overline{S})^2}} \quad (3-16)$$

在实际应用中，相关系数要多大，所建立的回归方程才有实用价值呢？这要通过相关系数的显著性检验。一般与样本容量 n 有关，n 越大，$|r|$ 要求越小；反之，则 $|r|$ 要求越大。详细要求见有关专业书籍。为了保证评价精度，在供水水量评价中，一般要求 $|r|>0.8$。

（三）一元非线性相关分析

若实际观测值在散点图上不是直线趋势，而是近似曲线，可按上述相同的原理建立回归方程。在供水水量评价中经常用到幂函数曲线，设幂函数方程式为

$$Q = AS^B \quad (3-17)$$

式中　A、B——待定系数。

两边取对数，可得

$$\lg Q = \lg A + B \lg S$$

若把对数值看成变量，点绘到等分格纸上，则点群分布趋势为直线。这样就可将非线性相关转化为线性相关了。其待定系数为

$$\lg A = \lg \overline{Q} - B \lg \overline{S}$$

$$B = \frac{\sum(\lg Q_i - \lg \overline{Q})(\lg S_i - \lg \overline{S})}{\sum(\lg S_i - \lg \overline{S})^2}$$

把待定系数 A、B 代入式（3-17）可得幂函数曲线相关的回归方程，相关系数 r 为

$$r = \frac{\sum(\lg Q_i - \lg \overline{Q})(\lg S_i - \lg \overline{S})}{\sqrt{\sum(\lg Q_i - \lg \overline{Q})^2 \sum(\lg S_i - \lg \overline{S})^2}} \quad (3-18)$$

其他曲线类型都可以采用以上类似的方法处理。如：

指数曲线类型　　　　　　　　$Q = Ae^{BS}$

　　　　　　　　　　　　　　$Q = Ae^{B/S}$

对数曲线类型　　　　　　　　$Q = \lg A + B \lg S$

（四）可开采量评价

1. 推求开采量

根据已有的观测资料，分析选择与地下水开采量关系最密切的相关因子，如水位降深或降水量等；作出散点图，初步分析是线性相关或非线性相关；求解待定系数 A、B；计算相关系数，分析相关密切程度；建立回归方程；利用回归方程推求开采量，一般推求的

设计降深值为抽水试验最大降深的 1.75～2 倍。

2. 分析补给量

对于长期开采区，如果有多年动态资料及开采量统计，根据典型年的动态曲线可求出开采区的年平均补给量

$$Q_{补} = \frac{t_{补}}{365}\left(Q'_{开} + \sum \mu F \frac{\Delta H}{\Delta t}\right) \tag{3-19}$$

$$\mu F = \frac{Q_{开}}{V_{降}}$$

式中 $Q_{补}$——年内平均补给量（m^3/d）；

$Q'_{开}$——补给期的平均开采量（m^3/d）；

$t_{补}$——补给期（包括水位稳定时间在内）（d）；

ΔH——在 Δt 时段的水位升幅（m）；

$Q_{开}$——旱季开采量（m^3/d）；

$V_{降}$——旱季水位平均降速（m/d）；

μF——单位存储量（m^2）。

用上述方法分别求出枯水年、平水年、丰水年的平均补给量（或多年平均补给量），根据开采量不超过多年平均补给量的原则，即可评价可开采量的保证程度。

四、开采系数法

所谓开采系数是指一个地区多年平均地下水开采模数与多年平均地下水补给模数之比，或开采系数等于地下水多年平均实际开采量与多年平均补给量的比值。

该方法适用于浅层地下水有一定的开发利用水平，水文地质研究程度较高并积累了较长系列开采量统计与水位动态观测资料的地区。

用开采系数法确定多年平均可开采量。可开采量的一般计算式为

$$Q_{可采} = \rho Q_{总} \tag{3-20}$$

式中 $Q_{可采}$——地下水年可开采量（$10^4 m^3/a$）；

ρ——可开采系数，以小数计；

$Q_{总}$——开采条件下的年总补给量（$10^4 m^3/a$）。

开采系数的确定，可考虑如下原则：

(1) 开采系数一般不大于 1。

(2) 开采条件良好［单井单位降深出水量大于 $20m^3/(h·m)$］，地下水埋深大，水位连续下降的超采区，可选 0.85～0.95。

(3) 开采条件一般［单井单位降深出水量为 $5～20m^3/(h·m)$］，地下水埋深较大，实际开采程度较高的地区，或地下水埋深较小，实际开采程度较低的地区，可选 0.75～0.85；

(4) 开采条件较差［单井单位降深出水量小于 $5m^3/(h·m)$］，地下水埋深小（一般 2m 左右）；开采程度低，开采困难的地区，可选 0.6～0.7。

五、实际开采量调查法

实际开采量调查法适用于浅层地下水开发利用程度较高、开采量统计资料比较准确，

水位动态处于相对稳定的地区。如平水年的年初、年末地下水位基本相等,则该年的地下水实际开采量即可近似地代表多年平均地下水可开采量。

实际开采量调查法的理论基础是水量均衡原理,通过全面研究某一均衡区的浅层地下水的补给量、排泄量以及储存量变化量之间的均衡关系,来评价可开采量。上述三者的关系式为

$$Q_{补} - Q_{排} = \mu F \Delta h / \Delta t \tag{3-21}$$

式中 $Q_{补}$——均衡区均衡期内的浅层地下水总补给量(m^3/a);

$Q_{排}$——均衡区均衡期内的浅层地下水总排泄量(m^3/a);

Δt——均衡期(一般以年计);

F——均衡区面积(m^2);

Δh——均衡期 Δt 内浅层地下水位变化值(m);

μ——给水度(无因次)。

如果年末地下水位变化值为负的,表明年内排泄量大于补给量;若为正的,表明补给量大于排泄量。如水位稳定,则补排相当,实际开采量是合理的,即可作为可开采量。

应该指出,在浅层地下水被大量开发利用的情况下,补排相当是不多见的。但是,上述以水量均衡方程式为理论基础的实际调查法是评价可开采量的常用方法。

【例 3-2】 表 3-4 是某河流域内一供水水源地 1980～1982 年地下水均衡计算成果,其中 1980 年是干旱年,1981 年是平水年,1982 年是丰水年。

表 3-4　　某河流域内一供水水源地 1980～1982 年地下水均衡计算成果　　单位:万 m^3/a

均衡项目	均衡要素	数量		
		枯水年	平水年	丰水年
补给量	降雨入渗补给量	472	836	1010
	河道渗漏量	1990	6406	8450
	地下径流流入量	804	840	960
	总计	3266	8082	10420
排泄量	地下径流流出量	701	825	985
	潜水蒸发量	263	320	305
	实际开采量	6100	6100	6100
	总计	7064	7245	7390
均衡差		-3798	+837	+3030

由表 3-4 可知,枯水年是负均衡,缺额是 3798 万 m^3;平水年和丰水年是正均衡,合计多余 3867 万 m^3 的水量。对此可以作出如下评价:

(1) 该地区平水年实际开采量 6100 万 m^3/a 是合理的。

(2) 在干旱年份出现负均衡,但平水年和丰水年的余额足以补偿干旱年的缺额。所以开采量 6100 万 m^3/a 是有补给保证的。

第三节 地下水资源的质量计算与评价

一、灌溉水质

灌溉水质泛指水的理化性质在灌溉中对土壤和作物的适用性。通常用灌溉水中所含溶解固体盐总量即用矿化度来表示，单位以毫克/升（mg/L）或克/升（g/L）。当前国际上最常用的是电导率（EC），它可由测量浸入水溶液的两个平行电极之间的电阻来确定，单位以毫姆欧/厘米（mmho/cm）计。影响灌溉水质的主要因素除了电导率外，还有钠离子（Na^+）的相对含量、残余碳酸钠（RSC）含量和微量元素（如硼）含量等。

灌溉水中主要有的化学组成为八大离子，即钙（Ca^{2+}）、镁（Mg^{2+}）、钠（Na^+）、钾（K^+）、重碳酸根（HCO_3^-）、硫酸根（SO_4^{2-}）、氯根（Cl^-）和硝酸根（NO_3^-）。而微量元素包括硼（B）、锂（Li）、硒（Se）和一些重金属元素，这些元素中有些对作物的生长起抑制作用，故应限制它们在灌溉水中的含量。美国水质委员会制定的各种微量元素在灌溉水中的最大允许值见表3-5。灌溉水中悬浮固体颗粒所产生的浊度会使灌溉水的利用受到限制。主要问题是固体颗粒可引起灌溉系统的渠系淤积，特别是喷、滴头的堵塞等，同时还会影响土壤的透水性。因此，需要采取适当的措施加以处理。

二、灌溉用水的水质评价

当前，对灌溉用水的水质评价缺乏统一的方法，因此下面所介绍的几种方法并不具有普遍适用性，各地需要根据当地的具体情况、资料来源及其完整程度选择使用。

（一）用矿化度指标进行水质评价

根据前苏联的资料：灌溉水的矿化度不超过1.7g/L时，对植物无害；矿化度在1.7～3g/L时，水的适用性取决于其中溶解盐的成分及土壤特性；矿化度为5g/L被认为是最大的允许含盐量。前苏联曾有人根据表3-6进行灌溉水质的评价。

表3-5　　各类灌溉水中微量元素的最大允许浓度的推荐值　　单位：mg/L

类型 元素	连续用于各类土壤的水	在pH值为6.0~8.5的细质土壤中使用达20年	类型 元素	连续用于各类土壤的水	在pH值为6.0~8.5的细质土壤中使用达20年
铝	5.0	20.0	铁	5.0	20.0
砷	0.10	2.0	铅	5.0	10.0
铍	0.10	0.50	锂	2.5	2.5*
硼	0.75	2.0~10.0	锰	0.20	10.0
镉	0.010	0.050	钼	0.010	0.050**
铬	0.10	1.0	镍	0.20	2.0
钴	0.050	5.0	硒	0.020	0.020
铜	0.20	5.00	钒	0.10	1.0
氟	1.0	15.0	锌	2.0	10.0

注　这些值一般来说对植物或土壤不会产生不利的影响。汞、银、锡、钛、钨没有可提供的资料。
*　对于柑橘，最大浓度推荐值为0.75mg/L。
**　只适合于细质地酸性土壤含有相当高氧化铁的酸性土壤。

表 3-6　用矿化度指标进行水质评价

矿化度（g/L）	水 质 评 价
0.2～0.5	优质灌溉水
1～2	用于灌溉可能导致盐化或碱化
3～7	只能用于良好排水和淋洗条件下的地区

由于矿化度是指水中溶盐的总含量，而这些盐分有些对作物有害（如钠盐），有的无害（如钙盐），有的有益（如硝酸盐和磷酸盐），因此用该指标进行灌溉水质评价时，必须辅之以盐类成分分析。当有害盐分含量高，尤其是 Na_2CO_3 的含量高时，即使水的矿化度较低，也会对作物产生不利影响。当无害盐类含量较高时，水的矿化度即使高一些也可用于作物灌溉。这是用矿化度指标进行灌溉水质评价时没有统一标准的主要原因。

目前联合国灌溉用水标准总盐量（即矿化度）为 0.7～2.1g/L。我国农田灌溉水质标准总盐量为 1～2g/L，并规定在以下具体条件的地区，水质标准可适当放宽：水资源缺少的干旱、半干旱地区；具有一定的水利灌排工程设施的地区；能保证一定的排水和地下水径流条件的地区；有一定淡水资源能满足冲洗土体中盐分的地区；土壤透水性好，土地平整，并能掌握耐盐作物类型和生育阶段的地区。

（二）灌溉系数（K_a）法

该方法是前苏联人提出的灌溉水质评价方法，并曾得到广泛地应用。所谓灌溉系数（K_a）是指以英寸表示的水层厚度，该水层蒸发后，所剩余的盐量能使土壤累计盐分达到作物难以忍受的程度。灌溉系数的计算方法见表 3-7，表中离子的计算单位为毫克当量/升（me/L）。

表 3-7　灌溉系数（K_a）计算表

水 的 化 学 成 分	灌溉系数计算式
当 $Na^+ < Cl^-$ 时，有 NaCl 存在	$K_a = \dfrac{288}{5Cl^-}$
当 $Cl^- < Na^+ < (Cl^- + SO_4^{2-})$ 时，有 NaCl 和 Na_2SO_4 存在	$K_a = \dfrac{288}{Na^+ + 4Cl^-}$
当 $Na^+ > (Cl^- + SO_4^{2-})$ 时，有 NaCl 和 Na_2SO_4 和 Na_2CO_3 存在	$K_a = \dfrac{288}{10Na^+ - 5Cl^- - 9SO_4^{2-}}$

按上述方法计算出灌溉系数 K_a 的数值后，可将灌溉水分级如下：

$K_a < 1.2$　　　　水质坏，不宜用于灌溉。
$K_a = 1.2～5.9$　　水质不适宜，必须进行人工排水。
$K_a = 6～18$　　　水质适宜。
$K_a > 18$　　　　水质良好，完全适用于灌溉，不需专门排水。

（三）用残余碳酸钠（RSC）评价灌溉水质

艾顿（Eaton）认为灌溉水中的金属碳酸盐（游离的 $NaHCO_3$ 和 $NaCO_3$）对土壤性质的影响很大，并称这些游离的碳酸盐为残余碳酸钠。其计算式为

$$RSC = (HCO_3^- + CO_3^{2-}) - (Ca^{2+} + Mg^{2+})$$

根据一些试验结果，艾顿认为当 RSC>2.5me/L 的水不适于灌溉；当 RSC<1.25me/L 的水是安全的；而 RSC 值在 1.25～2.5me/L 之间为临界值。

(四) 盐度、碱度、矿化度法

利用盐度、碱度和矿化度评价灌溉水质的方法是我国河南省水文地质队豫东组提出来的。他们把灌溉水对农作物和土壤的危害分为四种类型，即盐害、碱害、盐碱害和综合危害。

1. 盐害

盐害主要指氯化钠和硫酸钠这两种盐分对农作物和土壤的危害，水质的盐害指标用盐度表示，盐度就是在液态条件下氯化钠和硫酸钠的允许含量，计算公式如下：

当 $Na^+ > Cl^- + SO_4^{2-}$ 时，盐度 $= Cl^- + SO_4^{2-}$；当 $Na^+ < Cl^- + SO_4^{2-}$ 时，盐度 $= Na^+$。

2. 碱害

碱害主要指碳酸钠和重碳酸钠对农作物和土壤的危害，水质的碱害指标用碱度表示，碱度就是在液态条件下碳酸钠和重碳酸钠的允许含量。计算公式如下

$$碱度 = (HCO_3^- + CO_3^{2-}) - (Ca^{2+} + Mg^{2+})$$

当计算结果为负值时，则盐害起主导作用。

3. 盐碱害

盐碱害就是盐害和碱害共存，当盐度大于10me/L，并有碱度存在时，即为盐碱害。这种危害一方面使土壤迅速盐化和碱化，另一方面对作物有极强的腐蚀作用，可使作物致死。

4. 综合危害

水中的氯化钙、氯化镁等有害成分与盐害、碱害一起，对作物和土壤的危害称为综合危害。综合危害的程度取决于水中所含各种可溶盐的总量，所以用总矿化度（g/L）来表示。

属于盐害、碱害、综合危害类型的灌溉水按表3-8列指标进行评价。利用表3-8既可按单一指标（盐害、碱害、综合危害）评价水质，亦可按双项指标（盐害、综合危害；碱害、综合危害）评价水质。应当指出：一方面，表3-8列指标适用于非盐碱化土壤，对于已盐碱化的土壤可视盐碱化程度调整使用；另一方面表3-8根据豫东地区主要作物（小麦、高粱、玉米、棉花、黄豆等）被灌溉后的反应程度确定的，所以对于蔬菜、果树等，应视具体情况作适当调整。

表 3-8　　　　　　　　　　灌溉用水水质评价指标表

危害类型及表示方法		水 质 类 型			
		淡水	中等水	盐碱水	重盐碱水
盐害	碱度为零时盐度（me/L）	<15	15～25	25～40	>40
碱害	盐度小于10时碱度（me/L）	<4	4～8	8～12	>12
综合危害	总矿化度（g/L）	<2	2～3	3～4	>4
灌溉水质评价		长期浇灌对主要作物生长无不良影响	灌溉不当时，对土壤和主要作物有影响；但合理灌溉，能避免土壤发生盐碱化	要注意灌溉方法。灌溉不当时，土壤盐碱化，主要作物生长不好；灌溉方法得当时，作物生长良好	灌溉后，土壤迅速盐碱化，对作物生长影响很大。即使在特别干旱时，也尽量避免过量使用

由以上盐度、碱度和矿化度等指标来评价灌溉水质，可将其分为淡水、中等水、盐碱水和重盐碱水等四类。

属于盐碱类型的灌溉水，按表 3-9 双项指标进行评价；即当盐度大于 10 时，按盐害、碱害这一对指标来评价水质。

表 3-9 盐碱害类型双项灌溉水质评价指标表

盐 度	碱 度	水质类型	灌 溉 水 质 评 价
10～20	4～8	盐碱水	1. 对盐碱水，要特别注意灌溉方法；
	>8	重盐碱水	2. 对重盐碱水，即使在特别干旱时，
20～30	<4	盐碱水	也应避免过量使用
	>4	重盐碱水	
>30	微量	重盐碱水	

（五）综合危害系数（K）法

综合危害系数（K）法是我国河北省沧州地区农业科学研究所结合当地具体条件提出的一种兼顾盐害和碱害的灌溉水质评价方法。他们根据沧州地区地下水的化学成分，建立了灌溉效果与灌溉水的钠吸附比（SAR）和矿化度（M）之间的关系，并以综合危害系数（K）表示。

$$K = 12.4M + \text{SAR} \qquad (3-22)$$

式中　K——综合危害系数，为一无量纲数，K 值反映综合危害；

　　　M——地下水的总矿化度（g/L）；M 值反映盐害；

　　　SAR——钠吸附比，SAR 反映碱害。

$$\text{SAR} = \text{Na}^+ \Big/ \sqrt{\frac{\text{Ca}^{2+} + \text{Mg}^{2+}}{2}} \qquad (3-23)$$

对农田灌溉来说，地下水的质量取决于两方面的因素：一是地下水的总矿化度，二是钠离子在阳离子总量中的相对含量（用 SAR 表示）。前者是构成土壤盐化的内在因素，后者是土壤能否形成碱化的前提。K 值既反映盐害，又反映碱害，故称综合危害系数。

按综合危害系数（K）大小将地下水的灌溉水质分为：灌溉效果好的一级水；灌溉效果较好的二级水；灌溉效果较差的三级水；灌溉效果劣的四级水。在水质分级的基础上，以钠离子占阳离子的 70%（毫克当量）为分界值，将全部水质分为高钠水和低钠水两种类型。大于 70% 的为高钠水，钠离子是此种水的主导因子，由于它的积累，有可能被土壤胶体吸附，对土壤胶体产生破坏作用，使土壤发生碱化；小于 70% 的为低钠水，此时全盐（总矿化度）起主导作用，由于它的积累，使土壤溶液渗透压加大，并可能造成土壤盐化。综上所述，可将灌溉水质分为四个等级，每个等级各两种类型（表 3-10）。

要利用表 3-10 评价灌溉水质，就需作水质化验，这对县以下无化验室的基层单位来说仍有困难。为便于广大基层单位和用水农户掌握，根据地下水 pH 值随钠离子相对含量（占阳离子毫克当量百分数）增高而加大的水化学特点，用 pH 值将水分为高钠型和低钠型，其分界值的 pH 值为 7.8。大于界值为高钠型水，小于界值为低钠型水。将高钠型水和低钠型水按矿化度的不同各分为四个等级,这样就将表 3-10 简化为表 3-11。用 pH 试纸和盐分速测电导仪测得地下水的 pH 值和总矿化度后,即可用表 3-11 评价灌溉水质。利用表 3-10 和表 3-11 确定的地下水质级别和类型,其灌溉效果评价大致相同。

表 3-10 灌溉水质评价表

综合危害系数 K	水质级别	灌溉效果评价 高钠水	灌溉效果评价 低钠水
$K \leqslant 25$	一级水	灌后无不良作用,增产显著,允许按作物需要进行常年灌溉	灌后无不良作用,允许按作物需要进行常年灌溉
$25 < K \leqslant 36$	二级水	灌后土壤板结,增产效果较好,可适当灌溉,灌后应及时中耕	灌后田埂沟边有返白现象,增产效果较好,宜适当灌溉
$36 < K \leqslant 44$	三级水	灌后土壤板结,有增产效果,可抗旱灌溉,应增施有机肥,灌后及时中耕	灌后地面有返白现象,但有增产效果,宜抗旱灌溉
$K > 44$	四级水	灌后土壤易碱化,K 值偏低者,可用以点种,起保苗作用;高者一般不宜灌溉	灌后土壤易盐化,K 值偏低者,可用以点种,起保苗作用;高者一般不宜灌溉

表 3-11 简易灌溉水质评价表

水质类型 \ 总矿化度(g/L) \ 水质级别	一级水	二级水	三级水	四级水
高钠型水(pH>7.8)	0~0.6	0.6~1.5	1.5~2.2	>2.2
低钠型水(pH<7.8)	0~1.5	1.5~2.4	2.4~3.0	>3.0

三、农业用水水质标准

农业用水主要是灌溉和农村人畜饮用水。本节将介绍生活饮用水水质标准和农田灌溉水质标准。

1. 生活饮用水水质标准

对生活饮用水的要求主要有以下几个方面:

(1) 感官良好。无色、无味、无臭,没有悬浮物。

(2) 饮用水的水质应满足人体的生理要求,所含元素应不会损害身体健康。

(3) 水中含有的有毒物质或有毒物质的浓度在近期或长期饮用不会产生毒害作用。

(4) 由于以水为媒介传播的疾病很多,因而要求饮用水卫生可靠,不传播疾病。

我国现行生活饮用水的水质指标分四大类,共计 35 项。即感官性状和一般化学指标 (15 项)、毒理学指标 (15 项)、细菌学指标 (3 项) 和放射性指标 (2 项)。对上述各指标的具体要求详见表 3-12。

2. 农田灌溉水质标准

灌溉用水的水质,应满足作物正常生长,改善土壤理化性状,不污染地下水和保证农产品质量的要求。我国制定农田灌溉水质标准的主要出发点是保护环境,除考虑了河川中的地表水,着重考虑废污水排放对灌溉水资源的污染和污水灌溉带来的一些负效应,如死苗、减产、土壤肥力性状恶化、作物污染以及某些有机化合物、病菌、病毒和寄生虫卵等的残留污染,使农产品质量下降并影响人体健康等问题。因而该标准适用于地表水、地下水和工业废水、生活污水作为水源的农田灌溉用水。我国现行的农田灌溉水质标准详见表3-13。

表3-12　　　　　　　　　　GB 5749—85《生活饮用水卫生标准》

项目		标准
感官性状和一般化学指标（15项）	色	色度不超过15度,并不得呈现其他异色
	浑浊度	不超过3度,特殊情况不超过5度
	臭和味	不得有异臭、异味
	肉眼可见物	不得含有
	pH值	6.5～8.5
	总硬度（以碳酸钙计）（mg/L）	450
	铁（mg/L）	0.3
	锰（mg/L）	0.1
	铜（mg/L）	1.0
	锌（mg/L）	1.0
	挥发酚类（以苯酚计）（mg/L）	0.002
	阴离子合成洗涤剂（mg/L）	0.3
	硫酸盐（mg/L）	250
	氯化物（mg/L）	250
	溶解性总固体（mg/L）	1000
毒理学指标（15项）	氟化物（mg/L）	1.0
	氰化物（mg/L）	0.05
	砷（mg/L）	0.05
	硒（mg/L）	0.01
	汞（mg/L）	0.001
	镉（mg/L）	0.01
	铬（六价）（mg/L）	0.05
	铅（mg/L）	0.05
	银（mg/L）	0.05
	硝酸盐（以氮计）（mg/L）	20
	氯仿*（μg/L）	60
	四氯化碳*（μg/L）	3
	苯并（a）芘*（μg/L）	0.01
	滴滴涕*（μg/L）	1
	六六六*（μg/L）	5
细菌学指标（3项）	细菌总数（个/mL）	100
	总大肠菌群（个/mL）	3
	游离余氯	在与水接触30min后不应低于0.3mg/L。集中式给水除出厂水应符合上述要求外,管网末梢水不应低于0.05mg/L
放射性指标（2项）	总α放射性（B_q/L）	0.1
	总β放射性（B_q/L）	1

表 3-13　　　　　　　　　　GB 5084—92《农田灌溉水质标准》

序号	标准值　作物分类 项目	水 作	旱 作	蔬 菜
1	生化需氧量（BOD$_5$）（mg/L）	≤80	≤150	≤80
2	化学需氧量（COD$_{Cr}$）（mg/L）	≤200	≤300	≤150
3	悬浮物（mg/L）	≤150	≤200	≤100
4	阴离子表面活性剂（LAS）（mg/L）	≤5.0	≤8.0	≤5.0
5	凯氏氮（mg/L）	≤12	≤30	≤30
6	总磷（以 P 计）（mg/L）	≤5.0	≤10	≤10
7	水温（℃）（mg/L）	≤35		
8	pH 值（mg/L）	5.5～8.5		
9	全盐量（mg/L）	非盐碱土地区≤1000；盐碱土地区≤2000；有条件的地区可以适当放宽		
10	氯化物（mg/L）	≤250		
11	硫化物（mg/L）	≤1.0		
12	总汞（mg/L）	≤0.001		
13	总镉（mg/L）	≤0.005		
14	总砷（mg/L）	≤0.05	≤0.1	≤0.05
15	铬（六价）（mg/L）	≤0.1		
16	总铅（mg/L）	≤0.1		
17	总铜（mg/L）	≤1.0		
18	总锌（mg/L）	≤2.0		
19	总硒（mg/L）	≤0.02		
20	氟化物（mg/L）	高氟区≤2.0；一般地区≤3.0		
21	氰化物（mg/L）	≤0.5		
22	石油类（mg/L）	≤5.0	≤10	≤1.0
23	挥发酚（mg/L）	≤1.0		
24	苯（mg/L）	≤2.5		
25	三氯乙醛（mg/L）	≤1.0	≤0.5	≤0.5
26	丙烯醛（mg/L）	≤0.5		
27	硼（mg/L）	1.0～2.0（对硼敏感作物，如马铃薯、笋瓜、韭菜、洋葱、柑橘等）	1.0～2.0（对硼耐受性较强的作物，如小麦、玉米、青椒、小白菜、葱等）	1.0～3.0（对硼耐受性强的作物，如：水稻、萝卜、油菜、甘兰等）
28	粪大肠菌群数（个/L）	≤10000		
29	蛔虫卵数（个/L）	≤2		

第四章 管井出水量计算

管井的出水量(生产能力)对管井的结构设计、井灌规划、水文地质参数的确定和地下水资源评价等都是十分重要的。由于含水层类型、井型及其井的结构等不同,因此水井出水量的确定,应采用不同的井流计算方法。本章仅对垂直取水建筑物中单井和群井出水量计算的基本原理和方法予以介绍。

第一节 单井出水量的计算

一、单井出水量的稳定流计算

从井中抽水,井周围含水层中的水就会向井里流动,水井中水位和井周围处的水位必将下降。通常是水井中水位下降较大,离井越远水位下降越小,形成漏斗状的下降区,称为降落漏斗。就潜水井而言,降落漏斗在含水层内部扩展,即随着漏斗的扩展,其渗流过水断面也在不断地发生变化。而承压水井的水位下降不低于含水层顶板,其降落漏斗不在含水层内部发展,即不会产生含水层被疏干,只能形成承压水头的下降区,就是说承压含水层随着漏斗的扩展,只发生水压的变化,其渗流过水断面则是不变的。

由此可见,随着水井抽水过程中漏斗的扩展,其水力坡度和渗流速度在含水层的空间也将发生变化,尤其是随着抽水时间的延长,变化会更加明显,即水流处于非稳定状态。只有当抽水时间足够长,且漏斗的扩展速度非常慢时,即可近似地认为水流处于稳定状态。在这种状况下,水井的出水量可运用稳定井流理论的计算方法来确定。因篇幅有限,本节仅涉及完整井井流计算问题。

(一)潜水完整井出水量的计算

1863 年法国水力学家裘布依(Dupuit)为推导单井(完整井)出水量而建立了稳定井流模型,如图 4-1 所示。该模型的假设条件是:

(1)含水层天然水力坡度等于零,抽水时为了用流线倾角的正切代替正弦,则井附近的水力坡度不大于 0.25。

(2)含水层是均质各向同性的,含水层的底板是隔水的且呈水平状。

(3)抽水时影响半径范围内无垂向渗入、无蒸发,每个过水断面上的流量不变;在影响半径范围以外的地方流量等于零;在影响半径的圆周上为定水头边界。

(4)抽水井内及附近都是二维流(抽水井内不同深度处的水头降低是相同的)。

图 4-1 中水井的半径为 r_0,供水边界距水井中心的距离或供水半径为 R。但水井按

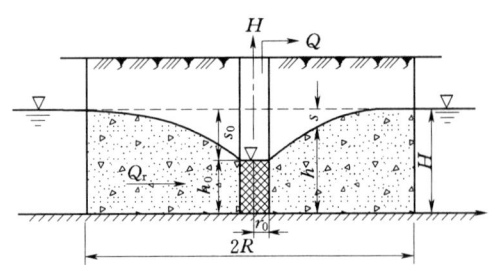

图 4-1 裘布依潜水完整井稳定井流模型图

某一定流量 Q 抽水时，供水边界的水位保持不变，可保证无限供给定流量。井流服从达西（Darcy）线形渗透定律和连续定律，并按轴对称井壁进水且无阻力地汇入井内。稳定井流运动特点可概括为两点。

(1) 流向为汇向水井中形成放射状的一簇曲线，等水位面为以水井为中心的同心圆柱面。等水位面和过水断面是一致的。

(2) 通过距井轴不同距离的过水断面的流量处处相等，都等于水井流量 Q，即

$$Q_{r1} = Q_{r2} = Q_{r3} = \cdots = Q$$

由上述情况，根据潜水完整井稳定井流计算模型推导出水量计算公式。如图 4-1 所示，取圆柱坐标系，沿底板取井径方向为 r 轴，井轴取为 H 轴，并假设渗流过水断面近似为同心圆柱面，于是按达西定律有 $Q_r = 2\pi r h K \dfrac{\mathrm{d}h}{\mathrm{d}r}$，根据连续定律有 $Q = Q_r = \mathrm{const}$（常数），分离变量则有

$$2h\mathrm{d}h = \frac{Q}{\pi K} \frac{\mathrm{d}r}{r}$$

并积分得

$$h^2 = \frac{Q}{\pi K} \ln r + C$$

当 $r \to R$ 时，$h \to H$，即 $C = H^2 - \dfrac{Q}{\pi K} \ln R$，则有

$$Q = \pi K \frac{H^2 - h^2}{\ln \dfrac{R}{r}} \tag{4-1a}$$

当 $r \to r_0$ 时，$h \to h_0$，则有

$$Q = \pi K \frac{H^2 - h_0^2}{\ln \dfrac{R}{r_0}} \tag{4-1b}$$

式（4-1b）即为著名的裘布依稳定井流潜水完整井出水量计算公式。如将自然对数换算成常用对数后，则得

$$Q = 1.366 K \frac{H^2 - h_0^2}{\lg \dfrac{R}{r_0}} \tag{4-2}$$

又因 $h_0 = H - s_0$，则 $H^2 - h_0^2 = (2H - s_0)s_0$，则式（4-2）可改写为

$$Q = 1.366 K \frac{(2H - s_0)s_0}{\lg \dfrac{R}{r_0}} \tag{4-3}$$

由式（4-1）也可获得降落曲线（或浸润曲线）的表达式为

$$h^2 = H^2 - \frac{Q}{\pi K} \ln \frac{R}{r} \tag{4-4}$$

式中 Q——水井的出水量（m^3/h，m^3/d）；

K——含水层的渗透系数（$\mathrm{m/h}$，$\mathrm{m/d}$）；

H——含水层的厚度或供水边界的定水头高度（m）；

s_0——抽水井降深（m）；

h_0——井中水柱高度（m）；

R——井的供水半径（m）；

r_0——井的半径（m）。

为便于以后的研究，在这里引进势函数 ϕ 的概念，并令势函数（简称势）为

$$\phi = \frac{1}{2}KH^2 \qquad (4-5)$$

由达西定律 $Q = 2\pi r H K \dfrac{\mathrm{d}H}{\mathrm{d}r}$ 得

$$Q = 2\pi r \frac{\mathrm{d}\left(\frac{1}{2}KH^2\right)}{\mathrm{d}r} = 2\pi \frac{\mathrm{d}\phi}{\mathrm{d}r} \qquad (4-6)$$

对式（4-6）分离变量并积分（注意 Q 为常数），则求得

$$\phi = \frac{Q}{2\pi}\ln r + C \qquad (4-7)$$

根据边界条件确定 C 值。在均质各向同性潜水含水层中，地下水的稳定运动服从 Laplace 方程。在本节的假定条件下，水流对井轴而言是对称的。方程为

$$\frac{\mathrm{d}^2 H}{\mathrm{d}r^2} + \frac{1}{r}\frac{\mathrm{d}H}{\mathrm{d}r} = \frac{1}{r}\frac{\mathrm{d}}{\mathrm{d}r}\left(r\frac{\mathrm{d}H}{\mathrm{d}r}\right) = 0 \qquad (4-8)$$

如改用势函数表示，则

$$\frac{1}{r}\frac{\mathrm{d}}{\mathrm{d}r}\left(r\frac{\mathrm{d}\phi}{\mathrm{d}r}\right) = 0$$

此时式（4-6）就成为它的一个边界条件，另一个边界条件是

$$\left.\begin{array}{ll} r \to R \text{ 时} & \phi = \phi_K = \frac{1}{2}KH^2 \\ r \to r_0 \text{ 时} & \phi = \phi_0 = \frac{1}{2}Kh_0^2 \end{array}\right\} \qquad (4-9)$$

为确定积分常数 C 值，利用式（4-7）有

$$\left.\begin{array}{ll} r \to R \text{ 时} & \phi_K = \frac{Q}{2\pi}\ln R + C \\ r \to r_0 \text{ 时} & \phi_0 = \frac{Q}{2\pi}\ln r_0 + C \end{array}\right\} \qquad (4-10)$$

两式相减，消去 C 值，并将式（4-9）代入，则潜水完整井的井流公式为

$$Q = \frac{2\pi(\phi_K - \phi_0)}{\ln\dfrac{R}{r_0}} = \frac{\pi K(H^2 - h_0^2)}{\ln\dfrac{R}{r_0}} = 1.364K\frac{(2H - s_0)s_0}{\lg\dfrac{R}{r_0}} \qquad (4-11)$$

式（4-11）与式（4-2）完全一致，只是推导方法不同。

潜水完整井裘布依公式是反映地下水向潜水完整井运动规律的方程式。公式表明潜水完整井的出水量 Q 与水位降深 s_0 的二次方成正比，决定了 Q 与 s_0 间的抛物线关系。

（二）承压完整井出水量的计算

具有圆形定水头供水边界的承压含水层，裘布依建立了与潜水完整井相类似的稳定井

流模型，如图 4-2 所示。承压完整井计算公式的推导和潜水完整井的公式推导不同之处是：由于地下水流向承压完整井的流向是相互平行的，并且平行于顶、底板，因此垂直于流向的过水断面是真正的圆柱体侧面积，可以直接带入达西公式进行推导，推导过程同潜水完整井稳定井流计算过程。其计算公式为

$$Q = 2.73KM \frac{H-h_0}{\lg \frac{R}{r_0}} \quad (4-12a)$$

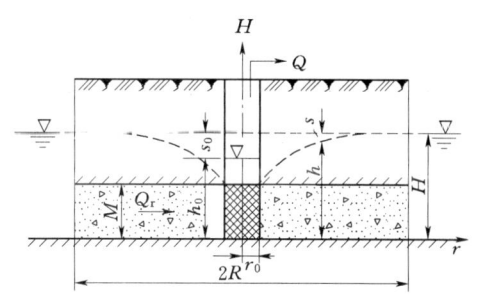

图 4-2 裘布依承压完整井稳定井流模型图

又因 $H-h_0 = s_0$，则

$$Q = 2.73KM \frac{s_0}{\lg \frac{R}{r_0}} \quad (4-12b)$$

式中 M——承压含水层的厚度（m）；

其余符号意义同前。

承压水面降落曲线的表达式为

$$h = H - \frac{Q}{2\pi KM} \ln \frac{R}{r} \quad (4-13)$$

和潜水完整井相仿，根据所假设的轴对称条件，仍用势函数表示，则 $\phi = KMH$。

因 $Q = 2\pi r MK \frac{dH}{dr}$，则

$$Q = 2\pi r \frac{d(KMH)}{dr} = 2\pi r \frac{d\phi}{dr} \quad (4-14)$$

对式（4-14）分离变量并积分仍得式（4-7）。

$$\phi = \frac{Q}{2\pi} \ln r + C$$

$$\left. \begin{array}{ll} r \to R \text{ 时} & \phi = \phi_K = KMH \\ r \to r_0 \text{ 时} & \phi = \phi_0 = KMh_0 \end{array} \right\} \quad (4-15)$$

根据这些边界条件，同样可消去式（4-7）中的 C 值，即

$$\left. \begin{array}{ll} r \to R \text{ 时} & \phi_K = \frac{Q}{2\pi} \ln R + C \\ r \to r_0 \text{ 时} & \phi_0 = \frac{Q}{2\pi} \ln r_0 + C \end{array} \right\}$$

两式相减，消去 C 值，可得承压完整井的井流计算公式为

$$Q = \frac{2\pi(\phi_K - \phi_0)}{\ln \frac{R}{r_0}} = 2.73K \frac{Ms_0}{\lg \frac{R}{r_0}} \quad (4-16)$$

这是反映地下水向承压完整井运动规律的方程式，也称裘布依公式。公式表明承压井的出水量 Q 与水位降深 s_0 的一次方成正比，决定了 Q 与 s_0 为直线关系。

（三）裘布依公式的讨论

1. 裘布依公式的应用

裘布依公式通常可以解决以下两方面的问题：

（1）正问题，即已知参数值预报流量或水头的问题。

（2）逆问题，即反求参数问题。

2. 裘布依公式的讨论

（1）抽水井流量与水位降深的关系。对于承压完整井，有

$$Q = 2.73KM \frac{s_0}{\lg \frac{R}{r_0}}$$

令 $2.73K \dfrac{M}{\lg \dfrac{R}{r_0}} = q$，则有

$$Q = q s_0 \tag{4-17}$$

式（4-17）为通过原点的线性方程，如图 4-3 所示。q 称为单位涌水量，即水位降低 1m 时的水井流量。

对于潜水完整井，有

$$Q = 1.364K \frac{(2H-s_0)s_0}{\lg \frac{R}{r_0}} = 1.364K \frac{2Hs_0}{\lg \frac{R}{r_0}} - 1.364K \frac{s_0^2}{\lg \frac{R}{r_0}} \tag{4-18}$$

该式为一条二次抛物线，如图 4-4 所示。

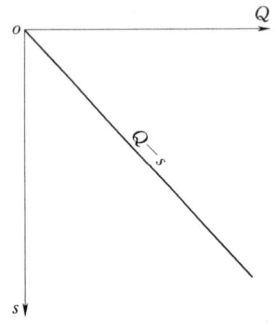
图 4-3 承压完整井 $Q-s$ 关系曲线

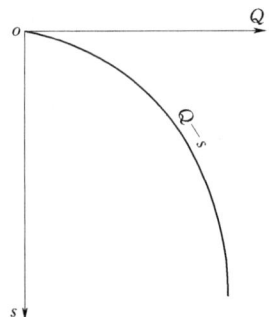
图 4-4 潜水完整井的 $Q-s$ 关系曲线

这里所讨论的降深，仅仅考虑地下水在含水层中流动的结果。但实际上在抽水井中所测得的降深，是多种原因造成的水头损失的叠加，主要有：

1）地下水在含水层中向井汇流时所产生的水头损失，按裘布依公式计算出来的降深就是指这一部分的水头损失。这部分水头损失有时也称为含水层损失。

2）水井施工时泥浆堵塞井周围的含水层，增加了水流阻力所造成的水头损失。

3）水流通过滤水管孔眼时而受阻造成的水头损失。

4）水流在滤水管内流动时所产生的水头损失。

5）水流在井管内向上流动至水泵吸水口，沿程产生水头损失。

这些水头损失，有些与流量的一次方成正比，有些与流量的二次方成正比。由于上述原因，即使对于承压水，出水量与水位降深保持直线关系也是不多见的。

（2）抽水井流量与井径的关系。抽水井的流量与井径的关系，现在还没有统一的认识

和公认的与实际相符的关系式。按照裘布依公式，井的半径对流量的影响并不大，二者之间是对数关系，随着井的半径的增大，流量增加很小。井的半径增加1倍，流量只增加10%左右；井的半径增加10倍，流量也只增加40%左右。实际情况并不是这样，实践表明：当井的半径增大之后，流量的实际增加要比用裘布依公式计算的结果大得多。

（3）水跃对裘布依公式计算结果的影响。现场观测和室内试验研究证明：潜水井抽水时，只有当水位降低非常小时，井中水位才与井壁水位接近一致；当水位降低较大时，井中水位就明显低于井壁水位（如图4-5），此种现象称为水跃（渗出面），其值为水位差。水跃的存在有两种作用：一是井附近的流线是曲线，等水头面为曲面，只有当井壁和井中存在水头差时，图4-5中的阴影部分的水才能进入井内；二是水跃的存在，保持了适当高度的过水断面，以保证把流量

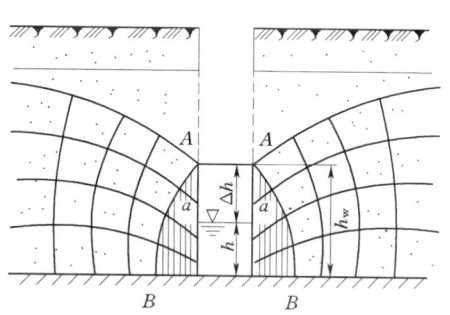

图4-5 潜水井水跃示意图

输入井内。如果不存在水跃，则当井水位降到隔水底板时，井壁处的过水断面将等于零，井就不可能出水了。裘布依降落曲线方程没有考虑水跃的存在，因此在抽水井附近，实际曲线将高于裘布依理论曲线。随着距抽水井距离的加大，等水头线变直，流速的垂直分量变小，理论曲线与实际曲线才渐趋一致。

（四）有限边界附近的稳定井流计算

自然界中任何含水层的分布范围都是有限的。当边界距抽水井较远且抽水时间较短时，在抽水过程中，边界对抽水井不会产生明显的影响，井流就可按无限含水层进行计算。如果井位于补给边界或隔水边界附近时，且抽水时间延续较长时，边界对水流的影响就很明显，这时就必须考虑边界的存在，井流计算要采取特殊的方法。

自然界含水层的边界情况极其复杂。图4-6介绍了几种边界的典型地质条件，其他情况还很多。解析法在解决边界附近的井流运动问题时，将边界划分为补给边界（即定水头供水边界）和隔水边界（即不透水边界）两类；同时将弯曲的、不规则的实际边界简化为直线，并把含水层的分布范围简化为规则的几何形状，运用映射（镜像）原理或得各种特定条件下的理论公式。本节只介绍映射法原理及其在直线边界附近的井流运动问题。

1. 映射法原理

从日常生活中可以知道，如在平面镜前放一物体，镜中就有一虚像存在。物体和虚像

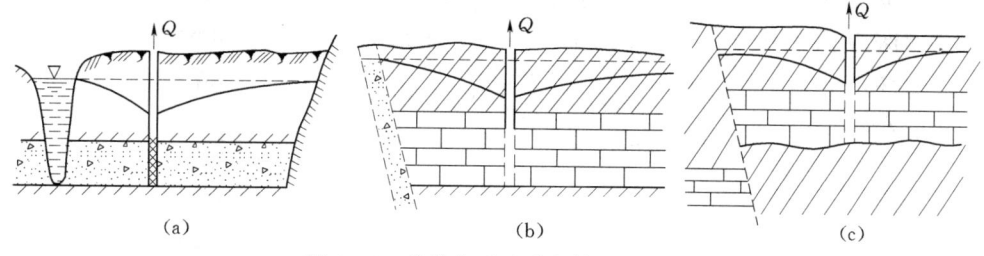

图4-6 几种典型地质条件下的边界
(a) 河流附近的井；(b) 导水断层附近的井；(c) 隔水断层附近的井

的位置对镜子而言是对称的,形状是相同的。为此我们把直线边界想象成一面镜子,若边界附近存在工作的真实的井(称为实井),相应地,在边界的另一侧映射出一口虚构的井(称为虚井)。为了将有界井流问题化为无界井流问题,且变化后保持原问题的边界性质不变,虚井应具有如下的一些特征:

(1) 虚井和实井的位置相对边界是对称的。
(2) 虚井的流量和实井的流量相等。
(3) 虚井的性质取决于边界的性质。对于定水头补给边界,虚井的性质和实井的性质相反,如实井为抽水井,则虚井为注水井;对于隔水边界,虚井的性质和实井相同,即实井为抽水井,则虚井也为抽水井。
(4) 虚井的工作时间和实井相同。

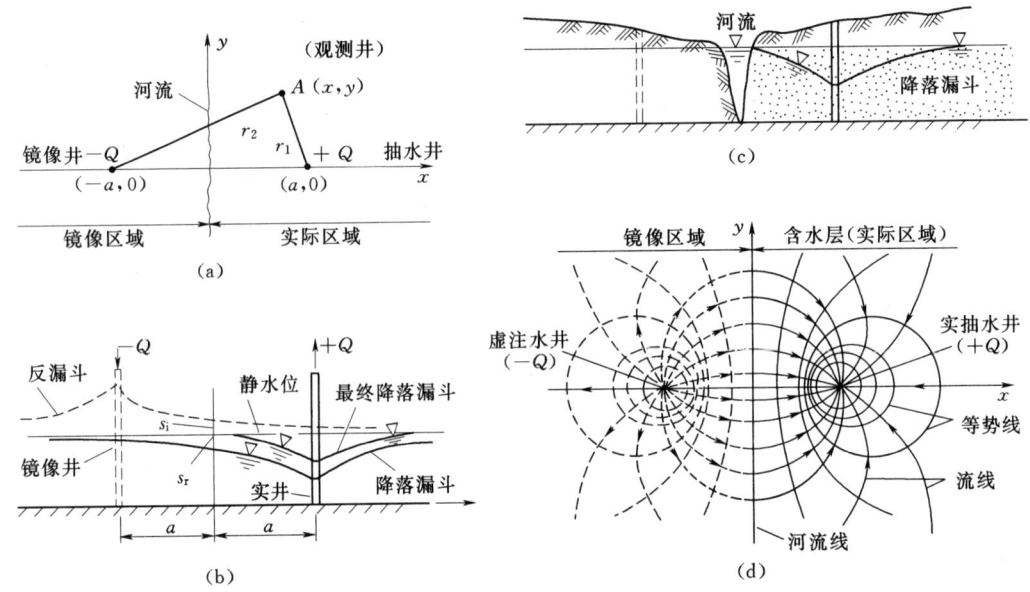

图 4-7 直线补给边界附近的稳定井流

2. 有限直线补给边界附近的稳定井流

在河流附近或导水断层附近的井,如果地下水与它们有水力联系,如图 4-7 所示。先以一个潜水含水层中抽水井的实例进行说明。设抽水井流量为 $+Q$,井中心至边界的垂直距离为 a,则在边界的另一侧 $-a$ 的位置上映射出一口流量为 $-Q$ 的注水井。当不考虑边界影响时,平面上任一点 P(观测孔),当实井单独工作时而产生的势为

$$\phi_1 = \frac{+Q}{2\pi}\ln r_1 + C_1$$

而当虚井单独工作时而产生的势为

$$\phi_2 = \frac{-Q}{2\pi}\ln r_2 + C_2$$

式中 r_1——实井到 P 点(观测孔)的距离;
  r_2——虚井到 P 点(观测孔)的距离。

若两个井同时工作，P 点的势为两个井单独工作时各个井所产生的势的和，这就是势的叠加原理。即

$$\phi_P = \phi_1 + \phi_2 = \frac{Q}{2\pi}\ln\frac{r_1}{r_2} + C \quad (C = C_1 + C_2) \tag{4-19}$$

若把 P 点移到直线补给边界上，则 $r_1 = r_2$，故有

$$\ln\frac{r_1}{r_2} = \ln 1 = 0$$

$$\phi_A = \phi_K = C$$

这就是说 y 轴上的势为常量，直线补给边界是一条等势线，满足要求的边界条件。

若把 P 点移到抽水井的井壁上，此时 $r_1 = r_0$，$r_2 = 2a - r_0$。因为 $2a \gg r_0$，此时可以认为 $r_2 \approx 2a$，其井壁处的势为

$$\phi_0 = \frac{Q}{2\pi}\ln\frac{r_0}{r_2} + C = \frac{Q}{2\pi}\ln\frac{r_0}{2a} + C$$

两式相减，消去常数 C，得

$$\phi_K - \phi_0 = \frac{Q}{2\pi}\ln\frac{2a}{r_0}$$

故

$$Q = \frac{2\pi(\phi_K - \phi_0)}{\ln\frac{2a}{r_0}} \tag{4-20}$$

如将式（4-20）用水头表示，即得直线补给边界附近完整井的出水量公式为

$$Q = \frac{\pi K(H^2 - h_0^2)}{\ln\frac{2a}{r_0}} \tag{4-21}$$

3. 有限直线隔水边界附近的稳定井流

如图 4-8 所示，根据映射法原理，在边界的另一侧映射出一口流量也是 Q 的抽水井。此时实井单独工作时，任一点 P 的势为

$$\phi_1 = \frac{Q}{2\pi}\ln r_1 + C_1$$

虚井单独工作时，任一点 P 的势为

$$\phi_2 = \frac{Q}{2\pi}\ln r_2 + C_2$$

两井同时工作时，任一点 P 的势应该是实井和虚井两井作用的势的叠加，即

$$\phi = \phi_1 + \phi_2 = \frac{Q}{2\pi}\ln r_1 r_2 + C \tag{4-22}$$

若把 A 点移到井壁上，此时 $\phi = \phi_0$，$r_1 = r_0$，$r_2 \approx 2a$，则

$$\phi_0 = \frac{Q}{2\pi}\ln 2r_0 a + C$$

若把 A 点移到补给边界上，则 $r_1 = r_2 = R$（影响半径），$\phi = \phi_K$，故有

$$\phi_K = \frac{Q}{2\pi}\ln R^2 + C$$

两式相减，消去积分常数，得

$$Q = \frac{2\pi(\phi_K - \phi_0)}{\ln\dfrac{R^2}{2r_0 a}} \qquad (4-23)$$

同样用水头表示，则式（4-23）改为

$$Q = \frac{\pi K(H^2 - h_0^2)}{\ln\dfrac{R^2}{r_0 a}} \qquad (4-24)$$

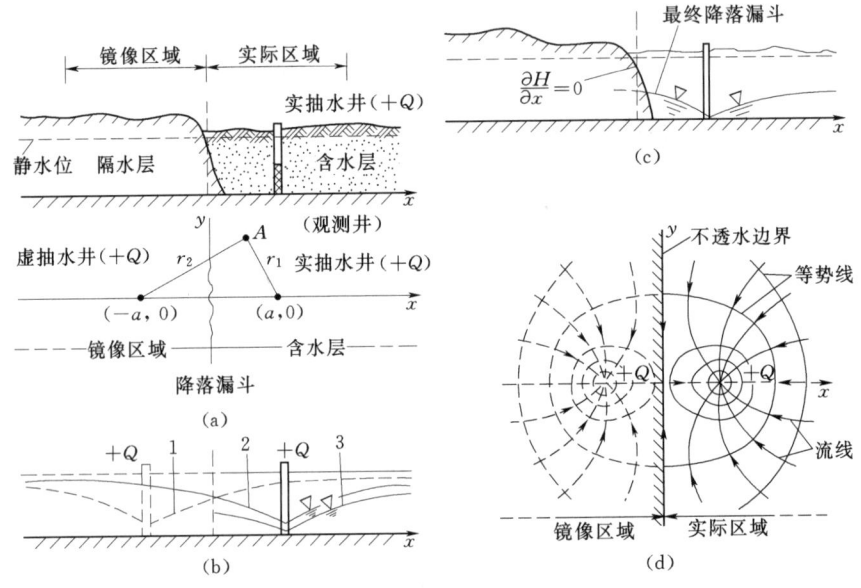

图 4-8 直线隔水边界附近的稳定井流

同理，可以写出承压含水层完整井有限补给，隔水边界附近的稳定井流公式，即

直线补给边界

$$Q = \frac{2\pi KM(H - h_0)}{\ln\dfrac{2a}{r_0}} \qquad (4-25)$$

直线隔水边界

$$Q = \frac{2\pi KM(H - h_0)}{\ln\dfrac{R^2}{2r_0 a}} \qquad (4-26)$$

二、单井出水量的非稳定流计算

随着工农业生产的不断发展以及人口数量的不断增加，工业、农业及生活用水的需求量不断增大，地下水作为重要的供水水源，其开采量及开采规模迅速扩大，大多数地区普遍出现区域地下水位的持续下降，而稳定流理论及其水量计算公式无法解决和预测这一现象以及未来地下水的动态变化。在 20 世纪 30 年代中期开始形成的以泰斯为代表的非稳定流理论及其相关的水量运用计算公式发挥着越来越大的作用。泰斯非稳定流理论认为，在抽水过程中，地下水的运动状态是随时间而变化的，即动水位不断下降，降落漏斗不断扩

大,直至含水层的边缘或补给水体。

(一) 潜水完整井非稳定井流的微分方程

图 4-9 表示在一均质各向同性的、等厚且无限延伸、又无越流和垂向补给的水平潜水含水层中,有一眼完整井在抽水过程中的水位变化情况。设在某时段 t 时刻,距井轴中心距离为 r 处有一眼观测孔,其中水位为 H。如选用圆柱坐标,水位 H 仅是径向距离 r 和时间 t 的函数,即 $H=H(r、t)$。

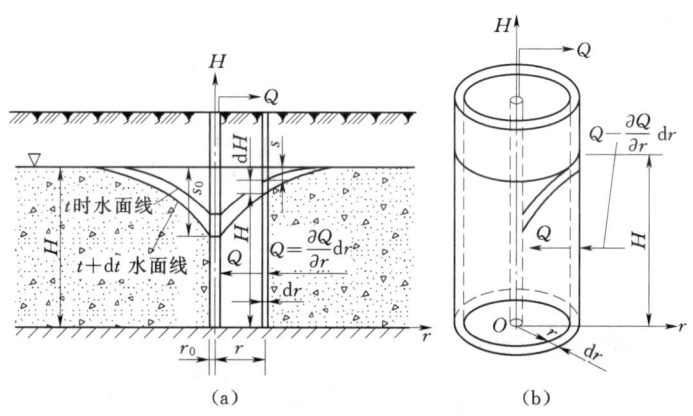

图 4-9 潜水完整井非稳定流的井流计算示意图

在图 4-9 (a) 中,取一以井轴为中心,内径为 r,外径为 $r+dr$、高度为含水层厚度 H 的隔离圆筒体如图 4-9 (b),圆柱坐标取井轴 H 为纵轴,r 轴径向向外。当井孔抽水时;设在单位时间从内筒面流入井孔的水量为 Q,且向井轴递增汇流。如流经 dr 距离后,流量的变化为 $\frac{\partial Q}{\partial r}dr$,则从含水层汇入外筒面的流量为 $Q-\frac{\partial Q}{\partial r}dr$。于是按水量守恒原理,即流入量等于流出量,则得二筒面的流量差为

$$Q-\left(Q-\frac{\partial Q}{\partial r}dr\right)=\frac{\partial Q}{\partial r}dr$$

此流量差是由该圆筒体水位降低 $\frac{\partial H}{\partial t}$ 后,在重力作用下,单位时间所给出的。

圆筒体的环状面积为 $2\pi rdr$,含水层的给水度为 μ,则在单位时间内从该圆筒体内给出的水量为 $-2\pi rdr\frac{\partial H}{\partial t}\mu$,故可得

$$\frac{\partial Q}{\partial r}dr=-2\pi rdr\frac{\partial H}{\partial t}\mu$$

根据 Darcy 公式,流出内筒面的渗透速度为

$$v=-K\frac{\partial H}{\partial r}$$

如取圆筒面的水位为平均水位,即 $H=\frac{H_r+H_r+dH_r}{2}$,则内筒面的过水断面面积为 $\omega=2\pi rH$,于是

$$Q = \upsilon\omega = 2\pi r H\left(-K\frac{\partial H}{\partial r}\right)$$

$$= -2\pi r K H \frac{\partial H}{\partial r}$$

式中负号表示水流方向与坐标轴方向相反。对上式求偏导得

$$\frac{\partial Q}{\partial r} = -2\pi K H \frac{\partial}{\partial r}\left(r\frac{\partial H}{\partial r}\right) = -2\pi K H\left(\frac{\partial H}{\partial r} + r\frac{\partial^2 H}{\partial r^2}\right)$$

代入前面等式经化简后得

$$KH\left(\frac{\partial H}{\partial r} + r\frac{\partial^2 H}{\partial r^2}\right) = \frac{\partial H}{\partial r}r\mu$$

令 $T = KH$，则

$$\frac{\partial^2 H}{\partial r^2} + \frac{1}{r}\frac{\partial H}{\partial r} = \frac{\mu}{T}\frac{\partial H}{\partial r}$$

再令 $\dfrac{T}{\mu} = a$，则有

$$\frac{\partial^2 H}{\partial r^2} + \frac{1}{r}\frac{\partial H}{\partial r} = \frac{1}{a}\frac{\partial H}{\partial r} \tag{4-27}$$

如改用直角坐标系表示，则有

$$a\left(\frac{\partial^2 H}{\partial x^2} + \frac{\partial^2 H}{\partial y^2}\right) = \frac{\partial H}{\partial t} \tag{4-28}$$

式（4-27）和式（4-28）即为潜水完整井非稳定井流的微分方程。

a 值：在潜水含水层中称为水位传导系数；在承压含水层中称为压力传导系数。它是描述含水层因水位或水头变化的传导速度。

在抽水过程中，如有降水入渗补给或蒸发排泄时，应在水量平衡计算时计入这些量。设在单位时间内在单位面积上的补给率或蒸发率为 ε，则式可写为

$$a\left(\frac{\partial^2 H}{\partial r^2} + \frac{1}{r}\frac{\partial H}{\partial r}\right) + \frac{\varepsilon}{\mu} = \frac{\partial H}{\partial t} \tag{4-29}$$

（二）承压完整井非稳定井流的微分方程

在与潜水完整井非稳定井流同样的假设条件下，同理可得承压完整井非稳定井流的微分方程。方程形式基本与式（4-26）相同，即

$$a\left(\frac{\partial^2 H}{\partial r^2} + \frac{1}{r}\frac{\partial H}{\partial r}\right) = \frac{\partial H}{\partial t} \tag{4-30}$$

式中 H——抽水过程中，任一时段 t 时承压含水层的水头，不代表含水层的厚度。其厚度用 M 表示；

a——承压含水层的压力传导系数，用 $a = \dfrac{KM}{\mu^*}$（m^2/d）表示；

μ^*——承压含水层的"弹性释水系数"或"弹性储存系数"；

t——抽水时间（d）。

则式（4-29）可改写为

$$\frac{\partial^2 H}{\partial r^2} + \frac{1}{r}\frac{\partial H}{\partial r} = \frac{\mu^*}{KM}\frac{\partial H}{\partial t} = \frac{\mu^*}{T}\frac{\partial H}{\partial t} \tag{4-31}$$

式中，$T = KM$，为承压含水层的导水水系数。

关于承压含水层的弹性释水系数，其物理意义是：当承压含水层的水头降低一个单位时，从单位含水层水平面积、高度等于含水层厚度的柱体中所释放出来的水量。而将承压含水层的水头降低一个单位时，单位体积含水层所释放出来的水量，称为释水率，与释水系数关系为 $s_e = \dfrac{\mu^*}{M}$。在通常情况下，承压含水层的释水系数为 $10^{-5} \sim 10^{-3}$。

(三) 单井非稳定井流的基本方程式（泰斯公式）

1. 承压完整井非稳定井流运动方程

1935 年美国人泰斯（C. V. Theis），借用热传导方程原理，用解析法近似地对方程 (4-30) 进行求解。对于一个二阶偏微分方程的求解，只有加上定解条件后，解才是唯一确定的。于是方程 (4-31) 的定解问题为

$$\frac{\partial^2 H}{\partial r^2} + \frac{1}{r}\frac{\partial H}{\partial r} = \frac{\mu^*}{T}\frac{\partial H}{\partial t} \quad (r_0 < r < \infty, t > 0) \quad (4-32\text{a})$$

$$H(r, 0) = H_0 \quad (\text{初始条件}: r_0 < r < \infty, t = 0) \quad (4-32\text{b})$$

$$H(\infty, t) = H_0 \quad (\text{定水头边界条件 } t > 0) \quad (4-32\text{c})$$

$$\lim_{r \to 0}\left(r\frac{\partial H}{\partial r}\right) = \frac{Q}{2\pi T} = \text{const} \quad (t > 0) \quad (4-32\text{d})$$

按照上述初始条件及边界条件，结合完整井微分方程，通过积分变换可求得承压完整井非稳定井流的基本方程式泰斯公式为（微分方程求解过程省略）：

$$s = \frac{Q}{4\pi T} W(u) \quad (4-33)$$

式中 $W(u)$——负指数积分函数或水井函数，$W(u) = \int_{\mu}^{\infty} \dfrac{e^{-u}}{u} du = -E_i(u)$，展开后为一收敛级数，即

$$W(u) = -0.5772 - \ln u + \sum_{n=1}^{\infty}(-1)^{n+1}\frac{u^n}{n \cdot n!}$$

u——井函数自变量，$u = \dfrac{r^2 \mu^*}{4Tt} = \dfrac{r^2}{4at}$；

s——当以定流量 Q 抽水时，在距井 r 远处经过 t 时刻后的水位下降值（m）；

其他符号意义同前。

泰斯公式推导示意图如图 4-10 所示。

2. 潜水完整井非稳定井流计算公式

潜水完整井单井抽水非稳定流运算模型可参照承压水完整井的方式进行一系列代换导出仿泰斯公式为

$$s = H - \sqrt{H^2 - \frac{Q}{2\pi K}W(u)} \quad (4-34)$$

公式中的符号意义同承压完整井非稳定井流计算公式。

为了便于计算，1962 年费里斯等人将井函数

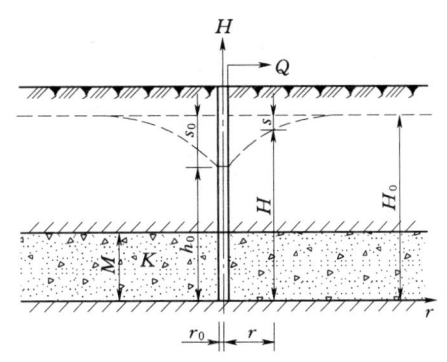

图 4-10 泰斯公式推导示意图

制成专用表（井函数表 4-1）。根据上述公式，只要已知含水层的压力传导系数或弹性释水系数、导水系数，就可以计算开采区内某一时刻任一点的水位降深值，或预测开采区内某一点的不同时刻的水位降深值。

表 4-1　　　　　　　　　　　　　$W(u)$ 函数表

u	$W(u)$	u	$W(u)$	u	$W(u)$	u	$W(u)$	u	$W(u)$	u	$W(u)$
0	∞										
1×10^{-12}	27.0538	0.026	3.0983	0.11	1.7371	0.49	0.5721	0.87	0.2742	3.5	0.0070
2×10^{-12}	26.3607	0.028	3.0261	0.12	1.6595	0.50	0.5598	0.88	0.2694	3.6	0.0062
5×10^{-12}	25.4444	0.030	2.9591	0.13	1.5889	0.51	0.5478	0.89	0.2647	3.7	0.0055
1×10^{-11}	24.7512	0.032	2.8965	0.14	1.5241	0.52	0.5362	0.90	0.2602	3.8	0.0048
2×10^{-11}	24.0581	0.034	2.8379	0.15	1.4645	0.53	0.5250	0.91	0.2557	3.9	0.0043
5×10^{-11}	23.1418	0.036	2.7827	0.16	1.4092	0.54	0.5140	0.92	0.2513	4.0	0.0038
1×10^{-10}	22.4486	0.038	2.7306	0.17	1.3578	0.55	0.5034	0.93	0.2470	4.1	0.0033
2×10^{-10}	21.7555	0.040	2.6813	0.18	1.3098	0.56	0.4930	0.94	0.2429	4.2	0.0030
5×10^{-10}	20.8392	0.042	2.6344	0.19	1.2649	0.57	0.4830	0.95	0.2387	4.3	0.0026
1×10^{-9}	20.1460	0.044	2.5899	0.20	1.2227	0.58	0.4732	0.96	0.2347	4.4	0.0023
2×10^{-9}	19.4529	0.046	2.5474	0.21	1.1829	0.59	0.4637	0.97	0.2308	4.5	0.0021
5×10^{-9}	18.5366	0.048	2.5068	0.22	1.1454	0.60	0.4544	0.98	0.2269	4.6	0.0018
1×10^{-8}	17.8435	0.050	2.4679	0.23	1.1099	0.61	0.4454	0.99	0.2231	4.7	0.0016
2×10^{-8}	17.1503	0.052	2.4306	0.24	1.0726	0.62	0.4366	1.00	0.2194	4.8	0.0014
5×10^{-8}	16.2340	0.054	2.3948	0.25	1.0443	0.63	0.4280	1.1	0.1860	4.9	0.0013
1×10^{-7}	15.5409	0.056	2.3604	0.26	1.0139	0.64	0.4197	1.2	0.1584	5.0	0.0011
2×10^{-7}	14.8477	0.058	2.3273	0.27	0.9849	0.65	0.4115	1.3	0.1355		
5×10^{-7}	13.9314	0.060	2.2953	0.28	0.9573	0.66	0.4036	1.4	0.1162		
1×10^{-6}	13.2383	0.062	2.2645	0.29	0.9309	0.67	0.3959	1.5	0.1000		
2×10^{-6}	12.5451	0.064	2.2346	0.30	0.9057	0.68	0.3883	1.6	0.0863		
5×10^{-6}	11.6280	0.066	2.2058	0.31	0.8815	0.69	0.3810	1.7	0.0747		
1×10^{-5}	10.9357	0.068	2.1779	0.32	0.8583	0.70	0.3738	1.8	0.0647		
2×10^{-5}	10.2426	0.070	2.1508	0.33	0.8361	0.71	0.3668	1.9	0.0562		
5×10^{-5}	9.3263	0.072	2.1246	0.34	0.8147	0.72	0.3599	2.0	0.0489		
1×10^{-4}	8.6332	0.074	2.0991	0.35	0.7942	0.73	0.3532	2.1	0.0426		
2×10^{-4}	7.9402	0.076	2.0744	0.36	0.7745	0.74	0.3467	2.2	0.0372		
5×10^{-4}	7.0242	0.078	2.0503	0.37	0.7554	0.75	0.3403	2.3	0.0325		
1×10^{-3}	6.3315	0.080	2.0269	0.38	0.7371	0.76	0.3341	2.4	0.0284		
2×10^{-3}	5.6394	0.082	2.0042	0.39	0.7194	0.77	0.3280	2.5	0.0249		
5×10^{-3}	4.7261	0.084	1.9820	0.40	0.7024	0.78	0.3221	2.6	0.0219		
0.010	4.0379	0.086	1.9604	0.41	0.6859	0.79	0.3163	2.7	0.0192		
0.012	3.8573	0.088	1.9393	0.42	0.6700	0.80	0.3106	2.8	0.0169		
0.014	3.7054	0.090	1.9187	0.43	0.6546	0.81	0.3050	2.9	0.0148		
0.016	3.5739	0.092	1.8987	0.44	0.6397	0.82	0.2996	3.0	0.0131		
0.018	3.4581	0.094	1.8791	0.45	0.6253	0.83	0.2943	3.1	0.0115		
0.020	3.3547	0.096	1.8599	0.46	0.6114	0.84	0.2891	3.2	0.0101		
0.022	3.2614	0.098	1.8412	0.47	0.5979	0.85	0.2840	3.3	0.0089		
0.024	3.1763	0.10	1.8299	0.48	0.5848	0.86	0.2790	3.4	0.0079		

当抽水时间较长、$u \leqslant 0.01$ 时，其指数积分函数的表达式中，从第二项以后的各项绝对值很小，可以忽略不计。于是可取级数的前两项进行简化得到：

$$W(u) \approx -0.5772 - \ln u = -0.5772 - \ln\frac{r^2}{4at}$$

$$= \ln\frac{4at}{r^2} - \ln 1.781$$

$$= 2.3\lg\frac{2.25at}{r^2}$$

将此值代入式（4-33）及式（4-34）后得到简化的雅柯布公式：
承压完整井

$$s = \frac{2.3Q}{4\pi T}\lg\frac{2.25at}{r^2} \tag{4-35}$$

潜水完整井

$$s = H - \sqrt{H^2 - \frac{2.3Q}{2\pi K}\lg\frac{2.25at}{r^2}} \tag{4-36}$$

（四）直线边界附近的单井非稳定井流运动

1. 直线补给边界附近的单井非稳定井流

当抽水井位于一个直线补给边界附近时，和稳定流的情况相似，虚井为流量$-Q$的注水井，利用叠加原理，对于承压完整井可得

$$s = s_1 + (-s_2) = \frac{Q}{4\pi T}[W(u_1) - W(u_2)] \tag{4-37}$$

其中

$$u_i = \frac{r_i^2 \mu^*}{4Tt} \quad (i = 1, 2)$$

当抽水时间t延长到一定程度，使$u_i \leqslant 0.01$时，则可利用雅柯布近似公式，则式（4-37）变为

$$s = \frac{2.3Q}{4\pi T}\left[\lg\frac{2.25Tt}{r_1^2\mu^*} - \lg\frac{2.25Tt}{r_2^2\mu^*}\right] = \frac{2.3Q}{2\pi T}\lg\frac{r_2}{r_1} \tag{4-38}$$

对于潜水完整井，当降深不大时，类似的可得到

$$H_0^2 - h^2 = \frac{Q}{2\pi K}[W(u_1) - W(u_2)] \tag{4-39}$$

其中

$$u_i = \frac{r_i^2 \mu}{4Tt} \quad (i = 1, 2)$$

式中 μ——潜水含水层给水度；
T——导水系数，$T = Kh_m$；
h_m——平均厚度。

或 $u_i \leqslant 0.01$ 时有

$$H_0^2 - h^2 = \frac{2.3Q}{\pi K}\lg\frac{r_2}{r_1} \tag{4-40}$$

式（4-38）和式（4-40）都没有包含时间，和稳定流公式相同，表示存在补给边界时，抽水持续一定时间以后降深能达到稳定。

2. 直线隔水边界附近的单井非稳定井流

该情况下虚井是抽水井，同理对于承压水井利用叠加原理得

$$s = s_1 + s_2 = \frac{Q}{4\pi T}[W(u_1) + W(u_2)] \qquad (4-41)$$

当抽水时间 t 延长到一定程度,使 $u_i \leqslant 0.01$ 时,则可利用雅柯布近似公式,则式（4-41）变为

$$s = \frac{2.3Q}{4\pi T}\left[\lg \frac{2.25Tt}{r_1^2 \mu^*} + \lg \frac{2.25Tt}{r_2^2 \mu^*}\right] = \frac{2.3Q}{2\pi T}\lg \frac{2.25Tt}{r_1 r_2 \mu^*} \qquad (4-42)$$

对于潜水完整井,可得到

$$H_0^2 - h^2 = \frac{Q}{2\pi K}[W(u_1) + W(u_2)] \qquad (4-43)$$

或 $u_i \leqslant 0.01$ 时有

$$H_0^2 - h^2 = \frac{2.3Q}{\pi K}\lg \frac{2.25Tt}{r_1 r_2 \mu} \qquad (4-44)$$

从式（4-42）和式（4-44）中看出,随着时间的增大,降深也随着增大,因此隔水边界附近的井流如果没有其他的补给来源,不可能达到稳定状态。

第二节　群井出水量的计算

在灌溉、供水和排水中,需在同一地区的同一含水层中布置许多井,抽取地下水。各井在共同工作时,由于井间距离较小,水力联系密切而相互干扰,我们把这样一些在相互干扰条件下工作的水井称为干扰井群。

干扰井群表现为,当井群中的井全部抽水时,如果各井的抽水降深与单井抽水时的抽水降深相等,则每眼井的出水量就要减小;反之如果要保持各井的抽水量不变,则就要增加各井的抽水降深。其原因是,在井群工作条件下各井互相争水,限制了各井的取水范围,导致了各井出水量减少,或者使水位下降增大。

干扰程度的大小主要受含水层性质、补给条件、排泄条件、水井数量、间距、距补给和排泄边界的距离、平面上的位置、井结构等因素的影响。

一、干扰井群出水量的稳定流计算

在井群计算时,常用的方法有水位削减法、流量削减法及势的叠加法。现重点介绍前两种方法。

（一）水位削减法

为了便于计算,先介绍两眼井在干扰情况下的出水量计算。如图 4-11 所示,设有两眼条件完全相同的承压完整井。当 #1 井单独抽水时,出水量为 Q,抽水降深为 s_0,引起 #2 井水位下降值为 t;同样,当 #2 井单独抽水时,出水量也为 Q,抽水降深为 s_0,引起 #1 井水位下降为 t,并将其称为水位削减值。

如两井同时抽水,当 $s = s_0$ 时,则单井的出水量便要减小,即 $Q_干 < Q_单$。如果保持 $Q_干 = Q_单$ 时,则需加大抽水降深。如单井的 $Q-s$ 关系曲线呈线性,则抽水降

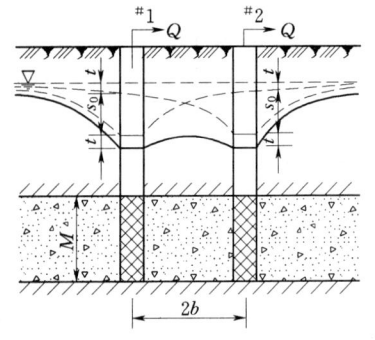

图 4-11　两眼条件相同承压完整井抽水干扰计算示意图

深便应增加 t，即 $s=s_0+t$。

设 #1 井单独抽水时的抽水量为

$$Q_\text{单} = 2.73KM \frac{s_0}{\lg \frac{R}{r_0}}$$

于是

$$s_0 = \frac{Q_\text{单}}{2.73KM} \lg \frac{R}{r_0}$$

#1 井单独抽水时，对 #2 井的水位削减值为 t，可假设有一虚拟大口井 $r_0=2b$，$s=t$ 时的出水量为

$$Q_\text{虚} = 2.73K \frac{Mt}{\lg \frac{R}{2b}} \qquad (4-45)$$

令

$$Q_\text{单} = Q_\text{虚} = Q$$

则

$$t = \frac{Q}{2.73KM} \lg \frac{R}{2b}$$

于是

$$s = s_0 + t$$

$$= \frac{Q}{2.73KM} \lg \frac{R}{r_0} + \frac{Q}{2.73KM} \lg \frac{R}{2b}$$

$$= \frac{Q}{2.73KM} \left(\lg \frac{R}{r_0} + \lg \frac{R}{2b} \right)$$

$$= \frac{Q}{2.73KM} \lg \frac{R^2}{2br_0}$$

或

$$Q = 2.73KM \frac{s}{\lg \frac{R^2}{2br_0}} \qquad (4-46)$$

式中 Q——两干扰井在同时抽水时的单井出水量（m^3/h，m^3/d）；

s——在同样条件下，单井的抽水降深（m）；

$2b$——两井的间距（m）；

其余符号意义同前。

井群的总出水量 $\qquad Q_\text{总} = \sum Q$

如保持抽水降深不变，则两井在同时抽水时的有效抽水降深为

$$s = s_0 - t = \frac{Q}{2.73KM} \lg \frac{2b}{r_0}$$

$$Q = 2.73KM \frac{s}{\lg \frac{2b}{r_0}} \qquad (4-47)$$

如两井的条件不同，则其抽水降深和对邻井的水位削减值不相等，于是两井在同时抽水时抽水降深分别为

$$s_1 = s_{01} \pm t_2; \quad s_2 = s_{02} \pm t_1$$

式中 t_1——#1 井单独抽水时对 #2 井的水位削减值；

t_2——#2 井单独抽水时对 #1 井的水位削减值。

在这种情况下,两井在同时抽水时,各井的出水量分别为

#1井

$$Q_1 = 2.73 K_1 M_1 \frac{s_1}{\lg \frac{R_1 R_2}{2 b r_{01}}} (保持出水量不减小)$$

或

$$Q_1 = 2.73 K_1 M_1 \frac{s_1}{\lg \frac{2 b R_1}{r_{01} R_2}} (保持抽水降深不增大)$$

#2井

$$Q_2 = 2.73 K_2 M_2 \frac{s_2}{\lg \frac{R_1 R_2}{2 b r_{02}}}$$

或

$$Q_2 = 2.73 K_2 M_2 \frac{s_2}{\lg \frac{2 b R_2}{r_{02} R_1}}$$

同理,对两眼以上的井群,如为任意排列的情况下(图 4-12),在同时抽水时,各井的抽水降深分别为

$$s_1 = s_{01} \pm (t_2 + t_3 + \cdots + t_n)$$
$$s_2 = s_{02} \pm (t_1 + t_3 + \cdots + t_n)$$
$$s_3 = s_{03} \pm (t_1 + t_2 + \cdots + t_n)$$
$$\vdots$$
$$s_n = s_{0n} \pm (t_1 + t_2 + \cdots + t_{n-1})$$

当各井的单独抽水降深 s_0、影响半径和各井之间的间距已知时,便可按设计要求计算出各井在共同抽水时的降深或出水量。

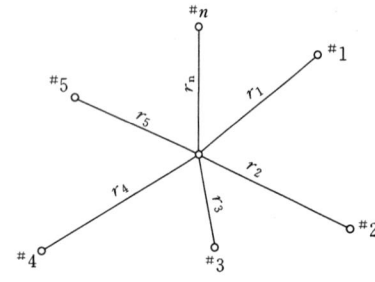

图 4-12 任意排列井群示意图

对于潜水完整井的井群,仍如图 4-12 所示,同理也可计算出在共同抽水时,各井的出水量和抽水降深,下面以#1井为例加以阐述。

#1井在单独抽水时的出水量为

$$Q = 1.366 K_1 \frac{H_1^2 - h_{01}^2}{\lg \frac{R_1}{r_{01}}}$$

$$H_1^2 - h_{01}^2 = (H_1 + h_{01})(H_1 - h_{01}) = (H_1 + h_{01}) s_{01}$$

如令抽水时含水层的平均厚度为

$$H_{P1} = \frac{H_1 + h_{01}}{2}$$

则

$$2 H_{P1} s_{01} = \frac{Q}{1.364 K_1} \lg \frac{R_1}{r_{01}}$$

$$s_{01} = \frac{Q}{2.73 K_1 H_{P1}} \lg \frac{R_1}{r_{01}}$$

于是得

$$s_1 = s_{01} \pm (t_2 + t_3 + \cdots + t_n)$$

$$t_2 = \frac{Q_2}{1.364 K_2 H_{P2}} \lg \frac{R_2}{r_{1-2}}$$

$$t_3 = \frac{Q_3}{1.364 K_3 H_{P3}} \lg \frac{R_3}{r_{1-3}}$$

$$\vdots$$

$$t_n = \frac{Q_n}{1.364 K_n H_{Pn}} \lg \frac{R_n}{r_{1-n}}$$

井群中其他中井的抽水降深，可按同法求得。

（二）流量削减法

此法是由阿里托夫斯基根据抽水试验资料提出的，故称为抽水试验法。其适用范围较广，不论潜水与承压含水层，完整井与非完整井均可采用，同时还不受井群平面布置的影响。

如图 4-13 所示的两眼干扰井，当 #1 井单独抽水时出水量为 Q_1，其单位出水量为

$$q_1 = \frac{Q_1}{s_1}$$

当两眼井同时抽水时，如设抽水降深不变，#1 井的出水量为 Q'_1，则其单位出水量为

$$q'_1 = \frac{Q'_1}{s_1}$$

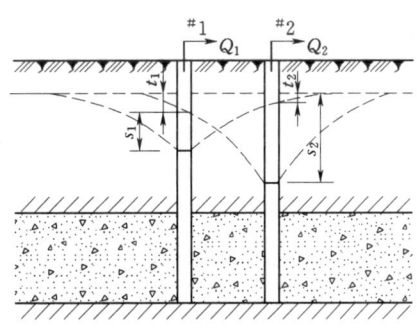

图 4-13 两眼抽水井干扰示意图

由于 #1 井受 #2 井的抽水干扰，故 $Q'_1 < Q_1$ 或 $q'_1 < q_1$，于是

$$\frac{q_1 - q'_1}{q_1} = 1 - \frac{q'_1}{q_1} = a_1$$

式中　a_1——#1 井的出水量削减系数或流量削减系数，为一无量纲量。

则

$$q'_1 = q_1(1 - a_1) \qquad (4-48)$$

同理可得 #2 井在共同抽水时的单位出水量为

$$q'_2 = q_2(1 - a_2)$$

各单井的出水量应为

$$Q'_1 = s_1 q'_1 = s_1 q_1 (1 - a_1)$$
$$Q'_2 = s_2 q'_2 = s_2 q_2 (1 - a_2)$$

式中　s_1——#1 井在单独抽水时的抽水降深（m）；

s_2——#2 井在单独抽水时的抽水降深（m）；

q'_1——在共同抽水时，#1 井的单位出水量（m³/d）；

q'_2——在同样情况下，#2 井的单位出水量（m³/d）；

其余符号意义同前。

此法的关键在于求流量削减系数。a 值与井的间距成反比，a 值大，井间干扰程度也大；a 值小，井间干扰也小。

在干扰群中，一个井同时受数个井的干扰，则其单位出水量为

$$q' = q(1 - \sum \alpha)$$

或该井的干扰出水量为

$$Q = sq(1 - \sum\alpha) \qquad (4-49)$$

式中 $\sum\alpha$——对某计算井的总流量削减值。

二、干扰井群的非稳定流计算

(一) 承压含水层中井群抽水降深的计算

如图 4-14 所示，在承压含水层中布置 n 眼井。设各单井均为完整井，各井的出水量分别为 Q_1，Q_2，Q_3，…，Q_n，且单井单独抽水与井群同时抽水时保持不变，含水层为承压且无界。如设 P 点为观测点，各井距观测点的距离分别为 r_1，r_2，r_3，…，r_n。按叠加原理，各井同时抽水在观测点引起的降深 s_P，应等于各井分别抽水时在 P 点引起的水位削减值 s_1，s_2，s_3，…，s_n 的总和，即

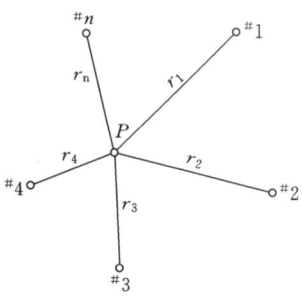

图 4-14 干扰井群非稳定流计算示意图

$$s_P = s_1 + s_2 + s_3 + \cdots + s_m = \sum_{i=1}^{n} s_i$$

利用泰斯公式，则

$$s_P = \frac{Q_1}{4\pi T}W(u_1) + \frac{Q_2}{4\pi T}W(u_2) + \cdots + \frac{Q_n}{4\pi T}W(u_n) = \frac{1}{4\pi T}\sum_{i=1}^{n} Q_i W(u_i) \qquad (4-50)$$

其中

$$u_1 = \frac{r_1^2 \mu^*}{4Tt}$$

$$u_2 = \frac{r_2^2 \mu^*}{4Tt}$$

$$\vdots$$

$$u_n = \frac{r_i^2 \mu^*}{4Tt}$$

考虑到比较复杂的情况，设 n 眼井同时抽水，且每眼井的抽水量不是常数，而是呈阶梯状变化，共有 m 个阶梯。设 $Q_{i,j}$ 表示第 i 眼井第 j 个阶梯的抽水量，即

$$u_{i,j} = \frac{r_i^2 \mu^*}{4T(t-t_j)}$$

$W(u_{i,j})$ 为 $u_{i,j}$ 相当的泰斯井函数。则任一观测点的水位降深为

$$s = \frac{1}{4\pi T}\left\{\sum_{i=1}^{n}\left[Q_{i,1}W(u_{i,1}) + \sum_{j=2}^{m}(Q_{i,j} - Q_{i,j-1})W(u_{i,j})\right]\right\} \qquad (4-51)$$

当 $u \leqslant 0.01$ 时，式 (4-51) 可用雅柯布公式表示，即

$$s_P = \frac{2.3Q}{4\pi T}\lg\frac{2.25at}{r_1^2} + \frac{2.3Q}{4\pi T}\lg\frac{2.25at}{r_2^2} + \cdots + \frac{2.3Q}{4\pi T}\lg\frac{2.25at}{r_n^2}$$

$$= \frac{2.3}{4\pi T}\sum_{i=1}^{n} Q_i \lg\frac{2.25at_i}{r_i^2} \qquad (4-52)$$

(二) 潜水含水层中井群抽水降深的计算

(1) 当抽水在 P 点引起的水位降深 $s \leqslant 0.1H_0$ 时，则井群抽水时 P 点的水位降深按式 (4-50) 和式 (4-52) 计算，唯其式中的 $T = KH_0$。

(2) 当观测点的水位降深 $0.1H_0 < s < 0.3H_0$ 时，则其式中的导水系数 $T = KH_P$（H_P 为含水层的平均厚度），由仿泰公式可知

$$s_c = \frac{Q}{4\pi KH_0} W(u)$$

如井群任意布置，参照图 4-14，观测点 P 的水位降深为

$$\begin{aligned} s_P &= s_{c1} + s_{c2} + s_{c3} + \cdots s_{cn} = \sum_{i=1}^{n} s_{ci} \\ &= \frac{1}{4\pi KH_0} \sum_{i=1}^{n} Q_i W(u_i) \end{aligned} \quad (4-53)$$

为了计算方便，也可改写为下式

$$H_P = \frac{H_0 + H}{2}$$

$$s = H_0 - H = \frac{Q}{4\pi KH_P} W(u)$$

$$(H_0 - H)(H_0 + H) = \frac{Q}{2\pi K} W(u)$$

$$(H_0^2 - H^2) = \frac{Q}{2\pi K} W(u)$$

化简后得

$$s = H_0 - \sqrt{H_0^2 - \frac{Q}{2\pi K} W(u)} \quad (4-54)$$

于是，P 点的水位抽降应为

$$s_P = s_1 + s_2 + s_3 + \cdots + s_n = \sum_{i=1}^{n} s_i$$

或

$$s_P = H_0 - \sqrt{H_0^2 - \frac{1}{2\pi K} \sum_{i=1}^{n} Q_i W(u_i)} \quad (4-55)$$

第五章 地下水资源计算的数值法

在地下水资源评价中，需要通过求解相应的数学模型得到地下水位的变化过程与水文地质参数等。数学模型是用来描述一个系统的结构、空间形式、边界条件和系统内部运动状态等的一组数学关系式。许多描述实际问题的数学模型往往归结为求解一些很复杂的非线性偏微分方程，通常用经典的解析法处理是很困难的。一般的处理办法是把偏微分方程转化成线性代数方程组，然后对其求解，这属于一种离散近似的计算方法即数值法，所要寻求的不是域内的连续函数而是域内各结点上函数的近似值。

第一节 基 本 概 念

自从地下水非稳定运动理论问世以来，对求解地下水运动的解析方法有了很大的发展。解析方法是用数学上的积分方法或积分变换等方法直接求得数学模型的解，解是某计算点的精确解。计算公式的物理概念清楚，且将表征地下水运动规律的各因素都包含在一个表达式之内，有利于分析各有关因素之间相互联系与相互制约的内在规律及对地下水运动的影响，其计算步骤比较简便，计算工作量相对较少，因此在生产实践中得到广泛应用。

地下水非稳定运动理论是以质量守恒性（连续性原理）与能量转换性（达西定律）为基础，对任何复杂的地下水流系统都可以建立其相应的数学模型，即支配地下水运动的偏微分方程及决定其解的初始条件与边界条件。但数学模型的求解常取决于地下水流系统中水文地质条件能够概化的程度。一般来说，只有当渗流区域的几何形状比较简单，其含水层是均质、各向同性的情况下才能获得其解析解。但在实际应用中，所遇到的水文地质条件往往是比较复杂的，如渗流区域形状不规则；含水层是非均质的，含水层的厚度随时间、空间而变化，隔水底板起伏不平；地下水的补给源中包含有线性补给或局部的面状（小区域）补给；排泄条件的复杂性与变化；含水层不同地段的各向异性；由于抽水而使含水层中部分区域由承压水变成无压水等等。对于这样的区域，采用解析法从理论上求解地下水流运动规律就十分困难，以至无法求解，或者即使得到解析表达式，也仍难于用常规的数学方法求解。如果不顾具体水文地质条件，而一味套用地下水流运动的解析公式，必定会因实际问题的过度简化而使所得的计算结果与实际不符，从而失去了实用价值。由于地下水流系统的复杂性，极大地制约了解析解的应用。对于复杂条件下的地下水运动问题，当前最有效的方法是采用数值计算方法。

20世纪60年代以来，随着计算机技术的迅速发展，数值方法作为一种求解近似解的方法被广泛用于地下水水位预报和资源评价中。数值方法是采用离散化的方法来求解数学模型，从而得到研究区域内有限个离散点上的未知函数值。离散化的方法是将研究区域划分成为若干个较小的子区域或称单元，即化整为零，这些单元的集合体代表原来的研究区域，即又积零为整。虽然所得解为数值解（即是数值的集合，是数学模型的近似解），但是只要将单元大小和时段长短划分得当，即对空间步长和时间步长取值合适，计算所得的数值解便可较好的逼近实际情况而满足计算精度的要求。由于数值方法可以较好的反映复杂条件下的地下水流状态，具有较高的仿真度，因此在理论和实际应用方面都发展的比较快。

数值法求解地下水流数学模型的基本步骤如下：

（1）将研究区域按照某种规则进行剖分或称离散化。剖分的原则和剖分后形成的子区域形状取决于所采用的数值方法，从而将研究区域划分为若干个子区域单元。对于非稳定流问题，尚需将计算时间也进行离散化，即将计算时间离散为若干时段。

（2）将每个小单元作为地下水的小均衡域，并定义特征点上的各种物理量。

（3）建立某一个时段内结点之间制约各种物理量的关系式，关系式一般表达为代数方程。

（4）利用初始条件和边界条件（即初边值问题），建立在某一个划分时段内边界结点与内部结点的关系式。

（5）求解上述（3）、（4）所构成的代数方程组，就可求得某一计算时刻，研究区域上各离散点的水位 H 值，其集合 $\{H\}$ 即是渗流区域上某一时刻地下水水位 H 的近似解，单元剖分的越小，$\{H\}$ 的仿真度就越高。

（6）重复（3）～（5），可计算下一时刻的水头 $\{H\}$ 集合值。

由于建立代数方程组的方法不同，也就产生了各种不同的离散化方法，即不同的数值方法。地下水流计算常用的数值方法有有限差分法、有限单元法、有限体积法、边界元法、有限分析法、配置法和特征线法等。本章主要介绍地下水流计算中较为常用且较简单的两种基本方法，即有限差分法和有限单元法。

有限差分法是一种古典的数值计算方法。从 20 世纪 60 年代初期就开始用于地下水流计算，初期多用正规网格和松弛法求解。Pinder 和 Bredehoeft（1968）将 Peaceman 和 Rachford（1955）提出的交替方向隐式差分法用于地下水流的计算。稍后又引入强隐式法（Stone1968，Trescott 等，1977）。但由于有限差分法是用正交网格剖分渗流区域，因此，对很多水文地质问题拟合自然边界及非均质界限的灵活性较差，例如可动边界的处理等；此外，方法本身要求水头函数必须具有二阶连续导数，这一条件对地下水流突变部位往往难以满足，为弥补上述不足，便产生了不规则网格有限差分法。有限差分法是当前地下水计算中较为成熟和行之有效的方法。

有限单元法从 1968 年开始用于地下水流问题的求解，随着计算机技术的飞速发展，有限单元法同有限差分法一样，已成为解决复杂水文地质条件下渗流问题的有效方法之一。

有限差分法与有限单元法各有利弊。有限差分法特别是交替方向隐式差分法具有计算速度快、占有计算机内存量少的特点，同时比较直观，概念简单易懂，在理论上有限差分法也较有限单元法成熟。但有限差分法的时间步长受到较大的限制，同时也受水文地质参数 T、μ 等大小和研究区域几何形状的影响，使用不当时仿真度便会降低，甚至产生谬误。有限单元法相对比有限差分法具有较大的灵活性。单元形状可以是三角形、四边形或曲边形，单元大小可随意调整，对第二类与第三类边界也不需做专门处理。一般情况下有限单元法较有限差分法有更高的精度，不足的是有限单元法占有的计算机内存量较大，因此应合理的编排结点号码和采用节省内存的线性代数方程组的求解方法及计算技术求解有限单元法构成的线性代数方程组。

第二节　有　限　差　分　法

有限差分法的基本原理就是在描述地下水流运动的偏微分方程中，将定解问题近似地用相应的一组差分方程来代替，然后求解差分方程组。

一、差分的基本概念

设 y 为自变量 x 的一元函数，即 $y=f(x)$，根据导数的定义有

$$\frac{dy}{dx}=f'(x)=\lim_{\Delta x \to 0}\frac{\Delta y}{\Delta x} \tag{5-1}$$

当 Δx 足够小时，微商可用差商近似表示，即

$$\frac{dy}{dx} \approx \frac{\Delta y}{\Delta x} \tag{5-2}$$

给自变量 x 一个微小增量 Δx，将 $y=f(x+\Delta x)$ 在 x 点按 Taylor 级数展开，得

$$f(x+\Delta x)=f(x)+\Delta x f'(x)+\frac{\Delta x^2}{2!}f''(x)+\frac{\Delta x^3}{3!}f'''(x)+\cdots \tag{5-3}$$

整理得

$$f'(x)=\frac{dy}{dx}=\frac{f(x+\Delta x)-f(x)}{\Delta x}+O(\Delta x) \tag{5-4}$$

其中

$$O(\Delta x)=-\frac{\Delta x}{2!}f''(x)-\frac{\Delta x^2}{3!}f'''(x)-\cdots \tag{5-5}$$

$O(\Delta x)$ 是与 Δx 同阶无穷小量，舍去 $O(\Delta x)$ 项后，则可得 $y=f(x)$ 在 x 处的一阶导数的向前差分式为

$$f'(x)=\frac{dy}{dx} \approx \frac{f(x+\Delta x)-f(x)}{\Delta x} \tag{5-6}$$

其截断误差为 $O(\Delta x)$，可见 Δx 越小，用差商代替微商的误差也就越小，式（5-6）称作向前差分。若取 x 的微小增量为 $-\Delta x$，在 x 点按 Taylor 级数展开，得

$$f(x-\Delta x)=f(x)-\Delta x f'(x)+\frac{\Delta x^2}{2!}f''(x)-\frac{\Delta x^3}{3!}f'''(x)+\cdots \tag{5-7}$$

整理得

$$f'(x)=\frac{dy}{dx}=\frac{f(x)-f(x-\Delta x)}{\Delta x}+O(\Delta x) \tag{5-8}$$

其中

$$O(x)=\frac{\Delta x}{2!}f''(x)-\frac{\Delta x^2}{3!}f'''(x)+\cdots \tag{5-9}$$

$O(\Delta x)$ 也是与 Δx 同阶的无穷小量，舍去 $O(\Delta x)$ 项后，则函数 $y=f(x)$ 在 x 处的一阶导数向后差分式可近似表示为

$$f'(x)=\frac{dy}{dx} \approx \frac{f(x)-f(x-\Delta x)}{\Delta x} \tag{5-10}$$

截断误差也为 $O(\Delta x)$。

将式（5-3）与式（5-7）相减，得

$$f(x+\Delta x)-f(x-\Delta x)=2\Delta x f'(x)+\frac{2\Delta x^3}{3!}f'''(x)+\frac{2\Delta x^5}{5!}f^{(5)}(x)+\cdots \quad (5-11)$$

由此可得

$$f'(x)=\frac{\mathrm{d}y}{\mathrm{d}x}=\frac{f(x+\Delta x)-f(x-\Delta x)}{2\Delta x}+O(\Delta x^2) \quad (5-12)$$

其中

$$O(\Delta x^2)=-\frac{\Delta x^2}{3!}f^{(3)}(x)-\frac{\Delta x^4}{5!}f^{(5)}(x)-\cdots \quad (5-13)$$

$O(\Delta x^2)$ 是与 Δx^2 同阶的无穷小量，若舍去，即可得函数 $y=f(x)$ 在 x 点的中心差分式为

$$f'(x)=\frac{\mathrm{d}y}{\mathrm{d}x}\approx\frac{f(x+\Delta x)-f(x-\Delta x)}{2\Delta x}$$

$$(5-14)$$

显然中心差分式较向前差分和向后差分精度略高。由图 5-1 可清楚地看到，对于向前差分、向后差分和中心差分式就是以差商近似代替微商，且分别为 BC、AB 和 AC 弦的斜率近似代替 B 点切线 MN 的斜率。

将式（5-3）与式（5-7）相加得

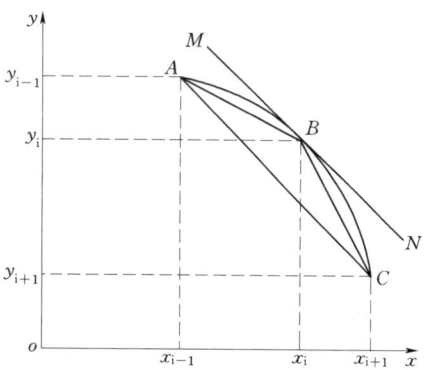

图 5-1 一阶导数差分近似的几何意义

$$f(x+\Delta x)+f(x-\Delta x)=2f(x)+\frac{2\Delta x^2}{2!}f''(x)+\frac{2\Delta x^4}{4!}f^{(4)}(x)+\cdots \quad (5-15)$$

整理得

$$f''(x)=\frac{\mathrm{d}^2 y}{\mathrm{d}x^2}=\frac{f(x-\Delta x)-2f(x)+f(x+\Delta x)}{\Delta x^2}+O(\Delta x^2) \quad (5-16)$$

$O(\Delta x^2)$ 是与 Δx^2 同阶的无穷小量，若舍去，即可得函数 $y=f(x)$ 在 x 点处二阶导数的差分式为

$$\frac{\mathrm{d}^2 y}{\mathrm{d}x^2}=f''(x)\approx\frac{f(x-\Delta x)-2f(x)+f(x+\Delta x)}{\Delta x^2} \quad (5-17)$$

其截断误差为

$$O(\Delta x^2)=-\frac{2}{4!}\Delta x^2 f^{(4)}(x)-\frac{2}{6!}\Delta x^4 f^{(6)}(x)-\cdots \quad (5-18)$$

二、时空域的离散化

（一）空间离散化

数值方法即是离散化的方法，因此采用数值方法求解地下水流运动问题时，首先要把研究的渗流区域按一定的方式剖分成为有限个小的均衡域，即区域离散化。在按某一计算精度控制为前提的条件下，小均衡域内的水位 H 以其中心的水位为代表，小均衡域内的各参数均视为常数，相邻小均衡域内的水位近似为线性变化。对于二维渗流区域，在差分计算中最为常见的剖分方式是用两组相互正交的平行线把渗流区域剖分成许多矩形小均衡域。在剖分时一般取两组分别平行于 x 轴和 y 轴的平行线进行划分，如图 5-2 所示。在数值计算时是以结点为研究对象的，对每个结点按照一定的规则顺序编号，常用的方法是

将横向的网格称作行，记为 i，纵向称作列，记为 j。行与列均按顺序编号，于是第 i 行与第 j 列相交处结点编号为 (i,j)，小网格的边长即相邻结点的间距分别为 Δx、Δy，称作空间步长。

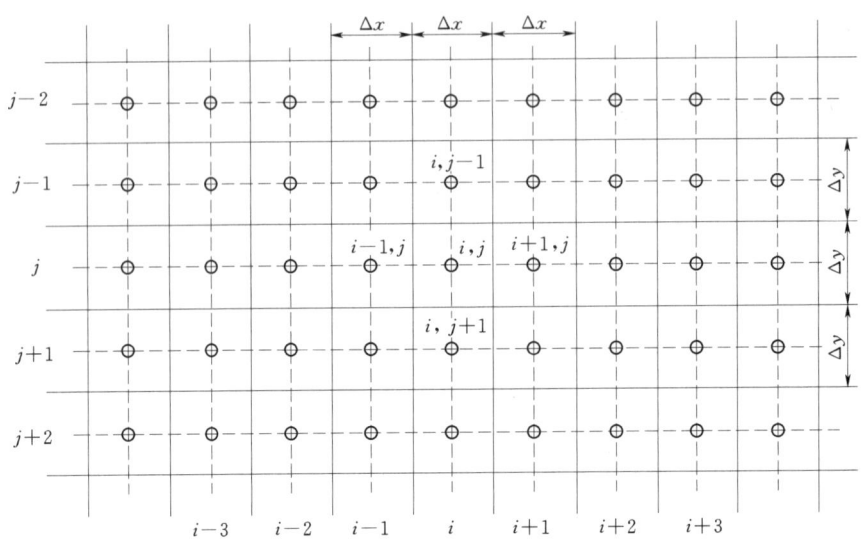

图 5-2 差分网格布置图

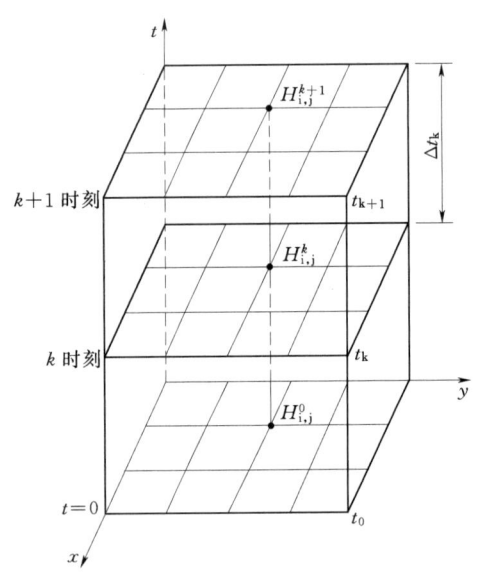

图 5-3 渗流区域时空离散化结点示意图

当研究区的范围较大，由于边界条件、开采布局、开采强度以及垂直补给条件等不同，研究区内各处地下水位变化的幅度是不相同的。此时，可采用变网格矩的剖分方法，在精度要求高的地区可采用小的格距。在变空间步长情况下，差分表达式也将有所不同，在此不再详述。

在区域离散化时，常用的方法是进行矩形网格剖分，但若遇到以下一些情况：所研究的区域平面形状不规整；计算中需要使用其观测资料的观测孔位置比较散乱，以及计算区域的某些地区要求的计算精度较高等。这时如果采用矩形差分网格，必须将网格划分得很细，这样将大大增加计算工作量，则可采用不规则网格的有限差分法。采用不规则网格时，选择有代表性的观测孔或要进行计算的位置作为结点，将各结点用直线连接成多个三角形（结点之间的线段不能相交），为提高计算精度，三角形的内角应为锐角并应尽量接近 60°。但是在计算机硬件迅速发展的今天，内存已不再是严重的制约因素，不规则网格的过多人工干预带来的麻烦，使得人们在很多时候更倾向于应用划分密集的矩形网格。

对区域边界离散时，可做如下处理：第一类边界从小均衡域的结点经过；第二类边界与小均衡域的边界重合。在一般情况下区域边界是不规则的，为了减少计算工作量，可对区域的边界进行概化，近似的以阶梯状边界代替真实边界。

（二）时间离散化

对于非稳定流问题，尚需对时间坐标也离散化，如图 5-3 所示。两时刻的间隔为 Δt，称作时间步长。这样二维渗流问题就形成一个三维体系的网格，有限差分法就是要计算各结点 (i,j) 或者 (i,j,k) 上水位 H 的近似值 $H_{i,j}$，或者 $H_{i,j}^k$ 值，而不是任意时刻整个计算区域内任意点的水位，即解析表达式的解 $H(x,y,t)$，所得结果是近似值 $H_{i,j}$ 或 $H_{i,j}^k$ 的集合 $\{H\}$，而不是精确解。两者是有差异的，这种差异除取决于计算方法本身外，还取决于空间步长 Δx、Δy 与时间步长 Δt_k 的取值。

对于地下水非稳定流运动，在初始阶段或有强烈蒸发（如抽水或注水）的初期，地下水位的变化较大，随着时间的延续，地下水位的变化趋于缓慢。则在计算过程中，在地下水位变化较大的阶段，应选较小的时间步长，而在地下水位变化缓慢的阶段则可以选用较大的时间步长。但两个相邻时段时间步长的变更不应太大，可按公式 $\Delta t_{n+1}=1.25\Delta t_n$ 计算新的时间步长，也有按对数尺度增加时间步长的确定方法，每算六步使步长增加 10 倍，为此顺序地选用 Δt_0、$1.5\Delta t_0$、$2\Delta t_0$、$3\Delta t_0$、$4.5\Delta t_0$、$7\Delta t_0$、$10\Delta t_0$，其中 Δt_0 为初始时间步长。上述两种修改步长的方法都有一定的盲目性，为了不致因时间步长过大造成误差，又在保证一定精度条件下选用尽可能大的步长，可以设置一些判定准则，如：

1. 水头变幅准则

设在第 n 个时间步长算得各结点水头变化的最大值为 δ，则下一个步长的大小按下列方式决定：

$$\Delta t_{n+1}=\begin{cases} \alpha\Delta t_n & \text{当 } \delta<\dfrac{\eta}{2} \\ \Delta t_n & \text{当 } \dfrac{\eta}{2}\leqslant\delta\leqslant\eta \\ \beta\Delta t_n & \text{当 } \delta>\eta \end{cases} \qquad(5-19)$$

式中 η 为事先设定的一个时间步长内水头最大的允许变幅；α 是增大因子，一般取 $1<\alpha<2$；β 是缩小因子，取 $\dfrac{1}{2}<\beta<1$。为了不致在某一计算中误差过大而影响其后的全部计算结果，当 $\delta>2\eta$ 时，则不承认第 n 步的计算，而让 Δt_n 缩小后重算。

2. 水量平衡准则

在每一步计算后，都检查整个区域来、去水量及贮存量间是否保持平衡，其差值（绝对值）不能超过某一事先设定的界限。

3. 设置一个 $\Delta t_{\max}$，当 Δt 增加到这个值时，就按等步长计算。

4. 迭代次数准则

在每一轮迭代计算中，设定一个迭代次数值，当达到规定的迭代次数仍未满足迭代收敛标准时，应缩小该时段的时间步长重算，缩小因子 β 可取 $\dfrac{1}{2}<\beta<1$。

对于空间步长 Δx、Δy 与时间步长 Δt_k 的选取，至今仍无标准可依，通常是以直观和经验为基础，进行试算确定。

三、差分方程的相容性、收敛性与稳定性

（一）差分方程的相容性

差分方程的相容性是指在小的时间步长和小的空间步长趋于零的极限条件下，差分方程等同于微分方程。即假设微分方程的解析解为已知，将解析解代入差分方程后，所得误差记为 R，当空间步长与时间步长均趋于零时，R 值也趋于零。差分方程必须与微分方程相容，才能保证用差分格式求得的解为微分方程的近似解，相容性是建立差分方程首先应当考虑的必要条件。

（二）差分方程的收敛性与稳定性

对于计算区域内的每个内结点，都可以建立一个差分方程，结合边界条件及初始条件便可构成线性代数方程组。如果空间步长 Δx、Δy 与时间步长 Δt_k 取值恰当，则可求解该线性代数方程组，从而得到具有一定精度的近似解。即利用有限差分法求解地下水流问题是为了得到原数学模型的近似解——数值解。但是，只有当满足相容性的差分方法本身是收敛和稳定时，所求得的数值解才能成立，且其近似程度才能满足实际工作的精度要求。因此，数值方法本身的收敛性和稳定性对于数值计算是十分必要和重要的。

若以 U_i^j 代表原数学模型的精确解，H_i^j 表示差分方程的准确解，用 $H_i^{j'}$ 表示差分方程的所得结果——数值解（实际解）。由于在列差分方程时存在截断误差，差分方程（线性代数方程组）的准确解 H_i^j 是原数学模型（偏微分方程）精确解 U_i^j 的近似。其近似的程度同空间步长 Δx、Δy 和时间步长 Δt_k 的取值及差分格式的选取均有关。所谓收敛性问题是研究在什么条件下，当 $\Delta x \to 0$，$\Delta y \to 0$，$\Delta t \to 0$ 时，差分方程的准确解 H_i^j 与微分方程的精确解 U_i^j 之差的绝对值趋于零，即截断误差 $|U_i^j - H_i^j| \to 0$。在计算区域内，若所得解能满足此条件，则表明差分方程的数值解满足收敛条件。故收敛条件是使用有限差分法的基础和依据。

同时在求解差分方程组时，由于初始值有误差，而且在计算过程中只能用有限位记数，进而便会产生舍入误差；在迭代计算中，其迭代次数也是有限的，从而对准确解的逼近过程也将产生新的误差。因此，我们只能得到差分方程的近似解 $H_i^{j'}$，而不能得到其准确解 H_i^j 值。在对时间坐标离散后，我们要对逐个时段进行迭代，以求解差分方程组。如果在某一个时段引入误差，必将影响到下一个时段及以后各时段的数值解 $H_i^{j'}$。随着计算时段的增加，初始误差、舍入误差和迭代误差的影响和传播是否能得以控制，即称作稳定性问题。当差分方程组的数值解 $H_i^{j'}$ 与差分方程组的准确解 H_i^j 差的绝对值趋于零时，即 $|H_i^j - H_i^{j'}| \to 0$。或者说，在求解差分方程中，某时段某结点引入的误差，其影响逐渐消失或保持有界，而不随着时段的增加而无限增大，则该差分格式是稳定的。反之，则是不稳定的。对于收敛性较好的差分格式，若其解表现为不稳定情况，则也是毫无实用价值的。因为随着计算时段的增加，差分方程的解 $H_i^{j'}$ 的误差不断积累和扩大，致使所得解与精确解相距甚远，甚至会产生谬误。研究差分格式的稳定性与收敛性时，常用到 Lax 等价定理。Lax 等价定理的内容可表述为：对于一个适定的线性微分方程（常微分方程或偏

微分方程）定解问题及一个与其相容的差分格式，如果该格式稳定则必收敛，不稳定必不收敛，反之亦然。简言之，适定的线性微分问题，若差分格式相容，则稳定性与收敛性等价。这里所谓的适定是指微分方程在给定的定解条件下存在唯一解并且连续依赖于定解条件。则根据此定理，在线性适定和格式相容的条件下，只要证明了格式是稳定的，则格式一定收敛；如果不稳定，则不收敛。由于收敛性的证明，往往比稳定性更难，故按此定理人们往往把注意力集中在稳定性研究上，下面举一个例子来说明研究差分方程稳定性的重要性。

【例 5-1】 选用一较简单的抛物线型方程

$$\frac{\partial u}{\partial t} = \frac{\partial^2 u}{\partial x^2}$$

以显式差分格式为例，采用 ε-图法研究差分格式的稳定性。ε-图法即是在 $t=0$ 时刻给定某一结点一个误差 ε，然后再研究这个误差在以后各时段内的发展情况。现在给 i 结点一个初始误差 ε。表 5-1 和表 5-2 分别给出 $\gamma = \Delta t_k / \Delta x^2 = \frac{1}{2}$ 和 $\gamma = 1$ 时，采用显式差分格式计算各结点 u 值的误差分布情况。表中误差值系与不含初始误差时所得结果的绝对误差值。从表 5-1 可见，对于 $\gamma = \frac{1}{2}$ 时，显式格式是稳定的。因其能将初始误差逐步分配到其他各个结点上，且误差总和保持恒定。而对于表 5-2，在 $\gamma = 1$ 时，显式格式则是不稳定的。由于引入初始误差后，虽然在以后各时段、各结点误差之代数和的绝对值保持不变，但实际上各结点的误差都在随时段增加而迅速增大，以至不能控制。此时，各结点误差绝对值之和在增大。在实际工作中，初始误差是不可避免的，所以此时 $\gamma = 1$ 的显式格式已无法采用。

在理论上可以证明：

(1) 在 $0 \leqslant \theta < \frac{1}{2}$ 时，只有当

$$\gamma = \frac{T \Delta t_k}{\mu \Delta x^2} \leqslant \frac{1}{2(1-2\theta)} \tag{5-20}$$

差分格式才是稳定的。此范围内的差分格式为条件稳定差分格式。显式差分 ($\theta = 0$) 是条件稳定差分格式，其中 T 为导水系数；μ 为重力给水度或弹性释水系数。

(2) 在 $\frac{1}{2} \leqslant \theta < 1$ 时，γ 取任何值差分格式都是稳定的，称为无条件稳定格式。对于中心差分格式 $\left(\theta = \frac{1}{2}\right)$ 已处于无条件稳定格式的边缘，若含水层遇到抽水或边界水位突然上升或下降等强烈刺激时，采用中心差分格式也常会产生较大的偏差，表现为不稳定。所以在强烈刺激的开始时刻最好采用隐式差分格式，因隐式差分格式 ($\theta = 1$) 为无条件稳定格式。然后经过若干个时段迭代后，再改用中心差分格式求解。这样既利用了隐式差分格式稳定性较好的一面，又利用了中心差分格式精度较高的一面。

表 5 - 1 ε -图法求解稳定性问题 $\left(\gamma = \Delta t / \Delta x^2 = \dfrac{1}{2}\right)$

t_k \ x_i	$i-5$	$i-4$	$i-3$	$i-2$	$i-1$	i	$i+1$	$i+2$	$i+3$	$i+4$	$i+5$
0	0	0	0	0	0	$\varepsilon/2$	0	0	0	0	0
1	0	0	0	0	$\varepsilon/2$	0	$\varepsilon/2$	0	0	0	0
2	0	0	0	$\varepsilon/8$	0	$\dfrac{2}{4}\varepsilon$	0	$\varepsilon/8$	0	0	0
3	0	0	$\varepsilon/8$	0	$\dfrac{3}{8}\varepsilon$	0	$\dfrac{3}{8}\varepsilon$	0	$\varepsilon/8$	0	0
4	0	$\varepsilon/16$	0	$\dfrac{4}{16}\varepsilon$	0	$\dfrac{6}{16}\varepsilon$	0	$\dfrac{4}{16}\varepsilon$	0	$\varepsilon/16$	0
5	$\varepsilon/32$	0	$\dfrac{5}{32}\varepsilon$	0	$\dfrac{10}{32}\varepsilon$		$\dfrac{10}{32}\varepsilon$	0	$\dfrac{5}{32}\varepsilon$	0	$\varepsilon/32$

表 5 - 2 ε -图法求解稳定性问题 $(\gamma = \Delta t / \Delta x^2 = 1)$

t_k \ x_i	$i-5$	$i-4$	$i-3$	$i-2$	$i-1$	i	$i+1$	$i+2$	$i+3$	$i+4$	$i+5$
0	0	0	0	0	0	ε	0	0	0	0	0
1	0	0	0	0	ε	$-\varepsilon$	ε	0	0	0	0
2	0	0	0	ε	-2ε	3ε	-2ε	ε	0	0	0
3	0	0	ε	-3ε	6ε	-7ε	6ε	-3ε	ε	0	0
4	0	ε	-4ε	10ε	-16ε	19ε	-16ε	10ε	-4ε	ε	0
5	ε	-5ε	15ε	-30ε	45ε	-51ε	45ε	-30ε	15ε	-5ε	ε

四、各种差分格式的具体应用

以非均质各向异性的承压含水层二维非稳定流为例进行说明,其基本微分方程为

$$\frac{\partial}{\partial x}\left(T_{xx}\frac{\partial H}{\partial x}\right) + \frac{\partial}{\partial y}\left(T_{yy}\frac{\partial H}{\partial y}\right) + \varepsilon = \mu^* \frac{\partial H}{\partial t} \qquad (5-21)$$

式中　H——地下水水头（或压力水位）；

　　　T——导水系数；

　　　μ^*——承压含水层的储水系数；

　　　ε——垂直方向水量交换量；补给为正,消耗为负；可包括入渗、蒸发、越流补给或抽水等。

计算时,首先应将研究区域进行离散化,沿 x 方向离散为 n 个结点,沿 y 方向离散成 m 个结点,即:$i = 1, 2, \cdots, n$ 和 $j = 1, 2, \cdots, m$ 共有 $m \times n$ 个结点。

根据前述差分式即可对式（5-21）的二维非稳定流基本微分方程进行离散化。一般对时间坐标直接取向前差分式,其余各项采用中心差分式。为书写方便以 μ 代替 μ^* 则式（5-21）中各项依次为（Δx 与 Δy 分别取等步长）

$$\frac{\partial}{\partial x}\left(T_{xx}\frac{\partial H}{\partial x}\right) \approx \frac{T_{i+\frac{1}{2},j}\frac{\partial H}{\partial x}\big|_{i+\frac{1}{2},j} - T_{i-\frac{1}{2},j}\frac{\partial H}{\partial x}\big|_{i-\frac{1}{2},j}}{\Delta x}$$

$$= T_{i+\frac{1}{2},j}\frac{H_{i+1,j} - H_{i,j}}{\Delta x^2} - T_{i-\frac{1}{2},j}\frac{H_{i,j} - H_{i-1,j}}{\Delta x^2}$$

$$\frac{\partial}{\partial y}\left(T_{yy}\frac{\partial H}{\partial y}\right) \approx \frac{T_{i,j+\frac{1}{2}}\frac{\partial H}{\partial y}\big|_{i,j+\frac{1}{2}} - T_{i,j-\frac{1}{2}}\frac{\partial H}{\partial y}\big|_{i,j-\frac{1}{2}}}{\Delta y}$$

$$= T_{i,j+\frac{1}{2}}\frac{H_{i,j+1} - H_{i,j}}{\Delta y^2} - T_{i,j-\frac{1}{2}}\frac{H_{i,j} - H_{i,j-1}}{\Delta y^2}$$

$$\mu^* \frac{\partial H}{\partial t} \approx \mu_{ij}\frac{H_{i,j}^{k+1} - H_{i,j}^k}{\Delta t_k}$$

将以上三式代入式 (5-21) 并整理,得

$$\frac{T_{i-\frac{1}{2},j}}{\Delta x^2}H_{i-1,j} - \frac{T_{i-\frac{1}{2},j} + T_{i+\frac{1}{2},j}}{\Delta x^2}H_{i,j} + \frac{T_{i+\frac{1}{2},j}}{\Delta x^2}H_{i+1,j} + \frac{T_{i,j-\frac{1}{2}}}{\Delta y^2}H_{i,j-1}$$

$$-\frac{T_{i,j-\frac{1}{2}} + T_{i,j+\frac{1}{2}}}{\Delta y^2}H_{i,j} + \frac{T_{i,j+\frac{1}{2}}}{\Delta y^2}H_{i,j+1} + \varepsilon_{i,j}$$

$$= \mu_{i,j}\frac{H_{i,j}^{k+1} - H_{i,j}^k}{\Delta t_k} \tag{5-22}$$

通常为简化计算,取 $\Delta x = \Delta y$ 为常量,等式右端水头 H 值取时段内不同时刻值可以得到不同的差分表达式。

(一) 显式差分格式

若等式左端水头 H 取时段 (t_k, t_{k+1}) 初 t_k 时刻的水头值,则式 (5-22) 可写成显式差分格式,如式 (5-23) 所示。

$$T_{i-\frac{1}{2},j}H_{i-1,j}^k - (T_{i-\frac{1}{2},j} + T_{i+\frac{1}{2},j})H_{i,j}^k + T_{i+\frac{1}{2},j}H_{i+1,j}^k + T_{i,j-\frac{1}{2}}H_{i,j-1}^k$$

$$-(T_{i,j-\frac{1}{2}} + T_{i,j+\frac{1}{2}})H_{i,j}^k + T_{i,j+\frac{1}{2}}H_{i,j+1}^k + \varepsilon_{i,j}\Delta x^2$$

$$= \frac{\mu_{i,j}\Delta x^2}{\Delta t_k}(H_{i,j}^{k+1} - H_{i,j}^k) \tag{5-23}$$

因式 (5-23) 中仅有等式右端含有时段末 t_{k+1} 时刻的水头 $H_{i,j}^{k+1}$ 值为未知水头,所以可以直接得到 $H_{i,j}^{k+1}$ 值,故称之为显式差分格式,即

$$H_{i,j}^{k+1} = H_{i,j}^k + \gamma_1[T_{i-\frac{1}{2},j}H_{i-1,j}^k - (T_{i-\frac{1}{2},j} + T_{i+\frac{1}{2},j} + T_{i,j-\frac{1}{2}} + T_{i,j+\frac{1}{2}})H_{i,j}^k + T_{i+\frac{1}{2},j}H_{i+1,j}^k$$
$$+ T_{i,j-\frac{1}{2}}H_{i,j-1}^k + T_{i,j+\frac{1}{2}}H_{i,j+1}^k] + \gamma_1\varepsilon_{i,j}\Delta x^2$$

$$\tag{5-24}$$

其中

$$\gamma_1 = \frac{\Delta t_k}{\mu_{i,j}\Delta x^2} \tag{5-25}$$

式 (5-24) 右端均为时段初 t_k 时刻的水头值,即为已知量。在已知补给量的情况下,可很方便地推算时段末 t_{k+1} 时刻各结点 $(i, j)(i=1, 2, \cdots, n, j=1, 2, \cdots, m)$ 的水头 $H_{i,j}^{k+1}$ 值。但是,其解的稳定性是有条件的,可以证明在满足。

$$(T_{i-\frac{1}{2},j} + T_{i+\frac{1}{2},j} + T_{i,j-\frac{1}{2}} + T_{i,j+\frac{1}{2}})\frac{\Delta t_k}{\mu_{i,j}\Delta x^2} \leqslant 1 \tag{5-26}$$

时，显式差分格式才是稳定的，即式（5-24）的解才收敛于式（5-21）的解。所以采用显式格式计算时，空间步长 Δx 与时间步长 Δt_k 的选择都要受到限制，时间步长应满足

$$\Delta t_k \leqslant \frac{\mu_{i,j}\Delta x^2}{T_{i-\frac{1}{2},j}+T_{i+\frac{1}{2},j}+T_{i,j-\frac{1}{2}}+T_{i,j+\frac{1}{2}}} \tag{5-27}$$

为满足式（5-26）的稳定条件，当 T 值较大时，而 μ^* 值又较小时，常需要选取较小的时间步长 Δt_k 或较大的空间步长 Δx 值。缩短时间步长意味着增加计算工作量；而增大空间步长将意味着牺牲计算精度。所以对同一个计算问题，采用显式差分法计算时易使计算时段增加，计算工作量增大，计算效率降低。在电子计算机出现以前，显式差分格式曾被广泛地应用于研究地下水的非稳定流运动，现在采用较少，一般只用于参数估算或者迭代计算中的初值估算等。

（二）隐式差分格式

若式（5-22）等式左端水头 H 取时段 $(k,k+1)$ 内的时段末 t_{k+1} 时刻值，则式（5-22）化为

$$T_{i-\frac{1}{2},j}H_{i-1,j}^{k+1} - (T_{i-\frac{1}{2},j}+T_{i+\frac{1}{2},j})H_{i,j}^{k+1} + T_{i+\frac{1}{2},j}H_{i+1,j}^{k+1} + T_{i,j-\frac{1}{2}}H_{i,j-1}^{k+1}$$
$$- (T_{i,j-\frac{1}{2}}+T_{i,j+\frac{1}{2}})H_{i,j}^{k+1} + T_{i,j+\frac{1}{2}}H_{i,j+1}^{k+1} + \varepsilon_{i,j}\Delta x^2$$
$$= \mu_{i,j}\frac{\Delta x^2}{\Delta t_k}(H_{i,j}^{k+1} - H_{i,j}^k) \tag{5-28}$$

整理得

$$T_{i-\frac{1}{2},j}H_{i-1,j}^{k+1} - \left(T_{i-\frac{1}{2},j}+T_{i+\frac{1}{2},j}+T_{i,j-\frac{1}{2}}+T_{i,j+\frac{1}{2}}+\mu_{i,j}\frac{\Delta x^2}{\Delta t_k}\right)H_{i,j}^{k+1}$$
$$+ T_{i+\frac{1}{2},j}H_{i+1,j}^{k+1} + T_{i,j-\frac{1}{2}}H_{i,j-1}^{k+1} + T_{i,j+\frac{1}{2}}H_{i,j+1}^{k+1}$$
$$= -\mu_{i,j}\frac{\Delta x^2}{\Delta t_k}H_{i,j}^k - \varepsilon_{i,j}\Delta x^2 \tag{5-29}$$

式（5-29）等式右端为时段初始水头与入渗量值即已知项，左端包含有 $H_{i-1,j}^{k+1}$，$H_{i,j}^{k+1}$，$H_{i+1,j}^{k+1}$，$H_{i,j-1}^{k+1}$ 和 $H_{i,j+1}^{k+1}$ 等 5 个未知水头，因此不能直接求解，称为隐式差分格式。可将式（5-29）写为

$$a_{i,j}H_{i-1,j}^{k+1} + b_{i,j}H_{i,j}^{k+1} + c_{i,j}H_{i+1,j}^{k+1} + e_{i,j}H_{i,j-1}^{k+1} + f_{i,j}H_{i,j+1}^{k+1} = d_{i,j} \tag{5-30}$$

其中

$$a_{i,j} = T_{i-\frac{1}{2},j}$$
$$b_{i,j} = -(T_{i-\frac{1}{2},j}+T_{i+\frac{1}{2},j}+T_{i,j-\frac{1}{2}}+T_{i,j+\frac{1}{2}}) - \frac{\mu_{i,j}\Delta x^2}{\Delta t_k}$$
$$c_{i,j} = T_{i+\frac{1}{2},j}$$
$$e_{i,j} = T_{i,j-\frac{1}{2}}$$
$$f_{i,j} = T_{i,j+\frac{1}{2}}$$
$$d_{i,j} = -\frac{\mu_{i,j}\Delta x^2}{\Delta t_k}H_{i,j}^k - \varepsilon_{i,j}\Delta x^2$$

可见，$a_{i,j}$，$b_{i,j}$，$c_{i,j}$，$e_{i,j}$，$f_{i,j}$ 和 $d_{i,j}$ 等均为常数，所以式（5-30）为一线性代数方程组，其中 $i=1,2,\cdots,n$；$j=1,2,\cdots,m$。

为确定计算区域内各结点的水头值，需对计算区域内所有结点（边界结点以外的所有未

知水头结点）均列差分式（5-30）；再根据边界条件，列出边界方程，从而形成一个封闭的线性代数方程组，然后联立方程组求解$(k,k+1)$时段内的时段末各结点水头值。采用隐式差分格式求解时，虽然计算工作量较显式格式大，但它具有无条件稳定的优点，即无论空间步长Δx与时间步长Δt取什么数值，式（5-30）均是稳定的。隐式差分格式的每个方程中都包含有5个未知水头值，在求解中占用计算机的存储单元较多，计算时间较长。因此在选用求解方程组的计算方法时，应根据求解问题结点数量的多少与计算机内存量的大小选取相应的方法。

（三）中心差分格式

若式（5-22）等式左端水头取计算时段(t_k, t_{k+1})的时段中间$t_{k+\frac{1}{2}}$时刻值，则式（5-22）化为

$$T_{i-\frac{1}{2},j}H_{i-1,j}^{k+\frac{1}{2}} - (T_{i-\frac{1}{2},j}+T_{i+\frac{1}{2},j})H_{i,j}^{k+\frac{1}{2}} + T_{i+\frac{1}{2},j}H_{i+1,j}^{k+\frac{1}{2}} + T_{i,j-\frac{1}{2}}H_{i,j-1}^{k+\frac{1}{2}}$$
$$- (T_{i,j-\frac{1}{2}}+T_{i,j+\frac{1}{2}})H_{i,j}^{k+\frac{1}{2}} + T_{i,j+\frac{1}{2}}H_{i,j+1}^{k+\frac{1}{2}} + \varepsilon_{i,j}\Delta x^2$$
$$= \mu_{i,j}\frac{\Delta x^2}{\Delta t_k}(H_{i,j}^{k+1} - H_{i,j}^k) \tag{5-31}$$

若时段$(k,k+1)$内水头变化较平稳，时段中间水头可取时段初t_k时刻与时段末t_{k+1}时刻水头的算术平均值，即

$$H_{i,j}^{k+\frac{1}{2}} = \frac{1}{2}(H_{i,j}^k + H_{i,j}^{k+1}) \tag{5-32}$$

其余各结点水头类同。将式（5-32）代入式（5-31），得

$$T_{i-\frac{1}{2},j}H_{i-1,j}^{k+1} - \left(T_{i-\frac{1}{2},j}+T_{i+\frac{1}{2},j}+T_{i,j-\frac{1}{2}}+T_{i,j+\frac{1}{2}}+2\mu_{i,j}\frac{\Delta x^2}{\Delta t_k}\right)H_{i,j}^{k+1}$$
$$+ T_{i+\frac{1}{2},j}H_{i+1,j}^{k+1} + T_{i,j-\frac{1}{2}}H_{i,j-1}^{k+1} + T_{i,j+\frac{1}{2}}H_{i,j+1}^{k+1} = -2\varepsilon_{i,j}\Delta x^2$$
$$- T_{i-\frac{1}{2},j}H_{i-1,j}^k + \left(T_{i-\frac{1}{2},j}+T_{i+\frac{1}{2},j}+T_{i,j-\frac{1}{2}}+T_{i,j+\frac{1}{2}}-2\mu_{i,j}\frac{\Delta x^2}{\Delta t_k}\right)H_{i,j}^k$$
$$- T_{i+\frac{1}{2},j}H_{i+1,j}^k - T_{i,j-\frac{1}{2}}H_{i,j-1}^k - T_{i,j+\frac{1}{2}}H_{i,j+1}^k$$
$$\tag{5-33}$$

或写成

$$a_{i,j}H_{i-1,j}^{k+1} + b_{i,j}H_{i,j}^{k+1} + c_{i,j}H_{i+1,j}^{k+1} + e_{i,j}H_{i,j-1}^{k+1} + f_{i,j}H_{i,j+1}^{k+1} = d_{i,j} \tag{5-34}$$

其中
$$a_{i,j} = T_{i-\frac{1}{2},j}$$
$$b_{i,j} = -(T_{i-\frac{1}{2},j}+T_{i+\frac{1}{2},j}+T_{i,j-\frac{1}{2}}+T_{i,j+\frac{1}{2}}) - \frac{2\mu_{i,j}\Delta x^2}{\Delta t_k}$$
$$c_{i,j} = T_{i+\frac{1}{2},j}$$
$$e_{i,j} = T_{i,j-\frac{1}{2}}$$
$$f_{i,j} = T_{i,j+\frac{1}{2}}$$
$$d_{i,j} = -2\varepsilon_{i,j}\Delta x^2 - T_{i-\frac{1}{2},j}H_{i-1,j}^k + \left(T_{i-\frac{1}{2},j}+T_{i+\frac{1}{2},j}+T_{i,j-\frac{1}{2}}+T_{i,j+\frac{1}{2}}-\frac{2\mu_{i,j}\Delta x^2}{\Delta t_k}\right)H_{i,j}^k$$
$$- T_{i+\frac{1}{2},j}H_{i+1,j}^k - T_{i,j-\frac{1}{2}}H_{i,j-1}^k - T_{i,j+\frac{1}{2}}H_{i,j+1}^k$$

式中 $a_{i,j}$、$b_{i,j}$、$c_{i,j}$、$e_{i,j}$、$f_{i,j}$、$d_{i,j}$均为常数。

式（5-34）等式右端为已知项，而左端也包含有$H_{i-1,j}^{k+1}$、$H_{i,j}^{k+1}$、$H_{i+1,j}^{k+1}$、$H_{i,j-1}^{k+1}$和$H_{i,j+1}^{k+1}$等5个未知水头，与隐式差分格式相同，同样也不能直接求解。为确定各结点水头

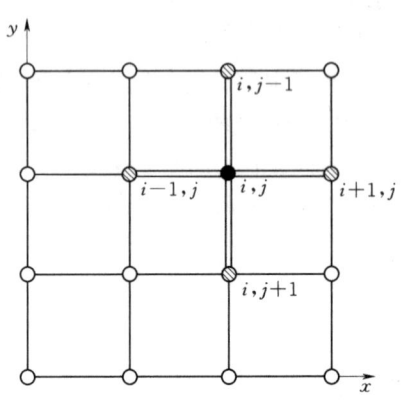

图 5-4 有限差分计算模式图

值，也需对计算区域内所有结点均列差分方程式（5-34），结合边界条件形成封闭的线性代数方程组，求解该方程组即可得到各结点未知水头。从理论上讲，中心差分格式也是无条件稳定的，但精度要较隐式差分格式高。

通过以上讨论可知，利用差分法求解地下水渗流问题时，某结点水头仅与相邻 4 个结点水头有关，如图 5-4 所示。

（四）综合式

若式（5-22）等式左端各结点水头取时段 $(k, k+1)$ 内时段初 t_k 时刻与时段末 t_{k+1} 时刻的加权平均值，则式（5-22）化为

$$\theta[T_{i-\frac{1}{2},j}H_{i-1,j}^{k+1} - (T_{i-\frac{1}{2},j} + T_{i+\frac{1}{2},j} + T_{i,j-\frac{1}{2}} + T_{i,j+\frac{1}{2}})H_{i,j}^{k+1}$$
$$+ T_{i+\frac{1}{2},j}H_{i+1,j}^{k+1} + T_{i,j-\frac{1}{2}}H_{i,j-1}^{k+1} + T_{i,j+\frac{1}{2}}H_{i,j+1}^{k+1}]$$
$$+ (1-\theta)[T_{i-\frac{1}{2},j}H_{i-1,j}^{k} - (T_{i-\frac{1}{2},j} + T_{i+\frac{1}{2},j} + T_{i,j-\frac{1}{2}} + T_{i,j+\frac{1}{2}})H_{i,j}^{k}$$
$$+ T_{i+\frac{1}{2},j}H_{i+1,j}^{k} + T_{i,j-\frac{1}{2}}H_{i,j-1}^{k} + T_{i,j+\frac{1}{2}}H_{i,j+1}^{k}] + \varepsilon_{i,j}\Delta x^2$$
$$= \mu_{i,j}\frac{\Delta x^2}{\Delta t_k}(H_{i,j}^{k+1} - H_{i,j}^{k}) \quad (5-35)$$

整理得

$$a_{i,j}H_{i-1,j}^{k+1} + b_{i,j}H_{i,j}^{k+1} + c_{i,j}H_{i+1,j}^{k+1} + e_{i,j}H_{i,j-1}^{k+1} + f_{i,j}H_{i,j+1}^{k+1} = d_{i,j} \quad (5-36)$$

其中

$$a_{i,j} = \theta T_{i-\frac{1}{2},j}$$
$$b_{i,j} = -\theta(T_{i-\frac{1}{2},j} + T_{i+\frac{1}{2},j} + T_{i,j-\frac{1}{2}} + T_{i,j+\frac{1}{2}}) - \frac{\mu_{i,j}\Delta x^2}{\Delta t_k}$$
$$c_{i,j} = \theta T_{i+\frac{1}{2},j}$$
$$e_{i,j} = \theta T_{i,j-\frac{1}{2}}$$
$$f_{i,j} = \theta T_{i,j+\frac{1}{2}}$$
$$d_{i,j} = -(1-\theta)[T_{i-\frac{1}{2},j}H_{i-1,j}^{k} - (T_{i-\frac{1}{2},j} + T_{i+\frac{1}{2},j} + T_{i,j-\frac{1}{2}} + T_{i,j+\frac{1}{2}})H_{i,j}^{k}$$
$$+ T_{i+\frac{1}{2},j}H_{i+1,j}^{k} + T_{i,j-\frac{1}{2}}H_{i,j-1}^{k} + T_{i,j+\frac{1}{2}}H_{i,j+1}^{k}] - \varepsilon_{i,j}\Delta x^2 - \frac{\mu_{i,j}\Delta x^2}{\Delta t_k}H_{i,j}^{k}$$

$a_{i,j}$、$b_{i,j}$、$c_{i,j}$、$e_{i,j}$、$f_{i,j}$ 和 $d_{i,j}$ 均为常数 $i=1, 2, \cdots, n$；$j=1, 2, \cdots, m$。所以对各内结点列方程，可形成线性代数方程组。

当 $\theta=0$、$\frac{1}{2}$、1 时分别为显式、中心和隐式差分格式。

对于式（5-24）、式（5-30）、式（5-34）和式（5-36）中的导水系数 T 的取值可采用以下三种方法，以 $T_{i+\frac{1}{2},j}$ 为例。

(1) 等差中值法，即

$$T_{i+\frac{1}{2},j} = \frac{T_{i+1,j} + T_{i,j}}{2} \quad (5-37)$$

(2) 等比中值法，即

$$T_{i+\frac{1}{2},j} = \sqrt{T_{i+1,j}T_{i,j}} \qquad (5-38)$$

(3) 调和中值法，即

$$T_{i\pm\frac{1}{2},j} = \frac{2T_{i+1,j}T_{i,j}}{T_{i+1,j}+T_{i,j}} \qquad (5-39)$$

在相邻差分网格导水系数变化不大的情况下，可采用等差中值法计算小区间平均导水系数。如果差分小区的边界恰好在不同水文地质单元的分界处，含水层导水系数差异较大（在一个乃至数个数量级以上），为了充分考虑小导水系数含水层对地下水运动的影响，应采用调和中值法计算差分小区间的平均导水系数。

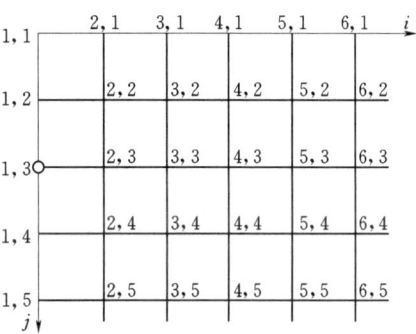

图 5-5 一类边界结点计算图

（五）边界条件的处理

1. 第一类边界条件

第一类边界条件即是已知结点水头的边界，此类边界的处理较为简单，只需要在计算时，将已知的边界结点的水头 H_b 值代入相应的内结点方程，重新整理即可。如图 5-5 所示，当已知第一类边界结点位于第三行、第一列时，即结点（1,3）上：$H_{1,3}^{k+1} = H_{1,3}^{k} = H_b$。只需将该值代入与结点（1,3）有关的内结点方程即可。

如对结点（2,3）列差分方程，可得

$$a_{2,3}H_{1,3}^{k+1} + b_{2,3}H_{2,3}^{k+1} + c_{2,3}H_{3,3}^{K+1} + e_{2,3}H_{2,2}^{k+1} + f_{2,3}H_{2,4}^{k+1} = d_{2,3}$$

将已知条件：$H_{1,3}^{k+1} = H_b$ 代入上方程并整理得

$$b_{2,3}H_{2,3}^{k+1} + c_{2,3}H_{3,3}^{k+1} + e_{2,3}H_{2,2}^{k+1} + f_{2,3}H_{2,4}^{k+1} = d_{2,3} - a_{2,3}H_b = d'_{2,3}$$

也为线性代数方程

2. 第二类边界条件

第二类边界条件即已知边界通量的边界。当为第二类边界时，如图 5-6（a）所示，可利用如下技巧予以合理处理。

(1) 在隔水边界外再设立一排虚结点，并令该结点上的导水系数 T 值为零。这样，如在隔水边界内侧结点上列差分方程时，自然会实现隔水边界。

(2) 对已知通量的边界，将侧向径流量按流入均衡区为正，流出均衡区为负，且并入 $\varepsilon_{i,j}$ 项中。若侧向径流量同时也是时间的函数（即第三类边界条件），可取时段初与时段末的径流量平均值并入 $\varepsilon_{i,j}$ 项中。于是，便可形成近似隔水边界，同样可采用图 5-6（a）的方法处理。

在差分计算中，有时采用的边界结点与二类边界结点重合，如图 5-6（b）所示。若已知二类边界条件为

$$T\frac{\partial H}{\partial n} = q$$

则其外法线方向 n [图 5-6（b）中的 x 轴的负方向]，边界水头则有如下关系

$$T\frac{H_{n,j}^{k+1} - H_{n-1,j}^{k+1}}{\Delta x} = q$$

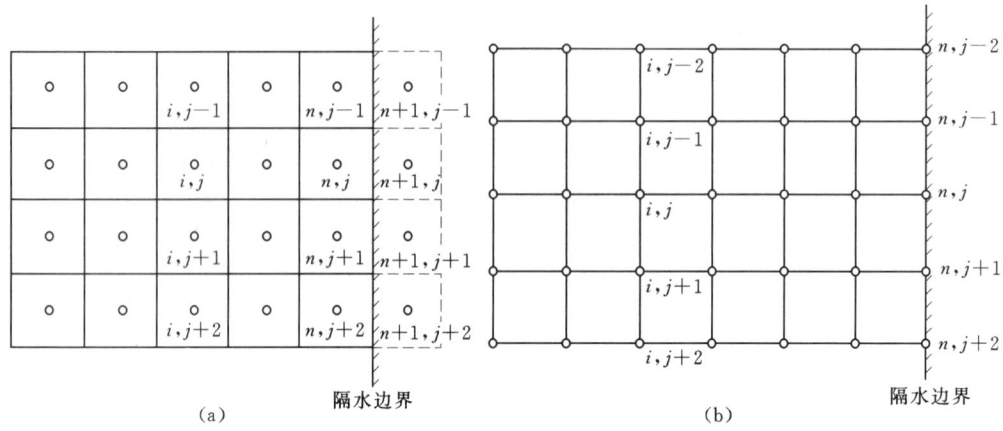

图 5-6 二类边界网格布置图

(a) 二类边界位于结点中间；(b) 二类边界位于结点上

即

$$-H_{n-1,j}^{k+1} + H_{n,j}^{k+1} = \frac{\Delta x q}{T} \tag{5-40}$$

对于其他二类边界结点也可类似处理。当为隔水边界时，只需令式（5-40）中的 $q=0$ 即可。在计算时，将式（5-40）所得边界方程与内结点方程联立求解，即可求得各结点水头值。

五、一维流的求解方法

（一）差分格式

一维流动地下水渗流问题的数学模型为

$$\frac{\partial}{\partial x}\left(T\frac{\partial H}{\partial x}\right) + \varepsilon = \mu \frac{\partial H}{\partial t} \tag{5-41}$$

根据前述差分方法可得到类似于式（5-35）的差分方程，只是此时各参变量及其参数均为一维值，即

$$\theta\left[T_{i+\frac{1}{2}}(H_{i+1}^{k+1} - H_i^{k+1}) - T_{i-\frac{1}{2}}(H_i^{k+1} - H_{i-1}^{k+1})\right] + (1-\theta)$$
$$\times \left[T_{i+\frac{1}{2}}(H_{i+1}^k - H_i^k) - T_{i-\frac{1}{2}}(H_i^k - H_{i-1}^k)\right] + \varepsilon_i \Delta x^2 = \mu_i \frac{\Delta x^2}{\Delta t_k}(H_i^{k+1} - H_i^k)$$

$$(5-42)$$

其中，$\theta=0$、$\frac{1}{2}$、1 分别为显式、中心差分和隐式差分格式。整理式（5-42），得

$$a_i H_{i-1}^{k+1} + b_i H_i^{k+1} + c_i H_{i+1}^{k+1} = d_i \tag{5-43}$$

式中

$$a_i = \theta T_{i-\frac{1}{2}}$$

$$b_i = -\theta(T_{i-\frac{1}{2}} + T_{i+\frac{1}{2}}) - \frac{\mu_i \Delta x^2}{\Delta t_k}$$

$$c_i = \theta T_{i+\frac{1}{2}}$$

$$d_i = -(1-\theta)\left[T_{i-\frac{1}{2}} H_{i-1}^k - (T_{i-\frac{1}{2}} + T_{i+\frac{1}{2}}) H_i^k + T_{i+\frac{1}{2}} H_{i+1}^k\right] - \varepsilon_i \Delta x^2 - \frac{\mu_i \Delta x^2}{\Delta t_k} H_i^k$$

同样式（5-43）左端为未知水头，而等式右端为时段初 t_k 时刻水头及有关参数，即已知项。

a_i、b_i、c_i、e_i、f_i 和 d_i 均为常系数,所以式(5-43)为一线性代数方程组($i=1,2,\cdots,n$)。

将式(5-43)应用于区域内全部内结点后即形成一差分方程组,结合两端边界条件,可得到与二维流相似的封闭方程组。只是式(5-43)中仅含有3个未知水头。下面以一个理想简单含水层的地下水流动过程为例,说明有限差分法求解一维地下水流动的过程与步骤。

(二)差分方程组

如图5-7所示,设有一理想承压一维非稳定流水文地质模型,其含水层被两条相互平行且无限长的直线河流切穿,含水层为均质各向同性且沿河流方向无限延伸,且含水层顶板、底板水平。设

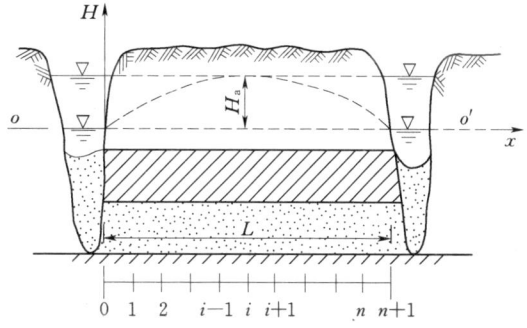

图5-7 承压一维非稳定流水文地质模型

初期含水层水头与两条河流水位保持在同一个高度 H_a,若由于某种原因两河流水位突然下降至 $o-o'$,求解含水层的水头随时间的下降过程。显然该问题可概化为一个一维非稳定流运动问题。其数学模型为

$$\begin{cases} T\dfrac{\partial^2 H}{\partial x^2}=\mu\dfrac{\partial H}{\partial t} & (0<x<L,t>0)\\ H(x,t)=H_a & (0\leqslant x\leqslant L,t=0)\\ H(x,t)=H_b=0 & (x=0,x=L,t>0) \end{cases} \quad (5-44)$$

现在用有限差分法计算地下水水头 H 在不同时刻在空间上的分布。首先对时间与空间坐标进行离散化。如选择空间步长为 $\Delta x=\dfrac{L}{n+1}$,将区域($0\sim L$)$n+1$ 等分。0结点与 $n+1$ 结点分别位于左端与右端边界上。则有 $H_0^{k+1}=H_{n+1}^{k+1}=H_b$,为已知水头边界。将差分方程式(5-43)依次应用于全部内结点上后得

$$\begin{cases} a_1 H_0^{k+1}+b_1 H_1^{k+1}+c_1 H_2^{k+1}=d_1\\ a_2 H_1^{k+1}+b_2 H_2^{k+1}+c_2 H_3^{k+1}=d_2\\ \quad\vdots\\ a_n H_{n-1}^{k+1}+b_n H_n^{k+1}+c_n H_{n+1}^{k+1}=d_n \end{cases} \quad (5-45)$$

式(5-45)中包含有边界水头 H_0^{k+1} 与 H_{n+1}^{k+1} 值,将已知值分别代入第一个方程与第 n 个方程,得

$$\begin{cases} b_1 H_1^{k+1}+c_1 H_2^{k+1}=d_1-a_1 H_0^{k+1}=d_1'\\ a_n H_{n-1}^{k+1}+b_n H_n^{k+1}=d_n-c_n H_{n+1}^{k+1}=d_n' \end{cases}$$

代入式(5-45)方程组,得

$$\begin{cases} b_1 H_1^{k+1} + c_1 H_2^{k+1} = d'_1 \\ a_2 H_1^{k+1} + b_2 H_2^{k+1} + c_2 H_3^{k+1} = d_2 \\ \quad\quad\vdots \\ a_{n-1} H_{n-2}^{k+1} + b_{n-1} H_{n-1}^{k+1} + c_{n-1} H_n^{k+1} = d_{n-1} \\ a_n H_{n-1}^{k+1} + b_n H_n^{k+1} = d'_n \end{cases} \quad (5-46)$$

求解该方程组即可得到各离散点上的水头 H_i^{k+1} 值($i=1, 2, \cdots, n$)。然后再将式（5-46）应用于各个时段（$k=0, 1, 2, \cdots$），逐个时段递推，便可解得各计算时刻、各结点的水头值 H_i^k，即数值解。

将式（5-46）写成矩阵形式为

$$\begin{bmatrix} b_1 & c_1 & & & 0 \\ a_2 & b_2 & c_2 & & \\ & \ddots & \ddots & \ddots & \\ & & a_{n-1} & b_{n-1} & c_{n-1} \\ 0 & & & a_n & b_n \end{bmatrix} \begin{bmatrix} H_1^{k+1} \\ H_2^{k+1} \\ \vdots \\ H_{n-1}^{k+1} \\ H_n^{k+1} \end{bmatrix} = \begin{bmatrix} d'_1 \\ d_2 \\ \vdots \\ d_{n-1} \\ d'_n \end{bmatrix} \quad (5-47)$$

或表示为

$$AH = D$$

可见系数矩阵 A 中元素都位于三条主对角线上，其他元素均为零，该矩阵对称并正定。所以称 A 为三对角型矩阵，式（5-46）为三对角型方程组。一般对于此种类型的方程组，可采用一种简单的求解方法——追赶法来求解。

（三）求解三对角型线性方程组的追赶法

由于系数阵 A 正定对称，A 可被分解成为两个矩阵之积，即

$$A = LU$$

或

$$A = \begin{bmatrix} \beta_1 & & & & \\ \alpha_2 & \beta_2 & & & \\ & \ddots & \ddots & & \\ & & \alpha_{n-1} & \beta_{n-1} & \\ & & & \alpha_n & \beta_n \end{bmatrix} \begin{bmatrix} 1 & \gamma_1 & & & \\ & 1 & \gamma_2 & & \\ & & \ddots & \ddots & \\ & & & 1 & \gamma_{n-1} \\ & & & & 1 \end{bmatrix} \quad (5-48)$$

式中

$$\begin{cases} \beta_1 = b_1 \\ \alpha_i = a_i \\ \beta_i = b_i - \alpha_i \gamma_{i-1} \\ \gamma_i = c_i / \beta_i \end{cases} \quad (i=2, 3, \cdots, n)$$

对于方程组

$$AX = D$$

将 L、U 代入原方程，得

$$LUX = D \quad (5-49)$$

令

$$UX = Y \quad (5-50)$$

则有

$$\begin{bmatrix} \beta_1 & & & \\ \alpha_2 & \beta_2 & & \\ & \ddots & \ddots & \\ & & \alpha_n & \beta_n \end{bmatrix} \begin{bmatrix} y_1 \\ y_2 \\ \vdots \\ y_n \end{bmatrix} = \begin{bmatrix} d_1 \\ d_2 \\ \vdots \\ d_n \end{bmatrix} \quad (5-51)$$

求解式（5-51）即可得 $Y=[y_1, y_2, \cdots, y_n]^T$ 值。然后再利用式（5-50），可求得 $X=[x_1, x_2, \cdots, x_n]^T$ 值。直观地讲，追赶法求解由消元（追）与回代（赶）两个过程组成。

1. 消元（追的过程）

首先从第一个方程开始，依次消元，并令

$$\delta_1 = d_1/b_1, \gamma_1 = c_1/b_1 \quad (5-52)$$

则式（5-47）中的第一个方程（$i=1$）化为

$$x_1 = \frac{d_1}{b_1} - \frac{c_1}{b_1}x_2 = \delta_1 - \gamma_1 x_2$$

将其代入第二个方程（$i=2$）并整理，得

$$x_2 = \frac{d_2 - a_2\delta_1}{b_2 - a_2\gamma_1} - \frac{c_2}{b_2 - a_2\gamma_1}x_3 = \delta_2 - \gamma_2 x_3$$

将其代入第三个方程，并依次代入以后各方程。

当代入到第 i 个方程时，有

$$x_i = \delta_i - \gamma_i x_{i+1} \quad (5-53)$$

其中

$$\delta_i = \frac{d_i - a_i\delta_{i-1}}{b_i - a_i\gamma_{i-1}}, \quad \gamma_i = \frac{c_i}{b_i - a_i\gamma_{i-1}} \quad (5-54)$$

代入到第 $n-1$ 个方程得

$$x_{n-1} = \delta_{n-1} - \gamma_{n-1} x_n$$

代入到第 n 个方程得

$$a_n(\delta_{n-1} - \gamma_{n-1}x_n) + b_n x_n = d_n$$

则可得

$$x_n = \frac{d_n - a_n\delta_{n-1}}{b_n - a_n\gamma_{n-1}} = \delta_n \quad (5-55)$$

得到 x_n 值，至此消元过程结束。因消元过程是由前向后逐项进行的。所以常形象地称作"追"的过程。

2. 回代求解（赶的过程）

由消元后的方程式（5-53）可知，由于 δ_i、γ_i 均为已知项，所以每个方程中仅含有两个未知数。当 $i=n$ 时，由消元过程已得 x_n 值（δ_n 为已知），故可采用逆向回代，由第 $n-1$ 个方程求得 x_{n-1} 值，再代入 $n-2$ 方程求得 x_{n-2} 值，逐个方程回代，可求得 $X=[x_1, x_2, \cdots, x_n]^T$ 值。因回代过程为逆向进行的，所以也称作"赶"的过程。式（5-53）～式（5-55）便是构成追赶法的递推公式。

【**例 5-2**】 利用追赶法求解下列三对角型方程组

$$\begin{bmatrix} 2 & -1 & & \\ -1 & 3 & -2 & \\ & -2 & 4 & -3 \\ & & -3 & 5 \end{bmatrix} \begin{bmatrix} x_1 \\ x_2 \\ x_3 \\ x_4 \end{bmatrix} = \begin{bmatrix} 6 \\ 1 \\ -2 \\ 1 \end{bmatrix}$$

解 追的过程为

$$\delta_1 = d_1/b_1 = 6/2 = 3$$

$$\gamma_1 = c_1/b_1 = -1/2 = -\frac{1}{2}$$

$$\delta_2 = \frac{d_2 - a_2\delta_1}{b_2 - a_2\gamma_1} = \frac{1-(-1)\times 3}{3-(-1)\times\left(-\frac{1}{2}\right)} = \frac{8}{5}$$

$$\gamma_2 = \frac{c_2}{b_2 - a_2\gamma_1} = \frac{-2}{3-(-1)\times\left(-\frac{1}{2}\right)} = -\frac{4}{5}$$

其余"追"的过程结果见表 5-3,"赶"的过程为

$$x_4 = \delta_4 = 2$$

$$x_3 = \delta_3 - \gamma_3 x_4 = \frac{1}{2} - \left(-\frac{5}{4}\right)\times 2 = 3$$

$$x_2 = \delta_2 - \gamma_2 x_3 = \frac{8}{5} - \left(-\frac{4}{5}\right)\times 3 = 4$$

$$x_1 = \delta_1 - \gamma_1 x_2 = 3 - \left(-\frac{1}{2}\right)\times 4 = 5$$

所以原方程的解为 $X = [5, 4, 3, 2]^T$。

表 5-3 追 赶 过 程

i	a_i	b_i	c_i	d_i	β_i	δ_i	γ_i	x_i
1	0	2	-1	6	2	3	$-\dfrac{1}{2}$	5
2	-1	3	-2	1	$\dfrac{5}{2}$	$\dfrac{8}{5}$	$-\dfrac{4}{5}$	4
3	-2	4	-3	-2	$\dfrac{12}{5}$	$\dfrac{1}{2}$	$-\dfrac{5}{4}$	3
4	-3	5	0	1	$\dfrac{5}{4}$	2		2

六、二维流的求解方法

对于如式(5-21)所示的二维承压含水层非稳定流运动问题,无论采用隐式差分格式还是中心差分格式总可以写成

$$a_{i,j}H_{i-1,j}^{k+1} + b_{i,j}H_{i,j}^{k+1} + c_{i,j}H_{i+1,j}^{k+1} + e_{i,j}H_{i,j-1}^{k+1} + f_{i,j}H_{i,j+1}^{k+1} = d_{i,j} \qquad (5-56)$$

将第一类、第二类边界条件与初始条件等定解条件代入,即可构成一封闭的线性代数

方程组。可采用常规的线性方程组求解方法求解。但因式（5-56）为一五对角线性方程组即系数矩阵为大型稀疏阵，采用一般方法求解占用计算机的储存单元较多，计算时间长而且计算效率很低。为了提高计算效率，下面介绍两种常用且有效的求解方法：超松弛法与交替方向隐式差分法。

（一）超松弛法（SOR法）

将式（5-56）等式右端项移至左端，为了书写方便略去上角标 $k+1$ 时刻标记后得

$$a_{i,j}H_{i-1,j} + b_{i,j}H_{i,j} + c_{i,j}H_{i+1,j} + e_{i,j}H_{i,j-1} + f_{i,j}H_{i,j+1} - d_{i,j} = 0 \qquad (5-57)$$

式（5-57）即是 (i,j) 结点所控制的水均衡域上的水量平衡方程。若假定已经知道了 t_{k+1} 时刻各结点的水头近似值，设其分别为 $H_{i-1,j}^{(p)}$，$H_{i,j}^{(p)}$，$H_{i+1,j}^{(p)}$，$H_{i,j-1}^{(p)}$，$H_{i,j+1}^{(p)}$ 上标 P 表示第 p 次近似值。将它们代入式（5-57）后，由于水头值为近似值，不是准确值，所以原有的水量平衡被打破，在 (i,j) 结点所控制的均衡域上的水量平衡将产生一个水量余数，我们以 $W_r^{(p)}$ 表示，$W_r^{(p)}$ 可正可负。

$$a_{i,j}H_{i-1,j}^{(p)} + b_{i,j}H_{i,j}^{(p)} + c_{i,j}H_{i+1,j}^{(p)} + e_{i,j}H_{i,j-1}^{(p)} + f_{i,j}H_{i,j+1}^{(p)} - d_{i,j} = W_r^{(p)} \qquad (5-58)$$

现给定 $H_{i,j}^{(p)}$ 一个修正值 $\Delta H_{i,j}^{(p)}$，使得 $W_r^{(p)} \equiv 0$，即采用一个新水头值，则

$$H_{i,j}^{(p+1)} = H_{i,j}^{(p)} + \Delta H_{i,j}^{(p)} \qquad (5-59)$$

将 $H_{i,j}^{(p+1)}$ 值代入式（5-57）取代 $H_{i,j}^{(p)}$，得

$$a_{i,j}H_{i-1,j}^{(p)} + b_{i,j}H_{i,j}^{(p+1)} + c_{i,j}H_{i+1,j}^{(p)} + e_{i,j}H_{i,j-1}^{(p)} + f_{i,j}H_{i,j+1}^{(p)} - d_{i,j} = 0 \qquad (5-60)$$

将式（5-59）代入式（5-58）并整理，得

$$\Delta H_{i,j}^{(p)} = -\frac{W_r^{(p)}}{b_{i,j}} \qquad (5-61)$$

由于引入 $H_{i,j}^{(p+1)}$ 值使得 $W_r^{(p)} \equiv 0$，或者说将式（5-58）"松弛"了，因此称作松弛法。

如果将 p 作为迭代次数，而当 $p=0$ 时取 t_k 时刻各结点水头值作为 t_{k+1} 时刻水头的近似值的初值，而将式（5-58）、式（5-59）和式（5-61）应用于所有方程 $(i=1, 2, \cdots, n; j=1, 2, \cdots, m)$ 后，可构成一个完整的迭代计算方案。在一个时段内除需对区域内各个结点逐个依次松弛外，只有当满足如下条件时，迭代计算才能结束，然后才能进入下一个时段的迭代计算。否则，仍需进行第 $(p+2)$ 次迭代，直到满足如下条件为止

$$\max_{\substack{i=1,n \\ j=1,m}} |H_{i,j}^{(p+1)} - H_{i,j}^p| \leqslant \varepsilon \qquad (5-62)$$

其中 ε 为允许误差。在上述迭代中，对第 $(p+1)$ 次迭代式（5-60），除 (i,j) 结点水头 $H_{i,j}$ 外，其余水头均取第 (p) 次迭代值，故称作同步迭代，为提高计算精度，加快迭代收敛速度，也可采用异步迭代。在采用松弛法依次对各结点迭代时，若在对 (i,j) 结点上作 $(p+1)$ 次迭代，此时，结点 $(i+1,j)$ 与 $(i,j+1)$ 结点上的水头为未知值，可采用第 (p) 次迭代值；而结点 $(i-1,j)$ 与 $(i,j-1)$ 上的水头值已经有第 $(p+1)$ 次迭代值。一般认为该值要较第 (p) 次迭代值更接近于准确解，所以将此二值作为结点 $(i-1,j)$，$(i,j-1)$ 上的水头代入式（5-58），以计算 $W_r^{(p)}$ 值，即

$$W_r^{(p)} = a_{i,j}H_{i-1,j}^{(p+1)} + b_{i,j}H_{i,j}^{(p)} + c_{i,j}H_{i+1,j}^{(p)} + e_{i,j}H_{i,j-1}^{(p+1)} + f_{i,j}H_{i,j+1}^{(p)} - d_{i,j}$$

$$(5-63)$$

可用式（5-61）确定 $\Delta H_{i,j}^{(p)}$，为加快迭代速度，也可将式（5-59）改写成

$$H_{i,j}^{(p+1)} = H_{i,j}^{(p)} + \omega \Delta H_{i,j}^{(p)} \tag{5-64}$$

式中，ω 为松弛因子，对于承压水 $1<\omega<2$；潜水 $0<\omega<1$。因为按式（5-59）计算 $H_{i,j}^{(p+1)}$ 值，已使得 $W_r^{(p)} \equiv 0$，即使原方程松弛。若采用式（5-64）计算，必然有 $W_r^{(p)} \neq 0$，所以说式（5-58）被"超松弛"了。无论 $W_r^{(p)} > 0$，或 $W_r^{(p)} < 0$，统称为超松弛。因此，由式（5-63）、式（5-61）和式（5-64）所构成的迭代方程称作超松弛（SOR）迭代法。对于潜水问题，由于 $0<\omega<1$，所以也称作亚松弛。

目前，还尚无较好的方法确定松弛因子 ω，一般需要通过试算确定。实践证明，对于区域结点少于 200 个的计算问题，超松弛法是很有效的，因为其不仅程序简单而且计算速度很快。

（二）交替方向隐式差分法（ADI法）

交替方向隐式差分法是在数值计算中应用比较广泛的一种分布差分方法，这种方法是 Peaceman 与 Rachford（1955）和 Douglas（1955）同时提出的。交替方向隐式差分法的特点是不采用单一的差分格式，而是把整个区域分成两步来计算，同时将计算时段分为 $\left(k, k+\frac{1}{2}\right)$，$\left(k+\frac{1}{2}, k+1\right)$ 两段。如取平面网格布置为 $i=1, 2, \cdots, n$；$j=1, 2, \cdots, m$，计 $m \times n$ 个结点。

第一步，由 t_k 到 $t_{k+\frac{1}{2}}$ 时刻，即 $\left(k, k+\frac{1}{2}\right)$ 时段，时间步长为 $\Delta t_k/2$，各结点水头沿 x 轴方向取隐式，沿 y 方向取显式，并沿着 x 轴方向一行一行地逐步计算，如图 5-8（a）所示，计算 $t_{k+\frac{1}{2}}$ 时刻各结点水头值。将各水头值按上述方案代入式（5-28）得：

$$T_{i-\frac{1}{2},j} H_{i-1,j}^{k+\frac{1}{2}} - (T_{i-\frac{1}{2},j} + T_{i+\frac{1}{2},j}) H_{i,j}^{k+\frac{1}{2}} + T_{i+\frac{1}{2},j} H_{i+1,j}^{k+\frac{1}{2}} + T_{i,j-\frac{1}{2}} H_{i,j-1}^k - (T_{i,j-\frac{1}{2}} + T_{i,j+\frac{1}{2}}) H_{i,j}^k$$
$$+ T_{i,j+\frac{1}{2}} H_{i,j+1}^k + \varepsilon_{i,j} \Delta x^2 = \mu_{i,j} \frac{2\Delta x^2}{\Delta t_k} (H_{i,j}^{k+\frac{1}{2}} - H_{i,j}^k) \tag{5-65}$$

将式（5-65）中已知项移至等式右端并整理，得

$$a_{i,j} H_{i-1,j}^{k+\frac{1}{2}} + b_{i,j} H_{i,j}^{k+\frac{1}{2}} + c_{i,j} H_{i+1,j}^{k+\frac{1}{2}} = d_{i,j} \tag{5-66}$$

其中
$$a_{i,j} = T_{i-\frac{1}{2},j}$$
$$b_{i,j} = -(T_{i-\frac{1}{2},j} + T_{i+\frac{1}{2},j}) - \frac{2\mu_{i,j} \Delta x^2}{\Delta t_k}$$
$$c_{i,j} = T_{i+\frac{1}{2},j}$$
$$d_{i,j} = -T_{i,j-\frac{1}{2}} H_{i,j-1}^k + \left(T_{i,j-\frac{1}{2}} + T_{i,j+\frac{1}{2}} - \frac{2\mu_{i,j} \Delta x^2}{\Delta t_k}\right) H_{i,j}^k - T_{i,j+\frac{1}{2}} H_{i,j+1}^k - \varepsilon_{i,j} \Delta x^2$$

式（5-66）也为三对角型方程，于是可采用追赶法求解。将式（5-66）逐行应用于区域上各结点进行求解。对于某一行 j（$j=1, 2, \cdots, m$），需对 j 行内全部结点 i（$i=1, 2, \cdots, n$）逐点应用式（5-66）可得 n 个方程构成三对角型方程组，采用追赶法计算时段末 $t_{k+\frac{1}{2}}$ 时刻 j 行各结点的水头值。然后再计算 $j+1$ 行各结点的水头值，依次类推直至计算完为止。

第二步，由 $t_{k+\frac{1}{2}}$ 时刻到 t_{k+1} 时刻，即 $\left(k+\frac{1}{2}, k+1\right)$ 时段，时间步长也为 $\Delta t_k/2$。与第

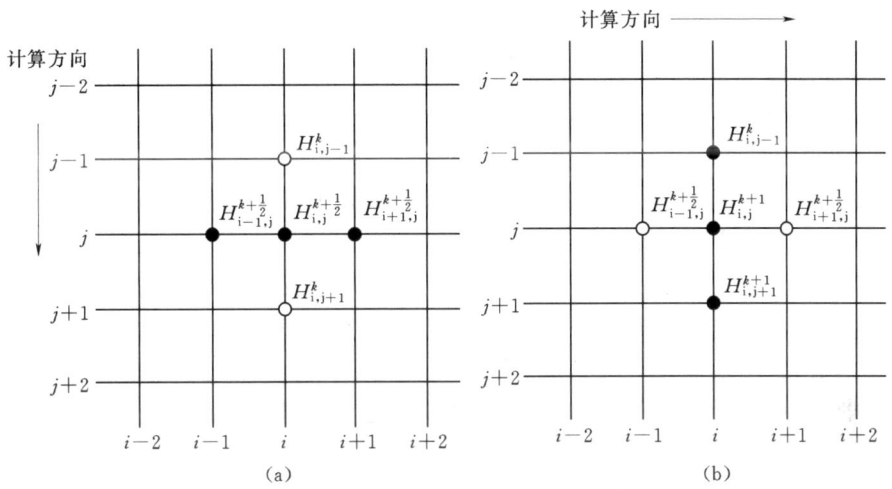

图 5-8 交替方向隐式差分法计算模式
(a) 第一步；(b) 第二步

一步相反，沿 y 方向的水头 H 取隐式，而沿 x 方向取显式。沿 y 轴方向一列一列地逐列计算，如图 5-8（b）所示。以第一步计算所得的各结点 $t_{k+\frac{1}{2}}$ 时刻水头值作为时段初值，计算时段末 t_{k+1} 时刻各结点水头 H 值。将各结点水头 H 代入式 (5-28)，得

$$T_{i-\frac{1}{2},j}H_{i-1,j}^{k+\frac{1}{2}} - (T_{i-\frac{1}{2},j} + T_{i+\frac{1}{2},j})H_{i,j}^{k+\frac{1}{2}} + T_{i+\frac{1}{2},j}H_{i+1,j}^{k+\frac{1}{2}} + T_{i,j-\frac{1}{2}}H_{i,j-1}^{k+1}$$
$$- (T_{i,j-\frac{1}{2}} + T_{i,j+\frac{1}{2}})H_{i,j}^{k+1} + T_{i,j+\frac{1}{2}}H_{i,j+1}^{k+1} + \varepsilon_{i,j}\Delta x^2 = \mu_{i,j}\frac{2\Delta x^2}{\Delta t_k}(H_{i,j}^{k+1} - H_{i,j}^{k+\frac{1}{2}})$$
(5-67)

将式 (5-67) 中左端已知项移至右端并整理，得

$$a_{i,j}H_{i,j-1}^{k+1} + b_{i,j}H_{i,j}^{k+1} + c_{i,j}H_{i,j+1}^{k+1} = d_{i,j} \qquad (5-68)$$

其中
$$a_{i,j} = T_{i,j-\frac{1}{2}}$$
$$b_{i,j} = -(T_{i,j-\frac{1}{2}} + T_{i,j+\frac{1}{2}}) - \frac{2\mu_{i,j}\Delta x^2}{\Delta t_k}$$
$$c_{i,j} = T_{i,j+\frac{1}{2}}$$
$$d_{i,j} = -T_{i-\frac{1}{2},j}H_{i-1,j}^{k+\frac{1}{2}} + \left(T_{i-\frac{1}{2},j} + T_{i+\frac{1}{2},j} - \frac{2\mu_{i,j}\Delta x^2}{\Delta t_k}\right)H_{i,j}^{k+\frac{1}{2}} - T_{i+\frac{1}{2},j}H_{i+1,j}^{k+\frac{1}{2}} - \varepsilon_{i,j}\Delta x^2$$

式 (5-68) 同样也是一个三对角方程，可采用追赶法求解。将式 (5-68) 逐列应用于区域上进行求解，即对于某一列 $i(i=1, 2, \cdots, n)$，需对 i 列内全部结点 $j(j=1, 2, \cdots, m)$ 应用式 (5-68) 得到 m 个方程。结合边界条件即可求得时段末 t_{k+1} 时刻 i 列内各结点的水头值。然后再计算 $i+1$ 列，直到所有结点全部计算完毕。至此 $(k, k+1)$ 时刻的迭代计算结束，可以进入下一个时段 $(k+1, k+2)$ 的迭代计算。值得指出的是，第一步计算所得的水头 $H_{i,j}^{k+\frac{1}{2}}$ 值并非是 $t_{k+\frac{1}{2}}$ 时刻各结点的真实水头值，而只是计算过程中过度变量值，或数值传递量。若将其视作 $t_{k+\frac{1}{2}}$ 时刻的水头值，可能会产生较大的偏差。只有第二步计算结束后，所得 t_{k+1} 时刻的水头才是所求时段末 t_{k+1} 时刻各结点的水头。若需用 $t_{k+\frac{1}{2}}$ 时刻

水头值，尚需采用时段初 t_k 时刻与 t_{k+1} 时刻的算术平均值。

ADI 法的优点在于把一个研究区域所有结点的大型联立方程组变成了许多的小方程组求解。这样就较大地节省了计算时间和存贮单元同时也具有一定的精度，所以广泛地应用于地下水资源评价中。

在潜水地下水流运动计算中，由于 $T=KH_p$，H_p 为潜水含水层平均厚度，实际上即是潜水平均水位 H 值。因为 H 尚是未知值，所以潜水地下水流运动差分方程为非线性方程组。在求解时首先应进行线性化。一般采用先给定各结点一个水位值，由其确定各相应的 T 值，则差分方程化成线性方程组。可采用松弛法或交替方向隐式差分法进行求解。并对所得结果与原假定值进行比较，若精度满足要求，所得结果即是所求解；若精度不能满足要求，用所得结果重新计算 T 值，然后重复以上计算，直到满足精度要求为止这也形成一个迭代过程。对于非稳定问题，尚需对时间坐标离散，并需进行时段迭代，所以潜水非稳定计算具有双重迭代的特征。

综上所述，有限差分法概念简单，且容易在计算机上实现，计算速度较快，占用计算机内存量小。不足之处是对几何形状复杂边界的拟合程度较差，从而使计算精度略低于有限单元法。

第三节 有 限 单 元 法

有限单元法是利用剖分插值把计算区域需要连续求解的地下水渗流运动偏微分方程离散成为求解线性方程组问题。即用有限个单元的集合体来代替所计算的渗流区，然后选择某种较简单的函数来近似地表示每个单元上的水头分布，集合起来形成线性代数方程组，并用近似的数值解代替精确解。有限单元法同有限差分法一样，也是一种近似的计算方法，而两者的区别主要表现在：一方面对计算区域的剖分方法不同，有限单元法一般多剖分为三角形单元体，而有限差分法则将区域离散成每个空间点；另一方面，有限单元法中每个单元内部的水头分布多按单元各结点水头值的线性插值函数进行分配的。在整个区域内将实际上连续的地下水面由各有限单元顶点水面组成的非连续的折线面所代替。从而使求解区域内任意点水头的问题转化为求解有限单元顶点水头的问题。

按照建立线性代数方程组所依据的原理不同，有限单元法又可分为迦辽金（Galerkin）有限元法、变分有限元法也称瑞里—里兹（Ritz）有限元法和均衡有限元法。迦辽金有限元法依据的是剩余加权平均理论，该法在水文地质概念方面比较清楚，在水文地质计算中应用较为广泛。变分有限元法是依据变分原理，把微分方程的求解等价于求某个泛函的极小值问题，再用剖分插值，把求泛函的极小值问题转化成求解线性代数方程组，此法适用于稳定流问题，而对于某些非线性方程和找不到与之对应的等价泛函的非稳定流方程的求解则不适用。均衡法则是从水均衡的角度出发，对区域进行三角剖分，然后建立以任一结点 i 为公共顶点的各三角形的重心与相应边中点的连线所组成的区域均衡方程。对整个区域来讲将得到一个线性方程组。均衡有限元法虽然简单、直观，但在数学上认为是不严密的。三种方法尽管所依据的原理不同，但对于同一种地下水渗流问题，最终所形成的线性代数方程组是一致的。本节仅介绍前两种方法，并重点介绍迦辽金有限元法。

一、区域离散化

在采用有限单元法进行求解时，同有限差分法一样，也需首先将计算区域剖分，根据计算区域的形状、水文地质条件、边界条件、补给排泄状况以及计算精度要求，按照一定的规则将计算区域 Ω 划分成为有限个小区域，即进行剖分。这种剖分要从边界开始，使整个区域完全被剖分。剖分后的小区域间不能留有空隙，也不能重合。边界可用适当的折线来概化逼近，如图5-9所示。

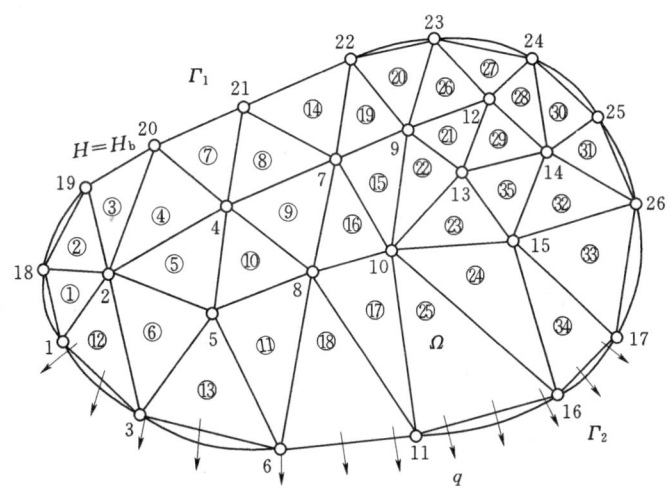

图5-9 平面渗流有限单元剖分示意图

小区域可以是四边形、三角形或曲边形，如图5-10（a）所示。小区域称为单元，小区域的各边（如三角形单元的边）称作线元，线元的端点称作结点，本节仅介绍较简单且常用的三角形单元剖分。有限单元法在计算区内一般应均匀剖分，根据具体情况，在局部地方可以适当加密或放稀。如果在区域内部含水层渗透系数变化剧烈或有间断时，有限单元的剖分应与参数的分区相适应。剖分时结点必须是具有公共线元的单元顶点，如图5-10（b）所示。为提高计算精度，应尽量使单元的任一内角应小于90°而大于30°，三角形单元各边的边长应尽量相等。有限单元的顶点称为结点，计算边界上的结点称为边界结点（又称为外结点），边界结点又分为两类：在计算时间内水位变化已知的结点称为第一类边界点；边界上流量已知的称为第二类边界点。在边界结

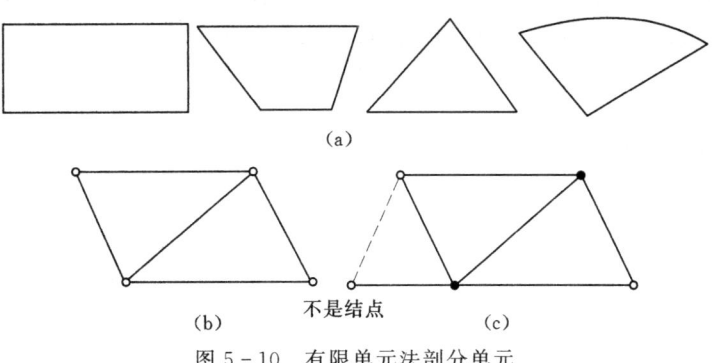

图5-10 有限单元法剖分单元

点所包围的计算区域内部的结点称为内结点。编号时结点和单元均须进行编号，一般按照内结点、第二类边界点和第一类边界点次序进行编号，且应注意相邻结点编号不要相差太大。

二、迦辽金有限元法

（一）剩余加权法

设有一函数 $L(u)=0$ 定义在 Ω 上，其精确解或解析解 $u(x)$ 必能在所定义的区域 Ω 上的任一点满足函数 $L(u)=0$ 和相应的边界条件。但对于较复杂的问题，要求得其精确解很困难。对此情况，我们常采用具有一定精度的解——近似解来代替解析解。若设一试函数 $\bar{u}$ 表示原问题的近似解，同时也能满足相应的边界条件，则可取

$$\bar{u} = \sum_{i=1}^{n} \alpha_i \Phi_i \qquad (5-69)$$

式中　　α_i——待定系数；

Φ_i——按某种特定要求选定的已知函数，称作基函数，并使 Φ_1，Φ_2，…，Φ_n 线性独立。将式（5-69）代入原方程后，由于 $\bar{u}$ 是原方程的近似解，所以不能使 $L(u)=0$ 成立，将产生一个剩余量 R，即

$$L(\bar{u}) = R \qquad (5-70)$$

现在，再用某种方式选定几个与 α_i 相对应的权函数 $W_i(i=1,2,\cdots,n)$。权函数可使得剩余量在原函数定义的区域 Ω 上的加权积分值等于零，即

$$\iint_{\Omega} RW_i \mathrm{d}x\mathrm{d}y = 0 \qquad (i=1,2,\cdots,n) \qquad (5-71)$$

这样就构成了 n 阶方程组，通过求解剩余加权积分式（5-71），可确定 n 个待定系数 α_1，α_2，…，α_n 值，于是便可利用式（5-69）求得原问题的近似解 $\bar{u}$。

由于在求待定系数 α_i 时需要对权函数 W_i 及剩余量 R 值进行积分，所以权函数的选取就显的十分重要。因为它除应满足上述使剩余量 R 的加权积分等于零外，还应使积分计算较为简单，从而保证求解的可能性。否则，由于权函数 W_i 的选取不当，便会将原问题由不易求解的微分方程化为较难求解的积分问题，这就仍然不能达到原来简化计算的目的。

由于权函数 W_i 选取方法的不同，就构成了不同的剩余加权法，如矩量法、配置法、最小二乘法和迦辽金法等。其中迦辽金法是目前采用较为广泛的一种方法，该法是将权函数 W_i 就选取为基函数，其剩余加权积分式可以写为

$$\iint_{\Omega} R\Phi_i \mathrm{d}x\mathrm{d}y = 0 \qquad (i=1,2,\cdots,n) \qquad (5-72)$$

设有如下数学模型

$$\begin{cases} L(u) = \dfrac{\mathrm{d}^2 u}{\mathrm{d}x^2} + u + x = 0 & (0 < x < 1) \\ u(0) = 0 \\ u(1) = 0 \end{cases} \qquad (5-73)$$

设近似解为

第三节 有限单元法

$$\bar{u} = a_1 x(1-x) + a_2 x^2(1-x) + a_3 x^3(1-x) + \cdots + a_n x^n(1-x) \quad (5-74)$$

若在式（5-74）中仅取右端第一项作为近似解

即
$$\bar{u} = a_1 x(1-x)$$

代入式（5-73）得剩余量

$$R = x + a_1(-2 + x - x^2)$$

取权函数
$$W_1 = \Phi_1 = x(1-x)$$

则
$$\int_0^1 W_1 R \mathrm{d}x = \int_0^1 x(1-x)[x + a_1(-2 + x - x^2)]\mathrm{d}x = 0$$

求得
$$a_1 = \frac{5}{18} = 0.278$$

由此得近似解
$$\bar{u} = 0.278 x(1-x)$$

若取（5-74）右端的前两项作为近似解

即
$$\bar{u} = a_1 x(1-x) + a_2 x^2(1-x)$$

计算得
$$R = x + a_1(-2 + x - x^2) + a_2(2 - bx + x^2 - x^3)$$

取权函数 W_1 与 W_2 分别为

$$W_1 = \Phi_1 = x(1-x)$$
$$W_2 = \Phi_2 = x^2(1-x)$$

则由（5-72）式可得：

$$\int_0^1 W_1 R \mathrm{d}x = \int_0^1 x(1-x)[x + a_1(-2 + x - x^2) + a_2(2 - bx + x^2 - x^3)]\mathrm{d}x = 0$$

$$\int_0^1 W_2 R \mathrm{d}x = \int_0^1 x^2(1-x)[x + a_1(-2 + x - x^2) + a_2(2 - bx + x^2 - x^3)]\mathrm{d}x = 0$$

$$(5-75)$$

求解方程组（5-75）可得：$a_1 = 0.1924$，$a_2 = 0.1707$

则
$$\bar{u} = x(1-x)(0.1924 + 0.1707x)$$

式（5-72）即是迦辽金方程。

（二）基函数 Φ_i 的构成

将计算区域 Ω 剖分成若干单元，通常多采用三角形单元，并且采用线性函数。对于地下水水流模拟计算来讲，线性插值函数就能够满足计算精度的要求了，高次非线性插值函数用的较少。设单元 e 为研究区域 Ω 中的任一单元，单元的三个结点按逆时针顺序编号为 i、j、k，其坐标分别为 (x_i, y_i)，(x_j, y_j)，(x_k, y_k)。三结点上对应的水头分别为 $H_i(t)$，$H_j(t)$，$H_k(t)$，如图 5-11 所示。

设在单元 e 上以 i，j，k 表示的三结点线性插值函数为

$$\begin{cases} \phi_i(x, y) = \alpha_i + \beta_i x + \gamma_i y \\ \phi_j(x, y) = \alpha_j + \beta_j x + \gamma_j y \\ \phi_k(x, y) = \alpha_k + \beta_k x + \gamma_k y \end{cases} \quad (5-76)$$

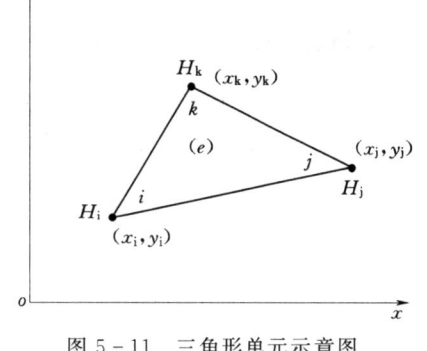

图 5-11 三角形单元示意图

式中 α、β、γ 为待定系数，也可称作单元 e 的形状函数，且具有如下特征：

$$\begin{cases} \phi_i(x_i,y_i)=1, \phi_j(x_i,y_i)=0, \phi_k(x_i,y_i)=0 \\ \phi_i(x_j,y_j)=0, \phi_j(x_j,y_j)=1, \phi_k(x_j,y_j)=0 \\ \phi_i(x_k,y_k)=0, \phi_j(x_k,y_k)=0, \phi_k(x_k,y_k)=1 \end{cases} \quad (5-77)$$

即单元形状函数在自身结点上值为 1，在对边上值为零，在单元 e 内线性变化。其几何特征如图 5-12 所示。

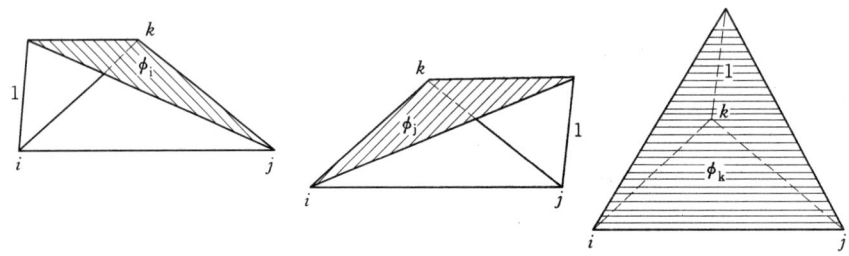

图 5-12　单元形状函数几何特征示意图

根据单元形状函数 $\phi_i(x,y)$ 的性质有

$$\begin{cases} \alpha_i+\beta_i x_i+\gamma_i y_i=1 \\ \alpha_i+\beta_i x_j+\gamma_i y_j=0 \\ \alpha_i+\beta_i x_k+\gamma_i y_k=0 \end{cases} \quad (5-78)$$

令

$$\begin{cases} a_i=x_j y_k-x_k y_j, a_j=x_k y_i-x_i y_k, a_k=x_i y_j-x_j y_i \\ b_i=y_j-y_k, b_j=y_k-y_i, b_k=y_i-y_j \\ c_i=x_k-x_j, c_j=x_i-x_k, c_k=x_j-x_i \end{cases} \quad (5-79)$$

称作坐标轮减数。三角形单元的面积 Δ_e 为

$$\Delta_e=\frac{1}{2}\begin{vmatrix} 1 & x_i & y_i \\ 1 & x_j & y_j \\ 1 & x_k & y_k \end{vmatrix} \quad (5-80)$$

按克莱姆法则可求解式（5-78），为

$$D=\begin{vmatrix} 1 & x_i & y_i \\ 1 & x_j & y_j \\ 1 & x_k & y_k \end{vmatrix}=2\Delta_e; \quad D_1=\begin{vmatrix} 1 & x_i & y_i \\ 0 & x_j & y_j \\ 0 & x_k & y_k \end{vmatrix}=x_j y_k-x_k y_j=a_i$$

$$D_2=\begin{vmatrix} 1 & 1 & y_i \\ 1 & 0 & y_j \\ 1 & 0 & y_k \end{vmatrix}=y_j-y_k=b_i; \quad D_3=\begin{vmatrix} 1 & x_i & 1 \\ 1 & x_j & 0 \\ 1 & x_k & 0 \end{vmatrix}=x_k-x_j=c_i$$

则

$$\begin{cases} \alpha_i = \dfrac{D_1}{D} = \dfrac{a_i}{2\Delta_e} \\ \beta_i = \dfrac{D_2}{D} = \dfrac{b_i}{2\Delta_e} \\ \gamma_i = \dfrac{D_3}{D} = \dfrac{c_i}{2\Delta_e} \end{cases} \quad (5-81)$$

将 α_i、β_i、γ_i 代入式 (5-76)，得

$$\phi_i = \dfrac{1}{2\Delta_e}(a_i + b_i x + c_i y) \quad (5-82)$$

同理得

$$\begin{cases} \phi_j = \dfrac{1}{2\Delta_e}(a_j + b_j x + c_j y) & (5-83) \\ \phi_k = \dfrac{1}{2\Delta_e}(a_k + b_k x + c_k y) & (5-84) \end{cases}$$

由此可见，单元形状函数 $\phi_i(x,y)$，$\phi_j(x,y)$，$\phi_k(x,y)$ 只限定在单元内部有意义，且仅与三角形单元 e 的三个顶点坐标有关，而与地下水流运动的数学模型无关，所以也可称作面积坐标（图 5-13）。其中只有两个是线性独立的，故很容易得到

$$\begin{cases} \phi_i(x,y) = \dfrac{\Delta_i}{\Delta_e} \\ \phi_j(x,y) = \dfrac{\Delta_j}{\Delta_e} \\ \phi_k(x,y) = \dfrac{\Delta_k}{\Delta_e} \\ \phi_i(x,y) + \phi_j(x,y) + \phi_k(x,y) = 1 \end{cases} \quad (5-85)$$

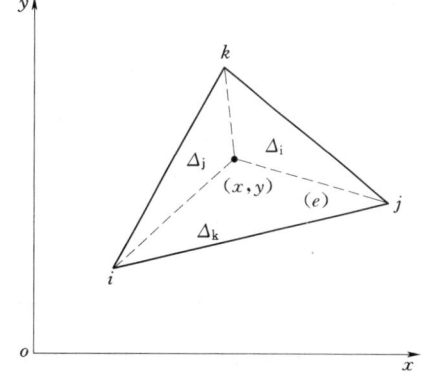

图 5-13 单元面积坐标计算图

对于整个研究区域 Ω 内任一结点 i 可能是几个三角形单元的公共顶点（图 5-9）。因此结点 i 的基函数 $\Phi_i(x,y)$ 是由各三角形单元的单元形状函数所组成的，若区域内以 i 结点为公共顶点的三角形单元共有 P' 个，则

$$\Phi_i(x,y) = \begin{cases} \phi_i^{e_1}(x,y) & (x,y \in e_1) \\ \phi_i^{e_2}(x,y) & (x,y \in e_2) \\ \quad \vdots \\ \phi_i^{e_{p'}}(x,y) & (x,y \in e_{p'}) \end{cases} \quad (5-86)$$

显然，基函数 $\Phi_i(x,y)$ 为分片定义的函数。它只与区域 Ω 的几何形状有关，与数学模型无关。基函数 Φ_i 实际上是这样一个函数，它是围绕某一结点 i 所构成的多边形 D_i 上，且结点 i 上的 $\Phi_i(x,y)=1$。在所定义的周围的每一个结点上，即多边形 D_i 的周边上值均为零，而在多边形 D_i 内的基函数 $\Phi_i(x,y)$ 可采用线性插值，如图 5-14 所示。基函数 $\Phi_i(x,y)$ 的形状为一多棱锥体。

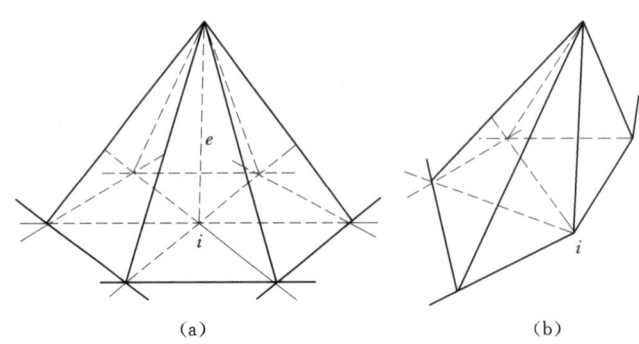

图 5-14 i 结点基函数图形
(a) i 为内结点；(b) i 为边界结点

(三) 迦辽金有限元基本方程

根据前述剩余加权原理，研究区域 Ω 内任一点的水头采用试函数 $\hat{H}(x,y,t)$ 近似表达式，即

$$\hat{H}(x,y,t) = \sum_{j=1}^{m} H_j(t) \Phi_j(x,y) \tag{5-87}$$

式中　$H_j(t)$——各结点的水头值；

$\Phi_j(x,y)$——基函数。

在区域内任一单元 e 内，其任一点的水头可用下式计算，即

$$\hat{H}^e(x,y,t) = H_i(t)\phi_i^e(x,y) + H_j(t)\phi_j^e(x,y) + H_k(t)\phi_k^e(x,y) \tag{5-88}$$

则迦辽金有限元方程为（单元 e 内）

$$\iint_{\Delta_e} L(\hat{H}) W_i \mathrm{d}x \mathrm{d}y = \iint_{\Delta_e} L(\hat{H}) \Phi_i \mathrm{d}x \mathrm{d}y = \iint_{\Delta_e} L(\hat{H}) \varphi_i^e \mathrm{d}x \mathrm{d}y = 0 \tag{5-89}$$

若区域上共有 n 个未知水头，将式 (5-87) 代入式 (5-89) 得

$$\iint_{\Delta_e} L(\hat{H}) W_i \mathrm{d}x \mathrm{d}y = \iint_{\Delta_e} L\left(\sum_{j=1}^{m} H_j \Phi_j\right) \Phi_i(x,y) \mathrm{d}x \mathrm{d}y \quad (i=1,2,\cdots,n) \tag{5-90}$$

若研究区域 Ω 上共有 P 个三角形单元，则有

$$\sum_{e=1}^{p} \iint_{\Delta_e} L\left(\sum_{j=1}^{m} H_j \Phi_j\right) \Phi_i(x,y) \mathrm{d}x \mathrm{d}y = 0 \quad (i=1,2,\cdots,n) \tag{5-91}$$

式 (5-91) 即为迦辽金有限元基本方程式。

(四) 承压二维非稳定流迦辽金有限元解法

以承压二维非稳定流为例来具体说明迦辽金有限元法的求解。设研究区域 Ω 为非均质各向同性的承压含水层，边界由 Γ_1 和 Γ_2 组成。Γ_1 为第一类边界，Γ_2 为第二类边界，边界上的单位宽度补给量为 $q(x,y,t)$，则其数学模型为

第三节 有限单元法

$$\begin{cases} \dfrac{\partial}{\partial x}\left(T\dfrac{\partial H}{\partial x}\right)+\dfrac{\partial}{\partial y}\left(T\dfrac{\partial H}{\partial y}\right)+\varepsilon = \mu^* \dfrac{\partial H}{\partial t} & (x,y \in \Omega) \\ H(x,y,0) = H_a(x,y) & (x,y \in \Omega, t=0) \\ H(x,y,t)|_{\Gamma_1} = H'(x,y,t) & (x,y \in \Gamma, t>0) \\ T\dfrac{\partial H}{\partial n}\bigg|_{\Gamma_2} = q(x,y,t) & (n\text{ 为外法线方向}, x,y \in \Gamma_2, t>0) \end{cases} \quad (5-92)$$

式中 T、μ^* ——含水层的导水系数和贮水系数；

ε ——含水层交换量，进入含水层水量值为正值，而流出含水层水量值为负值。

首先应将区域 Ω 按三角形单元剖分，设共剖分为 p 个单元，m 个结点，n_1 个内结点，n_2 个二类边界点，未知水头结点为 $n=n_1+n_2$ 个。若取数学模型式（5-92）的近似解为

$$\hat{H}(x,y,t) = \sum_{j=1}^{m} H_j(t)\Phi_j \quad (5-93)$$

将式 (5-93) 代入式 (5-92)，并取剩余加权平均式

$$\iint_{\Omega} \left[\dfrac{\partial}{\partial x}\left(T\dfrac{\partial \hat{H}}{\partial x}\right)+\dfrac{\partial}{\partial y}\left(T\dfrac{\partial \hat{H}}{\partial y}\right)+\varepsilon - \mu^* \dfrac{\partial \hat{H}}{\partial t}\right]\Phi_i(x,y)\mathrm{d}x\mathrm{d}y = 0 \quad (i=1,2,\cdots,n)$$

(5-94)

现分别计算式 (5-94) 中的各积分项对前两项应用分部积分与格林公式，得

$$\iint_{\Omega}\left[\dfrac{\partial}{\partial x}\left(T\dfrac{\partial \hat{H}}{\partial x}\right)+\dfrac{\partial}{\partial y}\left(T\dfrac{\partial \hat{H}}{\partial y}\right)\right]\Phi_i(x,y)\mathrm{d}x\mathrm{d}y$$

$$= \iint_{\Omega}\left[\dfrac{\partial}{\partial x}\left(T\dfrac{\partial \hat{H}}{\partial x}\Phi_i\right)+\dfrac{\partial}{\partial y}\left(T\dfrac{\partial \hat{H}}{\partial y}\Phi_i\right)\right]\mathrm{d}x\mathrm{d}y - \iint_{\Omega}\left[T\dfrac{\partial \hat{H}}{\partial x}\dfrac{\partial \Phi_i}{\partial x}+T\dfrac{\partial \hat{H}}{\partial y}\dfrac{\partial \Phi_i}{\partial y}\right]\mathrm{d}x\mathrm{d}y$$

$$= \oint_{\Gamma}\left[T\dfrac{\partial \hat{H}}{\partial x}n^\circ_x \Phi_i + T\dfrac{\partial \hat{H}}{\partial y}n^\circ_y \Phi_i\right]\mathrm{d}l - \iint_{\Omega}\left[T\dfrac{\partial \hat{H}}{\partial x}\dfrac{\partial \Phi_i}{\partial x}+T\dfrac{\partial \hat{H}}{\partial y}\dfrac{\partial \Phi_i}{\partial y}\right]\mathrm{d}x\mathrm{d}y \quad (5-95)$$

式中，n°_x、n°_y 为 x、y 方向上的单位向量。

由于在第一类边界上的水头值为已知，所以在第一类边界上的积分值等于零，则

$$\oint_{\Gamma}\left[T\dfrac{\partial \hat{H}}{\partial x}n^\circ_x + T\dfrac{\partial \hat{H}}{\partial y}n^\circ_y\right]\Phi_i \mathrm{d}l$$

$$= \int_{\Gamma_1}\left[T\dfrac{\partial \hat{H}}{\partial x}n^\circ_x + T\dfrac{\partial \hat{H}}{\partial y}n^\circ_y\right]\Phi_i \mathrm{d}l + \int_{\Gamma_2}\left[T\dfrac{\partial \hat{H}}{\partial x}n^\circ_x + T\dfrac{\partial \hat{H}}{\partial y}n^\circ_y\right]\Phi_i \mathrm{d}l$$

$$= \oint_{\Gamma_2}\left[T\dfrac{\partial \hat{H}}{\partial x}n^\circ_x + T\dfrac{\partial \hat{H}}{\partial y}n^\circ_y\right]\Phi_i \mathrm{d}l$$

$$= \int_{\Gamma_2} q(x,y,t)\Phi_i \mathrm{d}l \quad (5-96)$$

将式 (5-95)、式 (5-96) 代入式 (5-94)，得

$$\int_{\Gamma_2} q \Phi_i dl - \iint_\Omega T\left[\frac{\partial \hat{H}}{\partial x}\frac{\partial \Phi_i}{\partial x} + \frac{\partial \hat{H}}{\partial y}\frac{\partial \Phi_i}{\partial y}\right]dxdy + \iint_\Omega \varepsilon \Phi_i dxdy - \iint_\Omega \mu^* \frac{\partial \hat{H}}{\partial t}\Phi_i dxdy = 0$$
(5-97)

分别对式（5-93）的 x、y 求导，得

$$\begin{cases} \dfrac{\partial \hat{H}}{\partial x} = \sum_{j=1}^m H_j(t) \dfrac{\partial \Phi_j}{\partial x} \\ \dfrac{\partial \hat{H}}{\partial y} = \sum_{j=1}^m H_j(t) \dfrac{\partial \Phi_j}{\partial y} \end{cases}$$
(5-98)

若区域 Ω 内共有 p 个单元，将式（5-98）代入式（5-97），得

$$\sum_{j=1}^m \left[\sum_{e=1}^p \iint_{\Delta_e} T^e\left(\frac{\partial \phi_i}{\partial x}\frac{\partial \phi_j}{\partial x} + \frac{\partial \phi_i}{\partial y}\frac{\partial \phi_j}{\partial y}\right)dxdy\right]H_j(t) + \sum_{j=1}^m \left[\sum_{e=1}^p \iint_{\Delta_e} \mu^e \phi_i \phi_j dxdy\right]\frac{\partial H_j(t)}{\partial t}$$

$$= \sum_{e=1}^p \iint_{\Delta_e} \varepsilon^e \phi_i dxdy + \int_{\Gamma_2} q \phi_i dxdy \qquad (5-99)$$

在构成系数矩阵之前，首先给定几个积分式，其推导过程略

$$\begin{cases} \iint_{\Delta_e} \phi_i \phi_j dxdy = \dfrac{\Delta_e}{12} & (i \neq j) \\ \iint_{\Delta_e} \phi_i \phi_j dxdy = \dfrac{\Delta_e}{6} & (i = j) \\ \iint_{\Delta_e} \phi_i dxdy = \dfrac{\Delta_e}{3} \end{cases}$$
(5-100)

式（5-99）为区域 Ω 内 i 结点的迦辽金有限元方程。

根据 Φ_i 的性质，实际上在区域 Ω 上直接对 i 结点方程有影响的仅是以 i 为公共顶点的单元结点组成的区域 D_i。其他结点的影响为零，关于构成有限元系数矩阵的类别如下。

1. 导水矩阵的构成

设导水矩阵为 $[A] = \sum_{j=1}^m A_{i,j} (i=1, 2, \cdots, n)$，则

$$A_{i,j} = \sum_{e=1}^p \iint_{\Delta_e} T^e\left(\frac{\partial \phi_i}{\partial x}\frac{\partial \phi_j}{\partial x} + \frac{\partial \phi_i}{\partial y}\frac{\partial \phi_j}{\partial y}\right)dxdy$$

根据式（5-82）与式（5-83），得

$$\frac{\partial \phi_i}{\partial x} = \frac{b_i}{2\Delta_e}, \quad \frac{\partial \phi_i}{\partial y} = \frac{c_i}{2\Delta_e}$$

$$\frac{\partial \phi_j}{\partial x} = \frac{b_j}{2\Delta_e}, \quad \frac{\partial \phi_j}{\partial y} = \frac{c_j}{2\Delta_e}$$

则

$$A_{i,j} = \sum_{e=1}^p \iint_{\Delta_e} \frac{T^e}{4\Delta_e^2}(b_i b_j + c_i c_j)dxdy = \sum_{e=1}^p \frac{T^e}{4\Delta_e}(b_i b_j + c_i c_j) \qquad (5-101)$$

式中，b_i、b_j、c_i、c_j 等坐标轮减数由式（5-79）确定。从式（5-101）可知，导水矩阵

$[A]_{n\times m}$ 是由导水系数 T 和单元几何特征量组成,与变量无关,故由此而得名。该矩阵为 $n\times m$ 阶矩阵。在采用式(5-101)计算时,只有当单元结点号码与 i、j 相同时,才参加计算;否则跳过该结点。

如图 5-15 所示,有一渗流区域,采用三角形单元剖分,单元剖分后的结点与单元编号如下图所示,则当 $i=1$,$j=1$ 时有

$$A_{1,1}=\frac{1}{4}\left[\frac{T_1}{\Delta_1}(b_1^2+c_1^2)+\frac{T_2}{\Delta_2}(b_1^2+c_1^2)+\frac{T_3}{\Delta_3}(b_1^2+c_1^2)+\frac{T_4}{\Delta_4}(b_1^2+c_1^2)+\frac{T_5}{\Delta_5}(b_1^2+c_1^2)\right]$$

而其他单元对此项的"贡献"为零。当 $i=1$、$j=2$ 时,则有

$$A_{1,2}=\frac{1}{4}\left[\frac{T_1}{\Delta_1}(b_1b_2+c_1c_2)+\frac{T_2}{\Delta_2}(b_1b_2+c_1c_2)\right]$$

其他单元对 $A_{1,2}$ 的"贡献"为零,Δ_2 表示单元②的面积。

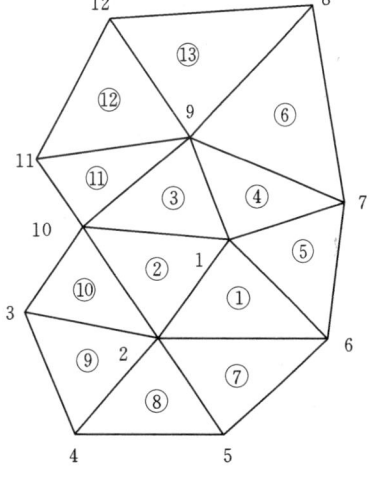

2. 贮水矩阵的构成

设贮水矩阵为

$$[B]=\sum_{j=1}^{m}B_{i,j}\qquad(i=1,2,\cdots,n) \tag{5-102}$$

$$B_{i,j}=\sum_{e=1}^{p}\iint_{\Delta_e}\mu^e\phi_i\phi_j\mathrm{d}x\mathrm{d}y \tag{5-103}$$

根据式(5-100)得

图 5-15 三角形单元剖分示意图

$$B_{i,j}=\sum_{e=1}^{p}\mu^e\iint_{\Delta_e}\phi_i\phi_j\mathrm{d}x\mathrm{d}y=\begin{cases}\sum_{e=1}^{p}\dfrac{\Delta_e}{12}\mu^e & (i\neq j)\\ \sum_{e=1}^{p}\dfrac{\Delta_e}{6}\mu^e & (i=j)\end{cases} \tag{5-104}$$

由式(5-104)可知,系数阵 $[B]_{n\times m}$ 是由贮水系数与单元面积组成的,故称其为贮水矩阵。

同理在图 5-15 中,当 $i=2$,$j=2$ 时,则

$$B_{2,2}=\frac{\mu}{6}(\Delta_1+\Delta_2+\Delta_8+\Delta_9+\Delta_7+\Delta_{10})$$

而其他单元对 $B_{2,2}$ 的"贡献"为零。

3. 水量矩阵的构成

设水量交换项矩阵为

$$\varepsilon_i=\sum_{e=1}^{p}\iint_{\Delta_e}\varepsilon^e\phi_i\mathrm{d}x\mathrm{d}y\qquad(i=1,2,\cdots,n) \tag{5-105}$$

根据式(5-100)得

$$\varepsilon_i=\sum_{e=1}^{p}\iint_{\Delta_e}\varepsilon^e\phi_i\mathrm{d}x\mathrm{d}y=\sum_{e=1}^{p}\varepsilon^e\iint_{\Delta_e}\phi_i\mathrm{d}x\mathrm{d}y=\sum_{e=1}^{p}\frac{\Delta_e}{3}\varepsilon^e \tag{5-106}$$

边界流量 G_i 的计算，设

$$G_i = \int_{\Gamma_2} q\phi_i \mathrm{d}l \qquad (i=1,2,\cdots,n) \qquad (5-107)$$

G_i 为边界流量，仅当结点 i 位于 Γ_2 上时，或者说仅当结点 i 为第二类边界点时，才存在此项，对于其他结点此项均为零。如图 5-16 所示，k、i、m 三结点为第二类边界点，则

$$G_i = \int_{\Gamma_2} q\phi_i \mathrm{d}l = \int_{L_{ki}} q_{ik}\phi_i \mathrm{d}l + \int_{L_{im}} q_{im}\phi_i \mathrm{d}l \qquad (5-108)$$

式中 q_{ik}、q_{im} 为相应边界 $\overline{ik}$、$\overline{im}$ 上的单宽流量值，在相应边界上为常量。余下来的问题是确定 ϕ_i 在线段上的积分值。

根据式 (5-85) 得单元①中 $\phi_i^{(1)}$ 为

$$\phi_i^{(1)}(x,y) = \frac{\Delta_i}{\Delta_1} = \frac{h_a}{h_b} \qquad (5-109)$$

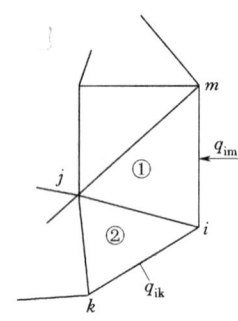

图 5-16 二类边界结点 i 的处理

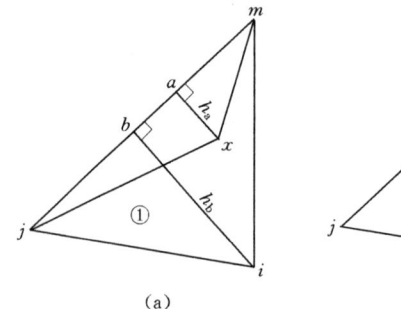

图 5-17 单元①曲线积分计算图

式中 h_a、h_b 分别为三角形单元 Δ_{xmj}、Δ_{imj} 在 $\overline{jm}$ 上的高，如图 5-17 (a) 所示。当 x 落在 $\overline{im}$ 边界上时，由三角形 Δ_{imb} 与三角形 Δ_{xima} 相似，则有

$$\phi_i^{(1)}(x,y) = \frac{h_a}{h_b} = \frac{l_{xm}}{l_{im}} \qquad (5-110)$$

并定义弦长变量为 l，如图 [5-17 (b)] 所示，则式 (5-110) 可写成

$$\phi_i^{(1)}(x,y) = \frac{l_{xm}}{l_{im}} = \frac{l_{im}-l}{l_{im}} = 1 - \frac{l}{l_{im}}$$

同理可得

$$\phi_i^{(2)}(x,y) = 1 - \frac{l}{l_{ik}}$$

将上两式代入式 (5-107) 得

$$\begin{aligned}G_i &= q_{ik}\int_{l_{ki}} \phi_i^{(1)}(x,y)\mathrm{d}l + q_{im}\int_{l_{im}} \phi_i^{(2)}(x,y)\mathrm{d}l \\ &= q_{ik}\int_{l_{ki}}\left(1-\frac{l}{l_{ik}}\right)\mathrm{d}l + q_{im}\int_{l_{im}}\left(1-\frac{l}{l_{im}}\right)\mathrm{d}l = \frac{1}{2}(q_{ik}l_{ik}+q_{im}l_{im})\end{aligned} \qquad (5-111)$$

当研究区域 Ω 内有抽（注）水井时，需对井群进行处理，设研究区域内共有 n_4 个抽（注）水井，则井对 i 结点的水量贡献为

$$Q_i = \sum_{e=1}^{p} \iint_{\Delta_e} \sum_{w=1}^{n_4} Q_w \Phi_i \delta(x-x_w, y-y_w) \mathrm{d}x \mathrm{d}y \quad (5-112)$$

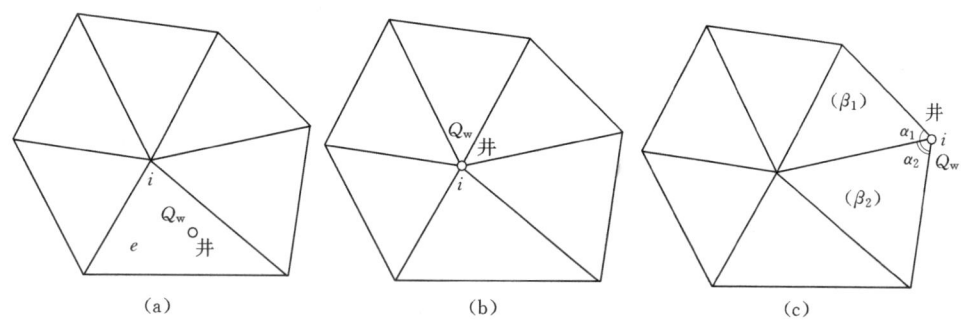

图 5-18 井流量分配计算图
(a) 井位于单元 β 内；(b) 井位于结点 i 上；(c) 井位于二类边界结点 i 上

式中，Q_w 为第 w 个井的抽（注）水流量，抽水为负，注水为正；$\delta(x-x_w, y-y_w)$ 为 (x_w, y_w) 点的 δ 函数，利用 δ 函数的性质得（如图 5-18 所示）

$$Q_i = \begin{cases} \sum_{e=1}^{p} \sum_{w=1}^{n_4} Q_w \Phi_i(x_w, y_w) & (w \text{ 井位于单元 } e \text{ 内}) \\ Q_i & (w \text{ 井位于结点 } i \text{ 上}) \\ \sum_{e=1}^{p} \sum \frac{\alpha_e}{2\pi} Q_i & (w \text{ 井位于外结点上}) \end{cases} \quad (5-113)$$

式中，α_e 为单元顶点为第二类边界点时，该单元在区域内的夹角。在实际计算中，一般尽量将结点取在抽（注）水井位置上，以简化计算。

若当研究区上有抽（注）水井时，令

$$f_i = \varepsilon_i + G_i + Q_i \quad (i=1,2,\cdots,n) \quad (5-114)$$

若研究区内无抽（注）水井时，则

$$f_i = \varepsilon_i + G_i \quad (5-115)$$

则 $[f]_{n\times 1}$ 中各元素完全由水量项组成，所以将其称为水量矩阵。

4. 线性代数方程组的组成

将式（5-101）、式（5-104）和式（5-114）[或式（5-115）]代入式（5-99），得

$$\sum_{j=1}^{m} A_{i,j} H_j + \sum_{j=1}^{m} B_{i,j} \frac{\mathrm{d}H_j}{\mathrm{d}t} = f_i \quad (i=1,2,\cdots,n) \quad (5-116)$$

或写成

$$[A]_{n\times m}[H]_{m\times 1} + [B]_{n\times m}\left[\frac{\mathrm{d}H}{\mathrm{d}t}\right]_{m\times 1} = [f]_{n\times 1} \quad (5-117)$$

由式（5-117）结合式（5-92）中给出的边界条件和初始条件，则可将原偏微分方

程的求解，转化为常微分方程的初值问题，即完成了在空间上的离散化，还须进一步在时间上进行离散化，从而构成线性代数方程组。

首先将式（5-117）写成差分形式

$$[A][H(t)]+[B]\frac{H(t_{k+1})-H(t_k)}{\Delta t}=[f] \quad (5-118)$$

式中，t_{k+1} 为时段末 t_{k+1} 时刻，t_k 为时段初 t_k 时刻。对于等式左端第一项中水头取不同时刻的水头值，可形成不同的计算格式。

(1) 显式差分格式

$$\left[\frac{B}{\Delta t}\right][H(t_{k+1})]=[f]-\left([A]-\left[\frac{B}{\Delta t}\right]\right)[H(t_k)] \quad (5-119)$$

(2) 隐式差分格式

$$\left([A]+\left[\frac{B}{\Delta t}\right]\right)[H(t_{k+1})]=[f]+\left[\frac{B}{\Delta t}\right][H(t_k)] \quad (5-120)$$

(3) 中心差分格式

$$\left(\frac{[A]}{2}+\frac{[B]}{\Delta t}\right)[H(t_{k+1})]=[f]-\left(\frac{[A]}{2}-\left[\frac{B}{\Delta t}\right]\right)[H(t_k)] \quad (5-121)$$

如将以上三式写成统一形式，则

$$[C]_{n\times m}[H(t_{k+1})]_{m\times 1}=[F]_{n\times 1} \quad (5-122)$$

在式（5-122）中 $[C]$ 为有限元方程的总系数矩阵，$[F]$ 为常数矩阵。到此，即将式（5-92）中所示的偏微分方程转化为线性代数方程组。进一步求解式（5-122）所列的方程组，即可得所选择计算时刻各结点上的水头值。在求解时，还常需要将已知项移到等式右端，由式（5-122）得

$$\begin{bmatrix} C_{1,1} & C_{1,2} & \cdots & C_{1,n} & C_{1,n+1} & \cdots & C_{1,m} \\ C_{2,1} & C_{2,2} & \cdots & C_{2,n} & C_{2,n+1} & \cdots & C_{2,m} \\ \vdots & \vdots & & \vdots & \vdots & & \vdots \\ \\ \\ \\ C_{n,1} & C_{n,2} & \cdots & C_{n,n} & C_{n,n+1} & \cdots & C_{n,m} \end{bmatrix} \begin{bmatrix} H_1 \\ H_2 \\ \vdots \\ H_n \\ H_{n+1} \\ \vdots \\ H_m \end{bmatrix} = \begin{bmatrix} F_1 \\ F_2 \\ \vdots \\ \\ \\ \\ F_n \end{bmatrix} \quad (5-123)$$

式中，n 为内结点与第二类边界点之和，即未知水头总和。在结点编号时，首先给内结点与二类边界点编号，然后再给第一类边界点编号。第一类边界点数为 $(m-n)$，将一类边界点已知水头移到等式右端，得

$$\begin{bmatrix} C_{1,1} & C_{1,2} & \cdots & C_{1,n} \\ C_{2,1} & C_{2,2} & \cdots & C_{2,n} \\ \vdots & \vdots & \vdots & \vdots \\ C_{n,1} & C_{n,2} & \cdots & C_{n,n} \end{bmatrix} \begin{bmatrix} H_1 \\ H_2 \\ \vdots \\ H_n \end{bmatrix} = \begin{bmatrix} F_1 \\ F_2 \\ \vdots \\ F_n \end{bmatrix} - \begin{bmatrix} C_{1,n+1} & C_{1,n+2} & \cdots & C_{1,m} \\ C_{2,n+1} & C_{2,n+2} & \cdots & C_{2,m} \\ \vdots & \vdots & \vdots & \vdots \\ C_{n,n+1} & C_{n,n+2} & \cdots & C_{n,m} \end{bmatrix} \begin{bmatrix} H_{n+1} \\ H_{n+2} \\ \vdots \\ H_m \end{bmatrix}$$

$$(5-124)$$

或 $$[C]_{n\times n}[H(t_{k+1})]_{n\times 1} = [F]_{n\times 1} - [C]_{n\times(m-n)}[H(t_k)]_{(m-n)\times 1}$$

式（5-124）即为迦辽金有限元方程组，共有 n 个方程 n 个未知水头。所以该式可得满足初始条件与边界条件下各结点的水头值。

三、里兹有限单元法

里兹（Ritz）有限单元法是以变分原理和剖分插值为基础的。该法先从变分原理出发，通过区域剖分和分片插值，把求泛函的极值问题化为一组线性代数方程组的求解问题。

（一）变分原理

把描述地下水渗流运动的偏微分方程组连同边界条件等价于某个泛函的极值问题，即变分原理。于是对式（5-92）给定的数学模型，采用变分原理求解。首先建立一个函数类 C_0，它是由满足下列性质的函数组成的。

(1) 在 C_0 中的函数都满足式（5-92）。

(2) 在 C_0 中的函数的二阶导数是连续的。

下面我们来考虑如下这样一个积分式

$$E(\hat{H}) = \iint_\Omega \left\{ \frac{T}{2}\left[\left(\frac{\partial \hat{H}}{\partial x}\right)^2 + \left(\frac{\partial \hat{H}}{\partial y}\right)^2\right] + \left(\mu^* \frac{\partial \hat{H}}{\partial t} - \varepsilon\right)\hat{H} \right\} dxdy - \int_{\Gamma_2} q\hat{H} dl$$

(5-125)

式中，$\hat{H}$ 为 C_0 中的任意函数。

由上式可以看出，随着函数 $\hat{H}$ 在 C_0 中取不同值，所得 E 值也就不同，给定一个 $\hat{H}(x,y,t)$ 就有一个相应的 E 值与其相对应。所以变量 E 依赖于函数 $\hat{H}$ 而定值，其是函数 $\hat{H}$ 的函数，所以称 E 为泛函。求泛函的极值问题称作变分问题。可以证明，C_0 中 $E(\hat{H})$ 达到极小值的 $\hat{H}_m$ 即是原数学模型的解。

（二）二维非稳定流的里兹有限单元解法

对于区域内任一的单元 e，三个顶点分别为 i、j、k，相应的结点坐标为 (x_i, y_i)、(x_j, y_j)、(x_k, y_k)。同样在三个结点上的水头为 H_i、H_j、H_k。水头在单元内部的取值仍为三结点 i、j、k 的水头线性插值，即

$$\hat{H}(x,y,t) = N_i(x,y)H_i + N_j(x,y)H_j + N_k(x,y)H_k \quad (5-126)$$

式中，N_i、N_j、N_k 为三角形单元线性插值的基函数也是线性函数，与迦辽金法中的基函数 Φ_i 相类似，基函数可按下式计算，即

$$\begin{cases} N_i(x,y) = \dfrac{1}{2\Delta_e}(a_i + b_i x + c_i y) \\ N_j(x,y) = \dfrac{1}{2\Delta_e}(a_j + b_j x + c_j y) \\ N_k(x,y) = \dfrac{1}{2\Delta_e}(a_k + b_k x + c_k y) \end{cases} \quad (5-127)$$

式中，a_i、b_i、c_i 等坐标轮减数仍可用式（5-79）计算。

仍然将研究区域 Ω 剖分成 p 个三角形单元，共有 m 个结点，其中内结点与二类边界点为 $n=n_1+n_2$ 个，于是泛函 $E(\hat{H})$ 可分解为：

$$E(\hat{H}) = \sum_{e=1}^{p} \iint_{\Delta_e} \left\{ \frac{T_e}{2}\left[\left(\frac{\partial \hat{H}}{\partial x}\right)^2 + \left(\frac{\partial \hat{H}}{\partial y}\right)^2\right] + \left(\mu^e \frac{\partial \hat{H}}{\partial t} - \varepsilon^e\right)\hat{H} \right\} \mathrm{d}x\mathrm{d}y - \sum_{l\in\Gamma_2} \int_l q\hat{H}\mathrm{d}l$$
(5-128)

式中最后一项为第二类边界项，也将其化为几个线元之和，l 为单元 e 的边，同时也位于 Γ_2 上。在单元 e 内，各参数 T^e、μ^e、ε^e 可近似作为常量，为求泛函的极值，需对式（5-128）求导，即

$$\frac{\partial E(\hat{H})}{\partial H_i} = \sum_{e=1}^{p} \frac{\partial E_1^e(\hat{H})}{\partial H_i} - \sum_{l\in\Gamma_2} \frac{\partial E_2^l(\hat{H})}{\partial H_i}$$
(5-129)

下面分别讨论式（5-129）等式右端两项值。

（1）对于某一单元 e 有

$$E_1^e(\hat{H}) = \iint_e \left\{ \frac{T^e}{2}\left[\left(\frac{\partial \hat{H}}{\partial x}\right)^2 + \left(\frac{\partial \hat{H}}{\partial y}\right)^2\right] + \left(\mu^e \frac{\partial \hat{H}}{\partial t} - \varepsilon^e\right)\hat{H} \right\} \mathrm{d}x\mathrm{d}y$$
(5-130)

由式（5-126）和式（5-127）得

$$\frac{\partial \hat{H}}{\partial x} = H_i \frac{\partial N_i}{\partial x} + H_j \frac{\partial N_j}{\partial x} + H_k \frac{\partial N_k}{\partial x} = \frac{1}{2\Delta_e}(b_i H_i + b_j H_j + b_k H_k)$$
(5-131)

$$\frac{\partial \hat{H}}{\partial y} = H_i \frac{\partial N_i}{\partial y} + H_j \frac{\partial N_j}{\partial y} + H_k \frac{\partial N_k}{\partial y} = \frac{1}{2\Delta_e}(c_i H_i + c_j H_j + c_k H_k)$$
(5-132)

将式（5-131）、式（5-132）代入式（5-130）右端各项得

$$\frac{\partial}{\partial H_i}\iint_e \frac{T^e}{2}\left(\frac{\partial \hat{H}}{\partial x}\right)^2 \mathrm{d}x\mathrm{d}y = \frac{\partial}{\partial H_i}\iint_e \frac{T^e}{2}\left(\frac{b_i H_i + b_j H_j + b_k H_k}{2\Delta_e}\right)^2 \mathrm{d}x\mathrm{d}y$$

$$= \frac{T^e}{2}\iint_e 2 \times \frac{b_i H_i + b_j H_j + b_k H_k}{2\Delta_e} \times \frac{b_i}{2\Delta_e} \mathrm{d}x\mathrm{d}y$$

$$= \frac{T^e}{8\Delta_e^2}\iint_e 2(b_i H_i + b_j H_j + b_k H_k)b_i \mathrm{d}x\mathrm{d}y$$

$$= \frac{T^e}{4\Delta_e}(b_i b_i H_i + b_i b_j H_j + b_i b_k H_k)$$
(5-133)

同理得

$$\frac{\partial}{\partial H_i}\iint_e \frac{T^e}{2}\left(\frac{\partial \hat{H}}{\partial y}\right)^2 \mathrm{d}x\mathrm{d}y = \frac{T^e}{4\Delta_e}(c_i c_i H_i + c_i c_j H_j + c_i c_k H_k)$$
(5-134)

$$\frac{\partial}{\partial H_i}\iint_e \mu^e \frac{\partial \hat{H}}{\partial t}\hat{H}\mathrm{d}x\mathrm{d}y = \frac{\partial}{\partial H_i}\iint_e \mu^e \left(N_i\frac{\mathrm{d}H_i}{\mathrm{d}t} + N_j\frac{\mathrm{d}H_j}{\mathrm{d}t} + N_k\frac{\mathrm{d}H_k}{\mathrm{d}t}\right)(N_iH_i + N_jH_j + N_kH_k)\mathrm{d}x\mathrm{d}y$$

$$= \iint_e \mu^e \left(N_i\frac{\mathrm{d}H_i}{\mathrm{d}t} + N_j\frac{\mathrm{d}H_j}{\mathrm{d}t} + N_k\frac{\mathrm{d}H_k}{\mathrm{d}t}\right)N_i\mathrm{d}x\mathrm{d}y$$

根据基函数的定义同样有

$$\begin{cases} N_i(x,y) + N_j(x,y) + N_k(x,y) = 1 \\ \iint_e N_i N_j \mathrm{d}x\mathrm{d}y = \dfrac{\Delta_e}{12} \quad (i \neq j) \\ \iint_e N_i^2 \mathrm{d}x\mathrm{d}y = \dfrac{\Delta_e}{6} \quad (i = j) \\ \iint_e N_i \mathrm{d}x\mathrm{d}y = \dfrac{\Delta_e}{3} \end{cases} \tag{5-135}$$

则有

$$\frac{\partial}{\partial H_i}\iint_e \mu^e \frac{\partial \hat{H}}{\partial t}\hat{H}\mathrm{d}x\mathrm{d}y = \mu^e \left[\frac{\mathrm{d}H_i}{\mathrm{d}t}\iint_e N_i N_i \mathrm{d}x\mathrm{d}y + \frac{\mathrm{d}H_j}{\mathrm{d}t}\iint_e N_i N_j \mathrm{d}x\mathrm{d}y + \frac{\mathrm{d}H_k}{\mathrm{d}t}\iint_e N_i N_k \mathrm{d}x\mathrm{d}y\right]$$

$$= \frac{\Delta_e}{6}\mu^e \frac{\mathrm{d}H_i}{\mathrm{d}t} + \frac{\Delta_e}{12}\mu^e \frac{\mathrm{d}H_j}{\mathrm{d}t} + \frac{\Delta_e}{12}\mu^e \frac{\mathrm{d}H_k}{\mathrm{d}t} \tag{5-136}$$

$$\frac{\partial}{\partial H_i}\iint_e \varepsilon^e \hat{H}\mathrm{d}x\mathrm{d}y = \frac{\partial}{\partial H_i}\iint_e \varepsilon^e (N_iH_i + N_jH_j + N_kH_k)\mathrm{d}x\mathrm{d}y$$

$$= \varepsilon^e \iint_e N_i \mathrm{d}x\mathrm{d}y = \frac{\Delta_e}{3}\varepsilon^e \tag{5-137}$$

则

$$\frac{\partial E_1^e(\hat{H})}{\partial H_i} = \frac{T^e}{4\Delta_e}[(b_ib_i + c_ic_i)H_i + (b_ib_j + c_ic_j)H_j + (b_ib_k + c_ic_k)H_k]$$

$$+ \frac{\mu^e}{12}\Delta_e\left(2\frac{\mathrm{d}H_i}{\mathrm{d}t} + \frac{\mathrm{d}H_j}{\mathrm{d}t} + \frac{\mathrm{d}H_k}{\mathrm{d}t}\right) - \frac{\Delta_e}{3}\varepsilon^e$$

$$\tag{5-138}$$

同理可得

$$\frac{\partial E_1^e(\hat{H})}{\partial H_j} = \frac{T^e}{4\Delta_e}[(b_jb_i + c_jc_i)H_i + (b_jb_j + c_jc_j)H_j + (b_jb_k + c_jc_k)H_k]$$

$$+ \frac{\mu^e \Delta_e}{12}\left(\frac{\mathrm{d}H_i}{\mathrm{d}t} + 2\frac{\mathrm{d}H_j}{\mathrm{d}t} + \frac{\mathrm{d}H_k}{\mathrm{d}t}\right) - \frac{\Delta_e}{3}\varepsilon^e$$

$$\tag{5-139}$$

$$\frac{\partial E_1^e(\hat{H})}{\partial H_k} = \frac{T_e}{4\Delta_e}\left[(b_kb_i + c_kc_i)H_i + (b_kb_j + c_kc_j)H_j + (b_kb_k + c_kc_k)H_k\right]$$
$$+ \frac{\mu^e}{12}\Delta_e\left(\frac{dH_i}{dt} + \frac{dH_j}{dt} + 2\frac{dH_k}{dt}\right) - \frac{\Delta_e}{3}\varepsilon^e$$

(5-140)

而对于区域 Ω 内部的结点，仅有 $E_1^e(\hat{H})$ 项。用矩阵表示为

$$\begin{bmatrix}\dfrac{\partial E_1^e(\hat{H})}{\partial H_i} \\ \dfrac{\partial E_1^e(\hat{H})}{\partial H_j} \\ \dfrac{\partial E_1^e(\hat{H})}{\partial H_k}\end{bmatrix} = \frac{T^e}{4\Delta_e}\begin{bmatrix}b_ib_i+c_ic_i & b_ib_j+c_ic_j & b_ib_k+c_ic_k \\ b_jb_i+c_jc_i & b_jb_j+c_jc_j & b_jb_k+c_jc_k \\ b_kb_i+c_kc_i & b_kb_j+c_kc_j & b_kb_k+c_kc_k\end{bmatrix}\begin{bmatrix}H_i \\ H_j \\ H_k\end{bmatrix} + \frac{\mu^e}{12}\Delta_e\begin{bmatrix}2 & 1 & 1 \\ 1 & 2 & 1 \\ 1 & 1 & 2\end{bmatrix}\begin{bmatrix}\dfrac{dH_i}{dt} \\ \dfrac{dH_j}{dt} \\ \dfrac{dH_k}{dt}\end{bmatrix} - \frac{\Delta_e}{3}\varepsilon^e\begin{bmatrix}1 \\ 1 \\ 1\end{bmatrix}$$

(5-141)

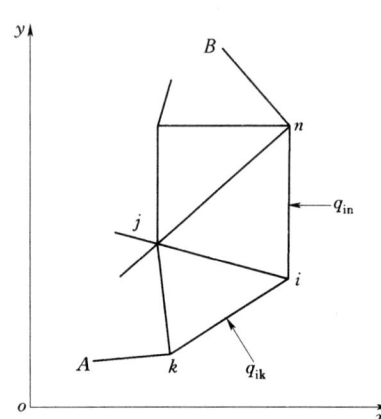

图 5-19 二类边界结点示意图

（2）边界项的处理。设 $\overline{AB}$ 为区域 Ω 边界 Γ_2 的一部分，如图 5-19 所示，i 结点位于二类界限 $\overline{AB}$ 线上，则

$$\frac{\partial}{\partial H_i}E_2^l(\hat{H}) = \frac{\partial}{\partial H_i}\int_{\Gamma_2}q\hat{H}dl = \frac{\partial}{\partial H_i}\left(\int_A^k q\hat{H}dl + \int_k^i q\hat{H}dl\right.$$
$$\left. + \int_i^n q\hat{H}dl + \int_n^B q\hat{H}dl\right)$$
$$= \frac{\partial}{\partial H_i}\left(\int_k^i q\hat{H}dl + \int_i^n q\hat{H}dl\right)$$
$$= \frac{1}{2}(q_{ik}l_{ik} + q_{in}l_{in})$$

(5-142)

将式（5-138）～式（5-140）代入式（5-129）得：

对于内结点

$$\frac{\partial E(\hat{H})}{\partial H_i} = \sum_{e=1}^{p}\frac{\partial E_1^e(\hat{H})}{\partial H_i} = 0 \quad (i = 1, 2, \cdots, n_1)$$

(5-143)

对于二类边界点

$$\frac{\partial E(\hat{H})}{\partial H_i} = \sum_{e=1}^{p}\frac{\partial E_1^e(\hat{H})}{\partial H_i} - \sum_{e=1}^{p}\frac{\partial E_2^l(\hat{H})}{\partial H_i} = 0 \quad (i = n_1+1, n_1+2, \cdots, n_1+n_2)$$

(5-144)

或统一写作

$$\begin{bmatrix} \dfrac{\partial E_1^e(\hat{H})}{\partial H_i} \\[6pt] \dfrac{\partial E_1^e(\hat{H})}{\partial H_j} \\[6pt] \dfrac{\partial E_1^e(\hat{H})}{\partial H_k} \end{bmatrix} = \dfrac{T^e}{4\Delta_e} \begin{bmatrix} b_ib_i+c_ic_i & b_ib_j+c_ic_j & b_ib_k+c_ic_k \\ b_jb_i+c_jc_i & b_jb_j+c_jc_j & b_jb_k+c_jc_k \\ b_kb_i+c_kc_i & b_kb_j+c_kc_j & b_kb_k+c_kc_k \end{bmatrix} \begin{bmatrix} H_i \\ H_j \\ H_k \end{bmatrix}$$

$$+\dfrac{\Delta_e}{12}\mu^e \begin{bmatrix} 2 & 1 & 1 \\ 1 & 2 & 1 \\ 1 & 1 & 2 \end{bmatrix} \begin{bmatrix} \dfrac{dH_i}{dt} \\[4pt] \dfrac{dH_j}{dt} \\[4pt] \dfrac{dH_k}{dt} \end{bmatrix} - \dfrac{\Delta_e}{3}\varepsilon^e \begin{bmatrix} 1 \\ 1 \\ 1 \end{bmatrix} - \dfrac{l_{ij}}{2}q_{ij} \begin{bmatrix} 1 \\ 1 \\ 0 \end{bmatrix} \tag{5-145}$$

当为内结点时，式 (5-145) 中最末一项为零，将式 (5-145) 写成矩阵的形式为：

$$\left[\dfrac{\partial E}{\partial H}\right]^e = [A]^e[H]^e + [B]^e\left[\dfrac{dH}{dt}\right] - [F]^e \tag{5-146}$$

将式 (5-146) 代入式 (5-143) 或式 (5-144) 则可得 n 个方程组成的方程组。可见线性方程组中仍含有时间导数，与迦辽金法一样，对式 (5-146) 中的时间导数取向前差分处理，式中其余时刻水头取值时刻不同，也可形成不同的计算格式。一般采用隐式法，则：

$$\dfrac{dH_i}{dt} = \dfrac{H_i(t_{k+1}) - H_i(t_k)}{\Delta t} \tag{5-147}$$

$$\left[\dfrac{\partial E}{\partial H}\right]^e = [A]^e[H(t_{k+1})]^e + [B]^e\left[\dfrac{H(t_{k+1})-H(t_k)}{\Delta t}\right]^e$$
$$= \left\{[A]^e + \left(\dfrac{B}{\Delta t}\right)^e\right\}[H(t_{k+1})]^e - \left(\dfrac{B}{\Delta t}\right)^e[H(t_k)]^e \tag{5-148}$$

取 $\sum\limits_{e=1}^{p} \dfrac{\partial E(\hat{H})}{\partial H} = 0$，则

$$\sum_{e=1}^{p}\left\{[A]^e + \left[\dfrac{B}{\Delta t}\right]^e\right\}[H(t_{k+1})]^e - \sum_{e=1}^{p}\left[\dfrac{B}{\Delta t}\right][H(t_k)]^e = 0$$

即

$$\sum_{e=1}^{p}\left\{[A]^e + \left(\dfrac{B}{\Delta t}\right)^e\right\}[H(t_{k+1})]^e = \sum_{e=1}^{p}\left[\dfrac{B}{\Delta t}\right]^e[H(t_k)]^e \tag{5-149}$$

则形成了 $n \times n$ 阶线性代数方程组，求解该方程组，即可得到各结点的水头值。

从以上推导过程可知，虽然里兹法与迦辽金法所依据的原理不同，但最终形成的有限元方程，即线性代数方程组还是完全一致的。

有限差分与有限单元这两种算法在实际应用中不断得到发展和完善，针对有限差分法对边界适应性差的缺点，出现了边界拟和坐标下的有限差分法，即通过坐标变换把实际平面上的复杂边界区域变成计算平面上的矩形区域，相应的数学模型也需转化成计算平面上的模型表达式，则可以提高数值计算时的容易程度和计算精度。

采用有限元方法求解数学模型时通常是将时间采用差分近似，而空间采用有限逼近。

如果区域边界固定则现有的结果和方法比较完整,但是在某些情况下,例如解活动边界值问题时,自然采用网格随时间变化的所谓变网格有限元方法效果更好,Bonnerot 和 Tamet 于 1974 年提出了时空有限元方法,这是一种很有用的变网格有限元方法。

有限差分和有限单元法的区域分解算法的原理是针对许多实际问题在不同区域有不同的表性,当实际问题满足一定条件时,将研究区域分成若干个子区域,在区域内采用不同的计算步长进行求解。还存在有限差分——有限元混合方法,它较好的利用了差分方法和有限元法的优点。

第四节 计 算 示 例

为了便于更好的理解有限差分法与有限单元法的基本原理和掌握数值方法的求解步骤,本节选用一区域形状较规则的非稳定流问题为例,以说明基本方法的具体应用。所有在区域中的水文地质条件都是人为简化与给定的。对于真实复杂的地下水渗流问题,完全可以参考其求解方法和步骤。

【例 5 - 3】 设有一承压含水层渗流区域 Ω,其形状近似如图 5 - 20 所示的 500m× 400m 的矩形。在 AB 边界上有单宽流量为 $q_1 = 0.6 \text{ m}^3/(\text{d} \cdot \text{m})$ 侧向补给径流,BC 边界为隔水边界,其余两边 CD 和 AD 为定水头边界。区域中(200,100)处有一抽水井,抽水流量 $Q_w = 1080 \text{ m}^3/\text{d}$。各点的初始水头均为 100.0m。渗流区为均质各向同性的含水层,其导水系数 $T = 120.0 \text{ m}^2/\text{d}$,贮水系数 $\mu^* = 0.0003$。试用数值方法求解 $t = 0.2\text{d}$ 与 $t = 2.0\text{d}$ 时区域 Ω 内地下水水头的分布情况。

解 根据已知的水文地质条件,经分析可将该渗流区概化成如下的数学模型,即

$$\begin{cases} \dfrac{\partial}{\partial x}\left(T\dfrac{\partial H}{\partial x}\right) + \dfrac{\partial}{\partial y}\left(T\dfrac{\partial H}{\partial y}\right) + \varepsilon = \mu^* \dfrac{\partial H}{\partial t} & (x,y \in \Omega, t > 0)(a) \\ H(x,y,0) = H_a & (x,y \in \Omega, t = 0)(b) \\ H(x,y)|_{AD} = H_{b1} & (x,y \in \overline{AD}, t > 0)(c) \\ H(x,y)|_{CD} = H_{b2} & (x,y \in \overline{CD}, t > 0)(d) \\ T\dfrac{\partial H}{\partial n}\bigg|_{AB} = q_1 & (n \text{ 为外法线方向}, x,y \in \overline{AB}, t > 0)(e) \\ T\dfrac{\partial H}{\partial n}\bigg|_{BC} = q_2 & (n \text{ 为外法线方向}, x,y \in \overline{BC}, t > 0)(f) \\ \varepsilon = Q_w & [x,y \in (x_w, y_w)](g) \end{cases} \quad (5-150)$$

1. 采用有限差分求解

首先将研究区域 Ω 离散化,取 $\Delta x = \Delta y = 100.0\text{m}$,即将原区域 Ω 剖分成如图 5 - 21 所示的 20 个小网格,对网格交点—结点依次编号,横向(x 方向)为 i,纵向(y 方向)为 j,共计 30 个结点。由于区域 Ω 的 $\overline{AB}$ 与 $\overline{BC}$ 边界均为第二类边界,需对边界结点进行专门的处理,因此在边界处各增加一行或一列虚结点(图 5 - 21),也依次编码。这样,在区域内共有结点 39 个,其中一类边界结点 10 个,即 $\overline{AD}$ 与 $\overline{DC}$ 边界结点上水头为已知值。未知水头结点 29 个,其中包括虚结点 9 个。对时间坐标也要同时离散化。采用等时间步长进行计算,$\Delta t = 0.2\text{d}$。

采用交替方向隐式差分法进行求解。

首先计算第一个时段，$k=1$，$\Delta t_k=0.2\text{d}$，$t_k=0.0$，$t_{k+1}=0.2\text{d}$

(1) 在$(t_k, t_{k+\frac{1}{2}})$时段内沿$i(x)$方向取隐式，沿$j(y)$方向取显式，根据式（5-66）得

$$a_{i,j}H_{i-1,j}^{k+\frac{1}{2}}+b_{i,j}H_{i,j}^{k+\frac{1}{2}}+c_{i,j}H_{i+1,j}^{k+\frac{1}{2}}=d_{i,j} \quad (5-151)$$

其中
$$a_{i,j}=\frac{T_{i-\frac{1}{2},j}}{\Delta x^2}$$

$$b_{i,j}=-\frac{1}{\Delta x^2}(T_{i-\frac{1}{2},j}+T_{i+\frac{1}{2},j})-\frac{2\mu_{i,j}}{\Delta t_k}$$

$$c_{i,j}=\frac{T_{i+\frac{1}{2},j}}{\Delta x^2}$$

$$d_{i,j}=\left(\frac{T_{i,j-\frac{1}{2}}+T_{i,j+\frac{1}{2}}}{\Delta y^2}-\frac{2\mu_{i,j}}{\Delta t_k}\right)H_{i,j}^k-\frac{1}{\Delta y^2}(T_{i,j-\frac{1}{2}}H_{i,j-1}^k+T_{i,j+\frac{1}{2}}H_{i,j+1}^k)-\varepsilon_{i,j}$$

现逐行进行计算，先计算$j=1$行。

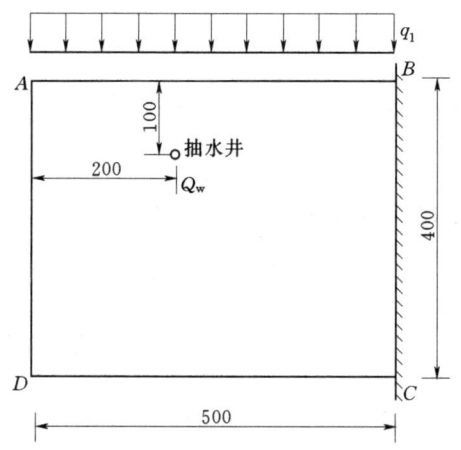

图 5-20 承压渗流区域 Ω 示意图

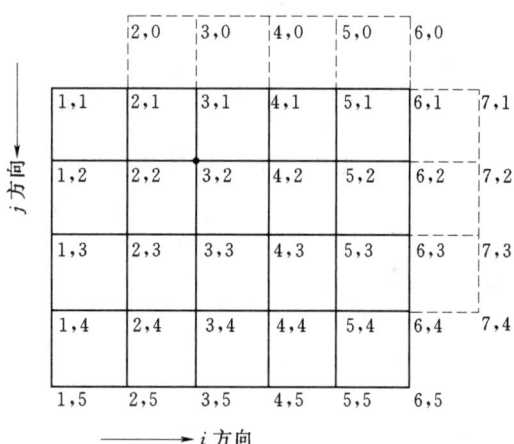

图 5-21 区域 Ω 差分法剖分图

1) 对于结点 (2, 1)，应用式 (5-151) 得

$$a_{2,1}H_{1,1}^{k+\frac{1}{2}}+b_{2,1}H_{2,1}^{k+\frac{1}{2}}+c_{2,1}H_{3,1}^{k+\frac{1}{2}}=d_{2,1}$$

由于结点 (1, 1) 为一类边界结点，所以水头$H_{1,1}^{k+\frac{1}{2}}$为已知，且$H_{1,1}^{k+\frac{1}{2}}=H_{1,1}^k=H_{b1}=100\text{m}$
所以上式可写为

$$b_{2,1}H_{2,1}^{k+\frac{1}{2}}+c_{2,1}H_{3,1}^{k+\frac{1}{2}}=d_{2,1}-a_{2,1}H_{1,1}^{k+\frac{1}{2}}=d'_{2,1}$$

其中
$$a_{2,1}=\frac{T_{2-\frac{1}{2},1}}{\Delta x^2}=\frac{120.0}{100.0^2}=0.012$$

$$b_{2,1}=-\frac{1}{\Delta x^2}(T_{2-\frac{1}{2},1}+T_{2+\frac{1}{2},1})-\frac{2\mu_{2,1}}{\Delta t_k}$$

$$=-\frac{1}{100.0^2}\times(120.0+120.0)-\frac{2\times0.0003}{0.2}=-0.027$$

$$c_{2,1}=\frac{T_{2+\frac{1}{2},1}}{\Delta x^2}=\frac{120.0}{100.0^2}=0.012$$

$$d'_{2,1} = d_{2,1} - a_{2,1} H_{1,1}^{k+\frac{1}{2}}$$
$$= \left(\frac{T_{2,1-\frac{1}{2}} + T_{2,1+\frac{1}{2}}}{\Delta y^2} - \frac{2\mu_{2,1}}{\Delta t_k}\right) H_{2,1}^k - \frac{1}{\Delta y^2}(T_{2,1-\frac{1}{2}} H_{2,0}^k + T_{2,1+\frac{1}{2}} H_{2,2}^k)$$
$$- a_{2,1} H_{b1} - \varepsilon_{2,1}$$

式中，$H_{2,0}^k$ 为虚结点（2，0）的水头值，需根据边界条件确定，即

$$T\frac{\partial H}{\partial n}\bigg|_{AB} = q_1$$

n 为外法线方向，即 y 轴的负方向，按差分式得

$$T_{2,1-\frac{1}{2}}\frac{H_{2,0} - H_{2,1}}{\Delta y} = q_1$$

$$H_{2,0}^k = H_{2,1}^k + \frac{\Delta y}{T_{2,1-\frac{1}{2}}} q_1 = 100.0 + \frac{0.6 \times 100.0}{120.0} = 100.50(\text{m})$$

区域中仅有 $\varepsilon_{3,2} = 1080 \text{ m}^3/\text{d}$，其余 $\varepsilon_{i,j} = 0$，则

$$d'_{2,1} = \left(\frac{120.0 + 120.0}{100.0^2} - \frac{2 \times 0.0003}{0.2}\right) \times 100.0$$
$$- \frac{1}{100.0^2} \times (120.0 \times 100.50 + 120.0 \times 100.0) - 0.012 \times 100.0 = -1.506$$

2）对于结点（3，1），应用式（5-151）得

$$a_{3,1} H_{2,1}^{k+\frac{1}{2}} + b_{3,1} H_{3,1}^{k+\frac{1}{2}} + c_{3,1} H_{4,1}^{k+\frac{1}{2}} = d_{3,1}$$

式中 $a_{3,1} = \dfrac{T_{3-\frac{1}{2},1}}{\Delta x^2}$

$$b_{3,1} = -\frac{1}{\Delta x^2}(T_{3-\frac{1}{2},1} + T_{3+\frac{1}{2},1}) - \frac{2\mu_{3,1}}{\Delta t_k}$$

$$c_{3,1} = \frac{T_{3+\frac{1}{2},1}}{\Delta x^2}$$

$$d_{3,1} = \left(\frac{T_{3,1-\frac{1}{2}} + T_{3,1+\frac{1}{2}}}{\Delta y^2} - \frac{2\mu_{3,1}}{\Delta t_k}\right) H_{3,1}^k - \frac{1}{\Delta y^2}(T_{3,1-\frac{1}{2}} H_{3,0}^k + T_{3,1+\frac{1}{2}} H_{3,2}^k) - \varepsilon_{3,1}$$

式中，$H_{3,0}^k$ 也为二类边界虚结点（3，0）水头值，可用类似 $H_{2,0}^k$ 的方法求得，即

$$H_{3,0}^k = H_{3,1}^k + \frac{\Delta y}{T_{3,1-\frac{1}{2}}} q_1$$

将各已知值代入上述各式中即可得到 $a_{3,1}$、$b_{3,1}$、$c_{3,1}$ 和 $d_{3,1}$。

3）对于结点（4，1）和（5，1）也同理可得出

$$a_{4,1} H_{3,1}^{k+\frac{1}{2}} + b_{4,1} H_{4,1}^{k+\frac{1}{2}} + c_{4,1} H_{5,1}^{k+\frac{1}{2}} = d_{4,1}$$
$$a_{5,1} H_{4,1}^{k+\frac{1}{2}} + b_{5,1} H_{5,1}^{k+\frac{1}{2}} + c_{5,1} H_{6,1}^{k+\frac{1}{2}} = d_{5,1}$$

式中各系数计算同上，结果见表 5-4。

4）对于结点（6，1）应用式（5-151），得

$$a_{6,1} H_{5,1}^{k+\frac{1}{2}} + b_{6,1} H_{6,1}^{k+\frac{1}{2}} + c_{6,1} H_{7,1}^{k+\frac{1}{2}} = d_{6,1}$$

其中由于 $H_{7,1}^{k+\frac{1}{2}}$ 为虚结点（7，1）的水头，需根据边界条件确定。

因

$$T \frac{\partial H}{\partial n} = q_2$$

则

$$T_{6+\frac{1}{2},1} \frac{H_{7,1} - H_{6,1}}{\Delta x} = q_2$$

代入前式得

$$a_{6,1} H_{5,1}^{k+\frac{1}{2}} + b_{6,1} H_{6,1}^{k+\frac{1}{2}} + c_{6,1} \left(H_{6,1}^{k+\frac{1}{2}} + \frac{\Delta x}{T_{6+\frac{1}{2},1}} q_2 \right) = d_{6,1}$$

即

$$a_{6,1} H_{5,1}^{k+\frac{1}{2}} + (b_{6,1} + c_{6,1}) H_{6,1}^{k+\frac{1}{2}} = d_{6,1} - c_{6,1} \frac{\Delta x}{T_{6+\frac{1}{2},1}} q_2$$

或

$$a_{6,1} H_{5,1}^{k+\frac{1}{2}} + b'_{6,1} H_{6,1}^{k+\frac{1}{2}} = d'_{6,1}$$

式中

$$a_{6,1} = \frac{T_{6-\frac{1}{2},1}}{\Delta x^2}$$

$$b_{6,1} = -\left(\frac{T_{6-\frac{1}{2},1} + T_{6+\frac{1}{2},1}}{\Delta x^2} \right) - \frac{2\mu_{6,1}}{\Delta t_k}$$

$$c_{6,1} = \frac{T_{6+\frac{1}{2},1}}{\Delta x^2}$$

$$b'_{6,1} = b_{6,1} + c_{6,1}$$

$$d'_{6,1} = d_{6,1} - c_{6,1} \frac{\Delta x}{T_{6+\frac{1}{2},1}} q_2$$

$$d_{6,1} = \left(\frac{T_{6,1-\frac{1}{2}} + T_{6,1+\frac{1}{2}}}{\Delta y^2} - \frac{2\mu_{6,1}}{\Delta t_k} \right) H_{6,1}^k - \frac{1}{\Delta y^2} (T_{6,1-\frac{1}{2}} H_{6,0}^k + T_{6,1+\frac{1}{2}} H_{6,2}^k) - \varepsilon_{6,1}$$

由于 $H_{6,0}^k$ 也是虚结点（6，0）的水头值，需根据结点（6，1）处的边界条件确定，即

$$H_{6,0}^k = H_{6,1}^k + \frac{q_1 \Delta y}{T_{6,1-\frac{1}{2}}}$$

将已知参数及水头值代入前几式，则可得 $a_{6,1}$、$b'_{6,1}$ 及 $d'_{6,1}$ 值。对于 $j=1$ 时可得到方程组

$$\begin{cases} -0.027 H_{2,1}^{k+\frac{1}{2}} + 0.012 H_{3,1}^{k+\frac{1}{2}} = -1.560 \\ 0.012 H_{2,1}^{k+\frac{1}{2}} - 0.027 H_{3,1}^{k+\frac{1}{2}} + 0.012 H_{4,1}^{k+\frac{1}{2}} = -0.3060 \\ 0.012 H_{3,1}^{k+\frac{1}{2}} - 0.027 H_{4,1}^{k+\frac{1}{2}} + 0.012 H_{5,1}^{k+\frac{1}{2}} = -0.3060 \\ 0.012 H_{4,1}^{k+\frac{1}{2}} - 0.027 H_{5,1}^{k+\frac{1}{2}} + 0.012 H_{5,1}^{k+\frac{1}{2}} = -0.3060 \\ 0.012 H_{5,1}^{k+\frac{1}{2}} - 0.015 H_{6,1}^{k+\frac{1}{2}} = -0.3060 \end{cases}$$

或矩阵

$$\begin{bmatrix} -0.027 & 0.012 & & & 0 \\ 0.012 & -0.027 & 0.012 & & \\ & 0.012 & -0.027 & 0.012 & \\ & & 0.012 & -0.027 & 0.012 \\ 0 & & & 0.012 & -0.015 \end{bmatrix} \begin{bmatrix} H_{2,1}^{k+\frac{1}{2}} \\ H_{3,1}^{k+\frac{1}{2}} \\ H_{4,1}^{k+\frac{1}{2}} \\ H_{5,1}^{k+\frac{1}{2}} \\ H_{6,1}^{k+\frac{1}{2}} \end{bmatrix} = \begin{bmatrix} -1.5060 \\ -0.3060 \\ -0.3060 \\ -0.3060 \\ -0.3060 \end{bmatrix}$$

显然为一个三对角型方程组，采用追赶法求解，可得各结点水头，结果见表 5-4。

然后再对 $j=2$ 行进行计算，依然对 x 方向取隐式，y 方向取显式，分别对结点（2，2）、（3，2）、（4，2）、（5，2）和（6，2）列方程（5-151），并对结点（2，2）和（6，2）应用边界条件，对结点（3，2）考虑抽水井影响，可得各 $a_{i,2}$、$b_{i,2}$、$c_{i,2}$ 和 $d_{i,2}$ 值（$i=2,3,\cdots,6$），如表 5-4 所示。采用追赶法求解方程组得 $H_{i,2}^{k+\frac{1}{2}}$ 值。

同理对 $j=3$ 与 $j=4$ 时应用式（5-151），求得相应的水头值，计算过程见表 5-4 所示。至此所有未知水头均已求得，第一步计算结束。

表 5-4　　　　　$t=0.2\text{d}$ 时中间水头传递值 $H_{i,j}^{k+\frac{1}{2}}$ 计算表

j	i	a_i	b_i	c_i	d_i	$H(i,j)$	j	i	a_i	b_i	c_i	d_i	$H(i,j)$
1	2	0.012	−0.027	0.012	−1.506	100.772	3	2	0.012	−0.027	0.012	−1.500	100.00
	3	0.012	−0.027	0.012	−0.306	101.237		3	0.012	−0.027	0.012	−0.300	100.00
	4	0.012	−0.027	0.012	−0.306	101.511		4	0.012	−0.027	0.012	−0.300	100.00
	5	0.012	−0.027	0.012	−0.306	101.663		5	0.012	−0.027	0.012	−0.300	100.00
	6	0.012	−0.015	0.012	−0.306	101.730		6	0.012	−0.015	0.012	−0.300	100.00
2	2	0.012	−0.027	0.012	−1.500	96.566	4	2	0.012	−0.027	0.012	−1.500	100.00
	3	0.012	−0.027	0.012	−0.192	92.272		3	0.012	−0.027	0.012	−0.300	100.00
	4	0.012	−0.027	0.012	−0.300	95.048		4	0.012	−0.027	0.012	−0.300	100.00
	5	0.012	−0.027	0.012	−0.300	96.585		5	0.012	−0.027	0.012	−0.300	100.00
	6	0.012	−0.015	0.012	−0.300	97.268		6	0.012	−0.015	0.012	−0.300	100.00

（2）在 $(t_{k+\frac{1}{2}}, t_{k+1})$ 时段内，沿 $i(x)$ 方向取显式，沿 $j(y)$ 方向取隐式。根据式（5-68）得

$$a_{i,j}H_{i,j-1}^{k+1} + b_{i,j}H_{i,j}^{k+1} + c_{i,j}H_{i+1,j}^{k+1} = d_{i,j} \tag{5-152}$$

其中

$$a_{i,j} = \frac{T_{i,j-\frac{1}{2}}}{\Delta y^2}$$

$$b_{i,j} = -\frac{1}{\Delta y^2}(T_{i,j-\frac{1}{2}} + T_{i,j+\frac{1}{2}}) - \frac{2\mu_{i,j}}{\Delta t_k}$$

$$c_{i,j} = \frac{T_{i,j+\frac{1}{2}}}{\Delta y^2}$$

$$d_{i,j} = \left(\frac{T_{i-\frac{1}{2},j} + T_{i+\frac{1}{2},j}}{\Delta x^2} - \frac{2\mu_{i,j}}{\Delta t_k}\right)H_{i,j}^{k+\frac{1}{2}} - \frac{1}{\Delta x^2}(T_{i-\frac{1}{2},j}H_{i-1,j}^{k+\frac{1}{2}} + T_{i+\frac{1}{2},j}H_{i+1,j}^{k+\frac{1}{2}}) - \varepsilon_{i,j}$$

利用式（5-152）即可进行逐列计算。首先计算 $i=2$ 列（因为 $i=1$ 列为第一类边界点）。

1）对结点（2，1）应用式（5-152）得

$$a_{2,1}H_{2,0}^{k+1} + b_{2,1}H_{2,1}^{k+1} + c_{2,1}H_{2,2}^{k+1} = d_{2,1}$$

式中

$$a_{2,1} = \frac{T_{2,1-\frac{1}{2}}}{\Delta y^2}$$

$$b_{2,1} = -\frac{T_{2,1-\frac{1}{2}} + T_{2,1+\frac{1}{2}}}{\Delta y^2} - \frac{2\mu_{2,1}}{\Delta t_k}$$

第四节 计 算 示 例

$$c_{2,1} = \frac{T_{2,1+\frac{1}{2}}}{\Delta y^2}$$

$$d_{2,1} = \left(\frac{T_{2-\frac{1}{2},1} + T_{2+\frac{1}{2},1}}{\Delta x^2} - \frac{2\mu_{2,1}}{\Delta t_k}\right) H_{2,1}^{k+\frac{1}{2}} - \frac{1}{\Delta x^2}(T_{2-\frac{1}{2},1} H_{1,1}^{k+\frac{1}{2}} + T_{2+\frac{1}{2},1} H_{3,1}^{K+\frac{1}{2}}) - \varepsilon_{2,1}$$

由于结点（2，1）为二类边界点，则有

$$H_{2,0}^{k+1} = H_{2,1}^{k+1} + \frac{\Delta y}{T_{2,1-\frac{1}{2}}} q_1$$

将其代入前式并整理，得

$$b'_{2,1} H_{2,1}^{k+1} + c_{2,1} H_{2,2}^{k+1} = d'_{2,1}$$

式中
$$b'_{2,1} = b_{2,1} + a_{2,1}$$

$$d'_{2,1} = d_{2,1} - a_{2,1} \frac{\Delta y \, q_1}{T_{2,1-\frac{1}{2}}}$$

将已知各水文地质参数与水头值代入前式可得 $a_{2,1}$、$b_{2,1}$、$c_{2,1}$ 和 $d_{2,1}$ 值。

2）同理对结点（2，2）、（2，3）分别列方程（5-152），得各计算参数 $a_{2,j}$、$b_{2,j}$、$c_{2,j}$ 和 $d_{2,j}$($j=2,3$)值见表5-5。

3）对结点(2，4)列方程式（5-152）得

$$a_{2,4} H_{2,3}^{k+1} + b_{2,4} H_{2,4}^{k+1} + c_{2,4} H_{2,5}^{k+1} = d_{2,4}$$

因为结点（2，5）为一类边界点，即 $H_{2,5}^{k+1} = H_{2,5}^{k} = H_{b2}$，则有

$$a_{2,4} H_{2,3}^{k+1} + b_{2,4} H_{2,4}^{k+1} = d_{2,4} - c_{2,4} H_{2,5}^{k+1} = d'_{2,4}$$

式中
$$a_{2,4} = \frac{T_{2,4-\frac{1}{2}}}{\Delta y^2}$$

$$b_{2,4} = -\frac{T_{2,4-\frac{1}{2}} + T_{2,4+\frac{1}{2}}}{\Delta y^2} - \frac{2\mu_{2,4}}{\Delta t_k}$$

$$c_{2,4} = \frac{T_{2,4+\frac{1}{2}}}{\Delta y^2}$$

$$d_{2,4} = \left(\frac{T_{2-\frac{1}{2},4} + T_{2+\frac{1}{2},4}}{\Delta x^2} - \frac{2\mu_{2,4}}{\Delta t_k}\right) H_{2,4}^{k+\frac{1}{2}} - \frac{1}{\Delta x^2}(T_{2-\frac{1}{2},4} H_{1,4}^{k+\frac{1}{2}} + T_{2+\frac{1}{2},4} H_{3,4}^{k+\frac{1}{2}}) - \varepsilon_{2,4}$$

将已知值代入上几式，即可得 $a_{2,4}$、$b_{2,4}$ 和 $d'_{2,4}$ 值。对于 $i=2$ 时，可得方程组

$$\begin{cases} -0.015 H_{2,1}^{k+1} + 0.012 H_{2,2}^{k+1} = -0.3046 \\ 0.012 H_{2,1}^{k+1} - 0.027 H_{2,2}^{k+1} + 0.012 H_{2,3}^{k+1} = -0.2794 \\ 0.012 H_{2,2}^{k+1} - 0.027 H_{2,3}^{k+1} + 0.012 H_{2,4}^{k+1} = -0.300 \\ 0.012 H_{2,3}^{k+1} - 0.027 H_{2,4}^{k+1} = -1.500 \end{cases}$$

显然也是一个三对角型方程，采用追赶法求解，可得 $H_{2,1}^{k+1}$、$H_{2,2}^{k+1}$、$H_{2,3}^{k+1}$、$H_{2,4}^{k+1}$ 值，见表 5-5。然后分别计算 $i=3,4,5,6$ 列，取不同的 j 值并分别应用式（5-152）得相应结点水头值，结果见表 5-5。

表 5-5 $t=0.2\text{d}$ 时 $H_{i,j}^{k+1}$ 计算表

i	j	a_j	b_j	c_j	d_j	$H(i,j)$	i	j	a_j	b_j	c_j	d_j	$H(i,j)$
2	1	0.012	−0.015	0.012	−0.304	99.051	4	3	0.012	−0.027	0.012	−0.300	98.843
2	2	0.012	−0.027	0.012	−0.279	98.428	4	4	0.012	−0.027	0.012	−1.500	99.486
2	3	0.012	−0.027	0.012	−0.300	99.130	5	1	0.012	−0.015	0.012	−0.310	99.734
2	4	0.012	−0.027	0.012	−1.500	99.613	5	2	0.012	−0.027	0.012	−0.279	98.836
3	1	0.012	−0.015	0.012	−0.307	97.487	5	3	0.012	−0.027	0.012	−0.300	99.356
3	2	0.012	−0.027	0.012	−0.253	96.241	5	4	0.012	−0.027	0.012	−1.500	99.714
3	3	0.012	−0.027	0.012	−0.300	97.918	6	1	0.012	−0.015	0.012	−0.289	99.910
3	4	0.012	−0.027	0.012	−1.500	99.075	6	2	0.012	−0.027	0.012	−0.316	100.752
4	1	0.012	−0.015	0.012	−0.309	98.933	6	3	0.012	−0.027	0.012	−0.300	100.417
4	2	0.012	−0.027	0.012	−0.270	97.911	6	4	0.012	−0.027	0.012	−1.500	100.185

至此，$t_{k+1}=0.2\text{d}$ 时刻的各结点水头分布均已求得可再计算下一个时刻的水头分布。$k=2$，$\Delta t_k=0.2\text{d}$，$t_{k+1}=0.4\text{d}$。将各结点 $t_k=0.2\text{d}$ 时刻水头值作为时段初值，重复以上计算可得各结点水头分布。重复以上计算直到计算结束。计算得 $t_{k+1}=0.2\text{d}$、0.4d、0.6d 和 2.0d 时刻水头分布见表 5-6。从表 5-4 与表 5-5 水头 $H_{i,j}$ 计算结果可知，交替方向隐式差分法所得 $H_{i,j}^{k+\frac{1}{2}}$ 值绝非是 $t_{k+\frac{1}{2}}$ 时间的水头 $H_{i,j}$ 值。

表 5-6   有限差分法求解水头 $H(i,j)$ 分布表

参数	j \ i	1	2	3	4	5	6
$k=1$ $\Delta t=0.200$ $t=0.200\text{d}$	1	100.00	99.051	97.487	98.933	99.734	99.910
	2	100.00	98.428	96.241	97.911	98.836	100.752
	3	100.00	99.130	97.918	98.843	99.356	100.417
	4	100.00	99.613	99.075	99.486	99.714	100.185
	5	100.00	100.00	100.00	100.00	100.00	100.00
$k=2$ $\Delta t=0.200$ $t=0.400\text{d}$	1	100.00	99.089	97.973	98.777	99.484	99.893
	2	100.00	98.420	96.355	97.795	98.608	101.040
	3	100.00	99.138	98.187	98.683	99.079	100.607
	4	100.00	99.621	99.243	99.344	99.520	100.199
	5	100.00	100.00	100.00	100.00	100.00	100.00
$k=3$ $\Delta t=0.200$ $t=0.600\text{d}$	1	100.00	99.092	97.921	98.823	99.590	99.731
	2	100.00	98.430	96.116	97.856	98.635	101.311
	3	100.00	99.138	98.111	98.695	99.061	100.791
	4	100.00	99.632	99.195	99.360	99.523	100.292
	5	100.00	100.00	100.00	100.00	100.00	100.00

续表

参数	i / j	1	2	3	4	5	6
$k=4$ $\Delta t=0.200$ $t=2.000$d	1	100.00	99.135	98.148	99.189	100.689	96.549
	2	100.00	98.383	96.135	97.315	97.209	104.937
	3	100.00	99.132	98.232	98.725	99.217	100.196
	4	100.00	99.622	99.261	99.362	99.581	100.016
	5	100.00	100.00	100.00	100.00	100.00	100.00

2. 采用迦辽金有限元法求解

采用三角形单元将研究区域 Ω 均匀剖分，剖分结果及结点与单元编号如图 5-22 所示。各三角形单元面积相等，单元的两直角边均为 100.0m，区域中 1，2，3，4，5，6，11，16，21 和 22 等 10 个结点而二类边界点，$n_2=10$。结点 23，24，25，26，27，28，29，30 为一类边界结点，$n_3=8$。其余为内结点，$n_1=12$。所以共有结点 $m=30$。其中未知水头结点 $n=n_1+n_2=22$ 个。区域内共有单元 $p=40$ 个。

根据前述迦辽金有限元方程式（5-124）得

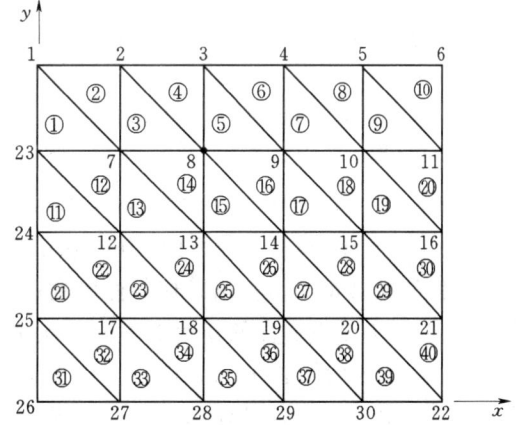

图 5-22 有限元法区域 Ω 剖分图

$$[C]_{n\times n}[H(t_{k+1})]_{n\times 1}=[F]_{n\times 1}-[C]_{n\times(m-n)}[H(t_k)]_{(m-n)\times 1}$$

即

$$\begin{bmatrix} C_{1,1} & C_{1,2} & \cdots & C_{1,22} \\ C_{2,1} & C_{2,2} & \cdots & C_{2,22} \\ \vdots & \vdots & \vdots & \vdots \\ C_{22,1} & C_{22,2} & \cdots & C_{22,22} \end{bmatrix}\begin{bmatrix} H_1 \\ H_2 \\ \vdots \\ H_{22} \end{bmatrix}=\begin{bmatrix} F_1 \\ F_2 \\ \vdots \\ F_{22} \end{bmatrix}-\begin{bmatrix} C_{1,23} & C_{1,24} & \cdots & C_{1,30} \\ C_{2,23} & C_{2,24} & \cdots & C_{2,30} \\ \vdots & \vdots & \vdots & \vdots \\ C_{22,23} & C_{22,24} & \cdots & C_{22,30} \end{bmatrix}\begin{bmatrix} H_{23} \\ H_{24} \\ \vdots \\ H_{30} \end{bmatrix}$$

(5-153)

若对水头取隐式（时间）格式时，有

$$[C]=[A]+\left[\frac{B}{\Delta t}\right]$$

$$[F]=[f]+\left[\frac{B}{\Delta t}\right][H(t_k)]$$

式中，各系数阵 $[A]$、$[B]$、$[f]$ 中各元素分别由式（5-101）、式（5-103）和式（5-114）或式（5-115）确定。

（1）首先确定导水阵 $[A]$

$$[A]=\sum_{j=1}^{m}A_{i,j}(i=1,2,\cdots,n)$$

$$A_{i,j} = \sum_{e=1}^{p} \frac{T^e}{4\Delta_e}(b_i b_j + c_i c_j)$$

因为原问题属于匀质问题，所以 $T^e = 120.0 \text{ m}^2/\text{d}$，各三角形面积相等，均为 $\Delta_e = \frac{1}{2} \times 100.0 \times 100.0 = 5000.0 \text{m}^2$；$b_i$、$b_j$、$c_i$、$c_j$ 由式（5-79）确定。

1) 对于第一个单元，三个结点为 1，23 和 7。其中，$x_i = x_1 = 0.0$，$y_i = y_1 = 400.0\text{m}$；$x_k = x_7 = 100.0\text{m}$，$y_k = y_7 = 300.0\text{m}$；$x_j = x_{23} = 0.0$，$y_j = y_{23} = 300.0\text{m}$，所以有

$b_1 = y_{23} - y_7 = 300.0 - 300.0 = 0.0$, $c_1 = x_7 - x_{23} = 100.0 - 0.0 = 100.0$

$b_7 = y_1 - y_{23} = 400.0 - 300.0 = 100.0$, $c_7 = x_{23} - x_1 = 0.0 - 0.0 = 0.0$

$b_{23} = y_7 - y_1 = 300.0 - 400.0 = -100.0$, $c_{23} = x_1 - x_7 = 0.0 - 100.0 = -100.0$

2) 对于第二个单元，三个结点分别为 1，7 和 2。其中 $x_i = x_1 = 0.0$，$y_i = y_1 = 400.0\text{m}$

$x_j = x_7 = 100.0\text{m}$，$y_j = y_7 = 300.0\text{m}$；$x_k = x_2 = 100.0\text{m}$，$y_k = y_2 = 400.0\text{m}$。所以有

$b_1 = 300.0 - 400.0 = -100.0, c_1 = 100.0 - 100.0 = 0.0$

$b_2 = 400.0 - 300.0 = 100.0, c_2 = 100.0 - 0.0 = 100.0$

$b_7 = 400.0 - 400.0 = 0.0, c_7 = 0.0 - 100.0 = -100.0$

其余坐标轮减数可类似得出，值得注意的是，结点 i 对某单元是任意选定的。但若 i 已被确定，则 j、k 结点就需按逆时针方向依次确定。

3) 当 $i=1$ 时，若 $j=1$，则 $A_{1,1}$ 仅于结点 1 有关，从图 5-22 可知，与结点 1 有关的单元仅有①和②单元，其他单元均与之无关，则

$$A_{1,1} = \frac{1}{4}\left[\frac{T_1}{\Delta_1}(b_1 b_1 + c_1 c_1) + \frac{T_2}{\Delta_2}(b_1 b_1 + c_1 c_1)\right]$$

$$= \frac{1}{4}\left[\frac{120.0}{5000.0} \times 100.0^2 + \frac{120.0}{5000.0} \times (-100.0)^2\right]$$

$$= 120.0$$

4) 当 $i=1$，$j=2$ 时，与结点 1 与 2 同时有关的单元仅有②单元，则

$$A_{1,2} = \frac{1}{4}\left[\frac{T_2}{\Delta_2}(b_1 b_2 + c_1 c_2)\right]$$

$$= \frac{1}{4} \times \frac{120.0}{5000.0} \times (-100.0 \times 100.0 + 0.0 \times 100.0)$$

$$= -60.0$$

其他 $A_{i,j}$ 值可类似得出。

(2) 贮水阵 $[B]$ 的确定

$$[B] = \sum_{j=1}^{m} B_{i,j} \quad (i=1,2,\cdots,n)$$

$$B_{i,j} = \begin{cases} \sum_{e=1}^{p} \frac{\Delta_e}{12}\mu^e & (i \neq j) \\ \sum_{e=1}^{p} \frac{\Delta_e}{6}\mu^e & (i = j) \end{cases}$$

贮水阵的计算与导水阵[A]相类似。

1) 当 $i=1$，$j=1$ 时，仅与结点1有关，涉及①与②单元，所以

$$B_{1,1} = \sum_{e=1}^{p} \frac{\Delta_e}{6}\mu^e = \frac{1}{6}[\Delta_1\mu_1 + \Delta_2\mu_2] = \frac{1}{6}[5000.0 \times 0.0003 + 5000.0 \times 0.0003] = 0.5$$

2) 当 $i=1$，$j=2$ 时，仅与结点1与2有关，仅设计②单元，所以

$$B_{1,2} = \sum_{e=1}^{p} \frac{\Delta_e}{12}\mu^e = \frac{1}{12}\Delta_2\mu_2 = \frac{1}{12} \times 5000.0 \times 0.0003 = 0.25$$

其他各 $B_{i,j}$ 值均可类似得出。

(3) 水量阵 $[f]$ 的确定

$$f_i = \varepsilon_i + G_i - Q_i$$

式中，ε_i 为垂直方向补给项；G_i 为边界径流项；Q_i 为井流项。可分别按式（5-106）、式（5-111）和式（5-113）计算。仅当结点上有入渗或位于二类边界和井位上时才有此项，否则该项为零。本例中无 ε_i 项。Q_i 项仅在结点8上有 $Q_8 = -1080$ m³/d。

1) 对于二类边界结点 $i=1$，有 $\varepsilon_1 = 0.0$，$Q_1 = 0.0$，则

$$f_1 = G_1 = \frac{1}{2}q_{12}l_{12} = \frac{1}{2} \times 0.6 \times 100.0 = 30.0 \text{(m}^3/\text{d)}$$

2) 对于二类边界结点 $i=2$，有 $\varepsilon_2 = 0.0$，$Q_2 = 0.0$，则

$$f_2 = G_2 = \frac{1}{2}(q_{12}l_{12} + q_{23}l_{23}) = \frac{1}{2}(0.6 \times 100.0 + 0.6 \times 100.0) = 60.0 \text{(m}^3/\text{d)}$$

其他二类边界结点的 f_i 值也可类似得到。

3) 对于有井结点 $i=8$，其为内结点，所以有 $G_8 = 0.0$，且 $\varepsilon_8 = 0.0$，则

$$f_8 = Q_8 = -1080.0 \text{ m}^3/\text{d}$$

其余内结点均无井，所以 $f_i = 0.0$。

(4) 将计算所得[A]、[B]、[f]代入式（5-153），即形成线性方程组，其系数矩阵为一稀疏矩阵。可用松弛法或改进平方根法进行求解。仍取等间距时间步长，$\Delta t_k = 0.2d$，计算所得 $t=0.2d$、$0.4d$、$0.6d$ 和 $2.0d$ 各结点水头值见表5-7。如将表5-6与表5-7对比，可知两方法的计算结果还是有差异的，但总体变化趋势是一致的。一般讲，有限元法具有更高的精度。

综上所述，数值方法是离散化方法，是一种求近似解的方法。在实际地下水资源评价中所遇到的水文地质条件与地下水渗流数学模型均是很复杂的。含水层为非均质和各向异性，水文地质几何边界复杂，且研究区域内常会有线状或面状的补给源，根本无法求得解析解。数值方法具有较强的灵活性，特别是有限元法其可自动满足第二、三类边界条件。根据精度要求可以对边界进行较高程度的拟合简化，且单元视需要确定大小，单元形状也可以是三角形和四边形。有限单元法具有较有限差分法高的计算精度，但其计算过程较复杂，且占用计算机内存较多，在结点编号时应注意技巧。有限差分法计算原理简单，计算速度快，且占用计算机内存少，原理也较有限单元法成熟，但其时间步长 Δt 受到极大的限制，使用时如何选取 Δt 要慎重。总之，随着计算机的应用和普及，数值方法已成为地下水资源评价中的主要方法。

表 5-7　　　　有限单元法求解地下水水头 $H(i)$ 分布表

j \ i	1	2	3	4	5	6
\multicolumn{7}{c}{$k=1$　$\Delta t=0.200$　$t=0.200$d}
1	99.662	98.880	97.701	98.590	92.246	99.456
2	100.000	98.591	96.107	98.201	99.006	99.226
3	100.000	99.201	98.449	98.876	99.227	99.339
4	100.000	99.666	99.419	99.487	99.590	99.594
5	100.000	100.000	100.000	100.000	100.000	99.805
\multicolumn{7}{c}{$k=2$　$\Delta t=0.200$　$t=0.400$d}
1	99.468	98.503	97.128	98.012	98.716	98.948
2	100.000	98.267	95.546	97.650	98.502	98.741
3	100.000	98.980	98.069	98.470	98.837	98.954
4	100.000	99.556	99.231	99.275	99.373	99.353
5	100.000	100.000	100.000	100.000	100.000	99.682
\multicolumn{7}{c}{$k=3$　$\Delta t=0.200$　$t=0.600$d}
1	99.409	98.396	96.966	97.818	98.509	98.739
2	100.000	98.181	95.399	97.470	98.309	98.545
3	100.000	98.918	97.959	98.334	98.687	98.798
4	100.000	99.524	99.173	99.201	99.288	99.254
5	100.000	100.000	100.000	100.000	100.000	99.629
\multicolumn{7}{c}{$k=10$　$\Delta t=0.200$　$t=2.000$d}
1	99.491	98.544	97.192	98.096	98.812	99.046
2	100.000	98.299	95.603	97.726	98.590	98.834
3	100.000	99.003	98.111	98.528	98.905	99.027
4	100.000	99.568	99.253	99.306	99.411	99.399
5	100.000	100.000	100.000	100.000	100.000	99.706

第六章 地下水取水建筑物的设计与施工

第一节 地下水取水建筑物的分类

由于地下水埋藏条件、开采条件的不同，再加之各地经济技术条件与习惯的差异，地下水取水建筑物的型式也多种多样，总括起来不下数十种，一般可归纳为垂直系统、水平系统、联合系统和引泉工程四种类型。

一、垂直系统

因集取地下水的主要建筑物的延伸方向基本与地表面垂直，故称垂直系统。如管井、大口井、轻型井等各种类型的水井，都属于此种系统。

垂直系统取水建筑物，可适用于各种条件，因而应用最为广泛。下面对几种常见的类型加以介绍。

（一）管井

管井是一种直径较小，深度较大，井壁用钢管、铸铁管、混凝土管或塑料管等各种管材加固的井型。因其通常采用水井钻机施工，水泵抽水，故群众习惯称之为机井。

管井的直径在生产中多为 200～450mm，大于 450mm 者比较少见。100～150mm 的管井除临时性取水或勘探井外，一般较少采用。

管井的深度，视当地水文地质条件而定。当前农用管井的深度多为 50～100m，也有达 200～300m 者。随着生产发展的要求，钻井机具性能的提高，管井的深度也在逐渐增加。

管井是地下水取水建筑物中应用最广的一种，适用于任何岩层和地层结构。按其取水范围是否贯穿整个含水层，分为完整井和非完整井。

（二）筒井和大口井

习惯上，将人工开挖或半机械化施工、直径较大、形状似一圆筒的各种浅井统称为筒井。因筒井与管井在结构方面没有本质的区别，仅是深度和直径有所差异而已，故有些文献中已不再加以区分，通称为管井。大口井是因其井径大而得名，多为人工开挖或半机械化施工，是广泛应用于开采浅层地下水的取水建筑物。

筒井的直径一般为 1～1.5m，而大口井的直径一般超过 1.5m，我国多为 3～8m，但也有达十余米～数十米的。

此类水井主要适用于含水层厚度不大（多在 5m 左右），水位埋藏深度较小（一般不超过 10m）的地区。水井深度也较小，最浅者仅有几米，通常不大于 20m。但黄土区也有超过 100m 的筒井。

筒井和大口井由于施工困难，大多采用非完整井形式，均采取从井筒和井底同时进水的方式，以增加进水面积。

（三）轻型井

系直径小，深度不大，用塑料管等轻质材料加固井壁，用轻型小口径钻机施工的一种井型。直径一般为 75～150mm，深度多为 10～30m，最深不超过 50m。它最适合在地下水位埋深小（最好小于 5m）的地区建造。

轻型井的出现主要是适应了中国农村的新形势，即联产承包责任制和乡镇企业发展对水井建设的要求。这种井既可用于灌溉，又可用于人畜供水和乡镇企业生产。实践证明，轻型井具有造价低、施工快速、简易等特点。在同等出水量条件下，造价只有其他井型的 1/3～1/8。因而这种井型具有宽广的发展前景。

二、水平系统

集取地下水的主要建筑物的延伸方向，基本与地面相平行，因此称为水平系统。常见的有截潜流工程、坎儿井、卧管井等。水平系统取水建筑物只有在特定条件下适用，因而应用不如垂直系统的取水建筑物普遍。

（一）坎儿井

坎儿井是干旱地区开发利用山前洪积扇地下潜水，用于农田灌溉和人畜饮用的一种古老的水平集水工程。这种工程在我国主要分布于新疆吐鲁番盆地和哈密地区一带。这一地带气候干旱，蒸发量大，高山融雪的地表水流入冲洪积扇后，几乎全部渗入砂砾石层成为地下潜流，而坎儿井是汇集这一地下水源进行开发利用的理想形式。古波斯国（伊朗）亦很早即利用坎儿井引水灌溉，至今有些地方仍靠它来进行农业生产。中东一些国家也在使用。

坎儿井的供水系统一般由竖井、廊道、明渠、涝坝（地面蓄水池塘）四大部分组成（图 6-1）。坎儿井的主要特点是可以自流灌溉，不用动力提水，水量稳定、水质优良，能减少输水蒸发损失，能防风沙，施工设备简单，操作技术易为群众掌握。坎儿井使用寿命较长。但由于其施工工期长、易坍塌、渗漏损失大、维修管理不易等原因，目前新开挖者不多。

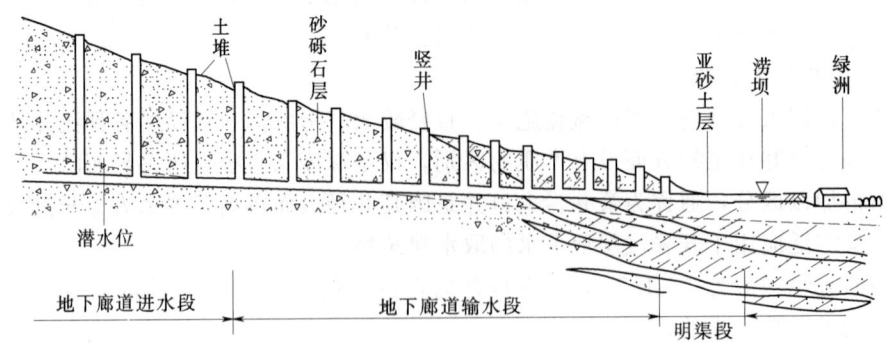

图 6-1 新疆坎儿井结构示意图

（二）截潜流工程

是指在河底的砂卵石层内，垂直河道主流方向修建一道截水墙，截住地下水。同时在截水墙上游修筑集水廊道，将地下水汇集并引入集水井后输送给用户。截潜流工程主要适用于含大量卵砾石的间歇性河流的中上游地带,这些地区往往水井施工难度大或出水量较小,这时可采用截潜流工程取水。我国截潜流工程应用的较为普遍,本书将在第五节详细介绍。

(三) 卧管井

卧管井是在平原地区,含水层薄而浅的条件下,采用的一种井型。它由水平的卧管和垂直的集水井组成。水平卧管为直径25~50mm的穿孔管,周围围填滤料,长度可达100~200m。

在陡崖坡处,如有适宜的水文地质条件,可施工陡崖卧管井。这种卧管井可使用专用水平钻机钻孔,安装带有条孔的钢管、竹管等。管口常需装设闸阀,以供调节和保护地下水源。

卧管井只适用于特定的水文地质条件,或有渠水及其他人工补给水源的地区。

三、联合系统

将垂直与水平系统结合在一起,或将同系统中的几种联合成一整体,便称为联合系统。如辐射井、筒管井、渗渠等。

(一) 辐射井

辐射井由一口大直径的竖井和垂直竖井呈辐射状分布的水平集水管组成。集水管平行于含水层,不受含水层厚度的限制,采集地下水的范围广,单井出水量大,调控能力强。

辐射井是开采水位埋深浅、含水层薄而透水性差地区地下水的理想井型。因而它是应用较多的联合系统地下水取水建筑物,本书将在第四节详细介绍。

(二) 筒管井

由上部直径较大的筒井和下部直径较小的管井联合而成的井称为筒管井。在筒井的井底加凿管井,其一可增加出水量;其二又较同样深度的筒井和管井施工容易且经济。

筒管井的雏形出现在清代,清代郭云升《救荒简易书》卷三已载有增加新、旧水井井出水量的方法:旱年将两根已打通各节的长竹竿插入井底数丈,则"井水泉汪洋"。此即为简易的筒管井。

四、引泉工程

根据泉水出露特点,予以扩充、收集、调节与保护的引泉水建筑物,通称引泉工程,见图6-2。引泉工程必须在具有特殊的地下水天然露头条件下采用。因而是与前三种系统不同的开采地下水的建筑物类型。

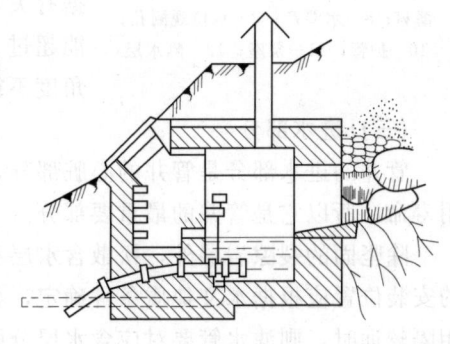

图6-2 泉室引泉工程示意图

以上四种类型,均应根据当地具体条件,合理选用。

第二节 管 井 设 计

一、管井的基本结构

因水文地质条件、施工方法、配套水泵和用途等的不同,管井的结构形式也多种多样。一般结构如图 6-3 所示，可分为井口、井身、进水部分和沉砂管四部分。

（一）井口

管井接近地表的部分称为井口。为了安全和便于管理，一般多与机电设备同设在一个泵房内。

井口设计应考虑以下几点。

（1）井口周围应用粘土或水泥等不透水材料封闭，以防止地面污水进入井内，或地面因承受水泵等的重量和抽水震动而沉陷。

（2）井管管口要高出地面，以便于安装水泵和密封连接。具体高度根据需要而定，一般不小于0.3m。

（3）如井口为封闭形式时，应预留直径 30～50mm 的孔眼，用以观测井中水位。为防止掉入杂物或被堵死，孔眼上应有盖帽保护。

（二）井身

通常将井口以下至进水部分之间的一段井柱称为井身。井身是不进水的，所以应采用各种密实的井管加固。如果井身所在部位的岩层是坚固稳定的，也可不用井管加固。但如果要求隔离有害的和不开采的含水层时，则仍需下入井管，并在管外用封闭物止水。为防井壁坍塌，还要求井管要有足够强度。另外，井身部分常是安装各种水泵和泵管的处所，故对井身的倾斜程度有要求。根据有关规范要求，井深在100m 以内时，井身倾斜角度不能超过 1°；井深在 100m 以下的井段，每 100m 井身倾斜角度不得超过 1.5°。

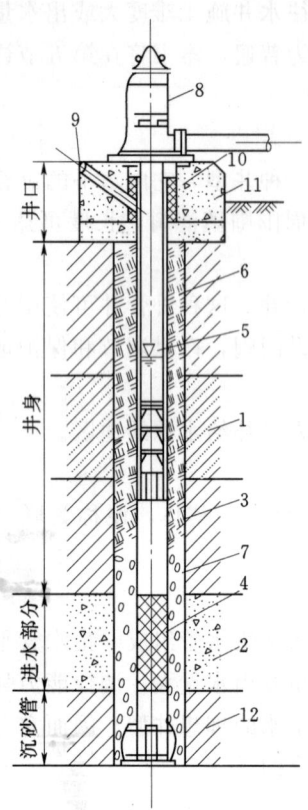

图 6-3　管井示意图
1—非含水层；2—含水层；3—井壁管；
4—滤水管；5—泵管；6—封闭物；7—
滤料；8—水泵产；9—水位观测孔；
10—护管；11—泵座；12—隔水层

（三）进水部分

管井的进水部分是管井的心脏部分，它的结构合理与否，直接影响着管井的质量和使用寿命，所以它是管井的最重要部分。

除坚固的裂隙岩层外，松散含水层和比较破碎的基岩含水层均需安装滤水管。滤水管的安装位置应根据水文地质条件确定，如含水层集中，可安装一整段；如数层含水层之间相隔较远时，则滤水管要对应含水层分段安装。滤水管的长度应根据含水层厚度来确定，当含水层厚度小于10m 时，滤水管长度应与含水层厚度一致；当含水层厚度大于 10m 时，滤水管的安装可重点考虑抽水过程中的主要进水部位，但一般不应小于含水层厚度的 80%。

（四）沉砂管

沉砂管的用途是为抽水过程中随水带进井内的砂粒（未能随水抽出的部分）留出沉淀的空间，以备定期清理。沉砂管是安装于滤水管的下端，其长度主要是根据井深和含水层颗粒大小而定。可参考下列数据选用。

井深小于 30m，沉砂管长度＝3m；井深 30～100m，沉砂管长度＝5m；井深大于 100m，沉砂管长度 5～10m。

二、井管类型

井管按其结构用途来分，可以分为不允许进水的井壁管和用以进水的滤水管两种。这里只阐述井壁管的类型、规格及适用条件等。滤水管的有关内容将在后面专门叙述。

井管的种类很多，一些发达的国家采用各种渗炭钢管、涂料普通钢管、不锈钢管、铜管、铝管、塑料管和玻璃钢管等。我国的非农用管井多用铸铁管和钢管，农用管井除铸铁管、钢管之外，多采用混凝土管、钢筋混凝土管、石棉水泥管和其他非金属管材，近年来塑料管等新型管材的应用也非常普遍。

井管按材料性质可分为金属井管和非金属井管两大类。

金属井管有无缝钢管、焊接钢管和铸铁管等，非金属井管则主要包括石棉水泥管、混凝土管、钢筋混凝土管和塑料井管。现将目前常用的各种井管性能、规格、使用条件等介绍如下。

（一）钢管

包括普通焊接钢管和无缝钢管。焊接钢管以螺旋缝焊接方法为多，其极限抗拉强度可达 320～400MPa。质量要求是：弯曲公差为 1mm/m；外径公差，无缝钢管为±1%～1.5%，焊接钢管不大于±2%。其规格参见表 6-1。

表 6-1　　　　　　钢井管规格表　　　　　　单位：mm

公称规格 (in)	井壁管							管箍				质量 (kg)
	内径	外径	壁厚	管长	丝扣长	每英寸长丝扣数	每米质量 (kg)	外径	长度	搪孔直径	搪孔长度	
6	153	168	7.5	3000～6000	66.5	8	31.6	186	194	170	12	8.4
8	203	219	8	3000～6000	73	8	41.6	236	203	221	12	10.8
10	255	273	9	3000～6000	79.5	8	58.6	287	216	275	16	12.9
12	305	325	10	3000～6000	86	8	77.7	340	229	327	16	17.3
14	355	377	11	3000～6000	86	8	99.3	391	229	379	16	18.3
16	404	426	11	3000～6000	86	8	112.6	441	229	428	16	22.4

普通钢管在井下易生锈和腐蚀，所以国外正在研究新型钢管，如渗碳钢管、不锈钢管和铝管等。但因造价高，目前尚难以推广使用。

无缝钢管目前多用于 400m 以下的深井。

（二）铸铁管

铸铁管多采用 HT15—32 号铸铁铸成，其极限抗拉强度约为 150MPa。对其质量要求是：

弯曲公差为 2mm/m，内外径公差为±3mm，长度公差小于±5mm（管长 3～4m），厚度公差小于±1mm，管子和连接管箍的椭圆度不得大于 0.15mm；每根管的管端丝扣上砂眼数不得超过 3 个，而且砂眼的间距不得小于 60mm，砂眼的深度不得大于 3mm，且其直径不得大于 8mm；管壁的铸瘤，在内壁不得高于 2.5mm，外壁不高于 4mm，其面积

不得大于 $30mm^2$。

常用铸铁管的规格见表 6-2。

表 6-2 铸铁井管规格表 单位：mm

公称规格 (in)	井壁管									管箍					
	内径	外径	壁厚	管长	丝扣外径	丝扣长	每英寸丝扣数	圆挡箍		每米质量 (kg)	内径	外径	壁厚	长度	丝扣长	每英寸丝扣数	质量 (kg)
								外径	宽								
6	152	172	10	4000	178	55	8	196	15	41	178	204	13	135	60	8	9
8	203	225	11	4000	231	55	8	253	15	60	231	259	14	138	60	8	13
10	253	275	11	4000	281	60	8	307	20	74	281	312	15.5	150	65	8	19
12	305	329	12	4000	335	70	8	361	20	96	335	372	18.5	175	75	8	29
14	356	380	12	4000	390	82	5	418	25	112	390	429	19.5	210	90	5	42
16	406	432	13	4000	442	97	5	476	25	138	442	481	19.5	240	105	5	54
20	508	536	14	3000	546	110	4	586	25	185	546	585	19.5	250	120	4	69

铸铁管较耐腐蚀，使用寿命较钢管长，但其抗拉强度远较钢管低、性脆、管壁较厚、自重较大，因而，下管深度也受到一定限制，一般适用于井深 200~400m 的水井。

（三）石棉水泥井管

石棉水泥井管一般是用高标号水泥与温石棉并掺用适量对制品性能与水质无害的其他纤维，经过滚压加工制成。

石棉水泥井管的质量要求是：对井管长度的正偏差不限制，负偏差不大于标准长度的 2‰；弯曲公差每米小于 3mm，内外径公差为 ±3mm，壁厚公差为 ±2mm；管内外壁不得有残缺、断裂、孔洞及大块脱皮，脱皮深度小于 2mm，脱皮面积最大不得超过 $10cm^2$，两端管口要平整。

轴向抗压强度：井管壁不小于 36MPa，滤水管不小于 31MPa。石棉水泥井规格参见表 6-3。

表 6-3 石棉水泥井管规格表 单位：mm

公称规格 (in)	内 径	外 径	壁 厚	管 长	每米参考质量 (kg)
8	189	221	16	4000	24
10	236	274	19	4000	31
12	276	325	23	4000	50

石棉水泥井管具有耐腐蚀、自重轻、管壁光滑、价钱便宜、容易加工等优点。但由于管壁较薄，接头如处理不好，易漏沙、淤井。适用于井深在 200m 以内的水井。目前，随着混凝土和钢筋混凝土井管、塑料井管的广泛使用，石棉水泥管所占的比例正在不断下降，而更多的是用于煤气管、下水管、烟道、油管、通风管及地下电缆保护管等。

（四）塑料井管

塑料井管是目前我国用量增长很快的一种新型水井管材，以聚氯乙烯塑料井管为主，

它具有下述性能特点:

(1) 管材轻。塑料井管的自重比钢井管、铸铁井管和钢筋混凝土井管分别轻76%、85%和82%。

(2) 利于安全施工。塑料井管的体积质量一般为10~14,仅为钢管的20%。

(3) 下管时间短,有利于成井。塑料井管一般每节长6m,与其他管材相比,可减少接口次数1/3。

(4) 抗腐蚀,延长机井使用寿命,同时也完全避免了管材对井水的二次污染。

(5) 管材便宜,可分别比钢井管和铸铁井管降低单井造价20%和30%左右。

(6) 塑料井管与其他井管相比,其力学性能相对较差,抗拉强度为45MPa,抗压强度为80MPa。这一特点限制了塑料井管在深井上的使用,目前我国塑料管井一般深度不超过100m,但也有少数地区塑料管井深度达到了300m。

(7) 热稳定性差,线膨胀系数大,一般温度超过60℃时,强度将大为降低,在低温下又易变脆。因此,塑料井管在储存、运输、使用中应注意其温度适应范围。

塑料井管的规格见表6-4。

表6-4 塑料井管规格表

公称规格 (in)	内径 (mm)	外径 (mm)	壁厚 (mm)	单根长度 (m)
7	169	180	5.5	4~6
8	188	200	6	4~6
9	211	225	7	4~6
10	235	250	7.5	4~6

(五) 混凝土和钢筋混凝土井管

混凝土和钢筋混凝土井管目前是农用管井中使用较普遍的井管之一。

混凝土和钢筋混凝土井管一般的质量要求是:断面呈圆形,管口要平整,并与管中心线垂直,管身平直无弯曲,无裂缝、缺损及暗伤。管壁薄厚均匀。其偏差不大于壁厚的1/3,不得有严重跑浆和表面出现蜂窝、麻面现象,钢筋不得外露等。同时,对制作井管的材料有一定要求。水泥应采用标号不低于425号的普通硅酸盐水泥或火山灰硅酸盐水泥(用于地下水硫酸盐含量高的水井中)。

混凝土井管与钢筋混凝土井管,二者在生产工艺和技术要求方面基本上是相同的,其差异主要表现在配置钢筋上,前者按构造要求配筋,而后者则按应力标准配筋。

混凝土井管因其不能抗拉、弯等,只能用托盘下管。目前仅应用于深度200m以内的水井,且已逐渐减少便用。

钢筋混凝土井管允许承受拉、弯应力,既可用托盘下管,又可用悬吊下管法。下管深度可达400m,现已被国家列为正式产品。

混凝土和钢筋混凝土井管,取材容易,成本低,可节省钢材。其缺点是强度低、自重大、单根长度小、接头多且接头质量难保证、下管麻烦且深度有限,目前多用于农用井,工业井则较少采用。

混凝土井管和钢筋混凝土井管的技术规格可参阅国家建材行业标准（JC448—91），略。

三、井管的连接

出厂的井管都是短管，因管材不同，长度为1~4m不等。在下管时需要将每节短管严密牢固地连接在一起，不允许产生错口、弯折、漏洞等现象。否则，会造成管井涌砂、漏砾、污水（或咸水）侵入，以及管外填砾不匀，水泵难以下入井管内等现象，轻者管井不能正常使用，重者报废。

井管连接方式多种多样，因管材不同而异，分为以下几种。

（一）管箍丝扣连接

管箍丝扣连接多用于金属管材，特别是铸铁管均采用此种连接方法，塑料井管也有采用丝扣连接的。因连接方法比较简单，在此不赘述。但需要指出的是，塑料井管的丝扣以采用梯形螺纹为好，可以增加抗拉强度，采用一般丝扣连接，抗拉强度较低。

（二）焊接

焊接多用于金属管的连接，也可用于混凝土管、石棉水泥管、塑料管等非金属管的连接。焊接混凝土管等非金属管，需在预制井管时，在管端预埋宽度为40~50mm的铁环、短节金属管或4~6块铁片（图6-4），并与纵向构造钢筋或受力纵筋的端头焊接。

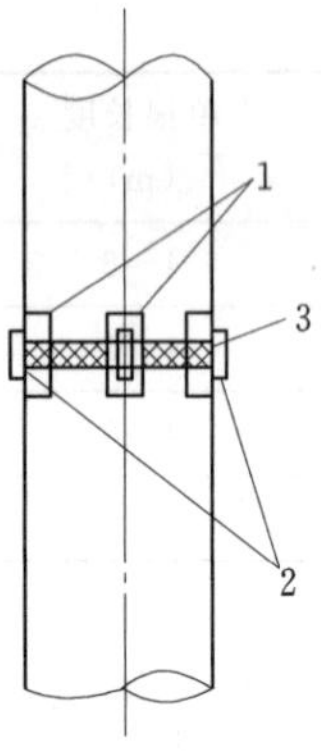

混凝土和钢筋混凝土井管，在接管时，先在下管端均匀连续涂以粘接材料，再将上管口对正，使其粘结在一起，然后用4~6片短节扁钢片或圆钢，对称地焊接在上下管端预埋的铁件上，或将管端两头的钢管箍焊接在一起，即完成接管操作。

塑料井管的焊接用特制的塑料焊枪和塑料焊条完成，具体焊接工艺可参阅有关文献。

焊接的井管较为牢固，不易产生错口、张裂等现象，但接管所需时间较长，混凝土等非金属井管需预埋铁件，且在有电源的地方才能使用。

图6-4 预埋件焊接示意图
1—预埋铁件；2—圆钢；3—粘接材

（三）粘接

粘接用于非金属井管的连接。适于井管粘接的材料很多，其中造价便宜、料源广、粘接质量好、较常用的有以下几种。

1. 沥青粘接

石油沥青是当前井管粘接材料中使用最广泛的一种。它具有较好的防水性，粘接性及柔软性、变形适应能力，在井下也不会在短期内老化。

为了改善沥青的性能，提高其粘接性和稳定性，在实际使用中通常掺入一定剂量的掺和料——粉末状或纤维状的矿粉和细砂，配制成沥青胶和沥青砂浆。

沥青粘接的抗弯、抗拉和抗剪强度均在0.4MPa以下。故在使用时，须在井管接口处，包缠以浸透纯热沥青的玻璃丝布，再在其外对称四面，用8号铁丝将四根竹板（或扁钢）紧紧绑扎两道，以防在下管时发生断裂。

2. 树脂粘接

在井管粘接中，当前应用较多的为环氧树脂和不饱和树脂两种，且以环氧树脂最为普遍。常用的环氧树脂有 6101 和 634 两种，其性能比较接近，也可互相代替和混合使用。

树脂在常温中是不易固结的，所以在使用时，还必须掺入一定剂量的化学添加剂，以改善其性能。同时也可加入必要的掺和料，以减少原材料用量，降低接管成本。

生产试验表明，树脂粘接材料粘接的井管，无论其抗拉、抗折和抗弯等强度，均大于管材本身的强度，在当前是一种较好的井管粘接材料，适用于中、深井井管的粘接。

3. 硫黄粘接

硫黄粘接材料是用工业粉状或块状硫黄，加入水泥等粉末状填料及聚硫橡胶（橡胶粉）、矿腊（增韧剂）等加热熬制的一种热塑冷固性粘接剂。

硫黄水泥粘接剂具有硬化快、粘接力强等优点，与混凝土粘接强度可达 4MPa，使用也较方便。但在配制中要缓慢加热、勤搅拌、注意防毒。施工中涂抹要快，以防冷却硬化，影响粘接质量。

四、滤水管

（一）滤水管的基本要求

滤水管是安装在不稳定的含水层段，如砂层、裂隙岩层等。滤水管应该是能让含水层中的水通畅地流入井中，同时又要阻止砂或破碎的岩块随水进入。滤水管对井壁不稳定的井还要起到加固作用。因此，理想的滤水管应满足以下要求。

（1）在阻力最小且流速不超过极限值（不扰动含水层）的前提下，保证最大的进水量。

（2）具有足够的机械强度，能承受地层压力。

（3）有较高的抗腐蚀能力，保证水井有较长的使用期限。

（4）可以有效地防止涌砂，同时又不易发生机械堵塞。

（5）结构简单、制作方便、安装迅速、成本低廉。

当前，国内外对滤水管进行了大量研究工作，针对地层情况，设计出了适应各种条件、各种材料的滤水管。下面将就常见的滤水管加以讨论。

（二）滤水管的类型

滤水管的类型是多种多样的，区分方法主要是根据滤水管的结构特征、材料和滤水孔的形状等。按结构特征可分为四种基本类型：骨架滤水管、缠丝滤水管、包网滤水管和砾石滤水管。

1. 骨架滤水管

是最简单的滤水管，它的基本特征就是一节有孔的管子。即在各种材料的管子上，利用机械的方法开有圆形孔、直缝孔。这些孔做为进水通道，管外不再另外加东西了。这类滤水管主要用于井壁较稳定的基岩或颗粒均匀的砾卵石含水地层，也可做为其他类型滤水管的骨架。根据孔的形状的不同，骨架滤水管又分为以下三种：

（1）圆孔滤水管。在管壁上开有交错排列的圆孔，各孔位于等边三角形的顶点，见图 6-5。圆孔直径 d 取决于含水层颗粒大小和不均匀程度，一般大小为 10～20mm。若做为其他类型滤水管的骨

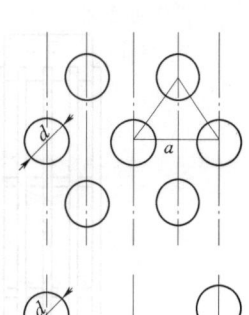

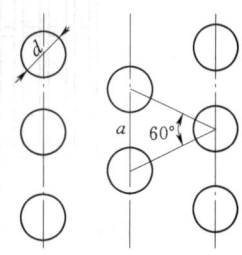

图 6-5 圆孔滤水管

架时，则 d 值可取大些。圆孔间距 a 的大小取决于 d 值，一般取 $a=(1.5\sim3)d$。

圆孔滤水管结构简单，制造方便，有较大的孔隙率和滤水能力。但由于圆孔直径较大，不适应于砂层，一般用于裂隙含水层和卵砾石层。

（2）直缝滤水管。在管壁上开有长方形孔的称直缝滤水管。直缝的排列方式见图 6-6。直缝的宽度取决于含水层粒度和不均匀程度，一般为 $10\sim20\mathrm{mm}$。直缝的长度可以是任意值，但一般取 $20\sim100\mathrm{mm}$。缝间的轴线距离通常为缝宽的 10 倍，排距多为 $10\sim20\mathrm{mm}$。

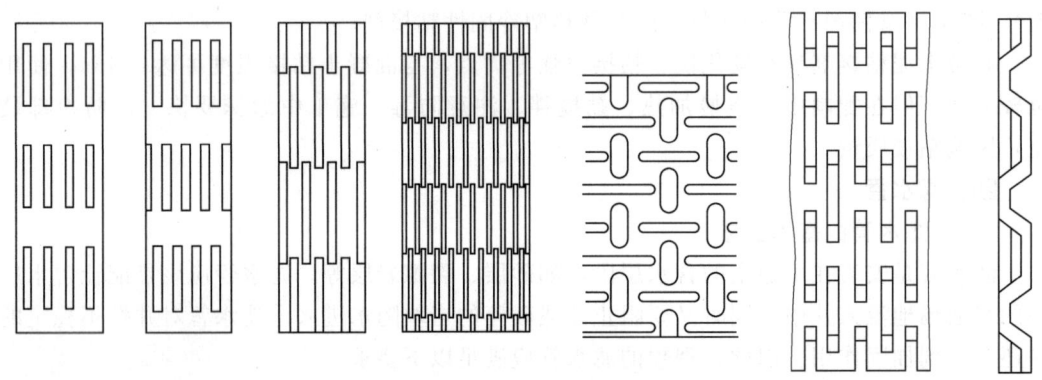

图 6-6 直缝滤水管

直缝滤水管过滤能力较圆孔滤水管强，故除适用于裂隙含水层和卵砾石层外，还适用于粗砂含水层。但其加工较困难，需有专门的铣槽设备。因此，应用较少。

（3）筋条滤水管。在两节短管之间焊以直径 $10\sim16\mathrm{mm}$ 的钢筋，钢筋围成圆柱形（图 6-7）。每根长为 $3\sim4\mathrm{m}$，期间每隔 $1\mathrm{m}$ 左右焊一支撑圈，以增加刚度。这种滤水管的优点是加工简单、轻便省材、进水能力强；缺点是过滤能力和强度均较差。因此，它只适用于含水层颗粒粗大且较薄的浅水井中。

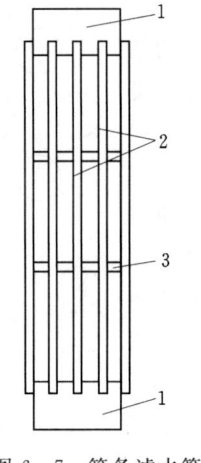

图 6-7 筋条滤水管
1—短管；2—钢筋；3—支撑圈

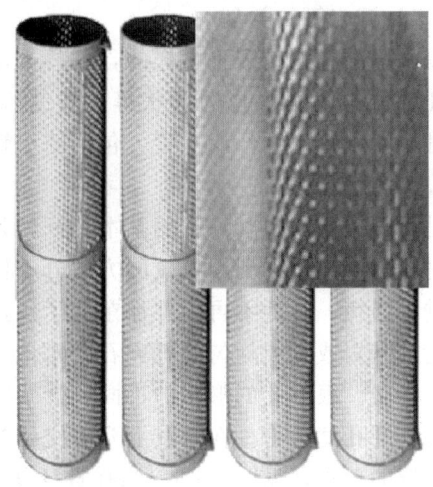

图 6-8 桥式滤水管

20 世纪 80 年代我国又从发达国家引进了带有桥形孔眼的桥式滤水管（图 6-8）。它被誉为理想的水井过滤器，具有不易阻塞孔眼、过水能力强、机械强度高的优点。桥式滤水管适用于第四纪松散含水层和基岩裂隙含水层，值得大力推广。

2. 缠丝滤水管

缠丝滤水管是在骨架管外缠以金属丝而成。若骨架管是圆孔过滤器，为使水流畅通，常在管外焊以垫条，然后再缠上金属丝（图 6-9）。金属丝的断面可以是梯形、扁匣形或圆形。以梯形最好，缠绕时梯形上底向内，下底向外，使滤水孔断面呈 V 形（图 6-10）。这种滤水孔既可以减少砂粒堵塞，又有高的水力效率。为了保证间隙距离均匀，以机械缠丝为佳。缠完后，应每隔两根垫条用锡将缠丝锡焊在垫条上，以防下管时缠丝位移使孔隙不均，破坏过滤效果。缠丝间距根据地层砂粒直径决定，一般为 1～4mm。

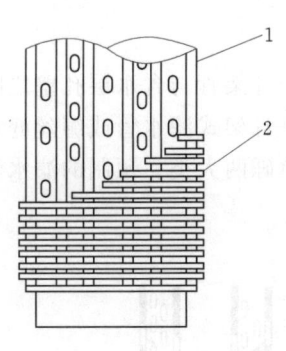

图 6-9 缠丝滤水管
1—钢筋；2—金属丝

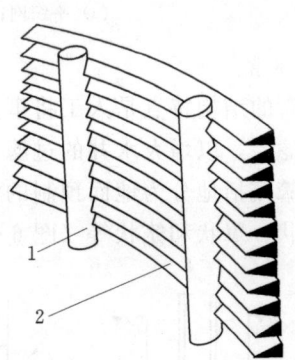

图 6-10 梯形丝滤水管
1—钢筋；2—金属丝

近年来在有腐蚀的地方采用抗腐蚀性强的尼龙丝，既延长了滤水管和水井的使用期限又节约了大量金属，效果较好。

具有 V 形滤水孔的缠丝滤水管，从结构上分析是较理想的滤水管。它外表滤水孔是连续的，与任何粒度的砂粒仅有两个接触点，这样，单粒的砂粒被过滤器挡住就不会堵塞过滤孔了。有鉴于此，当前国内外很多较先进的滤水管大多采用上述结构。我国在水文地质勘探和供水井中多采用这种滤水管。

3. 包网滤水管

在骨架管或缠丝管外覆盖过滤网，即成包网滤水管。为了水流畅通，可将缠丝间距增大到 30～60mm。经常使用的过滤网有铜丝网、铁丝网和尼龙丝网。其中，铜丝网价格高昂，铁丝网易腐蚀，现已很少使用。目前应用最为广泛的是尼龙丝网。根据包网的编织方式，可分为平织、斜织和方格三种（图 6-11）。

在实际工作中，最重要的是选择网眼的尺寸。过大则易发生漏砂现象，使水井很快淤满而不能工作；过小，则网眼易被堵塞，影响进水。网眼的最佳尺寸应是比砂粒的有效粒径略大一些。这样，一方面网眼不易发生堵塞；另一方面，较小的砂粒可随水进入井中，使该处的孔隙率增加。实践表明，包网滤水管主要适用于以粗砂～细砂为主的松散含水层。

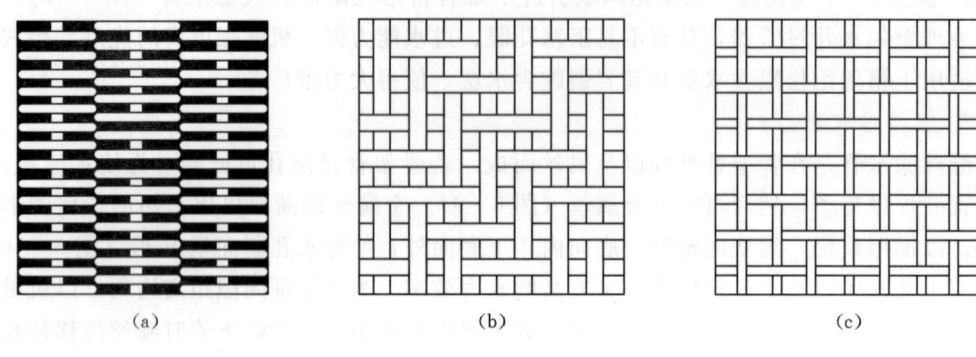

图 6-11 过滤网
(a) 平织网；(b) 斜织网；(c) 方格网

4. 砾石滤水管

砾石滤水管的结构特点是人工将事先选好的砾石充填于骨架管与含水层孔壁之间，构成人工砾石过滤层，以增大水井的过滤半径。其骨架管常是骨架式滤水管或缠丝滤水管。

砾石滤水管概括地分为地面预制的滤水管和下管后再填砾两大类。预制的滤水管按形状又可做成筐状、罩状和笼状等（图 6-12）。

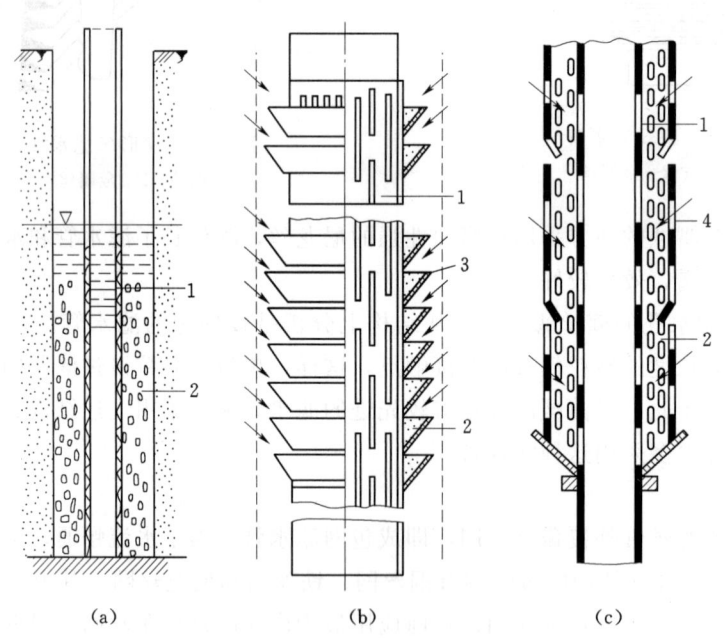

图 6-12 砾石滤水管示意图
(a) 填砾滤水管；(b) 筐状滤水管；(c) 罩状滤水管
1—骨架滤水管；2—砾石填料；3—填砾筐；4—外罩

地面预制滤水管在填装砾石时，要仔细分选，分层装填。其结构复杂，制作烦琐，目前应用不是很多。

20 世纪 80 年代后期，我国又仿制成功了贴砾滤水管（图 6-13）。这种滤水管是在骨架管外用高强度粘合剂（主要为树脂类）将砾料经过装模、填料、加压、固化等工序而成。这种滤水管砾料可以选择不同规格和种类。过滤管长度和直径也可以制成不同规格的。因此它适应性较强，在不同的条件下皆可使用，是值得推广的过滤器。但由于价格和施工工艺等的原因，目前应用并不广泛，主要集中在粉细砂含水层地区的水井和地热水井中。

下入井管后再进行填砾的工艺，在我国使用范围最广。其优点在于不用在地面预制过于繁琐的滤水管。缺点是需要增大井径，因此钻进功率消耗要大一些。

有关人工填砾的问题本书将在下一节中进一步论述。

砾石滤水管除去以上这几种外，我国在农用井中使用较多的还有无砂混凝土管。它是用水泥将砾石胶结在一起而成。这种滤水管制造简单，价格低廉，透水性和过滤性均很好。但缺点是强度低，易破碎。如何提高其强度应是今后的主要研究方向。

图 6-13　贴砾滤水管

（三）滤水管的选择

选择滤水管类型主要是依据含水层的岩层结构和岩性特征。根据含水层特征正确地选择滤水管，可以增大单井出水量，避免涌砂和延长水井寿命。表 6-5 为我国常用的滤水管类型选择表。

表 6-5　　　　　　　　不同含水层适用的滤水管类型表

含水层特征	滤水管类型
稳定的基岩含裂隙、岩溶地下水	不需要安装滤水管
不稳定的易坍塌、掉块的基岩破碎带及卵砾石、砂砾层、粗砂等地层	1. 圆孔、条缝式滤水管。 2. 缠丝滤水管。 3. 填砾
中砂 细砂	1. 缠丝滤水管、包网滤水管。 2. 填砾 3. 贴砾滤水管
粉砂 含泥地层	1. 砾石滤水管、浅井填砾。 2. 细砾贴砾滤水管

第三节　管　井　施　工

管井施工必须遵循"先设计、后施工"的原则，按照有关规范和技术要求严格进行。现将其主要施工程序和成井工艺简述如下。

一、井孔钻进

井孔钻进开始前，必须进行管井施工设计。设计内容包括钻孔结构、钻进方法、操作规程、施工设备和材料等。并在此基础上，确定井位、备好凿井材料和完成其他准备工作，然后才能开始井孔钻进工作。

井孔钻进方法较多，因施工机械不同而异。有冲击钻进、回转钻进、冲击回转钻进以及反循环钻进、空气钻进等。在农用管井施工中，目前国内普遍使用的方法为钢丝绳冲击钻进和回转钻进，现分述如下。

（一）钢丝绳冲击钻进

钢丝绳冲击钻进是借助于一定重量的钻头，在一定高度内周期地冲击井底，使岩石破碎而获得进尺。在每次冲击之后，钻头在钢丝绳带动下回转一定角度，从而使钻孔得到规整的圆形的断面。破碎的岩屑与水混合形成岩粉浆，当岩粉浆达到一定浓度后即停止冲击。利用掏砂筒将稠浆掏去，同时补充一些新鲜液体。

由于钢丝绳冲击钻机都是装在汽车或拖车上，设备轻便搬迁方便，操作与管理简单，钻进成本低。因此它是农用管井施工中最常用这种方法。它对于大砾石、漂石及脆性岩层特别有效。

1. 钢丝绳冲击钻机

我国使用的钢丝绳冲击钻机主要有仿苏YKC型的CZ系列和自行研制的"丰收"型钻机，结构大致相似。以CZ—22型为例，其外貌如图6-14所示。

我国常用钻机主要性能指标列于表6-6。

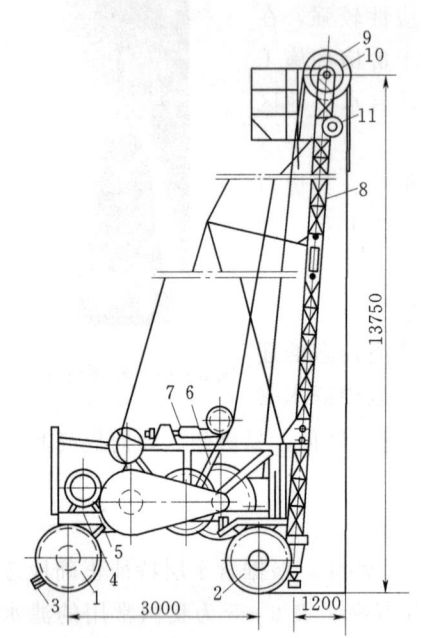

图 6-14　CZ—22型冲击钻机外貌
1—前轮；2—后轮；3—辕杆；4—底架；5—电动机；6—连杆；7—缓冲装置；8—桅杆；9—钻进工具钢丝绳天轮；10—抽砂筒钢丝绳天轮；11—起重用滑轮

表 6-6　　　　　　常用冲击钻机主要性能表

型　号	CZ—22	CZ—30	丰收—120	双丰收—250
钻孔直径（mm）	600	1200	500	600
泥浆护壁钻孔深度（m）	150	180	120	250
冲击次数（次/min）	40～50	40～50	40	38
提吊力（kN）	20	30	15	27
钻机重量（kg）	6850	11150	1300	2300
外形尺寸（m×m×m）	8500×2300×2750	10000×2800×3500	1920×1300×1640	2770×1430×1820

2. 冲击钻具

钻具是钻探专用工具的总称。冲击钻具包括钻头、冲击钻杆、钢丝绳接头、钢丝绳和抽筒等。

（1）钻头。冲击钻头是直接破碎岩石的钻具。为了使冲击力能更集中的施加于岩石，冲击钻头底部带有各种刃角。钻头的上部与钻杆相连。冲击钻头根据岩性不同可以设计成一字形、十字形、圆形和抽筒钻头。其形状如图6-15所示。

第三节 管井施工

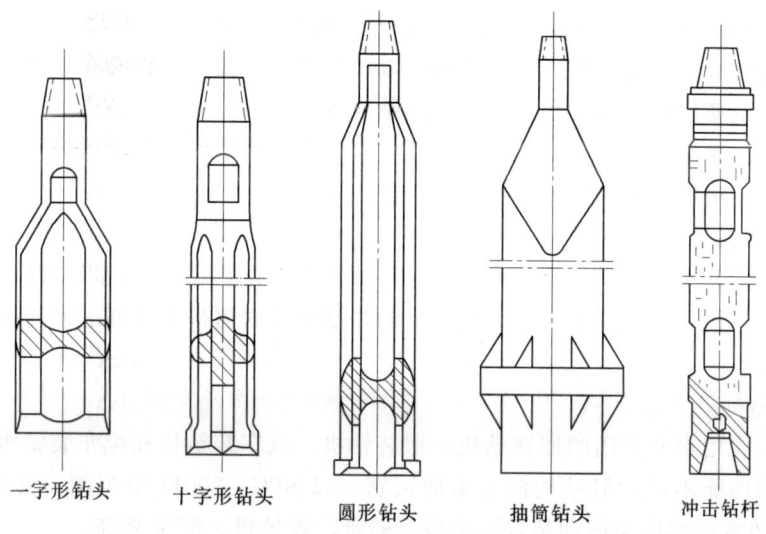

图 6-15 各类冲击钻头及冲击钻杆

（2）钻杆。冲击钻杆是用于增加钻头重量的实心钻杆（图 6-15）。冲击钻杆不能过长，以防止它在孔内折断。

（3）钢丝绳接头。钢丝绳接头又称绳卡，它的作用是连接钢丝绳与钻具。

（4）钢丝绳。冲击钻用钢丝绳，因其要带动钻具旋转，所以选择钢丝绳时要注意绳股间扭转方向。即拉紧转动方向是钻具丝扣拧紧方向，否则钻具会在井内脱扣。

（5）抽筒。抽筒主要作用是捞取井内岩粉。但也可以直接用来钻进砂层、粘土层等软地层。抽筒形状见图 6-16。

3．冲击钻进技术规程

（1）钻具重量。钻具重量应根据岩石的坚硬程度而定，指标采用每厘米钻孔直径上钻具的重量。一般在粘土或砂层中取 100~300N，砾卵石层中取 300~400N，极硬的卵石和漂砾层中取 500~600N。

（2）冲击高度。冲击高度是指每次冲击前钻头提离孔底的高度。需根据岩性确定，过大或过小均影响钻进效率。冲击高度一般为 0.6~1.2m，软岩取小值，硬岩取大值。

（3）冲击频率。冲击频率是指钻头每分钟冲击孔底的次数。钻头是自由下落到孔底的，因此冲击频率同冲击高度是相关联的。大冲击高度则冲击频率低，反之则高。

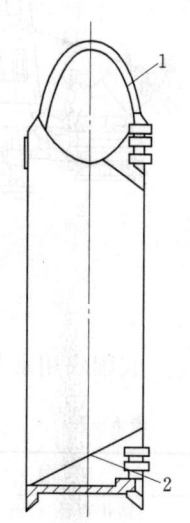

图 6-16 抽筒
1—提梁；2—活门

4．冲击钻进方法

（1）大卵石、漂石地层。常见于山前冲洪积扇或河床等地，特点是地层松散，卵石硬而表面光滑，易发生塌孔、井斜和钻孔大量漏水。这种地层应采用大重量钻具、大冲击高度和低冲击频率。如漏水严重可向孔内投入粘土或稠泥浆。当遇到大漂石而发生孔斜时，可填入脆的块石到孔内倾斜段重新钻进，待钻孔校正后再继续正常钻进。

163

(2) 粘土层。这种地层进尺不是主要问题，主要是岩粉浆稠度高，造成糊钻、缩径等问题，应采用勤掏砂和多向孔内补充清水的方法解决。钻具重量不宜过大，冲击频率要低。如遭到塑性较大的地层时，可向孔内投以砖块或软的碎石，以防止缩径。在粘土夹砂的地层中，可以使用抽筒钻头钻进，以提高钻进效率。

(3) 砂层。砂层钻进主要问题是保护孔壁，可采用优质泥浆护壁，较薄的流砂层也可以投粘土护壁，很厚的流砂层可采用跟管钻进。

(二) 回转钻进

回转钻进的基本原理是使钻头在一定的压力作用下在孔底回转，以切削、研磨破碎孔底岩石，并依靠循环冲洗系统带走摩擦产生的热量和将岩屑带至地面。回转钻进依靠回转钻机来实现。

1. 回转钻机

我国施工农用水井常用的回转钻机有散装钻机、汽车装钻机和拖车装钻机三类。三类钻机只是机动性能不同，但结构没有本质区别。以 SPC—300H 型为例，其外貌如图 6-17 所示，它的主要部件为传动装置、钻塔、转盘、卷扬机、泥浆泵等。

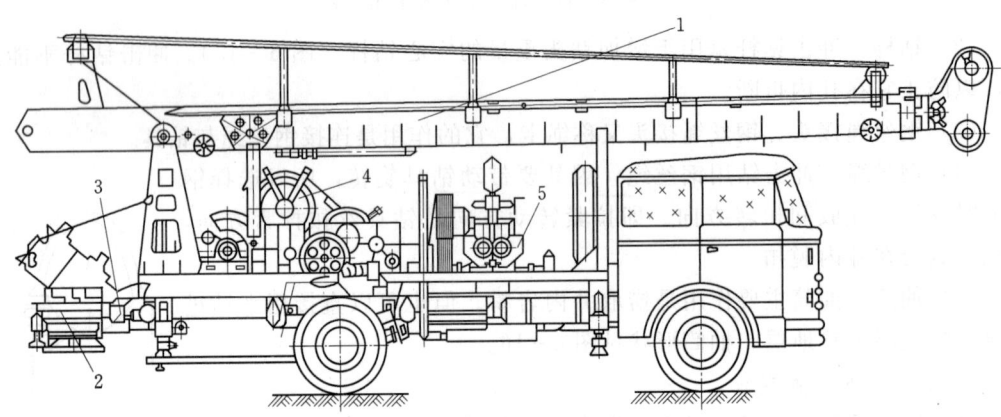

图 6-17 SPC—300H 型钻机
1—钻塔；2—转盘；3—传动轴；4—卷扬机；5—泥浆泵

我国农用水井施工常用钻机主要性能指标列于表 6-7。

表 6-7　　　　　　　常用回转钻机主要性能表

型号	SPC—300H	SPJ—300	SPC—600	SPT—450
钻孔直径 (mm)	500	500	500	500
最大钻孔深度 (m)	300	300	600	450
钻杆直径 (mm)	89	89	89	89
卷扬提升力 (kN)	30 (主)、20 (付)	30 (主)、20 (付)	44	40
动力 (kW)	118 (柴油机)	60 (柴油机)	100 (柴油机)	100 (柴油机)
泥浆泵	BW600/30	BW250/50	BW1100	BW900/25
钻机重量 (kg)	13900	6500	25000	14500
钻塔高度 (m)	11	13	15	10.5
外形尺寸 (mm×mm×mm)	10850×2500×3970	8400×2050×8000	14180×2500×4124	11300×2440×3900
装载方式	车装	散装	车装	拖车

2. 回转钻具

回转钻具包括钻头、岩心管、异径接头、钻杆、水龙头和附属工具。

(1) 钻头。不同的钻进方法，对钻头结构的要求也不同。下面简单介绍一下常用的钻头，各种钻头形状见图6-18。

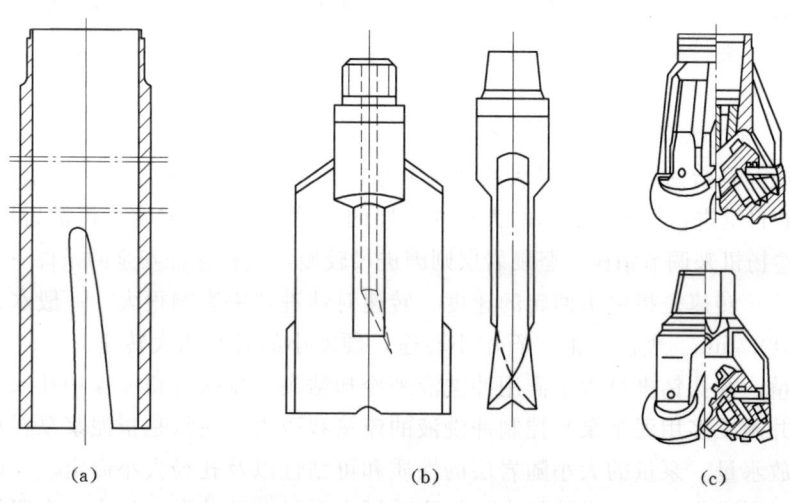

图 6-18 回转钻头示意图
(a) 钢粒钻头；(b) 刮刀钻头；(c) 牙轮钻头

1) 钢粒钻头。钢粒钻头本身不带切削工具，它是用钻头压着钢粒，用回转力带动钢粒转动来破碎岩石。由于钢粒在破碎岩石过程中同样要磨损钻头，故钢粒钻头的高度一般较大。该类型钻头适用于各类硬质岩石地层的取芯钻进。

2) 刮刀钻头。是一种带有翼片的钻头。翼片有两片的，也有三片的。为提高钻井效率，翼片上一般镶有硬质合金或金刚石。为不取芯钻头，适用于较软的松散层。

3) 牙轮钻头。由牙轮、牙轮轴和钻头体组成。牙轮一面绕牙轮轴自转，一面绕钻头轴线公转，靠牙轮转动破碎岩石。牙轮钻头依牙轮数的不同，分为单牙、两牙、三牙和多牙牙轮钻头。应用最广的是三牙牙轮钻头，它适用于第四纪松散层的不取心全面钻进。

(2) 岩心管。岩心管是收容岩心和控制方向的管材，由高强度无缝钢管制成。岩心管两端分别与钻头和钻杆相连，其外径较钻头的直径略小。

(3) 取粉管。取粉管用于捞取钻孔内的岩粉或磨碎的细小岩块。其材料和规格与岩心管相同。

(4) 接头。也叫接手，用于连接钻杆、岩心管等，有同径和变径之分。同径接头用于钻杆之间的连接，而异径接头用于将钻杆与岩心管或取粉管连接起来。

(5) 钻杆。钻杆是中空的高强度钢管，其作用是将动力和冲洗液输送至孔底。在钻进过程中，钻杆要承受拉、压、弯、扭、冲击等应力和孔壁的摩擦力，因此质量极其重要。每根钻杆两端均有丝扣，可用接头连接成数百米甚至数千余米长的钻杆柱。水井施工多使用外径为89mm的钻杆。钻杆最上一节制成带棱角（或圆形凹槽）的中空钻杆，称主动钻杆。它将钻机的回转力矩传给钻杆柱。

(6) 水龙头。水龙头是将转动的主动钻杆与不回转的高压水管连接起来，起到将冲洗液送入中空的钻杆柱并输送入孔底（正循环钻进），或从中空的钻杆柱中将携带岩屑的冲洗液从孔底抽至地上（反循环钻进）的作用，因此要求其既有一定强度又要有密封性，同时还不妨碍钻具回转。

(7) 附属工具。附属工具是升降钻具或进行辅助工作时所用的工具。根据功用不同又可分为提引类、夹持类及拧卸类。主要有提引环、垫叉、夹板、自由钳、管钳、链钳和各种扳手等。

3. 回转钻进技术规程

(1) 钻压。是指钻机施加于钻头的轴向压力。加压方式因钻机的类型不同而异，水井钻机多由钻具的自重进行加压。钻压的大小视岩层的可钻性大小来确定。松散岩层进尺较快，应通过钻具卷扬机来调节钻压。坚硬岩层则因进尺较慢，应在保证安全的条件下充分加压。

(2) 转速。转速是指钻头回转的速度。转速对钻进效率影响很大，一般水井施工的转速在 $100\sim300r/min$。硬度大的岩石用小转速，硬度小的岩石用大转速。

(3) 泵量。井孔钻进过程中需用冲洗液来冷却钻头、排除岩粉和保护孔壁。因此，要用水泵（水井施工多用泥浆泵）控制冲洗液的流量和压力。泵量是指泥浆泵在单位时间向井孔内的排放水量。泵量的大小随岩层的性质和可钻性以及孔径大小而定。一般在松散岩层中钻进时，因进尺较快，岩屑较多，故应采用大泵量冲洗井孔；反之，在坚硬岩层中钻进，因进尺较慢，岩屑较少，应采用小泵量。当钻孔内岩层稳定性较差时，也应减小泵量以防塌孔。

因冲洗液流动方式的不同，井孔钻进可分为正循环钻进和反循环钻进。

正循环钻进为传统的施工方法。冲洗液由水泵自供水池中输出至高压胶管，经水龙头进入钻杆，再经钻头流至孔底，然后经钻具与孔壁的间隙返回地面，经沉淀净化后再流回供水池，完成一次循环。

反循环钻进工艺 1951 年由前西德最先使用，20 世纪 70 年代后期传入我国。其冲洗液的循环路线与正循环钻进刚好相反，参见图 6-19。反循环钻进同正循环钻进相比，具有成井速度快和钻进成本低的优点，因而已得到广泛采用。

二、电法测井

电法测井，简称电测井。其主要目的是判断井孔内含水层的位置和厚度，以防止盲目下井管，造成损失。故电测井已成为凿井工艺中不可缺少的一道主要工序。

电测井的种类很多，目前最常用的是视电阻率法测井。

(一) 测井方法

视电阻率测井如图 6-20 所示。它是将供电电极 A 送入钻孔中，而另一端供电电极 B 接地，然后用直流电源给电极 A、B 供电，这样电极和钻孔附近的地层就形成了一个闭合回路。这时再将测量电极 M、N 送入钻孔中，就可以测出 M、N 之间地层的视电阻率 (ρ_s)。如此从上到下就可以测出钻孔所有孔段的视电阻率，绘出视电阻率曲线。

(二) 电测井曲线的解释

由图 6-20 可以看出，对应于含水层的部位 ρ_s 出现高值，含水层颗粒越粗、富水性越好、厚度越大，则 ρ_s 值越大；相反，含水层颗粒越细、富水性越差，ρ_s 值越小。对于

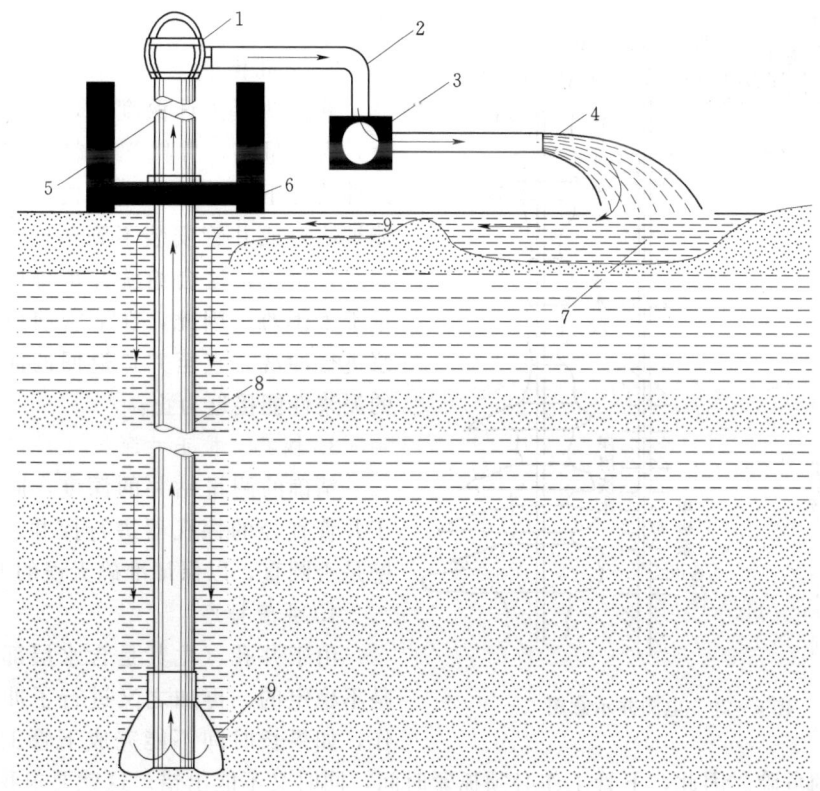

图 6-19 反循环钻进示意图
1—水龙头；2—吸水胶管；3—泵；4—排渣；5—主动钻杆；6—转盘；
7—集渣坑中的岩屑与砂；8—大直径钻杆；9—大口径鱼尾钻头

粘性土一类的隔水层，ρ_s 值出现低值。据此，可以判断含水层富水性的好坏，含水层厚度及位置。当然并不是所有的地层都是这样的规律。通常来说，松散层中，含水层 ρ_s 为高值，而隔水层（粘性土）为低值。而基岩中，岩浆岩和由它形成的变质岩之 ρ_s 变化规律同松散层相类似，而沉积岩则刚好相反。当然，仅仅凭测井曲线来确定含水层是不够的，还应该参考附近已有钻孔的地层资料和井孔钻进过程中的进度和冲洗液漏失情况，综合分析确定。

三、井管安装

井管安装简称下管。是成井工艺中的最重要工序，直接影响到成井的质量。在下管过程中如发生脱落、破裂、错位或扭斜事故，会造成很大的损失，甚至使水井报废。因此，对下管必须采取慎重态度。

（一）下管准备工作

1. 组织动员

下管（尤其是农灌井下水泥井管）是一项劳动强度大，互相联系严密，连续性很强的工作。因此，在下管前要做好思想动员，进行严密的组织和明确分工，密切配合，大胆细

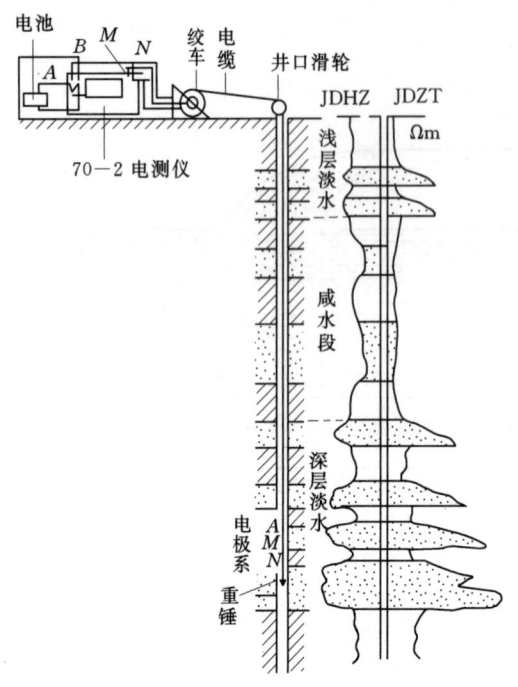

图 6-20 电测井示意图

心操作，认真负责各自岗位的工作，并注意安全。

2. 冲孔换浆

井孔钻至预计深度后，孔内泥浆粘度大，含砂量高，井壁泥皮较厚等。如果在这种情况下将井管下入井内，滤水管有可能被堵塞或井管安装不到预计深度，造成滤水管错位，这会给洗井填砾以及成井质量带来困难。因此，在下管前应用优质泥浆进行冲洗。直至井口返回的泥浆和送入的泥浆性能接近为止。

3. 探孔、校正井深

精确的测量钻井的深度，同时要用大于井管直径的探孔器进行探井，以查明井壁是否圆直，以保证准确无误的下管。

4. 井管排序

由于井孔（尤其是含水层部位）孔壁是不稳定的，再加之又进行了冲孔换浆工作，如果长时间不能完成下管工作，钻孔就有坍塌的危险。因此，下管工作必须抓紧时间，同时又不能出错。这就要求我们应做到忙而不乱，则井管的编号、排序工作就很有必要。

5. 设备、器材检查

主要是检查起重设备、工具和管材，也包括下管所用设备上的部件、绳卡及销钉等。

6. 清理现场

清除钻机附近的障碍物，搬走不用的机械设备。

(二) 下管方法

常用的下管方法有悬吊下管法和钻杆托盘下管法，简单介绍如下。

1. 悬吊法下管

悬吊下管法主要适用于安装抗拉强度较大的井管，如钢管、铸铁管、塑料井管等。该方法是用钻机的起重设备提吊井管，因此下管深度取决于井管的抗拉强度和钻塔的负荷能力。该方法具有下管速度快，施工比较安全，且易于保证井管下直等优点。

悬吊下管法如图 6-21 所示。其主要设备有管卡子、钢丝绳套、井架和起重设备。管卡子及钢丝绳套，主要是起吊井管时用的，管卡子的构造如图 6-22 所示。

悬吊下管法的下管步骤较为简单，首先用管卡子将底端

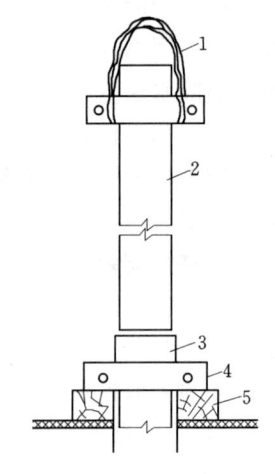

图 6-21 悬吊下管法示意图
1—钢丝绳套；2—井管；3—管箍；
4—管卡子；5—方木

封死的第一根井管在上部夹紧，并将钢丝绳套套在管卡子的两侧，通过滑车将井管悬吊起来下入孔内，使管卡子轻轻落在井口垫木上，随后摘下第一根井管的钢丝绳套，用同样的方法吊起第二根井管，并将第二根井管下端与井口处的第一根井管上端对正好（用管箍或焊接的方法），然后将井管稍稍吊起，卸开第一根井管上端的管卡子，向井孔下入第二根井管。按此方法直至将井管全部安装完毕。

2. 钻杆托盘下管法

该法适用于非金属井管的下管，使用较为普遍。钻杆托盘下管法如图6-23所示。其主要设备为托盘、钻杆、井架及起重设备。托盘如图6-24所示。

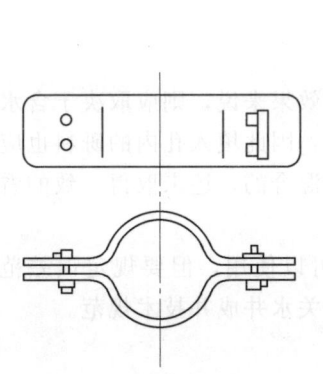
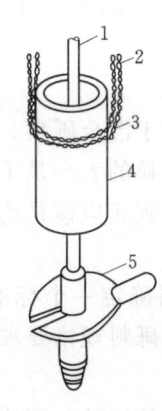
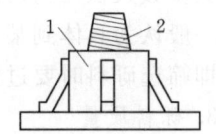

图6-22 管卡子示意图　　图6-23 钻杆托盘下管法示意图　　图6-24 托盘示意图
　　　　　　　　　　　　1—钻杆；2—大绳；3—大绳套；　　　1—托盘；2—反丝扣接头
　　　　　　　　　　　　4—井管；5—圆形垫叉

钻杆托盘下管法的方法步骤如下：

（1）将第一根带反丝扣接箍的钻杆与托盘中心的反丝锥形接头在井口连接好，然后将井管吊起套于钻杆上，徐徐落下，使托盘与井管端正连接在一起。

（2）把装好井管的第一根钻杆吊起后放入井内，用垫叉在井口枕木或垫轨上将钻杆上端卡住，摘下提引器准备起吊另一根钻杆。

（3）将第二根钻杆穿入第二次应下的井管内，并在其下端插一圆形垫叉，准备起吊。

（4）将套有井管的第二根钻杆吊起对准第一根钻杆上端接头。然后用另一套起重设备，单独将套在第二根钻杆上的井管提高一段距离，拿去圆形垫叉，对接好两根钻杆。再将全部钻杆提起一段高度，拔去垫叉，并将两根井管在井口接好之后，即将接好的井管全部下入井内。依此法再下第三根钻杆上的井管。如此循环直至下完井管。

（5）待全部井管下完及管外填砾已有一定高度且使井管在井孔中稳定以后，再用人力徐徐转动钻杆，使之与托盘脱离，然后将钻杆逐根提出井外。

四、填砾

填砾就是在对着含水层的滤水管周围人工围填砾料，从而在水井周围形成一个人工过滤层，达到增大水井出水量和防止涌砂的目的。

下管结束后，应立即进行填砾。如拖延时间，则可能发生缩径、坍塌等故障，对成井质量产生影响。另外，如果填砾工作不符合要求，就有可能使水井出水量减少、涌砂，甚

169

至报废。因此，必须重视此项工作。

（一）砾料的选择

选择砾料时，应确定砾料的直径、均匀度和砾料的质量。

1. 砾料的直径

选择砾料的直径应根据含水层颗粒分析的结果来确定。我国颗粒分析通常是采用筛分法，即用一组直径由大到小不同规格的筛子对样品进行筛分，用每一规格筛子之上颗粒累计重量的百分比来表示分析结果，当颗粒累计重量百分比达到50％时筛孔的直径，就计做该样品的标准粒径，用d_{50}表示。通过大量的室内试验和水井现场观测，得出的结论是：当砾料直径是含水层砂粒标准直径（d_{50}）的4～8倍时，能有效起到挡砂且不影响水井出水量的作用，以6倍为最佳。

2. 砾料的均匀度

从透水性角度考虑，均匀的砾料大于混合砾料。但从挡砂效果来说，则应取决于含水层中砂粒的实际大小。由于含水层中砂粒的大小是千差万别的，因此填入孔内的砾料也应该与之相适应。到目前为止，砾料规格到底应该是均匀的还是混合的，还未取得一致的看法，大多数人认为均匀的为好。

一般认为具体到某一含水层，砾料确定一个标准直径就可以使用，但要规定误差范围，即筛选砾料时要过两次筛。具体的砾料规格要求可参阅有关水井成井技术规范。

3. 砾料质量

砾料应该是干净的、滚圆的、光滑的河砂，不能采用机械破碎的岩石颗粒。砾料应主要由硅质成分组成，其他石灰质、粘土质颗粒含量不能超过15％。如果杂质过多应进行冲洗，必要时进行酸处理。

（二）填砾厚度及填砾数量估算

1. 填砾厚度

国内外大量试验证明：只要砾石直径与砂样直径选择合适，填砾最小厚度相当于砂样标准粒径的2～3倍厚度时，就足够阻挡砂粒。当然，在实际工作中要考虑安全系数。我国一般取填砾厚度为75～100mm。

2. 砾料数量估算

井内所需砾料的数量，可按下式计算

$$Q = \frac{\pi}{4}(D^2 - d^2)LK \tag{6-1}$$

式中 Q——填砾数量（m³）；

D——孔径（m）；

d——井管直径（m）；

L——填砾孔段长度（m）；

K——超径系数，一般取$K=1.2\sim1.5$。

实践证明，理论计算数据往往小于实际消耗量，故在实际工作中应根据计算结果和钻孔的实际情况酌情增加。

（三）填砾方法

填砾前先进行彻底换浆，然后开始填砾。开始时，应均匀地由井管四周填入，速度不宜太快。当填至井内开始返水后，可适当加快填砾速度。返水数量会随着填砾数量的增加，逐渐变小。当井口返水突然变小时，说明孔内砾料的高度已将滤水管埋没，可用测绳测量填砾高度，核算砾料数量，如无大的误差，即完成填砾工序。

五、止水

（一）止水的目的

水井止水的目的是隔离有害的（或水质差的）含水层中的水，使井水不受污染。有时，为合理利用地下水，需分层开发时，也需要进行止水工作。

（二）止水方法

1. 粘土止水

粘土具有一定的粘聚力和抗剪强度，压实后隔水性较好，且经济、材料来源广泛。适合用于各种大口径水井的止水。粘土止水方法见图 6-25，具体方法是：

（1）提前将粘土中拌入少量水分，团成 30～40mm 的小球，预先阴干备用。

（2）当水井填砾至止水位置后（隔水层部位），投入止水粘土球。速度不能过快，以防中途堵塞。止水粘土球的厚度（即孔段长度）应超过 3m，其上再投入 1～2m（孔段长度）粘土碎块，以便于其遇水溶化后，充填于粘土球间的间隙内，确保止水效果。

2. 水泥止水

水泥在水中硬化，将井管与井壁的岩石结合在一起，具有较高强度和良好的隔水性能。因此，广泛地应用于水井的永久性止水。一般方法是将钻杆下至拟止水的位置，然后用泥浆泵将水泥浆泵入，待水泥凝固后就达到了永久止水的目的。

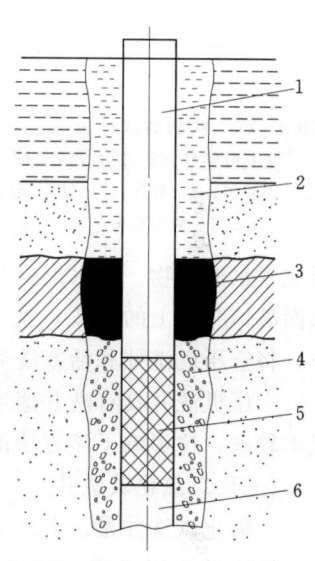

图 6-25 粘土止水示意图
1—井管；2—粘土碎块；3—粘土球；
4—砾料；5—滤水管；6—沉淀管

六、洗井

洗井的目的在于彻底清除井内残存的岩屑和泥浆；破坏井壁上因泥浆钻进而形成的泥皮，同时抽出含水层中的细小颗粒，从而在水井周围形成一层由粗到细的良好人工过滤层，使水井达到最大出水量。

洗井工作必须在下管、填砾、止水后马上进行，防止因停置时间过长，井壁泥皮硬化，造成洗井困难。洗井工作延续至水清砂净后才能结束。下面简要介绍常用的洗井方法。

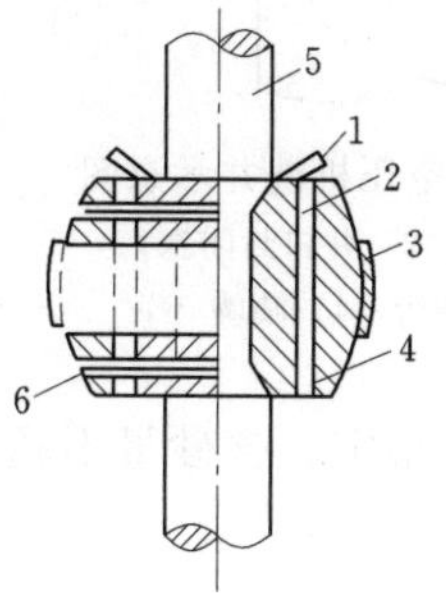

（一）活塞洗井

活塞洗井是一种设备简单、操作方便、费用低廉、效果显著的洗井方法，故在我国应用最为广泛。

活塞的构造形式很多，按材料可分为木制和铁制两种。见图 6-26 和图 6-27。

图 6-26 木制活塞示意图
1—活门；2—排气孔；3—橡胶带；
4—木制活塞；5—钻杆；6—铁丝

洗井过程中，当活塞借助钻杆的压力下降时，将井水从

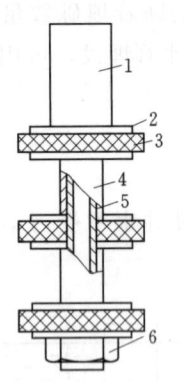

图 6-27 铁制活塞示意图
1—带孔眼钻杆；2—法兰盘；3—橡胶板；4—套管；5—钻杆；6—紧固螺母

滤水管处压出，对孔壁上的泥皮和含水层产生冲击。当活塞上提时，又在活塞下部形成负压，含水层中的地下水急速涌向井内，冲破井壁上的泥皮并将含水层中的细小砂粒带入井内。如此反复升降活塞，就会在短时间内将孔壁泥皮全部破坏，并将渗入到含水层中的泥浆抽出。

在使用活塞洗井时，要注意不能使用直径过大的活塞，防止因过紧难以升降或卡死在井管中，尤其是使用木制活塞时。此外，活塞升降速度不能太快，一般应控制在 0.5~1.0m/s。

（二）空压机洗井

利用空气压缩机进行洗井，在我国也是常规方法。空压机洗井原理见图 6-28，它是在钻杆下部连接一个喷嘴（一段带孔眼的短管），利用钻杆将喷嘴下到滤水管部位，将由空压机产生的压缩空气通入钻杆，则由喷嘴喷出的压缩空气与井水混合后，形成气水混合物。气水混合物的冲力通过滤水管，在管外呈涡旋流动，使砾料产生扰动，从而破坏井壁上的泥皮。洗井过程中，可上下移动钻杆，直到将整个含水层都冲刷到为止。将空压机洗井和活塞洗井结合起来，则效果更佳。

空压机洗井具有洗井速度快、效果好的优点，但设备价格较高、安装复杂，因而洗井成本较高，这影响了该方法的推广应用。

（三）二氧化碳洗井

二氧化碳洗井是成井工艺中一种新的洗井方法。该法常应用于机械洗井效果不好的水井中。二氧化碳洗井是利用液态二氧化碳汽化时体积大量膨胀而产生巨大气压的原理，类似于爆炸所产生的冲击波。其具体方法是将高压液态的二氧化碳通过钻杆送入井底，则从钻杆底端喷出的液态二氧化碳遇水吸热后汽化，形成气水混合物。因其体积迅速膨胀，可形成井喷。在高速水流带动下，地下水携带含水层中的细小泥沙物质快速涌入井内，并随水喷出井外。使用此方法洗井速度快、效果佳。二氧化碳洗井装置的安装见图 6-29。

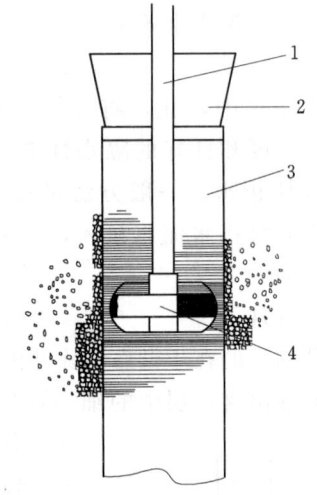

图 6-28 空压机洗井示意图
1—钻杆；2—井口封闭塞；3—井管；4—喷嘴

七、简易抽水试验

管井洗井结束后，为检验洗井效果和确定水井的出水能力，应进行简易的抽水试验。试验设备采用水泵或空压机均可。抽水时间无明确规定，抽至出水量基本稳定、含砂量不超过二百万分之一即可。观测内容包括水井涌水量和井中水位降深值。

八、管外封闭和成井验收

（一）管外封闭

待简易抽水试验结束后，井口还应进行管外封闭，目的是为了防止地表污水渗入和保持井口地面的稳定。与前述的止水方法类似,可向管外填入粘土球或灌注水泥浆至地面。

(二) 成井验收

管井竣工后,应由设计、施工及使用单位的代表,在现场根据设计和有关规范的要求对水井的各项质量指标进行验收。

1. 水井验收的主要质量指标

(1) 单井出水量。管井的单井出水量应与设计出水量基本相符。如管井揭露的含水层与设计依据不符时,可按实际抽水量验收。

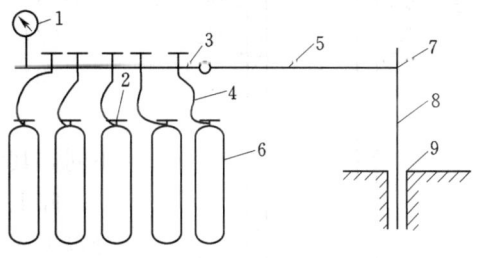

图 6-29 二氧化碳洗井装置安装平面示意图
1—压力表;2—高压阀门;3—输送管;4—高压软管;5—高压硬管线;6—二氧化碳瓶;7—三通;8—钻杆;9—井孔

(2) 管井抽水稳定后,井水含砂量不得超过二百万分之一(体积比)。

(3) 超污染指标的含水层应严密封闭。

(4) 井内沉淀物的高度不得大于井深的 5‰。

(5) 井管应安装在井的中心,上口应保持水平,井管与井深的尺寸偏差,不得超过全长的 ±2‰,滤水管安装位置的偏差,上下不得超过 300mm。

(6) 井身应圆正,其顶角及方位角,不能突变。井深为 100m 以内时,井身顶角倾斜,不能超过 1°;井深 100m 以下的井段,每 100m 顶角倾斜不得超过 1.5°。

2. 管井验收时,施工单位应提供的资料

(1) 水井的地层柱状图和水井结构图。

(2) 岩(土)样及砾料的颗粒分析成果表。

(3) 抽水试验资料成果。

(4) 水质分析资料。

(5) 管井施工及使用说明书。包括施工情况的简要描述、设计变更情况、水井使用过程中的注意事项、发生问题后的维修方案和建议、适宜的提水设备等。

第四节 大口井与辐射井

一、大口井

大口井以其口径较大而得名。又因其深度不大,多集取浅层地下水,故又称浅井。

大口径的直径大小主要根据地质岩性、井的深度、打井机具及施工方法等确定。一般直径在 3~5m,最大可达 10m。

井深主要根据地下水的埋深,含水层的导水性能、单井出水量大小以及施工条件决定。含水层导水性好,单井出水量大,人工开挖时井深可小些。反之,则大一些。大口井的深度一般在 20m 左右,超过 50~60m 者甚少。

大口井具有出水量大、施工简单、就地取材、检修容易、使用年限较长等优点。但井的出水量大小易受潜水位变化的影响。

(一) 大口井的结构

大口井由三部分组成(见图 6-30)。

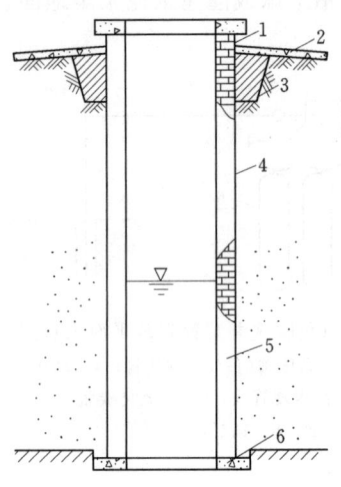

图 6-30 大口井示意图
1—井台；2—地面护砌；3—粘土截墙；
4—井筒；5—进水部分；6—井盘

(1) 井台。井的地上部分，主要保护井，防止洪水、污水以及杂物进入井内，同时还要考虑安装提水机具等。

(2) 井台高度一般高出地面 0.5m 以上。

(3) 井筒。进水部分以上的一段，又称旱筒。

(4) 进水部分。相应含水层的部分，常因造井材料不同，其结构也不一样。

除上述三部分以外，当大口井为完整井时，进水部分以下还应设沉砂部分，深度一般依地层颗粒大小级配情况而定，为 1~3m。

大口井根据井材料的不同可分为石井、砖井、混凝土井以及钢筋混凝土井等多种类型。

在农田灌溉中，目前最采用的是砖石或加筋砖石以及混凝土或钢筋混凝土井大口井。现将大口井的底盘、井筒及滤水结构分述如下：

1. 底盘结构

大口井的底盘，一般都采用钢筋混凝土现场浇注，高度约为 50~100cm。为了减少下盘时的阻力，底盘外径比井筒外径大 10~20cm，并在下部做成刀刃形。刀刃与水平面的夹角约为 45°~60°，见图 6-31。

在含有大量卵石的地层中，为了防止刀刃破坏，应在刀脚下加一环型的角钢，见图 6-32。

2. 井筒的结构

大口井的井筒一般多为空心圆柱体，为了方便于沉降，也可做成上小下大的空心圆锥体，井筒的厚度常随造井材料的不同而异，对砖石井筒多为 24~50cm，对混凝土或钢筋土井筒多为 24~40cm，一般水面以上部分的井筒厚度大小较水下部分小。

对直径较大的井筒，因其天然拱的作用很小，故在设计时不仅要考虑其轴向压力，同时还应考虑其周围土壤的侧压力，此侧压力可近似的按图 6-33 所示的三角分布进行计算。

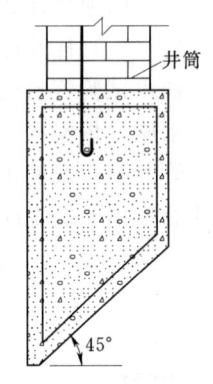

图 6-31 底盘结构示意图

设对某一岩层厚度为 h 时的土壤侧压力计算公式为

$$p = \gamma_\pm h \mathrm{tg}^2\left(45° - \frac{\varphi}{2}\right) \tag{6-2}$$

式中 p——土壤侧压力（Pa）；
φ——某一岩层的内摩擦角；
$\gamma_\pm$——某一岩层的重度（N/m³）；
h——某一岩层的厚度（m）。

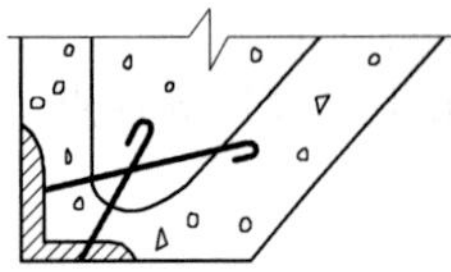

图 6-32 角钢连接示意图

岩层的容重，一般都采取湿容重，如被水饱和或为松

散含水层时，应采取饱和容重。当取用饱和容重时，则侧压力应为土壤和静水压力的总和，即

$$p = h\left[(\gamma_\text{土} - \gamma_\text{水})\tan^2\left(45° - \frac{\varphi}{2}\right) + \gamma_\text{水}\right] \quad (6-3)$$

式中 $\gamma_\text{水}$——水的重度（N/m³）；

其他符号意义同前。

当遇到承压水时，还应考虑在井水抽降前后井筒内外所承压受的静水压力，该压力又可分为方向不同的内外两种，可按下式计算，即

$$s = \gamma H \quad (6-4)$$

图 6-33 井筒壁土壤压力分布示意图

式中 s——井筒下端所承受的静水压力（Pa）；

γ——井口清水或泥浆的重度（N/m³）；

H——抽降前后井筒内外的水头差（m）。

因抽水后，井筒内的水位立即下降，而井筒外的水位尚未随之下降，故此时井筒内外侧所承受的压力增大。但在未抽水之前，则因井筒内外静水压力平衡，而对井筒受力状态是有利的，故在计算时，只考虑抽降以后的不利情况。

当考虑到各岩层和静水压力共同作用时，则井筒所受的承受外侧压力应为

$$q_\text{外} = p_1 + p_2 + \cdots + p_n + s_\text{外} \quad (6-5)$$

式中 $s_\text{外}$——井筒外侧静水压力（Pa）；

$q_\text{外}$——井筒外侧各层岩土压力及静水压力（Pa）。

由于井筒的厚度多按厚壁管的弹性理论进行校核，故井壁在外侧压力作用下可产生径向和切向（环向）应力（见图 6-34），并常按下列公式分别进行计算，即

$$\sigma_r = \frac{r_2^2 r_1^2}{r_1^2 - r_2^2} \cdot \frac{q_\text{外} - q_\text{内}}{r^2} - \frac{r_2^2 q_\text{内} - r_1^2 q_\text{外}}{r_1^2 - r_2^2} \quad (6-6)$$

$$\sigma_t = \frac{r_2^2 r_1^2}{r_1^2 - r_2^2} \cdot \frac{q_\text{外} - q_\text{内}}{r^2} + \frac{r_2^2 q_\text{内} - r_1^2 q_\text{外}}{r_1^2 - r_2^2} \quad (6-7)$$

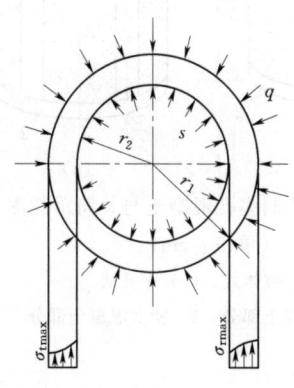

图 6-34 井管应力校核计算图

式中 σ_r——井筒的径向应力（Pa）；

σ_t——井筒的切向应力（Pa）；

$q_\text{内}$——井筒内侧静水压力或泥浆力（Pa）；

其他符号意义同前。

当 $q_\text{内} > q_\text{外}$（一般多系这种情况）时，最大径向压力发生在井筒的外壁。即 $r = r_1$ 处，此时

$$\sigma_{r\max} = -q_\text{外} \quad (6-8)$$

最大切向应力发生在井筒的内壁，即 $r = r_2$ 处。此时

$$\sigma_{t\max} = -\frac{2r_1^2 q_{\text{外}}}{r_1^2 - r_2^2} \tag{6-9}$$

式中负号表示压应力。

在校核计算后，当径向或切向的最大应力只要一个超出井筒的允许抗压强度时，便可增加井筒的厚度或增设必要的应力钢筋。

3. 滤水结构

(1) 井底进水的滤水的结构。井底滤水结构也称反滤层，是防止井底涌砂的安全措施，一般可设 3~4 层，每层厚度一般为 20~30cm，总厚度约为 0.7~1.0m，当含水层为粉细砂时，则可设 4~5 层，总厚度可达 1.0~1.2m。当含水层为粗砂、砾石时，可只设 2 层，总厚度不超过 0.6m。

与含水层相邻的第一层滤料粒径一般可按下式计算，即

$$\frac{D}{d_i} \leqslant 7 \sim 8$$

式中　D——与含水层相邻的第一层滤料粒径（mm）；

d_i——含水层颗粒的计算粒径（mm）；细砂、粉砂，$d_i = d_{40}$；中砂，$d_i = d_{30}$；粗砂 $d_i = d_{20}$；砾石、卵石，$d_i = d_{10}$。d_{40}，d_{30}，d_{20}，d_{10}，系指含水小于该粒径的颗粒占总重的 40%、30%、20%、10% 的颗粒直径（mm）。

相邻滤料之间的粒径比值，一般是上一层是下一层的 3~5 倍。

(2) 井壁进水的滤水结构。井壁进水的滤池结构有多孔混凝土滤水结构和重水滤水结构两种类型。多孔混凝土滤水结构可制成块状，与混凝土块或砖块相间砌筑，也可在现场浇注成带状或预制成井筒（图 6-35）。

重力滤水结构可按其进水孔形式和位置的不同而分为垂直式、倾斜式和复合式（即 V 字式）等（图 6-36）。

上述各种重力滤水结构，因具有自由表面，故应计算其容许渗透速度（$V_{容许}$）。通常可用下式进行计算，即

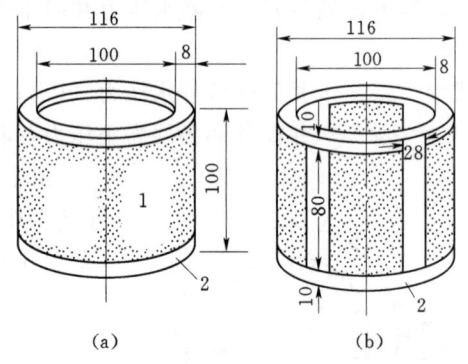

图 6-35　预制多孔混凝土与井筒示意图
（单位：cm）
(a) 整体式；(b) 穿孔式
1—多孔混凝土部分；2—密实混凝土部分

$$V_{容许} = \alpha\beta K(1-p)(\gamma-1) \tag{6-10}$$

式中　$V_{容许}$——容许渗透速度（m/s）；

α——安全系数，可采用 0.7~0.8（井底反滤层可采用 1.0）；

β——随进水孔倾斜度变化的系数，可见表 6-8；

K——靠近井内一层滤料的渗透系数，可查表 6-9；

p——滤料的孔隙率，可由表 6-10 查得；

γ——滤料重度，砂和砾石为 2.65。

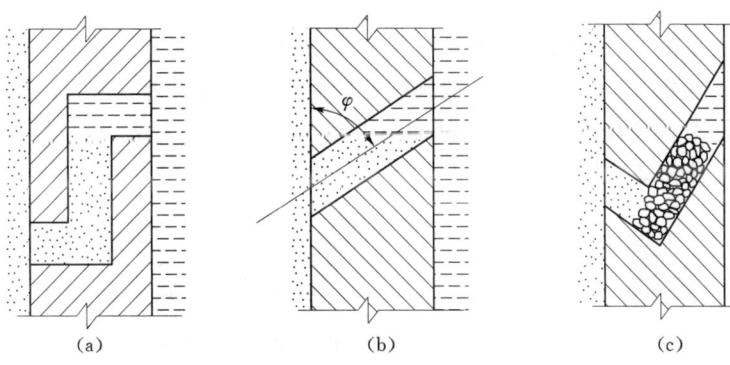

图 6-36 大口井井壁进水的重力滤水结构进水孔形式
(a) 垂直式；(b) 倾斜式；(c) 复合式

表 6-8　　　　　　　　进水孔不同倾斜角时的 β 值

孔口轴线与垂线间的夹角 φ	30	35	40	45	50	60
β 值	0.79	0.71	0.63	0.53	0.48	0.38

表 6-9　　　　　　　　滤料渗透系数 K 值表

过筛后的砂砾直径	0.5～1	1～2	2～3	3～5	5～7
渗透系数（m/s）	0.002	0.008	0.02	0.03	0.039

表 6-10　　　　　　　　滤料孔隙率 p 值表

滤料粒径（mm）	细砂 0.1～0.25	中砂 0.25～0.5	粗砂 0.5～1.0	砾石 1.0
孔隙率（%）	15～18	20～25	25	25

为了防止滤料中细小颗粒的流失，要求通过滤料层的渗透速度不应大于表 6-11 中所列数值。

表 6-11　　　　　　　　砂粒开始移动的最小流速 v_{min} 值表

砂粒直径（mm）	5.0	1.0	0.5	0.1
最小流速（cm/s）	2.0	1.0	0.7	0.3

（二）大口井的出水量计算

大口井的出水量计算公式较多，此处不便列出，请查阅水文地质手册。

（三）大口井的施工方法

大口井的施工方法可分为人工开挖法和机械施工法，现分别叙述如下。

1. 人工开挖法

人工开挖法是用人力和简单的半机械化工具与设备来开挖大口井的一种施工方法。该法称为沉盘法或沉井法。具体方法是把预制好的底盘放在井位上，底盘上砌筑井管至适当高度，然后掏挖支承底盘的土层，底盘即与井管一起下沉，至适当深度时再继续砌筑井管，接着继续开挖，如此反复，直至下沉到设计深度为止。

沉盘法可有平地下盘与井中下盘之分。当地下水埋深较大、岩层又较稳定时，为了加快施工速度，可先不放盘开挖井筒，至离地下水位 1.5～2.0m 时再放盘开挖，这种方法称井中下盘。而把在地面上放盘开挖称为平地下盘。

大口井人工施工的现场情况如图 6-37 所示。

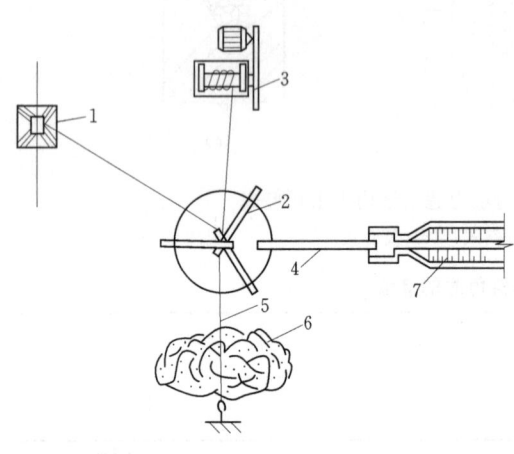

图 6-37 大口井施工现场平面布置图
1—绞盘；2—三脚架；3—卷扬机；4—水泵出水管；
5—滑道；6—弃土堆；7—排水渠

2. 机械施工大口井的方法

机械施工大口井的方法具有节省劳力、提高工效、施工安全并容易解决水下施工问题等优点。常用的机械施工方法可分为挖掘机械开挖法、水力机械开挖法等。

（1）挖掘机械开挖法。挖掘机械开挖法适用于松散岩层，通常在砂土层岩内可使用两瓣式挖掘机进行施工，而在砾石或卵石地层中则可使用四瓣式挖掘机进行施工。采用合瓣式挖掘机开挖大口井，仅适用于井径较大、井深较浅的大口井，而井径较小、井深较大的大口井则不宜采用。用合瓣式挖掘机开挖大口井的施工如图 6-38 所示。

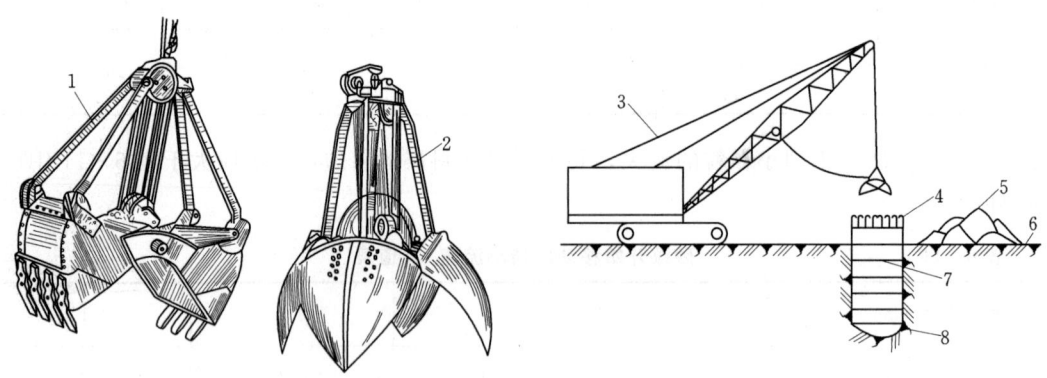

图 6-38 合瓣式挖土机开挖大口井示意图
1—合瓣式挖土机；2—多瓣式挖土机；3—索式挖土机；4—钢筋；5—弃土堆；
6—地面；7—钢筋圈；8—井筒

（2）水力机械开挖法。水力机械开挖大口井的施工方法适用于细粒松散和粘性不大的岩层。其原理是利用高压水流经水力喷射器的喷嘴来冲击井底岩层，使其松散后与水混合，并用专门的管子借负压力作用将其喷出井口以外。这种施工方法尽管效能很高，但需具有足够的水源供应。且要有水泵及专门水管等设备保证，方可采用，水力机械挖掘大口井的施工如图 6-39 所示。

二、辐射井

辐射井是随着地下水集取工程发展而出现的一种新井型。它能高效集取不同类型水文地质条件的地下水，特别在浅层、薄层含水层，以及透水性差的深厚含水层中，其出水量较普通管井、筒井及大口井高出数至十倍。具有很强的取水能力和较高的经济效益。

（一）辐射井的结构

辐射井是由大口径的集水竖井和若干水平集水管（孔）联合构成的一种井型。其水平集水管在大口竖井的下部穿过井壁深入含水层中，由于水平集水管成辐射状分布，故称为辐射井，辐射井的结构如图 6-40 所示。

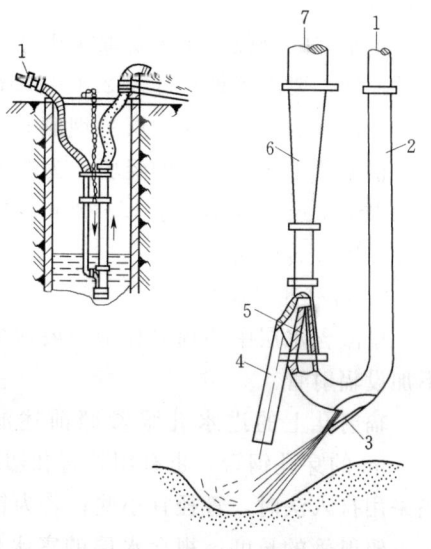

图 6-39 水力机械开挖大口井示意图
1—进水；2—压力管；3—喷嘴；4—进水管；
5—吸嘴；6—扩散管；7—出泥

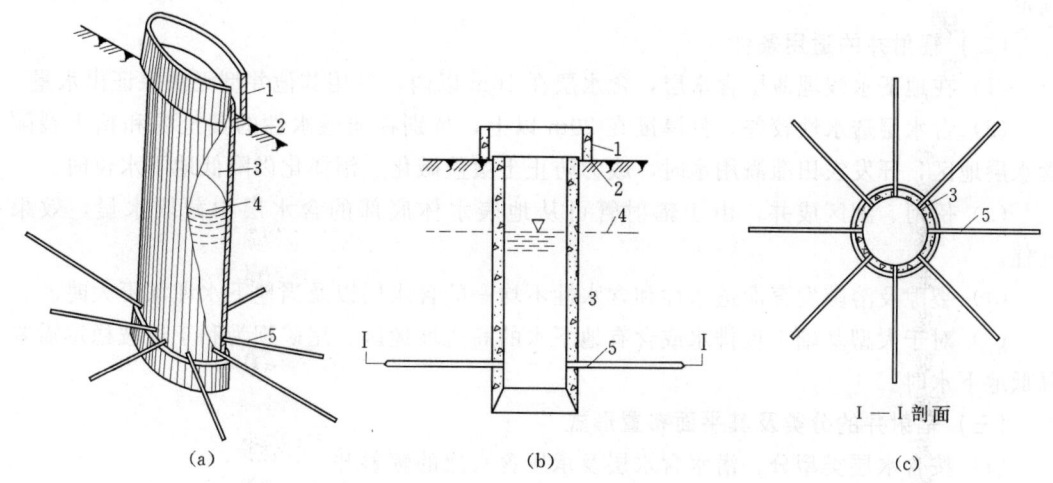

图 6-40 辐射井示意图
（a）外形图；（b）纵剖面图；（c）横剖面图—围墙
1—围墙；2—地面线；3—集水井；4—静水面；5—辐射管

1. 集水井

又称竖井。集水井外形相似于大口井，但它一般不直接从含水层进水。因此，除少数井底进水者外，绝大多数集水井的井底、井壁是封死的，以利于施工和管理。用途是汇集由辐射管进来的地下水,造成方便的提水条件;辐射孔(管)施工的现场;提水机具安装的场所。

集水井的直径大小主要取决于施工辐射孔(管)的需要,当前施工机械多为水平钻机和千斤顶,要求场地尺寸为2.1～2.5m。但工程上多采用3.0m,也有直径达6m者。

集水井的深度视含水层的埋藏条件而定。多数深度在10～20m之间,也有深达30m者。根据黄土区辐射井的经验,为增大进水水头,施工条件允许时,可尽量增大井深,要求深入含水层深度不小于15～20m。集水井用混凝土和钢筋混凝土井管。农用辐射井的集水井多用青砖砌筑。

2. 辐射孔(管)

松散含水层中的辐射孔中一般均穿入滤水管,而对坚固的裂隙岩层,可只打辐射孔而不加设辐射管。

辐射孔上的进水孔眼参照前述滤水管进行设计。辐射管的材料多为直径为50～200mm的穿孔钢管,也有用竹管和塑料等管材的。管材直径大小与施工方法有密切关系。当采用打入法时,管径宜小些;若为钻孔穿管法,管径可大一些。

辐射管的长度,视含水层的富水性和施工条件而定。当含水层富水性差、施工容易时,辐射管宜长一些;反之,则短一些。目前生产中,在砂砾卵石层中多为10～20m;在黄土类土层中多为100～120m。

辐射管布置的形式和数量多少,直接关系到辐射井出水量的多少与工程造价的高低,应密切结合当地水文地质条件与地面水体的分布以及它们之间的联系,因地制宜的加以确定。

(二) 辐射井的适用条件

(1) 在地下水浅埋薄层含水层,含水层在10m以内,采用其他井型无法保证出水量。

(2) 含水层透水性较差,且厚度在20m以上,特别在弱透水性的黄土塬和粘土裂隙含水层地区,开发农田灌溉用水时,或为防止土壤盐碱化、沼泽化以降低地下水位时。

(3) 傍河、湖区成井,由于辐射管可从地表水体底部的含水层中截取水量,效果甚佳。

(4) 裂隙及溶隙发育而透水性和含水性不均一的含水层以及当地下水埋深不大时。

(5) 对于大型基础工程排水或含有地下水的高边坡地区、尾矿坝为利于边坡稳定需要降低地下水时。

(三) 辐射井的分类及其平面布置形式

(1) 按含水层类型分:潜水含水层及承压含水层的辐射井。

(2) 按结构分:井壁侧滤孔及水平辐射滤管的辐射井。

(3) 按配置排数分:单层辐射管式及多层辐射管式的辐射井,当含水层薄但富水性较好时,可布设单层辐射管,当含水层富水性差但厚度大时,可布置多层辐射管。

(4) 按平面布置的不同集水形式分:

1) 集取河床渗透水时,集水井设在岸边或滩地,辐射管伸入河床下,如图6-41所示。

2) 集取河床渗透水和岸边地下水时,集水井设在岸边,部分辐射管伸入河床下,部

第四节 大口井与辐射井

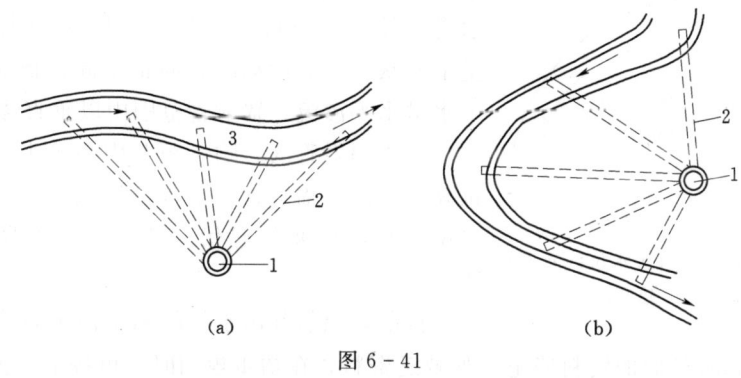

图 6-41

1—集水井；2—辐射管；3—河流

分辐射管设在岸边，如图 6-42 所示。

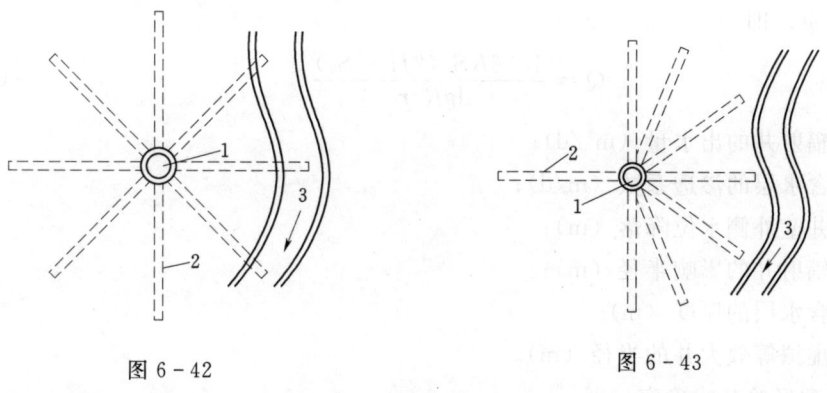

图 6-42　　　　　　　　　图 6-43

3）集取岸边地下水时，集水井和辐射管均设在岸边，如图 6-43 所示。

4）远离河流集取岸边地下水时，大多数辐射管的布置垂直于地下水流向，如图 6-44 所示。

5）集取黄土中地下水时，集水井和辐射井管均设在黄土含水层中，一般较均匀布置辐射管。

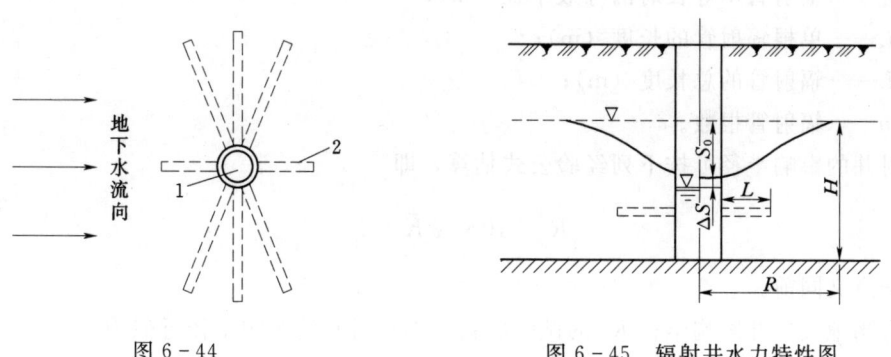

图 6-44　　　　　　　　图 6-45　辐射井水力特性图

（四）辐射井出水量计算

由于辐射井的结构特殊，抽水时水力条件与管井、大口井不同。试验表明，辐射井抽

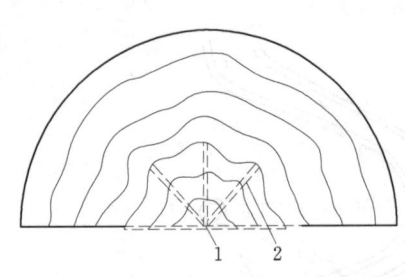

图 6-46 辐射井抽水时等水位线示意图
1—集水井；2—辐射管

水时水位降落曲线由两部分组成，见图 6-45；在辐射管以外呈上凸状（类似普通井）；在辐射管范围内呈下凹状。水流运动的方向也不同，辐射管以外，地下水呈水平渗流，辐射管范围内以垂直渗流为主。

因受辐射管的影响，距井中心等半径处，地下水位高低不同，辐射管顶上水位较低，两辐射管之间的水位较高，呈波状起伏。其等水位线图如图 6-46 所示。

目前，辐射井出水量的确定尚无较准确的理论计算方法，多按抽水试验的资料确定。如缺乏资料，在初步规划时，可按下列方法估算。

1. 等效大井法

将辐射井化为一虚拟大口井，出水量与它相等。可按与潜水完整井相类似的公式计算辐射井的出水量，即

$$Q = \frac{1.36 K S_0 (2H - S_0)}{\lg R/r_f} \qquad (6-11)$$

式中 Q——辐射井的出水量（m^3/d）；
K——含水层的渗透系数（m/d）；
S_0——井壁外侧水位降落（m）；
R——辐射井的影响半径（m）；
H——含水层的厚度（m）；
r_f——虚拟等效大井的半径（m）。

r_f 可用下列经验公式确定，即

$$r_{f1} = 0.25^{\frac{1}{n}} L \qquad (6-12)$$

$$r_{f2} = \frac{2 \sum L}{3n} \qquad (6-13)$$

式中 r_{f1}——辐射管等长时的等效半径（m）；
r_{f2}——辐射管不等长时的等效半径（m）；
L——单根辐射管的长度（m）；
$\sum L$——辐射管的总长度（m）；
n——辐射管根数。

辐射井的影响半径可按下列经验公式估算，即

$$R = 10 S_0 \sqrt{K} + L$$

式中符号意义同前。

如有当地大口井影响半径 R_0 的试验资料，则辐射井的影响半径近似为

$$R = R_0 + L$$

式中 R_0——大口井的影响半径。

2. 渗水管法

将辐射管按一般渗水管看待。其出水量为

$$Q = 2\alpha K r S_0 \sum L$$

式中 α——干扰系数,变化较大,通常 $\alpha = \dfrac{1.27}{n^{0.418}}$;

r——辐射管的半径(m);

其余符号同前。

(五) 辐射井的施工

辐射井的集水井和辐射孔(管)的结构不同,施工方法和施工机械也完全不同,故分别叙述如下。

1. 集水井的施工方法

与前述大口井的施工方法基本一样,故不在赘述。

2. 辐射管的施工方法

辐射管的施工方法基本上可分为顶(打)进法和钻进法两种。前者适用于松散含水层,而后者适用于黄土类含水层。

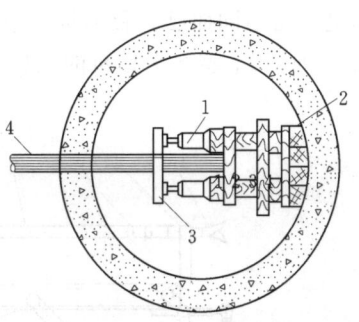

图 6-47 顶进法示意图
1—千斤顶;2—支架;
3—顶进夹板;4—穿孔钢管

(1) 顶(打)进法。顶进和打入的方法基本上是一样的。顶进法是采用1000kN或更大的油压千斤顶,将长1.5m左右的短节穿孔钢管逐节陆续压入含水层中。见图 6-47。

此法适用于中、粗砂或砂砾卵石含水层。允许采用的管径可大于 200~300mm。

顶进法需配合水枪作业,所需供水压力 30~80N/cm²,孔口流速在砂类含水层为 15m/s 左右,在卵石类含水层为 30m/s。

目前较先进的顶进法是在辐射管的最前端装有一个空心铸钢特制的锥形管头,并在辐射管内装置一个清砂管,见图 6-48。

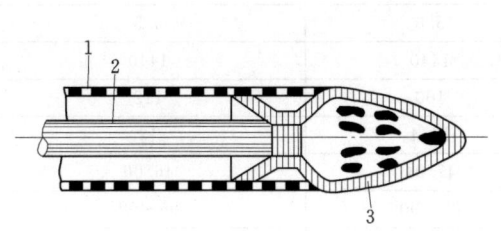

图 6-48 管头
1—辐射管;2—清砂管;3—管头

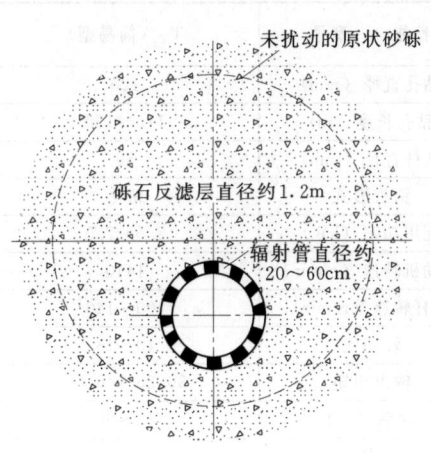

图 6-49 辐射管外反滤层断面图

在辐射管被顶进的过程中,含水层中的细砂砾进入锥头,通过清砂管带到集水井内排走。同时可将含水层中的大颗粒砾石推挤到辐射管的周围,形成一条天然的环行砂、砾反滤层,见图 6-49。

(2) 钻进法。此法是采用水平钻机,先在含水层内钻成辐射孔,然后装入辐射管的一种方法。近年也有采用套管钻进法的,在钻进过程中,同时跟进辐射管,成孔后拔出,辐射管留在辐射孔内。

钻进法用的水平钻机的结构和工作原理,与一般循环回转钻进相似,但钻机较轻便且钻进方向不同而已。目前推广应用的水平钻机有 T_Y 型、SPZ 型和 SX 型,其性能如表 6-12 所列。T_Y 型水平钻机的结构如图 6-50 所示。

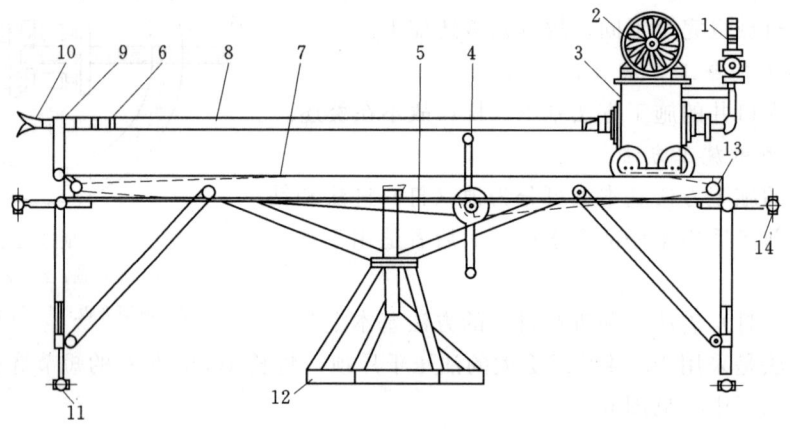

图 6-50 T_Y 型水平钻机总装配图

1—胶管接头;2—电动机;3—动力头;4—手摇绞车;5—钢丝绳;6—钻杆接头;7—机架;8—钻杆;9—钻杆中心架;10—钻头;11—机架支撑;12—机座;13—滑轮;14—水平支撑

表 6-12 水平钻机性能表

性能 型号	T_Y(简易型)	SX(陕减型)	SPZ(陕西省水科所型)
钻孔直径(mm)	120	120	120
钻孔长度(m)	110~150	110~150	110~150
钻杆直径(mm)	50	50	50
钻头形式	鱼尾	鱼尾	鱼尾
配用功率(kW)	5.5~7.0	5.5	5.5
电动机转速(r/min)	1440	1440	1440
钻杆转速(r/min)	100~140	100	112
转动比	10~13	14.4	13
输出扭矩	36.26~46.06	47.04	46.06
效率(%)	85~90	85~90	96~98
动力头重(kN)	1.666	1.470	0.676
给水泵	$2B_{35}$	$2B_{35}$	$2B_{35}$
设计制造	陕西省水科所	陕西省水科所	陕西省水科所
生产单位	西安郊区拖拉机修造厂	乾县农机修造厂	咸阳市地下水工作队

第五节 截潜流工程

一、截潜流工程的类型

按截潜流的完整程度分为两种类型。

(一) 完整式

即将河床中的地下径流完全拦截,见图6-51。这种形式适用于砾卵石含水层厚度不大的河床中。

(二) 非完整式

当河床中含水层厚度较大或水量较充足时,考虑经济因素,在满足用水需要的前提下,也可不将地下径流完全拦截。非完整式截潜流工程又按集水方式分为明沟式、暗管式和盲沟式三种类型,见图6-52。

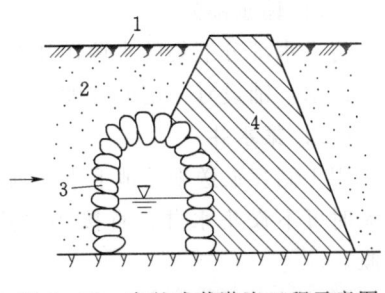

图6-51 完整式截潜流工程示意图
1—干河床;2—砂层;3—截水墙;
4—集水廊道

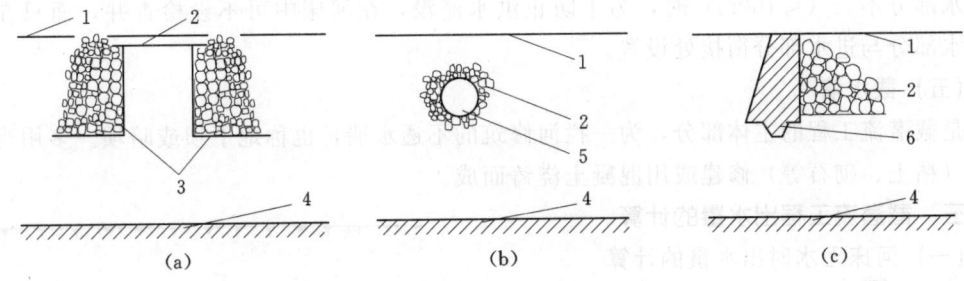

图6-52 非完整式截潜流工程示意图
(a) 明沟式;(b) 暗管式;(c) 盲沟式
1—河床;2—盖板;3—滤料;4—隔水层;5—集水管;6—挡水墙

二、截潜流工程的结构

通常由五部分组成,见图6-53。

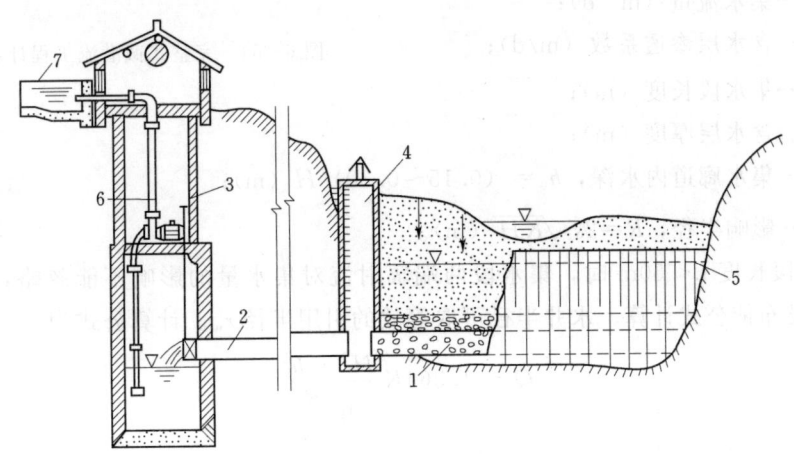

图6-53 截潜流工程结构示意图
1—进水部分;2—输水部分;3—集水井;4—检查井;5—截水墙;6—水泵;7—出水池

(一) 进水部分

主要作用是集取地下潜流，多由用当地材料（砖、石等）砌筑的廊道或管道构成。进水部分留有进水孔眼，周围填充滤料。

(二) 输水部分

将进水部分汇集的水输送往明渠或集水井，以便自流引水或集中抽水。输水管道一般为不进水，铺设有一定的坡度。

(三) 集水井

用于储存输送来的地下水，通过提水机具，将地下水提到地面上来。若地形条件允许自流时可不设集水井，直接用管道或明渠引水或建蓄水池，利用闸门调节水量以自流灌溉。

(四) 检查井

输水建筑的端部、转角和断面变换处应设置检查井。直线部分检查井的间距，一般可采用 50m。设置检查井的目的，是为了通风、疏通、清淤、修理及观察管道工作状况等。当输水部分不长（<100m）时，为了防止洪水淹没，在河床中可不设检查井，而只在岸边输水部分与进水部分衔接处设置。

(五) 截水墙

是截潜流工程的主体部分，为一拦河修筑的不透水墙，也称地下坝或暗坝。多用当地材料（粘土、砌石等）修建或用混凝土浇铸而成。

三、截潜流工程出水量的计算

(一) 河床无水时出水量的计算

1. 完整式

完整式截潜流工程的集水量计算，如图 6-54 所示，计算公式为

$$Q = KL \frac{H^2 - h_0^2}{2R} \quad (6-14)$$

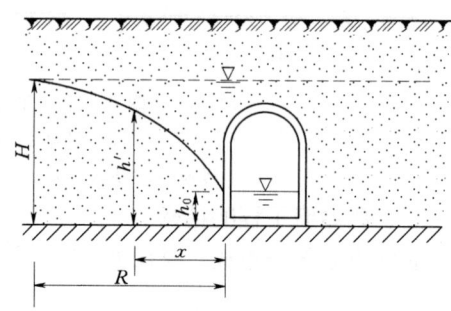

图 6-54 完整式截潜流工程计算示意图

式中 Q——集水流量（m^3/d）；

K——含水层渗透系数（m/d）；

L——集水段长度（m）；

H——含水层厚度（m）；

h_0——集水廊道内水深，$h_0 = (0.15 \sim 0.30) H$（m）；

R——影响半径，$R = 2s\sqrt{KH}$（m）。

当集水段长度 $L < 50m$ 时，集水段两端辐射流对集水量的影响不能忽略，此时可用"大井"的裘布依公式计算。水井半径可取等效的引用半径 r_w。计算公式为

$$Q = 1.364K \frac{H^2 - h_0^2}{\lg \frac{R}{r_w}} \quad (6-15)$$

式中 r_w——与集水段等效的引用半径，$r_w = 0.25L$（m）；

其余符号意义同前。

2. 非完整式

非完整式截潜流工程的集水量一般采用下述的经验公式计算（参见图6-55）

$$Q = KL \frac{H^2 - h_0^2}{2R} \beta \tag{6-16}$$

$$\beta = \sqrt{\frac{h' + 0.5C}{h_0}} \sqrt{\frac{2h_0 - H'}{h_0}} \tag{6-17}$$

式中 β——修正系数；

h_0——廊道内水面到隔水层的距离（m）；

h'——廊道内水深（m）；

C——廊道宽度之半（m）；

H——廊道底部到潜水位的距离（m）；

其余符号意义同前。

式（6-17）适用于 $h_0 = T$ 时。若含水层厚度较大时，还应对 H 值进行修正，公式为

$$H = 2.0(T + h') \tag{6-18}$$

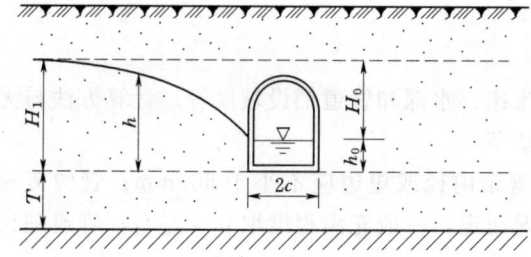

图6-55 非完整式截潜流工程计算示意图

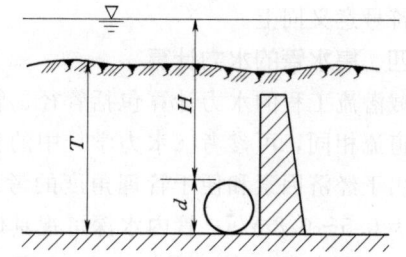

图6-56 河床有水时完整式计算示意图

（二）河床有水时出水量的计算

1. 完整式（图6-56）

$$Q = \alpha L K q_r \tag{6-19}$$

$$q_r = \frac{H - H_0}{A} \tag{6-20}$$

$$A = 0.371 \lg \cot\left[\frac{\pi}{8} \times \frac{d}{T}\right] \tag{6-21}$$

式中 Q——截潜流工程出水量（m³/d）；

L——截潜流集水管长度（m）；

K——渗透系数；

α——与河水浑浊度有关的校正系数。当较大浑浊时，取 $\alpha \approx 0.3$；中等浑浊时，取 $\alpha \approx 0.6$；较小浑浊时，取 $\alpha \approx 0.8$；

H——集水管顶上的水头高度（m）；

H_0——集水管外对应管内剩余压力的水头高度（当管中为一个大气压时 $H_0 = 0$）（m）；

d——集水管直径（m）；

T——河床透水层的厚度（m）。

2. 非完整式（图 6-57）

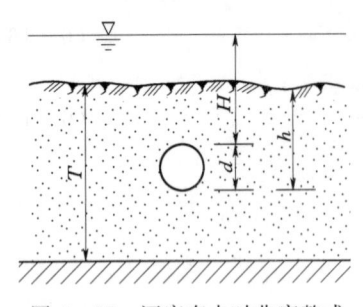

图 6-57 河床有水时非完整式
计算示意图

与完整式计算公式基本一致，只是 A 的计算不同，即

$$Q = \alpha L K q_r \quad (6-22)$$

$$q_r = \frac{H - H_0}{A} \quad (6-23)$$

$$A = 0.37 \lg \left[\tan\left(\frac{\pi}{8} \times \frac{4h-d}{T}\right) \cot\left(\frac{\pi}{8} \times \frac{d}{T}\right) \right] \quad (6-24)$$

式中 h——集水管的埋深，即由河床到管底的深度（m）；
其余符号意义同前。

当 T 值极大时，A 值计算可用下式简化计算

$$A = 0.37 \lg\left(\frac{4h}{d} - 1\right) \quad (6-25)$$

式中符号意义同上。

四、集水管的水力计算

截潜流工程的水力计算包括管径、管内流速、水深和管道铺设坡度等。计算方法与无压管道流相同，可参考《水力学》中的相关章节。

出于经济因素和便于管理角度的考虑，管渠内径或短边应不小于 600mm；管内流速一般为 $0.5 \sim 0.8$m/s；管内水深可视具体情况而定，一般充满程度取 0.4 左右；管道铺设坡度应根据水力计算结果确定，一般不小于 1‰。

五、截潜流工程设计要点

（一）位置的选择

截潜流工程地点的选择，关键是确定截水墙的位置。它关系到工程造价和取水工程的正常运行。工程地点的选择应考虑以下几方面。

（1）水量、水质要求。截潜流河段应有满足需要的地下径流量，且水质符合要求。

（2）地形要求。为节约成本，最好是选择在相对狭窄的河段，但也要考虑输水和用水的方便。

（3）含水层条件为控制土方量、降低造价，含水层厚度不易过大，以 $3 \sim 5$m 为宜。

（4）建筑材料。应有就地取材的条件，如石料、粘性土等。

（二）工程平面布置

图 6-58 是常见截潜流工程的平面布置图。出于节约建筑材料和降低造价的目的，截水墙一般与河道的主流线方向垂直。为便于管理和检修，多将集水井、泵站和输水管线设置在河道的一侧，而另一侧一般不设任何工程建筑。

六、截潜流工程施工

（一）管道施工

管道施工应注意以下几点。

（1）管沟的开挖断面要考虑截渗墙和管道的设计尺寸，并要便于施工安装。

(2) 管沟开挖要注意河床堆积物的稳定性，必要时应进行支护加固，以防坑壁坍塌。

(3) 防洪。如工程量大，短期内难以完成，则要考虑防洪措施，确保安全施工。

(4) 施工排水。开挖前要进行排水量校核计算，排水设备的能力必须满足排水要求，且要有备用排水设备。

(二) 进（输）水廊道施工

廊道式截潜工程的施工方法大致可分为两种。如潜水位较高时，多采用开挖明沟法；如潜水位埋深较大，开挖深度较深时，宜采用开挖地道法。施工中应特别注意开挖地层的稳定性，除特殊情况外，一般应护衬加固，防止坍塌，同时，也要考虑施工排水问题。

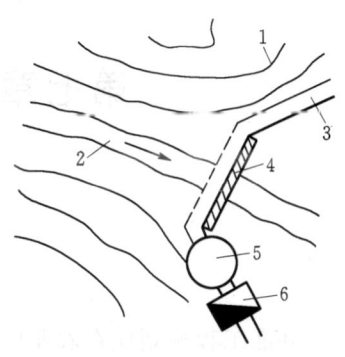

图 6-58 截潜流工程布置示意图
1—地形等高线；2—河槽；3—引水渠；
4—截水墙；5—集水井；6—泵站

第七章 井灌（排）工程规划

第一节 概　　述

井灌工程规划应在农业区划和水利总体规划的基础上，以合理开发和综合利用水资源、保护生态环境为原则，并兼顾流域与行政地域之间的关系，统筹考虑规划区内地下水资源利用与井灌工程布局。防止造成顾此失彼，上下游失调和生态环境恶化等不良后果。

一、规划原则

根据我国各地多年的经验，规划时应考虑如下原则：规划时应统筹兼顾，旱、涝、碱综合治理；规划时应作出不同方案，进行经济效益分析后，选定最优方案；优先开采浅层水，严格控制深层承压水开采；灌溉用水，在质上要符合标准，在量上要供需平衡；地下水动态监测网的布设应纳入井灌工程规划。

井灌整体规划的原则具体如下：

（1）井灌规划是农田水利规划的重要组成部分，必须在深入调查研究，摸清地下水资源和全面安排水利建设规划的前提下进行。按照农田水利的统一规划，合理进行排、灌、路、林、电的整体布置。

（2）正确处理好地面水和地下水的关系，因地制宜地开发地下水。总的规划原则应是充分利用地面水，优先开发浅层地下水，严格控制开采深层水。

（3）对平原地区要开展人工补给地下水，适当控制和拦蓄地面水，加大入渗量，以丰富地下水源。

（4）对丘陵地区可采用井塘结合，平时提水蓄存，旱时放塘水浇地，以扩大水井利用率。

（5）在地下水位高的渠灌区或渠灌水源不足时，要实行井、渠双灌，即自流灌溉与井灌结合，以便地面水和地下水统一调度，调节地下水位，防止耕地盐碱化。

（6）开采与保护并重。在长期超采引起地下水位持续下降的地区，应推广节水措施，限量开采地下水。对已造成严重不良后果的地区，应停止开采，有条件的地区可实施人工回灌措施，保护地下水资源。滨海地区，应严防海水入侵。

（7）开采与监测相结合，地下水动态观测是研究和评价地下水资源的重要手段。井灌工程规划必须规划布置相应的地下水观测网，监测开采动态，合理调控地下水开采。

总之，井灌区规划是一个十分复杂和综合性很强的课题，它所牵涉的学科很多，诸如：地质、气象、水文、土壤、农业、水利、林业、牧业、土地规划、社会经济、机电等。如果忽视了某一方面，都会造成规划不够完善，或顾此失彼。因此，井灌区规划既是人们认识自然和改造自然的过程，也是人们的主观需要和客观条件相统一的过程。换句话说，井灌区规划必须按当地的自然规律和经济规律考虑，才能达到比较完善的程度。规划中的具体要求，应符合 SL256—2000《机井技术规范》。

二、基本资料及其分析整理

井灌工程规划，是在综合分析与归纳区内各种基本资料的基础上，根据规划原则，结合规划任务的需要，进行分析计算得出来的规划成果。因此必须要有足够数量和精度的基本资料。

井灌工程规划的基本资料，包括自然地理和水文气象资料；水文地质资料；农业用水、工业用水、生活用水情况及对水质、水量的要求和水利工程现状资料；社会经济和技术经济资料。

通常井灌工程规划需要的基本资料，主要包括以下几个方面：

1. 自然地理概况

(1) 地理和地貌特征。

(2) 区内河流、库塘、湖泊、水池等地表水体的分布和特征。

(3) 规划区的总面积，耕地面积和特点。

(4) 土壤的类别、性质和区别分布情况。

2. 水文和气候概况

(1) 历年降水量和蒸发量情况。

(2) 地表水体的水文变化情况。

(3) 历年旱涝灾害情况。

(4) 历年气温和霜期、冰冻层深度等情况。

3. 水文地质条件

(1) 地质构造和地层岩性特征。包括各含水层和隔水层的成因和分布规律、产状、层（组）数、埋深等，以及各含水层的水力状态和富水性等。

(2) 地下水的补给、径流和排泄条件。

(3) 地下水的水化学规律和水质评价。

(4) 地下水的动态特征。

(5) 主要水文地质参数。

(6) 地下水资源评价和可开采量评价。

(7) 环境水文地质情况。

4. 农业生产情况、农业与其他用水对象的用水情况和水利现状

(1) 农业生产特点及发展计划（包括农业区划）。

(2) 各种农作物的种类、种植面积、复种指数和单位面积的产量等。

(3) 农业生产需水量和其他用水对象对水质的要求与需水量。

(4) 当地和附近灌溉、排水等的经验；包括灌水技术和方法，灌溉制度、灌溉定额、灌水定额、排水和盐改等。

(5) 现有渠灌和井灌的情况。

5. 社会经济情况和技术经济条件

(1) 规划区内的乡镇企业、厂矿企业、交通与环保情况。

(2) 打井专业组织和技术设备情况。
(3) 井管和其他主要建筑材料的生产和供应情况。
(4) 井用水泵的供应情况。
(5) 能源供应情况等。

以上这些资料其中一部分或大部分，可通过向水文地质部门和有关单位收集，但缺少的部分必须经过亲自调查和测试获得。收集素材固然是重要的，但对收集来的资料，还得有一个去粗取精和弃伪存真的分析整理过程。然后编绘和编制成各种实用的图件与图表（并附必要的说明），即上升为符合当地实际情况的规律性资料。再根据这些资料，进行规划和设计。

一般对井灌区规划所需要的图件和图表，最基本的有下列几种：
(1) 第四纪地质地貌图。
(2) 水文地质分区图（附各区典型钻孔柱状图和主要地质剖面图）。
(3) 典型年和季节地下水（主要指潜水）等水位线或等埋深图。
(4) 承压水（分层或组）等水压线图。
(5) 各分区典型观测孔潜水动态图（包括降雨或其他主要补给水源的关系图）。
(6) 分区抽水试验图和有关水文地质参数汇总表（包括单井和群井抽水试验，单位出水量和单井出水量，含水层的给水度或释水系数，渗透系数、导水系数、导压系数、影响半径和干扰系数等）。

以上图件和图表，可视当地水文地质条件的复杂程度，予以适当增减。其绘制方法可参阅《水文地质与工程地质》教材和有关规范与手册。

第二节 规 划 分 区

为便于规划，对井灌区进行分区是井灌建设中十分重要的一环。需在土壤改良水文地质分区图的基础上，综合有关资料，结合规划任务，将规划区再予以较详细的分区。分区标准因地、因任务而异；不过根据经验，在一般情况下可参考下列建议。

(1) 按水文地质单元或地貌单元划分大区；按开采条件划分小区；亚区的划分指标可以是地下水埋藏条件，也可以是开采条件。

按规划区规模的大小、地貌和水文地质条件的复杂程度，可将规划区分为大区、亚区、小区三级。大、亚两级或仅大区一级。大区多按水文地质单元或地貌单元划分，常具有独立的或截然不同的水文地质条件。在大区内，按地下水埋藏条件或开采条件进行分区。在亚区内按开采条件划分小区。如果大区本身或再分一级，就可满足规划要求，那就不必再细划分只分大区一级或大、亚两级也就够了。因为分区目的是为了在最末一级分区单元内，地下水的开采条件基本相同，从而使规划的井型、井径、井深、井距、出水量、抽水所配水泵等也基本相同。

(2) 按开采条件划分亚区或小区时，常按地下水埋深、富水性、水质条件等因素进行分区，可参考下列分级标准。

1) 富水性可按井的单位降深出水量（q）进行划分，见表 7-1。

第二节 规 划 分 区

表 7-1   富水性分级标准

q [m³/(h·m)]	<5	5~20	20~50	>50
富水程度	弱富水区	中等富水区	强富水区	极强富水区

2）根据地下水的用途，水质分级标准也有不同。用于灌溉的水质标准可按灌溉系数进行划分。灌溉系数的计算可参阅 GB5084—92《农田灌溉水质标准》，表 7-2 列出了按灌溉系数划分的水质分级标准。在采用其他水质评价标准时，可参阅第三章第三节（地下水资源的质量计算与评价）中的有关分级标准。

表 7-2   水质分级标准

灌溉系数 K	$K \leqslant 25$	$25 < K \leqslant 36$	$36 < K \leqslant 44$	$K > 44$
水质分级	一级水	二级水	三级水	四级水

除上述两种分级标准外，根据需要还可按承压水头大小、水位埋深（水位埋深是水泵选择的重要条件）等进行分级。

（3）大区的划分以自然条件为主要依据，但为了便于工程的运营管理，也要考虑规划范围和行政区划。

（4）为了规划方便和实用，规划分区图的比例尺选用要适当，不宜太大或太小。当井灌面积较大时（如 5 万亩以上），一般宜在 1:50000 的地形图上编绘规划分区图。当井灌面积较小时（如万亩左右），则在 1:10000 的地形图上编绘。

（5）规划分区结果的标绘。井灌工程规划分区结果用规划分区图（也称开采条件分区图）表示。规划分区图应编绘地形、河流湖泊、水利设施、交通道路等与规划密切相关的各类因素，以便于工程规划。

规划分区图是工程具体设计的依据，必须审慎准确编绘。既要简明而准确地反映出规划区的自然条件和现状，又要便于进行规划。规划分区图底图的比例尺应视实际需要而定，无统一规定。为醒目起见，可淡涂透明的彩色。

图 7-1 为某纯井灌区的规划分区示意图，表 7-3 为该图的简要描述。

表 7-3   某纯井灌区分区简要描述表

分区别		地貌单元	面积（亩）	代表性资料	地下水埋藏深度（m）	单位降深出水量 [m³/(h·m)]	适宜井型	水质情况
大区	亚区							
I	I_1	清河二级阶地	3639	1号井	12~20	12~25	管井	
	I_2		4330	2号井	12~20	7~8	管井	
	I_3		4010	4号井	12~20	2~3	辐射井	
II	II_1	清河一级阶地	3700	5号井	8~12	18~20	管井	均适用于灌溉和饮用
	II_2		5680	6号井	8~12	14~16	管井	
	II_3		3660	9号井	5~8	25~28	管井	
	II_4		1420	11号井	3~5	30~32	管井	
III	—	杨河漫滩	1700	14号井	0.5~2	>50	大口井	

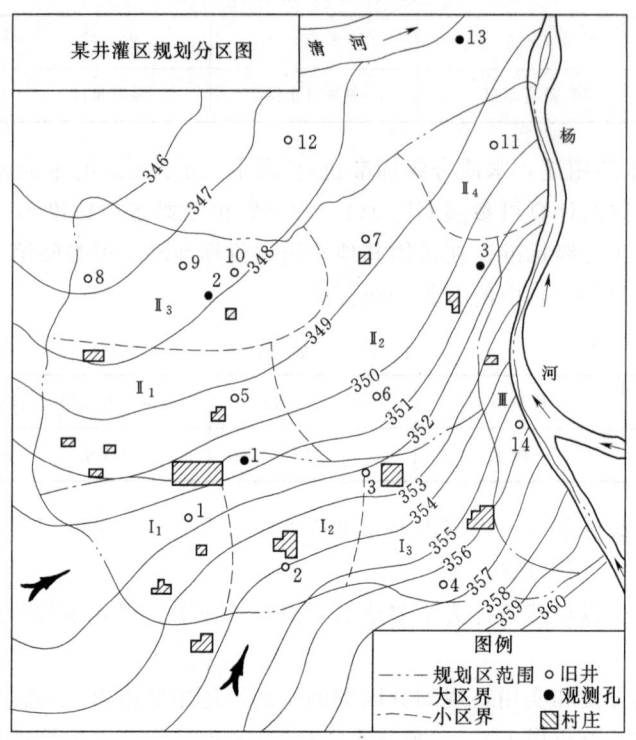

图 7-1　某纯井灌区规划分区示意图

第三节　水量平衡计算

水量平衡的目的主要是为了分析和解决规划区内，农业生产（包括多种经营）和其他用水对象对水的需要量和水源可能的供给量之间的矛盾。水量平衡分析是井灌工程规划的重要环节。它不只是简单的水量收入与支出能不能平衡的问题，而是涉及到国家在规划区的发展计划和环境保护、生态环境与水利建设方针政策等能不能实现和贯彻的问题。因此必须审慎对待，仔细地分析和计算。

水量平衡计算的基本任务，随着当地水文地质条件和资料系列的长短的不同而异，一般包括下列几方面的内容：

（1）求出全规划区或各分区的多年平均可开采量与需水量之间的平衡关系和灌溉用水保证情况，如年内（季节）调节的灌溉用水保证率很低，则应视含水层为一天然地下水库，可进行多年的调节演算。

（2）求出在多年调节情况下的最大地下水位降深，并计算所开采的水量能否得到全部回补。如不能完全回补时其差额是多少？灌溉用水保证率可提高至多少？根据当地具体情况，其差额部分水量如何解决？在最大地下水位降深情况下，会不会影响环境工程地质和水文地质条件。

（3）如为井渠双灌区，则应综合调配当地全部水源。进行统一规划。一般应是在充分利用地表水的情况下,提出合理开采地下水资源的数量。

一、需水量计算

需水量包括农业灌溉需水量、城镇与工矿企业需水量、农村人畜用水量等,其中灌溉需水量最大,是井灌工程规划区主要用水项目。

(一) 农业灌溉需水量

农业灌溉需水量指为满足作物生长用水需求,除天然降水供给外,通过各种水利设施补送到农田的水量。农业灌溉需水量与作物种植结构、灌水技术、灌溉制度以及水利工程管理水平关系密切。计算农业灌溉需水量时,需考虑不同灌溉用水保证率,按不同灌溉用水保证率选取相应的典型年($P=25\%$为丰水年,$P=50\%$为平水年,$P=75\%$为干旱年)。农业灌溉需水量估算可采用下式进行

$$W = \frac{1}{\eta} \sum_{i=1}^{n} A_i M_i \tag{7-1}$$

式中 W——农业灌溉需水量(m^3/a);
A_i——作物种植面积(亩);
M_i——作物灌溉定额(m^3/亩);
η——灌溉水利用系数;
i——作物类型。

表7-4列出了部分省区井灌农田灌溉用水定额。

(二) 城镇人口与工业需水量

如果井灌区范围较大,在规划区内有城镇及工业供水水源地时,其用水量应在调查的基础上,考虑发展规划,与有关部门共同协商确定。也可采用工业用水定额及城镇人口用水定额进行估算。工业及城镇人口采用地下水时,应明确划分水源地段或分层开采,避免工农业用水矛盾。乡镇企业用水定额列入表7-5。

(三) 农村人畜用水量

农村人畜用水量可通过实际调查、典型试验或参考有关供水工程手册,先确定其用水定额,再预测其发展情况,合理确定。农村人畜用水量可由下式估算。

$$W = 0.365 \sum_{i=1}^{n} n_i M_i \tag{7-2}$$

式中 n_i——城市居民人数、农村居民人数,某种家畜头数;
M_i——对应的用水定额[L/(d·人)或L/(d·头)]。

城市、农村居民用水定额标准应根据当地情况确定。农村牲畜用水定额见表7-6。

二、地下水允许开采量计算

地下水允许开采量与水文地质条件、水利工程情况和技术有关。估算方法详见第三章第二节地下水资源的数量计算与评价。

三、供需水量平衡计算

(一) 利用典型年份资料进行计算

首先根据规划区资料选取水文系列,系列长度一般不低于20年,按从大小到依次排序,用经验频率公式计算保证率,选取典型年。典型年指丰水年($P=25\%$)、平水年

表 7-4　　井灌区农田灌溉用水定额表

灌溉作物	地区	水文年	灌水次数	灌水定额（m³/亩）	备注
冬小麦 春小麦	山东	丰水年 平水年 干旱年	3~4 3~5 5~6	30~40	1. 低压管道输水时，灌水定额采用较小值；土渠输水时灌水定额采用较大值；混凝土衬砌渠道输水时，灌水定额介于较小值和较大值之间。 2. 在春小麦和胡麻的灌水次数中包括1次冬灌。 3. 棉花的灌水次数和灌水定额是根据潜水埋深在3m左右的地区得出的
	山西	丰水年 平水年 干旱年	3~4 4~5 5~6	30~45	
	河北	丰水年 平水年 干旱年	3~4 3~5 5~6	30~40	
	河南	丰水年 平水年 干旱年	3~4 4~5 5~6	30~45	
	陕西	丰水年 平水年 干旱年	2~3 3~4 4~5	30~40	
	宁夏	丰水年 平水年 干旱年	5 7 10	30~40	
玉米	山东	平水年	4	35~40	
	宁夏	丰水年 平水年 干旱年	3 4 5	30~45	
棉花	山东	平水年	3	30~50	
高粱	河南	平水年	5	30~50	
胡麻	宁夏	丰水年 平水年 干旱年	3 4 5	30~45	
瓜菜	宁夏	丰水年 平水年 干旱年	3 4 6	30~45	

表 7-5　　乡镇企业用水定额简表

用水对象	用水定额	用水对象	用水定额
制砖厂	0.7~1.2m³/千块砖	化学肥料	6.8~11m³/t
木材加工	0.01m³/m³	造纸业	200~300m³/t
粮食及饲料加工业	0.8~2m³/t	水泥	3.5m³/t
制糖业	50~60m³/t	日用玻璃	6.3m³/t
屠宰厂	7~10m³/千头羊	榨油厂	7~10m³/t 油
肉制品加工业	7~8m³/t	水泵	30m³/万元
豆制品加工业	30m³/t	生铁	6.26m³/t
棉纱	80m³/t	砖	16m³/万块

第三节 水量平衡计算

表 7-6　　　　　　　　某灌区农村牲畜用水定额表　　　　　　　单位：L/(只·日)

大牲畜				小牲畜					
				散养			集中养殖		
乳牛	成牛	马	驴	猪（头）	羊	鸡	猪（头）	羊	鸡
50～100	30～45	30～45	30～45	5～10	5～7.5	0.2～0.3	15～25	8～10	0.4～0.6

（$P=50\%$）、干旱年（$P=75\%$）。通常利用平水年或多年平均的年供需水量进行计算。当需水量小于允许开采量或与允许开采量十分相近时，用水得到满足；当需水量大于允许开采量时，应根据缺水程度采用节水措施（如调整作物种植比例、采用先进的节水灌溉技术等），或由规划区外引入水源，或缩小灌溉面积，以达到供需基本平衡。这时的地下水开采深度可采用计算地下水允许开采量时的相应深度或稍作调整。多年平均值可用下式计算，即

$$\overline{Q} = \frac{25Q_w + 50Q_a + 25Q_d}{100} \tag{7-3}$$

式中　$\overline{Q}$——多年平均的年需水量（允许开采量）（m³/a）；
　　　Q_w——丰水年的年需水量（允许开采量）（m³/a）；
　　　Q_a——平水年的年需水量（允许开采量）（m³/a）；
　　　Q_d——干旱年的年需水量（允许开采量）（m³/a）。

（二）利用历年的供需水量资料进行调节计算（以下简称供需水量调节计算法）

1. 供需水量调节计算原理

供需水量调节计算法是利用已有的历史资料进行计算，认为今后可能出现的情况与历史过程相同，采用时历列表法，逐年计算规划区潜水允许开采量、需水量和供需水量平衡。供需水量调节计算包括年内水量调节计算和多年水量调节计算两种。首先计算年内调节水量平衡关系和灌溉用水保证率，如年调节的灌溉用水保证率很低，则应视含水层为一天然地下水库，再进行多年调节计算。

供需水量调节计算的资料系列中应包括丰、平、枯年份，系列越长，计算结果越准确，一般不宜少于10年。目前我国北方省份（市区）地下水开发利用研究程度较高的地区已有20年以上的资料。

在供需水量调节计算中，当规划区侧向补给与排泄微弱时，认为垂直入渗补给和开采是引起规划区潜水位升降的唯一原因，不考虑侧向补给与排泄。供需水量调节计算按式（7-4）进行，即

$$Q - W = \pm \mu \Delta h \tag{7-4}$$

式中　Q——潜水年允许开采量（mm）；
　　　W——年需水总量（mm）；
　　　μ——潜水含水层的饱和差或给水度值，水位上升时，用饱和差值，水位下降时，用给水度值（以小数计）；
　　　Δh——均衡时段（年）末潜水位变化幅度（mm）。

供需水量调节计算法适用于地下水研究程度较高、资料系列较长、径流微弱（潜水盆

地或潜流比降小于 1/5000)、埋藏较浅的潜水平原区。

2. 潜水层起调埋深的确定

起调埋深是指潜水层在正常开采条件下，为保证农作物高产稳产、防止土壤沼泽盐渍化、避免土地沙化、维持生态平衡、所应保持的潜水埋深。在起调埋深以上的水作为弃水，由排水系统排除。起调埋深的确定，一方面要有利于防止渍涝、避免土壤沼泽盐渍化、保证农作物根系有一个良好的通气环境，得以正常生长，所以潜水埋深不可太小；另一方面又要维持沙生植物根系的正常吸水，避免土地沙化、尽量减少弃水，因此潜水埋深也不可过大（表 7-7、表 7-8）。根据试验资料，为防止土壤盐渍化，亚砂土（砂壤土）地区以控制在 2.5~3.0m 为宜，粘性土地区为 1.2~1.5m；为有利沙生植物根系正常吸水、避免土地沙化，潜水埋深应保持在 3.0m 左右。因此当潜水埋深较小时，起调埋深常采用 3.0m。在潜水埋深较大的情况下，用多年平均埋深作为起调埋深。

表 7-7　　　　潜水埋深与沙枣生长、土地沙化关系表（甘肃省民勤县）

潜水埋深 (m)	沙枣生长情况	土地沙化程度	潜水埋深 (m)	沙枣生长情况	土地沙化程度
2~4	生长正常	不沙化	5~6	大部枯梢，衰败	中度沙化
4~5	生长不良，枯梢，少数死亡	轻度沙化	>6	全部植株死亡	强度沙化

表 7-8　　　　潜水埋深、白刺柴湾和柽柳生长、林地沙化关系表（甘肃省民勤县）

潜水埋深 (m)	白刺柴湾、柽柳生长；覆盖度	林地沙化程度	潜水埋深 (m)	白刺柴湾、柽柳生长；覆盖度	林地沙化程度
<5	生长正常；>40%	基本不沙化	7~10	严重退化、大部枯死；>10%	中度沙化
5~7	生长退化、枯梢、少数死亡；>30%	轻度沙化	>10	全部植被死亡	强度沙化

【例 7-1】　　如图 7-1 所示的某纯井灌区，其Ⅰ区和Ⅱ区的水文地质条件比较相近，可作为一个平衡计算单元。两区的总土地面积为 22.043km²，其中 79.96% 为耕地面积，即 17.626km²，全部耕地都需要灌溉。该井灌区种植小麦、玉米、棉花和其他杂粮，其中以小麦为主，约占 70%，复种指数为 157%；工业需水量和人、畜用水量占需水总量的百分比很小，可略去不计。已有 14 年（1964~1977 年）的观测资料，要求进行供需水量调节计算。

解　（1）确定灌溉需水量。根据试验资料并参考当地井灌经验，不同水文年的需水量列入表 7-9。

表 7-9　　　　　　　　　　不同水文年灌溉需水量表

水文年	灌溉需水定额 (m³/hm²)	水文年	灌溉需水定额 (m³/hm²)
湿润年（相当灌溉用水保证率为 20%）	1500	干旱年（相当灌溉用水保证率为 75%）	2500
中等干旱年（相当灌溉用水保证率为 50%）	2000	特大干旱年（相当灌溉用水保证率为 95%）	3000

（2）确定地下水允许开采量。根据地下水资源的数量计算与评价，各年度的潜水允许开采量列入表 7-10。

第三节 水量平衡计算

表 7-10　　　　　　　　　　不同年度潜水允许开采量表

年度	潜水允许开采量（万 m³）	年度	潜水允许开采量（万 m³）	年度	潜水允许开采量（万 m³）
1964	585.89	1969	383.17	1974	373.51
1965	172.84	1970	283.65	1975	292.32
1966	370.73	1971	397.84	1976	389.51
1967	262.96	1972	152.47	1977	398.17
1968	223.88	1973	729.69		

（3）计算年内调节水量平衡关系和灌溉用水保证率。为了同时计算在年内调节条件下的灌溉用水保证率，应将14年的潜水允许开采量，从大到小依次排列，具体计算见表7-11。由表7-11知，在年内调节的条件下，灌溉用水保证率很低，仅为53.3%，在14年中只有8年能满足灌溉需要，14年平衡差的代数和为-297.6万 m³。因此要进行多年调节计算，对水量平衡关系作进一步的了解。

表 7-11　　　　　　年内调节水量平衡和灌溉用水保证率计算表

序号	水文年度	潜水允许开采量		灌溉需水量		平　衡　表				灌溉用水保证率** （%）
						万 m³		mm		
		万 m³	mm*	万 m³	mm	＋	－	＋	－	
1	1973	729.69	413.99	259.10	147	470.59		266.99		6.7
2	1964	585.89	332.40	259.10	147	326.79		185.40		13.3
3	1977	398.17	225.90	259.10	147	139.07		78.90		20.0
4	1971	397.84	225.71	343.71	195	54.13		30.71		26.7
5	1976	389.51	220.99	343.71	195	45.80		25.99		33.3
6	1969	383.17	217.39	343.71	195	39.46		22.39		40.0
7	1974	373.51	211.91	343.71	195	29.80		16.91		46.7
8	1966	370.73	210.33	343.71	195	27.02		15.33		53.3
9	1975	292.32	165.85	437.12	248		144.80		82.15	60.0
10	1970	283.65	160.93	437.12	248		153.47		87.07	66.7
11	1967	262.96	149.19	437.12	248		174.16		98.81	73.3
12	1968	223.88	127.02	502.34	285		278.46		157.98	80.0
13	1965	172.84	98.06	502.34	285		329.50		186.94	86.7
14	1972	152.47	86.50	502.34	285		349.87		198.50	93.3

* 将以万 m³ 表示的允许开采量折合为在 17.626km² 耕地面积上的水层厚度值。

** 灌溉用水保证率 $P=\dfrac{m}{n+1}\times 100\%$，$m$ 为序号，n 为资料累积的年数，在本例中 $n=14$。

（4）计算多年调节水量平衡关系。将历年的潜水允许开采量按实际水文年度的顺序排列，并把全部资料积累年份（本例为14年）作为一个水文周期看待，按表7-12的格式进行计算。表中第1栏系按实际水文年度排列的年序。第2、3栏是将表7-11中以水层表示的平衡差直接移来的。第4、5两栏是当年开采引起的水位变化值,是将2、3栏的平衡差除以含水层的平均给水度(本例的 $\mu=0.13$)而得出的,潜水位上升用"+"表示,下降用"-"表示。第6栏为多年调节的潜水埋深,即以开采前的多年平均埋深为起调埋深,开采后的潜水面在多年调节条件下,相应的升降位置;水面上升便累减,下降就累加。其最后累积计算结果,如与起调埋深闭合或小于起调埋深,就表明潜水在多年调节下能满足用水需要或尚有富裕;反之,如不闭合且远大于起调埋深,则表示无法满足用水需要。本例系不闭合,但大于起调埋深1.3m。

表 7-12　　　　　　　　　多年调节水量平衡计算表

水文年度 (年)	以水层表示的平衡 (mm)		潜水位变化值 (m)		多年调节的潜水埋深 (m)	当年调节最大水位变幅 (m)	年调节和多年调节的潜水埋深 (m)
	+	-	+	-			
1	2	3	4	5	6	7	8
					10.00*		
1964	185.40		1.43		8.57	1.13	11.13
1965		186.94		1.44	10.01	2.19	10.76
1966	15.33		0.12		9.89	1.50	11.51
1967		98.81		0.76	10.65	1.91	11.80
1968		157.98		1.22	11.87	2.19	12.84
1969	22.39		0.17		11.70	1.50	13.37
1970		87.07		0.67	12.37	1.908	13.608
1971	30.71		0.24		12.13	1.50	13.87
1972		198.50		1.53	13.66	2.19	14.32
1973	266.99		2.05		11.61	1.13	14.79
1974	16.91		0.13		11.48	1.50	13.11
1975		82.15		0.63	12.11	1.91	13.39
1976	25.89		0.20		11.91	1.50	13.61
1977	78.90		0.61		11.30	1.13	13.04

* 起调埋深采用未开采条件下的多年平均潜水埋深10.00m。

表7-12第7栏为当年调节最大水位变幅(或当年用水要求的潜水位变幅),其值等于年灌溉需水量(表7-11)被含水层平均给水度值($\mu=0.13$)除,系按当年采补在时间分配上最不利的情况计算,即当年前期灌溉用水过程中完全无补给,当年后期不用水时才得到补给。在我国北方干旱和半干旱地区,灌溉用水大多在汛期以前,而降雨补给则在汛期;由于雨季集中(6、7、8三个月或7、8、9三个月),旱季降雨补给极少,每年只在汛期蓄水一次,即无复蓄。因此,按当年采补在时间分配上最不利的情况计算与实际比较符合。

表7-12第8栏是年调节和多年调节的潜水埋深,系同表中第6栏年初埋深和第7栏当年调节最大水位变幅值的相加结果(如1964年初潜水埋深10.00m加第7栏1964年当

年调节最大水位变幅 1.13m，得到 1964 年的年调节和多年调节潜水埋深 11.13m，其余类推)。表示在多年调节下，各年度潜水面的区域最大可能埋深，以供选配水泵时参考。本例潜水面区域最大可能埋深 14.79m 出现在 1973 年度。为醒目起见，利用表 7-12 第 6 栏和第 8 栏的潜水埋深数据绘制潜水埋深—水文年度关系曲线（图 7-2）。

将表 7-12 中第 6 栏和第 8 栏的值按由小到大的顺序排列，用经验频率公式 $\left(p = \dfrac{m}{n+1} \times 100\right)$ 再作计算，就得到潜水不同开采深度（即不同潜水埋深）的灌溉用水保证率（表 7-13、图 7-3）。由图 7-3 知，要求的灌溉用水保证率越高，潜水的开采深度也就越大。合理的潜水开采深度，应在供需水量平衡的前提下，用技术经济指标（或最大经济效益）来衡量，同时还要考虑在潜水位下降后，能否引起其他不良影响。

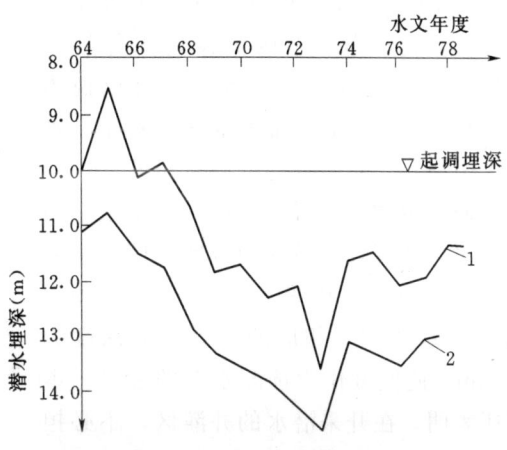

图 7-2 潜水位变化过程线
1—多年调节潜水埋深（用年初埋深绘制）；2—年调节和多年调节潜水埋深（旱季末埋深绘制）

表 7-13 不同开采深度的灌溉用水保证率

序 号	多年调节的开采深度 (m)	年调节和多年调节的开采深度 (m)	灌溉用水保证率 (%)	备 注
1	8.57	10.76	6.7	
2	9.89	11.13	13.3	
3	10.01	11.51	20.0	
4	10.65	11.80	26.7	
5	11.30	12.84	33.3	
6	11.48	13.04	40.0	
7	11.61	13.11	46.7	多年调节开采深度为年末埋深；年调节和多年调节的开采深度为旱季末埋深
8	11.70	13.37	53.3	
9	11.87	13.39	60.0	
10	11.91	13.608	66.7	
11	12.11	13.61	73.3	
12	12.13	13.87	80.0	
13	12.37	14.32	86.7	
14	13.66	14.79	93.3	

本例在多年调节条件下的平衡差为 −1.3m（表 7-12 中的第 6 栏），从多年调节的最大开采深度（13.66m）减去该差值（1.3m）后，就得到保持供需水量平衡的最大开采深

度为 12.36m；相应的灌溉用水保证率为 86.4%，比年内调节的灌溉用水保证率 53.3%提高了 33.1%。因此，可以说本例的纯井灌区为高标准的灌区。对于个别特大干旱年，只需作部分调整即可。

通过本例可以看出，在供需水量平衡计算时，如有较长系列的资料，应尽量采用多年调节法。从图 7-3 知，与灌溉用水保证率 86.4%相应的最大开采深度为 14.3m，此值可作为选配水泵的参考。本例还表明，在开采潜水的井灌区，不必担心连年干旱会造成潜水位持续下降，只要在多年调节下能在丰水年回补即可。

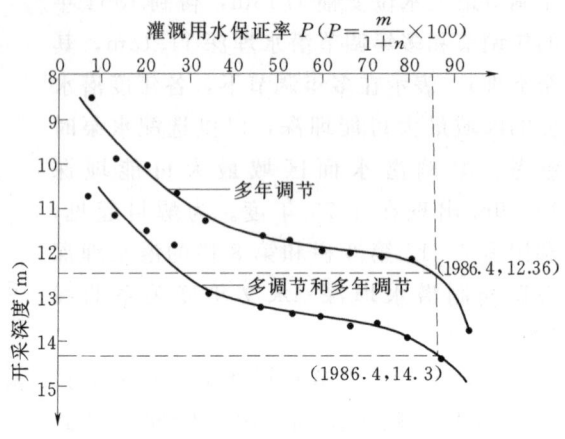

图 7-3 开采深度与灌溉用水保证率关系曲线

【例 7-2】 某平原井灌区实测资料共有 21 年（1954～1975 年）；其调节计算是以一个灌溉年度为均衡时段的计算单元，从前一年的 10 月 1 日开始，到本年度的 9 月 30 日止；以连续干旱的起始年份 1964～1965 年算起，1974～1975 年度后再接上 1954～1955 年度，直到 1963～1964 年度止。考虑到潜水埋深在 3.0m 以内的水量，大部分消耗于潜水蒸发和沟渠排水，无法利用，为此起调埋深定为 3.0m。

解 计算步骤如下（参见表 7-14、表 7-15、图 7-4、图 7-5）：

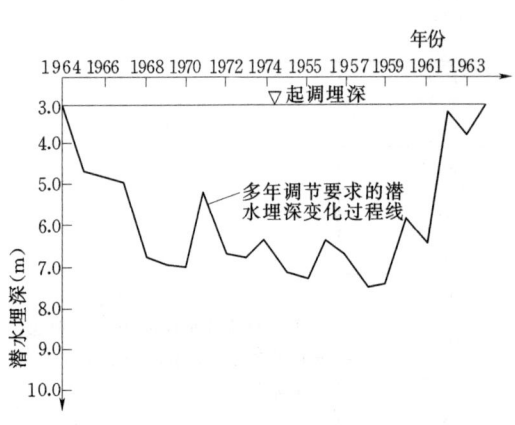

图 7-4 潜水位变化过程线

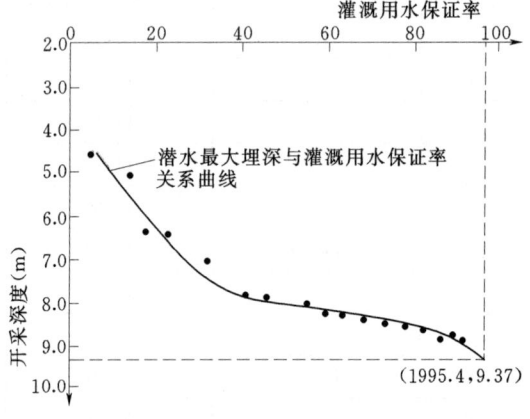

图 7-5 开采深度与灌溉用水保证率关系曲线

(1) 将各年度净补给量和用水量列入表 7-14 中的第 2 栏和第 3 栏。

(2) 计算各年度的平衡差，列入第 4 栏和第 5 栏。

(3) 用潜水含水层的给水度值除均衡差，求得各年度水位变化值，列入第 6 栏和第 7 栏。

(4) 推算年度末的潜水埋深，列入第 8 栏。

(5) 计算年度内用水要求的潜水位最大变幅值。由于本例所在地区，灌溉用水期在潜水补给期以前，用水期无补给，补给期不用水。在这种无复蓄的情况下，用水全部取自储存量；因此把年度内用水量除以给水度，即得年度内用水要求的潜水位最大变幅。

(6) 计算各年度潜水面最大埋深。在无复蓄的情况下，它等于年度初潜水埋深与年度用水要求的潜水位最大变幅之和。

(7) 将各年度潜水面最大埋深（或年调节和多年调节的开采深度）从小到大，依序排列，利用经验频率公式计算灌溉用水保证率。

(8) 绘制潜水位变化过程线、开采深度与灌溉用水保证率关系曲线。

表 7-14　　　某平原井灌区供需水量多年调节计算表（$\mu=0.047$）

年份 （年）	单位面积的净补给量 （mm）	单位面积的用水量 （mm）	平衡差 （mm）		潜水位变化值 （m）		多年调节要求的潜水埋深 （m）	年度用水要求的潜水位最大变幅 （m）	潜水面最大埋深 （m）
			+	-	+	-			
1	2	3	4	5	6	7	8	9	10
							3.00		
1964~1965	19.24	96.40		77.16		1.64	4.64	2.05	5.05
1965~1966	73.60	82.30		8.70		0.19	4.83	1.75	6.39
1966~1967	71.00	76.40		5.40		0.11	4.94	1.63	6.46
1967~1968	11.88	96.40		84.52		1.80	6.74	2.05	6.99
1968~1969	54.10	62.30		8.20		0.17	6.91	1.33	8.07
1969~1970	72.63	76.40		3.77		0.08	6.99	1.63	8.54
1970~1971	146.11	62.30	83.81		1.78		5.21	1.33	8.32
1971~1972	11.88	82.30		70.42		1.50	6.71	1.75	6.96
1972~1973	59.35	62.30		2.95		0.06	6.77	1.33	8.04
1973~1974	98.53	82.30	16.23		0.35		6.42	1.75	8.52
1974~1975	28.19	62.30		34.11		0.73	7.15	1.33	7.75
1954~1955	72.28	82.30		10.02		0.21	7.36	1.75	8.90
1955~1956	104.26	62.30	41.96		0.89		6.47	1.33	8.69
1956~1957	46.30	62.30		16.00		0.34	6.81	1.33	7.80
1957~1958	43.55	76.40		32.85		0.70	7.51	1.63	8.44
1958~1959	64.80	62.30	2.50		0.05		7.46	1.33	8.84
1959~1960	165.00	90.00	75.00		1.60		5.86	1.91	9.37
1960~1961	63.80	96.40		32.60		0.69	6.55	2.05	7.91
1961~1962	240.40	82.30	158.10		3.36		3.19	1.75	8.30
1962~1963	45.53	68.30		22.77		0.48	3.67	1.45	4.64
1963~1964	191.40	62.30	129.10		2.75		3.00	1.33	5.00
多年平均	80.18	75.60							

表 7-15　不同开采深度的灌溉用水保证率

序号	年调节和多年调节的开采深度（m）	灌溉用水保证率（%）	序号	年调节和多年调节的开采深度（m）	灌溉用水保证率（%）
1	4.64	4.50	12	8.07	54.50
2	5.00	9.10	13	8.30	59.10
3	5.05	13.60	14	8.32	63.60
4	6.39	18.20	15	8.44	68.20
5	6.46	22.70	16	8.52	72.70
6	6.96	27.30	17	8.54	77.30
7	6.99	31.80	18	8.69	81.80
8	7.75	36.40	19	8.84	86.40
9	7.80	40.90	20	8.90	90.90
10	7.91	45.40	21	9.37	95.40
11	8.04	50.00			

计算表明，在整个水文周期中，潜水面最大埋深（或年调节和多年调节的开采深度）为 9.37m；但丰水年份又回升到起调埋深。这说明，用水可以得到完全保证。必需指出，若要使用水得到完全保证，水泵的工作深度应满足这一要求；否则用水保证率将会下降。

通过举例，对供需水量调节法还需作如下说明。

（1）此法的实质是地下径流极其微弱；因此开采引起水面下降，补给造成水面上升。此法适用于潜水，而不适用于承压水。

（2）此法系按大量开采前（或未开采）的条件计算。因此未考虑大量开采条件下的侧向补给和垂直方向的诱发补给（自下而上的越流，降雨径流减小而入渗补给增大等）以及侧向排泄量的减少等，所以计算结果是偏于安全的。

（3）求得的开采深度为区域平均开采深度（开采条件下的潜水最大埋深），因此不能代表计算区的每一点，更不能反映集中开采所形成的降落漏斗；因此要求比较均匀地布井。

第四节　井灌区的机井和工程规划

在规划区分区规划、水资源评价和供需水量平衡计算的基础上，便可根据规划区的水利现状和发展需要，对全规划区进行机井和配套工程的规划。本节主要介绍纯井灌区的机井和工程规划。

一、井型选择和典型井的确定

（一）井型选择

井型主要根据规划区水文地质条件和技术经济条件，同时考虑计划开采含水层的埋深、厚度、岩性、水质等因素确定。

(1) 当含水层埋深在 50m 以内，且多系潜水含水层时，可采用直径 0.5～1.5m 的筒井开采。筒井直径一般 0.5～1.5m。当井径超过 1.5m 时，则宜采用大口井；大口井的直径通常为 3～5m，也有高达 10m 者。

大口井的适用条件是：地下水补给丰富，含水层渗透性能良好，地下水埋藏浅的山前洪积扇、河漫滩及一级阶地、干枯河床和古河道地段；基岩裂隙发育，地下水埋藏浅，且补给丰富的地段；浅层地下水中，铁、锰和侵蚀性二氧化碳含量较高的地段。

(2) 当含水层埋深大于 50m 时，不论是潜水或承压水，均采用管井开采。管井直径小于 0.5m，多为 0.2～0.3m。

(3) 埋深小于 50m 时的黄土含水层或厚度较薄的弱含水层，采用其他井型水量较小时，可采用辐射井。

辐射井的适应条件是：含水层埋藏浅、厚度薄、透水性强、有补给水源的砂砾石含水层；裂隙发育、厚度大（大于 20m）的黄土含水层；富水性弱、厚度不大（10m 以内）的砂层及粘土裂隙含水层。

(4) 当上部潜水含水层的富水性较差或较薄，而下部有良好的承压含水层且水头较低时，为增大井的出水量，可混合开采；当下部承压水的水头很高，但富水性较差时，可上部修建不透水的大口井，以蓄积承压水。对于这两种情况，均可采用管井（或大口井）与管井相结合的联合井型。

(二) 典型井的确定

单井灌溉面积，是井灌工程规划中是最重要的技术指标和参数之一。确定单井灌溉面积偏小，必会加大井灌工程规模，增大投资；相反则造成干旱季节不能满足作物需水要求，影响作物产量。影响单井灌溉面积的因素很多，如单井出水量、灌溉技术和方法、作物种植结构、土壤性质、农田平整、运营管理等。

根据井型、管材、所需出水量、施工机具和施工方法等确定典型井。典型井可以从已有的旧井中选定，也可以是设计的新建井。典型井确定后，即可通过抽水试验准确地确定单井流量，并利用典型井的资料推算建成同类井所需的材料、机电设备、劳力和投资等。

二、单井灌溉面积、井距与井数的确定

(一) 单井灌溉面积的确定

在我国部颁标准 SL256—2000《机井技术规范》中，单井灌溉面积的计算式为

$$F_0 = \frac{Q t_3 T_2 \eta'(1-\eta_1)}{m_2} \tag{7-5}$$

式中 F_0——单井灌溉面积（亩）；

Q——不受干扰的单井稳定出水量（m^3/h），通常要求 $Q>30m^3/h$；

t_3——灌溉期间开机时间（h/d），通常 $z=16～20h/d$；

T_2——每次轮灌期的天数（d），如以伏天抗旱为标准，可采用 $T=7～10d$；

η'——灌溉水有效利用系数，一般 $\eta' \geq 0.9$；

η_1——干扰抽水的水量削减系数；

m_2——每亩每次综合平均灌水定额（m^3/亩）。

根据 η_1 的大小，下面分不同情况，说明式 (7-5) 的用法。

1. $\eta_1 = 0$（无干扰抽水）或 $\eta_1 \leqslant 0.01$（抽水干扰可忽略不计）时的情况

当地下水补给充足、资源丰富、单井出水量较大、能满足灌溉用水时，井网的特点是机井之间无干扰或干扰很小（可忽略不计）。这时式（7-5）可改写为

$$F_0 = \frac{Qt_3 T_2 \eta'}{m_2} \quad (7-6)$$

2. $\eta_1 > 0.01$ 或按式（7-6）～式（7-8）求得的 $D < R$ 时的情况

严格地说，均匀分布的灌溉井同时抽水时，井间的干扰是难免的。当井距较小时，干扰引起的单井流量削减不能忽略；这时单井灌溉面积、井距、井数的计算较为复杂。考虑井间干扰的计算方法，其思路是：以抽水试验资料为基础，首先提出几个可能的抽水降深（S）和井距（D）方案，并依此计算相应的单井灌溉面积（F_0）[当水井按正方网状布置时，$F_0 = D^2/667$ 亩；当水井按等边三角形布置时，$F_0 = D^2/770.2$（亩）] 和干扰抽水的流量削减系数（η_1），进而求出不同干扰条件下的单井实际灌溉面积（F'_0）和实际井距（D'）。其计算公式为

$$F'_0 = \frac{Qt_3 T_2 \eta'(1-\eta_1)}{m_2} \quad (7-7)$$

将同一抽水降深的实际计算值（F'_0, D'）和所提方案值（F_0, D）对比，其相同者（或最相近者）即为所求的单井灌溉面积和井距。

（二）井距与井数的确定

1. 井距的确定

如果水井按正方网状布置，则井距（D）应为

$$D = 25.8\sqrt{F_0} \text{ (m)} \quad (7-8)$$

如果水井按等边三角形排列，则井距（D）应为

$$D = 27.8\sqrt{F_0} \text{ (m)} \quad (7-9)$$

式（7-8）～式（7-9）中的符号与式（7-5）相同。

2. 井数的确定

井数的确定方法有两种：单井控制灌溉面积法、可开采系数法。

采用单井控制灌溉面积法时，整个规划区内应布置的井数（n）为

$$n = \frac{F_4 \eta''}{F_0} \quad (7-10)$$

式中　n——规划区需建井数（眼）；

F_4——规划区总面积（亩）；

η''——土地利用率，以小数计；

F_0——单井灌溉面积（亩）。

确定井数和井距的另一方法是开采模数（ε）法，此法的前提条件是计划的开采量应等于地下水允许开采量，以保持灌区内地下水量的收、支平衡。根据资源评价，对单位面积允许开采量 [即开采模数 ε，单位为 $m^3/(km^2 \cdot a)$] 已经确定时，可按下列公式计算规划区内的井数和井距，即

$$n = \frac{\varepsilon F_5}{Qt_3 T_a} \quad (7-11)$$

式中　　n——规划区需要打井数（眼）；

　　　　ε——开采模数 $[m^3/(km^2 \cdot a)]$；

　　　　F_5——规划区灌溉面积（km^2）；

　　　　Q——单井出水量（m^3/h）；

　　　　t_3——单井每日抽水小时数（h/d）；

　　　　T_a——灌溉天数（d/a）。

如按正方形网状布井，则井距为

$$D = 1000\sqrt{\frac{1}{n}} \tag{7-12}$$

河北省保定地区 1973 年对灌溉用机井进行了普查，平原地区机井平均密度为 5.64 眼/km^2，则机井的平均间距 $D = 1000\sqrt{\frac{1}{n}} = 1000\sqrt{\frac{1}{5.64}} = 421(m)$。

开采模数法中的 ε 值可根据计算区地下水补给量与含水层面积之比，或类似井灌区开采量与稳定的开采水位降落漏斗面积之比确定。用开采模数法求得的井距，可以保证地下水收支平衡，但不能保证满足全部土地灌溉需水量的要求。不足部分，可用其他方法解决。通常，在地下水补给量不能满足灌溉用水需要的地区，应用开采模数法求大面积均匀布井的井数与井距。

当规划区内存在不同典型井时，应分别计算汇总。

在灌溉面积一定的条件下，井数主要决定于单井灌溉面积；而单井灌溉面积（或井距），在单井出水量一定的条件下，又主要决定于灌水定额。因此，应从平整土地、减少渗漏、采用先进的灌水技术等方面来降低灌水定额，以达到增大井距、减少井数、提高灌溉效益的目的。

（三）井数校核

以式（7-5）和式（7-9）为基础确定的井数，尚需用典型年的应开采量（即需水量）予以校核。通常采用灌溉用水保证率为 75% 的干旱年作为典型年。用 $V_{年采}$ 表示典型年的地下水开采量，则

$$V_{年采} = n_1 Q_1 t_1 T_1 + n_2 Q_2 t_2 T_2 + \cdots \tag{7-13}$$

式中　　$V_{年采}$——规划区典型年的地下水开采量（m^3/a）；

　　　　n_1、n_2、$\cdots$——不同井型机井的初算井数（眼）；

　　　　Q_1、Q_2、$\cdots$——不同井型机井的出水量（m^3/h）；

　　　　t_1、t_2、$\cdots$——不同井型机井每天抽水小时数（h/d）；

　　　　T_1、T_2、$\cdots$——不同井型机井在典型年的抽水天数（d/a）。

用 $V_{年采}$ 表示典型年的应开采量（即需水量），以 m^3/a 计；其与 $V_{年采}$ 的关系可能出现如下情况。

典型年开采量等于或略大于其应开采量，即 $V_{年采} \geqslant V_{年应采}$，表示机井的初算数能满足典型年开采地下水的需要。可将初算井数作为最终规划的井数。

典型年开采量小于应开采量，即 $V_{年采} < V_{年应采}$，表示初算井数不能满足典型年开采地下水的需要，即井数偏小。在这种情况下，应按所缺水量，增加井数以补其不足。应增加

井数（$n_\text{增}$）为

$$V_{\text{年应采}} - V_{\text{年采}} = \sum_{i=1}^{n} n_i Q_i t_i T_i \qquad (7-14)$$

$$n_\text{增} = \sum_{i=1}^{n} n_i$$

式中　　n_i、Q_i、t_i、T_i——应增加的某种井型机井的井数（眼）、单井出水量（m^3/h）、每日抽水小时数（h/d）、典型年的抽水天数（d/a）。

现以井灌工程设计中常见的等边三角形均匀布井（即梅花状布井）为例，说明计算过程。

【**例 7-3**】　某拟建井灌区承压完整井的实际抽水资料和有关灌溉参数分别列入表 7-16、表 7-17，要求计算考虑井间干扰条件下的单井灌溉面积、井距和井数。水井按等边三角形均匀布置。

表 7-16　　　　　　　　　　　实 际 抽 水 资 料 简 表

抽水井编号	稳定抽水降深（m）	稳定抽水流量（m^3/h）	单位降深出水量 [$m^3/(h \cdot m)$]	观测井中水位降低值（m）		井距 D（m）	影响半径 R（m）
				t_1	t_2		
1	4.39	140.7	32.05		0.11	342	750
2	3.70	139.3	37.64	0.06		342	750

表 7-17　　　　　　　　　　　　灌　溉　系　数　表

项目	规划区面积 F（亩）	土地利用系数 η''	综合平均灌水定额 m（m^3/亩）	每日抽水小时数 t（h/d）	轮灌天数 T（d）	灌溉水利用系数 η'
数值	26440	0.93	35	15	7	0.92

解　（1）将实际抽水资料换算为设计降深条件下的数据。本例的设计降深为 5m，换算结果列入表 7-18。

表 7-18　　　　　　　　　　　　设计降深时的有关数据

抽水井编号	水位降深（m）	单井出水量（m^3/h）	单位降深出水量 [$m^3/(h \cdot m)$]	观测井中水位降低值（m）		井距 D（m）	影响半径 R（m）
				t_1	t_2		
1	5	160.3	32.05		0.13	342	750
2	5	188.2	37.64	0.08		342	750

（2）计算不同井距时的干扰抽水流量削减系数。

以井距 500m 为例，换算水位削减值为

$$t_1 = \frac{\lg \frac{750}{500}}{\lg \frac{750}{342}} \times 0.08 = 0.041 (\text{m})$$

$$t_2 = \frac{\lg \frac{750}{500}}{\lg \frac{750}{342}} \times 0.13 = 0.067 \text{(m)}$$

水位削减值取两井的平均值，得

$$\bar{t} = \frac{t_1 + t_2}{2} = \frac{0.041 + 0.067}{2} = 0.054 \text{(m)}$$

计算群井抽水时，每个单井的总削减值（$\sum t$）。在计算前先分析在影响半径 750m 内有多少井会造成水位削减，由图 7-6 得知有 6 眼井会造成水位削减。所以

$$\sum t = 6\bar{t} = 6 \times 0.054 = 0.324 \text{(m)}$$

干扰抽水的流量削减系数为

$$\eta_1 = \frac{\sum t}{s + \sum t} = \frac{0.324}{5 + 0.324} = 0.061$$

用同样的方法，可计算出不同井距时的干扰抽水流量削减系数，计算成果见表 7-19。

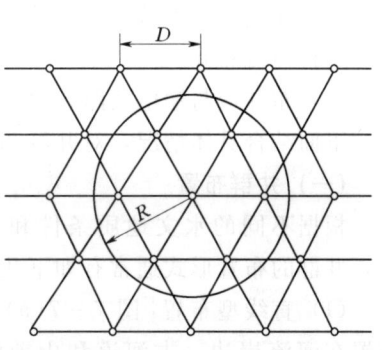

图 7-6 水井按等边三角形均匀布置的井网平面图

(3) 计算干扰抽水条件下的单井实际灌溉面积（F'_0）和实际井距（D'）。

利用式 (7-10) 中的 $F'_0 = \frac{Qt_3 T_2 \eta (1-\eta_1)}{m_2}$ 和 $D' = 25.8\sqrt{F'_0}$ 计算 F'_0 和 D'，计算结果列入表 7-19。Q 取两井平均值，即

$$Q = \frac{160.3 + 188.2}{2} = 174.3 \text{(m}^3/\text{h)}$$

表 7-19　　　　不同 D 条件下的 F_0、η_1、F'_0、D' 计算表

D (m)	$F_0 = \frac{D^2}{769.8}$ (亩)	t (m)	$\sum t$ (m)	η_1	$F'_0 = \frac{Qt_3 T_2 \eta'(1-\eta_1)}{m_2}$ (亩)	$D' = 27.8\sqrt{F'_0}$ (亩)
500	325	0.054	0.324	0.061	452	591
600	468	0.03	0.18	0.035	464	599
700	637	0.009	0.054	0.011	476	607

(4) 确定最佳单井灌溉面积和最佳井距。

由表 7-19 知，最佳单井灌溉面积为 464~467 亩，最佳井距为 599~600m。因为 F_0 与 F'_0 只差 3 亩，D 与 D' 只差 1m，极为相近。这说明地下水开采量十分接近于灌溉需水量。

(5) 确定井数（n）。

$$n = \frac{F\eta''}{f'} = \frac{26440 \times 0.93}{464} = 53 \text{(眼)}$$

三、井群与井网布置

在井灌工程规划中，井距和井数与单井灌溉面积一样，同样是重要的技术指标和参

数。三者之间既有联系，各自又有其制约因素，如单井灌溉面积受用水保证率制约；井距受抽水影响半径制约，井数则受总开采量制约。在数学计算的基础上，根据三者关系进行必要调整，才能最终确定合理的井群。SL256—2000《机井技术规范》中对井群和井网的布置原则进行了说明。

（1）井位应根据具体条件选定，水力坡度较大的地区，沿等水位线交错布井；水力坡度平缓区，应采用梅花形或网格形布井。富水区宜集中布井。

（2）地面坡度大或起伏不平，井位应布在高处；地势平缓时，井位宜居中；沿河地带，平行河流布井。

（3）布井应与输电线路、道路、林带、排灌渠系布设统筹安排。

下面结合具体情况，对井群和井网的布置作一简要说明。

（一）井群布置

根据不同的水文地质条件和自然地理条件，井群的布置形式通常有如下几种。

（1）直线型布置［图7-7(a)、(b)］。常布置在河流岸边、古河道和山前溢出带的附近。其布置方向与地下水流向垂直或斜交，以增大其补给带的宽度。

（2）三角形和环形布置［图7-7（c）、(d)］。常布置在池塘和洼地周围，以便增加诱发补给而增大井群出水量。

（二）井网的布置

对于地形平坦且含水层分布比较广阔的大型井灌区，机井的布置多采用梅花形井网，即等边三角形布置［图7-7（e）］。在井网中机

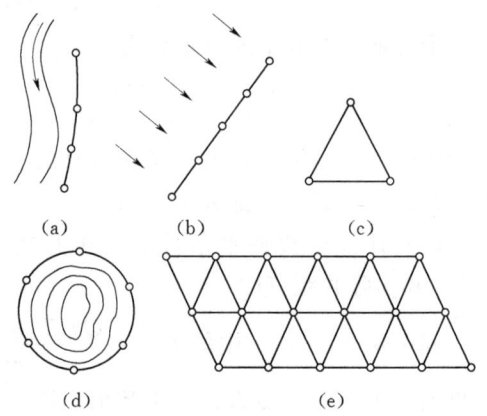

图7-7 井位布置示意图

(a) 沿河岸直线井群；(b) 垂直地下水流方向直线井群；(c) 三角形井群；(d) 环形井群；
(e) 均匀布置井网

井多独立自成体系，少数也有数井汇流者。井网布置涉及的因素很多。固然应以计算所得的井距作为布置井网的基本参数，但又不可作为唯一的依据。尚需结合农田基本建设规划和其他因素作适当修正。具体布置时，可参考下列意见。

（1）对井网的布置，可在规划布设井网的范围内，从地形最高部分开始，结合地下水流向（垂直流向或与流向斜交）和地形平坦情况，确定井网第一排线。在此排线上，根据已计算出的不同井型的井距，初步排列井位。并结合地面建筑物、道路、居民点和地形等，作必要的调整。

（2）按已知的排距定出第二排、第三排、……的排线，用与第一排相似的方法，排列各排上的井位。

（3）初步将井网布完后，还需分别对井型再逐一检查，使实布不同井型的井数与计划井数基本相等。如有相差，但差数不宜过大，一般不宜轻易减少井数。由于地形和建筑物的影响，井网中个别井的单井灌溉面积会受到限制，在这种情况下，可适当增加井数，但不能超过计划井数的3%~5%。

（4）图上布井结束后，到现场逐一落实井位。对有争议的井位，要充分研究，协商解决。

(5) 在布置井网时,应顾及各分区内含水层的分布和富水状况。尽管最末一级分区的水文地质条件比较相近,但仍有一定差别,所以在相对贫水区内可适当少布井。

四、电网布设

在采用电力作为抽水能源的井灌区,其电网主要指10kV的高压干、支线和400V的低压线。电网布设应与井网、道路网、林网等相互配合,务使线路短、变压器位置适中、损耗小而经济效益高、整齐划一而又便于管理。一般高压线路宜沿井网排线布置,低压线路宜沿渠系或道路布置。低压线路不宜过长(不超过1km),且其末端电压不应降至340V。由于井灌区的井点比较分散,除集中开采的井群外,一般不宜采用大容量的变压器(多在100kVA以下)。对于井距近的小泵机井,一台变压器可控制4～6眼机井;而对于大泵机井,多则控制2～3眼机井,少则一眼机井要配1台变压器。关于电网的输配系统,一定要与电业部门密切配合,务使其经济适用,又安全可靠。

五、辅助工程

常用的辅助工程是井旁调蓄池和回灌工程,现简要说明如下。

(一) 井旁调蓄池

在富水性较差的分区或地段,单井出水量小,不仅单井灌溉面积少,而且灌水效率低。在井旁修建调蓄池后,便可长蓄短用,充分发挥机井效益,增大单井灌溉面积。如条件许可,应与周围居民点的用水相结合。井旁修建调蓄池的结构要注意防止渗漏和蒸发损失,还应考虑尽可能不要二次提水。在地下水温过低(低于16℃),对某些作物不宜直接灌溉时,也要在井旁修建调蓄池,将抽出的水经过曝晒,增温后再用于灌溉。

(二) 回灌工程

通过供需水量平衡计算,当地下水允许开采量不能满足需水要求,或保证程度不高时,为弥补差额水量或增大补给水量使地下水源更加可靠,就要考虑地下水的人工补给问题。如对集中开采的井群地区、机井密布地区、贫水地区等,要利用规划区内外一切水源和自然地形进行回灌。

六、规划成果的整编

规划成果包括规划报告和规划图件。

(一) 规划报告

规划报告应包括以下主要内容:

(1) 灌区基本情况(包括自然地理、水文地质、农业生产、作物种植、水利工程现状、社会经济等)。

(2) 地下水资源计算与评价(包括水质、水量两个方面)。

(3) 供需水量平衡计算。

(4) 井灌工程规划(包括开采深度的确定;单井灌溉面积、井距和井数的计算;机井及配套工程)。

(5) 投资概算、经济效益分析。

(6) 实施方案。

(7) 附件(包括附图、附表及对某些专门问题的文字说明等)。

（二）规划图件

规划图件一般有如下几项：

（1）水文地质分区图。内容主要包括含水层组、岩性、富水性等。图幅比例为 1/10000～1/50000。

（2）水利设施现状图。包括各类水利工程（包括机井）的灌溉范围、高压线路、变压器位置、道路、林网等。图幅比例：规划面积小于5万亩者，以1/10000为宜；大于5万亩者，可采用1/50000。

（3）水质评价图。

（4）开采条件分区。内容应包括多年平均地下水埋深、富水性、含水层厚度以及开发利用措施等。

（5）地下水可开采模数（亦称允许开采模数）分区图。

（6）井灌区规划图。内容应有灌区范围、井位、高压线和变压器位置、固定渠系、道路、林带等。图幅比例为 1/10000～1/50000。

（7）分区典型地块井灌规划图。在规划区内分区选择典型地块，将机井、灌溉范围、渠系及其建筑物、高低压输电线路及变压器等绘入图内。图幅比例根据典型地块面积大小，采用 1/2000～1/1000。

（8）不同井型结构典型设计图：在规划区内，对各种不同井型，应选择其典型绘出结构设计图。

（9）其他图件；根据需要，可编绘地下水位等值线图、地下水埋藏深度等值线图、含氟量等值线图等。

第五节　井渠双灌和综合治理规划

纯井灌区（包括旧井灌区的改建）的规划原则与计算方法，同样适用于井渠结合区和灌排结合或兼综合治理区等，在本节中仅阐述其不同的特点。

一、井渠结合灌区

井渠结合灌区，按其在灌区中所占比例的大小，尚可分为以井灌为主者和以渠灌为主者。

（一）以井灌为主的井灌结合灌区

计划的新井灌区或已成的旧井灌区，由于地下水的可开采资源有限，难于完全满足规划区的需水量的要求。而当地和邻区在雨季或汛期尚有一定量的地表水资源，可供部分时间（季节或年度）或部分面积的灌溉。对于这种情况，为了充分利用当地的可利用水利资源，提高水资源的利用率和扩大灌溉面积或增高灌溉水的保证率，在规划时必须对两种水资源综合调节利用，按总的可利用水资源规划可灌溉面积，并按类似纯井灌区布置井网，再布置地表水灌溉的渠道系统。二者在布置时，应统一考虑，互相照应，以达到尽可能的协调。在规划区内的适当地点，视具体条件，可利用天然坑塘和人工坑塘作为地下水人工回灌点。

这种情况补给地下水源，便成为渠道系统的主要任务。在丰水季节和丰水年应尽可能的引取地表水灌溉和专门进行回灌，以充分补给地下水；而在干旱季节或年度，则主要靠提取地下水灌溉。这种补给型的渠道系统，为了加强补给地下水，一般除危险工段和不需要补给的地段外，干、支渠道多不需要护衬，且其过水断面还可适当加大，使能在短期内通过较多的流量。而在斗渠以下，因多系两种水源一套渠系，为了减少损失和加快引水，可考虑作适当的护衬。

（二）以渠灌为主的井渠结合灌区

在已成的渠灌区或计划的新渠灌区，不论是自流引水、抽水或水库蓄水，因受气候的影响，多遇干旱季节或干旱年，常会受到缺水的威胁；或地表水源丰沛，多数情况都能满足灌溉需要。对于这种灌区，由于过去长期灌溉，各级渠系和田间灌水的渗漏，使地下水位逐年上升，蓄积了大量地下水，甚至造成灾害。新灌区预计也可能出现不同程度的这种类似情况。所以不论对旧渠灌区的改造或对新渠灌区的规划，不论地表水充足与否，都需要充分考虑利用地下水资源。即所谓灌排结合或以灌代排的类型。因为这样，既能增强灌区水源的可靠性，又能扩大灌溉面积，还可防治灌区渍、涝、盐碱等的灾害。这是国内外通过多年实践所总结的一条宝贵经验。也即群众所总结的一条谚语"要想夺高产，井渠双保险"。或"井渠双保险，既灌又治碱"。

为了充分发挥井渠结合的效益，在改造和规划时应考虑如下的几个问题。

（1）在对地表水和地下水资料与规划区用水量统一平衡计算的基础上，宜将地表水渠灌主要调配于高地和地下水资源贫缺或开采条件较差的地区；对地下水丰富，地下水位较高和开采条件较好的地区，则应以井灌为主。而渠道系统仍应全灌区布置，井点主要应沿渠系布置，以达"以渠养井，以井补渠"的目的。

（2）在地表水充足的渠灌区，地下水的开采量以控制地下水位在致害的临界深度以下。而地表水如有季节或年际不足的渠灌区，其地下水的开采量，则按致害深度为地下水最高起始调节水位埋深。并在多年调节下，可允许在此水位下升降变化，但应控制在一定计划水位，而不应一直持续下降。

（3）在旧渠灌区改造时，除特殊情况外，一般渠系不要做大的变动。井网多沿斗、农渠布置；部分也可沿干、支渠布置，但需有专门的渠道或管道将抽出井水输送于斗、农渠。如系新规划的灌区，则井网可与渠系相互配合布置。在低洼易涝和地下水位高的地区，则应多布井，即以排为主。在具体布置时，井距应考虑单井灌溉面积，影响半径和排水要求等因素。

二、综合治理的灌区

在旧的渠灌区，由于地下水位上升，致使产生渍涝灾害和轻度次生盐碱化。如水质较好尚宜灌溉，一般可采取井渠结合而以井灌代排或排灌相结合的方法处理，便可得到改善与治理。在水源较充足的情况下，对低洼易涝区，还可配合改旱作为水稻或水旱轮作，则易奏效。

如灌区内地下水的水质较差，不能完全适应灌溉要求，且已形成较严重的次生盐碱化，这种情况的特点是地下水在开采（排出）初期是不宜直接用来灌溉的，或仅能少量灌溉。可采取排、灌、洗相结合的方法以综合治理。在规划时应考虑：

（1）详细调查分析全灌区的地下水水质，土壤含盐情况，应按含盐成分和矿化度分区，并将较严重的盐斑地段在分区图上准确标出。

（2）在有容泄区条件下，可结合渠灌系统，布置必要的支、干排水沟以构成排水出路或集中排出。如无容泄区的条件，则可掺淡灌溉使表层盐分垂直下移。

（3）按各分区的水文地质条件，盐斑分布情况，分别选择合适的井型和布置井群与井网。初期宜加强抽水，使很快腾出蓄存淡水的含水层。布井时，对次生盐碱化区应以排为主考虑；在严重盐斑区可布井群以加强排水；而在非盐碱化区和轻度盐碱区，则应以灌为主。

第八章 井灌（排）区管理

井灌工程是我国北方地区一项重要的水利灌溉工程，在工农业生产、人民生活中起着很重要的作用。随着工农业和城镇建设的发展，需水量与日俱增，地下水开采规模越来越大。由于缺乏管理，开发利用中出现的问题愈加突出。许多地方机井布置过密、超量开采，区域地下水位不断下降，形成了大面积区域漏斗，产生了许多不良的环境问题。由于机井配套差、田间工程标准低，故水资源利用率低、能源消耗大、井灌成本高、灌溉效益低。因此，井灌区管理的主要任务是，加强机井的运行管理，保障正常抽水，开展地下水动态观测研究，及时掌握水情变化，正确制定抽水量，合理调配灌溉水量，并采取经济措施，搞好经营管理，以充分发挥井灌工程效益，促进农业发展。

由于灌溉管理工作内容广泛，涉及面广，且在《灌溉排水工程学》教材中已有详述，本章只能择其与井灌特点有关的内容加以介绍。

第一节 井灌（排）区的用水管理

井灌区用水管理应结合当地水文气象、水文地质条件、土壤性质、作物种类及其结构等因素，制定合理的灌溉制度，选用适宜的灌水方法，并编制用水计划，实行节水灌溉，加强机井配套，保障供水，充分发挥机井效益。

一、实行计划用水，充分发挥井灌工程效益

井灌区用水管理的主要任务就是实行计划用水。根据作物的需水要求，机井供水能力，田间工程条件及农业生产安排情况等，编制好用水计划。在井灌区，用水计划包括机井提水计划和配水灌溉计划两部分。根据地下水动态观测，分析研究地下水源情况，并对灌区需水量进行统计，在可供水量与需水量平衡分析计算基础上，确定计划年内的灌溉面积、开泵抽水时间、各时期内的提水量、抽水天数等。

在供需水平衡分析中，若某时段可供水量能满足灌溉要求时，就以灌溉需水量作为计划的提水量；若可供水量不能满足灌溉需水要求，就要通过各种措施调整用水。比如，调整灌水时间和灌水定额；配合农业措施，合理安排作物；作好渠道防渗，实行轮灌以提高水的利用率。

井灌区管理机构依据渠系和用水量的分布情况，按照用水比例，拟定每次灌水的分配水量、配水顺序、配水时间以及配水方式。其目的在于用好井水。

二、加强机井配套，提高抽水设备利用率

调整抽水装置，使水井、水泵和动力机三者合理配套，是实现保障出水、节省能源的重要途径。主要要解决两个方面的问题，即井泵配套和机泵配套。

（一）井泵配套

井泵配套就是根据机井出水量、动水位深度及水泵抽水时可能造成的水头损失，按照

水泵性能表去选择适宜的水泵。在配套上主要是搞好流量配套和扬程配套。

1. 流量配套

流量配套就是使水泵的额定流量与井的出水量相符。也就是说，在机井竣工后，应根据抽水试验所得的出水量来选用水泵。否则，水泵出水量过大，会导致滤水结构的破坏，产生大量涌沙，井孔塌陷，井管弯曲、折断等。所装水泵过小，不能发挥机井能力，控制灌溉面积减少，造成浪费。

2. 扬程配套

扬程配套就是使水泵的额定扬程与水泵的总扬程（即水泵的实际扬程加损失扬程）相符合。在水泵性能表上，可以看到在同一转速情况下，有三项性能数据，中间的一项为该泵在额定扬程下运转时的性能，其效率最高，上下两项为使用扬程的高低限。也就是说，在这个范围内，水泵运转时的效率是比较高的，超出这个范围，效率就会明显下降。换句话说，水泵效率越高，说明水泵配套越合理、经济。因此在选用水泵时，必须使设计总扬程与该泵的额定扬程基本符合，即

$$H_g \geqslant h_r + h_L \geqslant h_e + h_p + h_L \tag{8-1}$$

式中　H_g——水泵总扬程（m）；

　　　h_r——水泵实际扬程（m）；

　　　h_L——水泵损失扬程（m），沿程损失与局部损失之和；

　　　h_e——机井动水位至水泵轴中心之间的垂直高度（m）；

　　　h_p——水泵中心轴到出水管之间的垂直高度（m）。

在使用离心泵时，要求水泵的吸水扬程与机井的动水位相适应，即机井的动水位一定要小于水泵的吸水扬程。

综上所述，在机井配套时必须进行抽水试验。在通常情况下，抽水试验时的水位下降次数不得少于 3 次，确定水井出水量的抽水试验经验公式，建立出水量与水位降的关系表达式，即作者称为机井配泵的方程式，通过分析研究，按水泵性能表去选择适宜的水泵。

(二) 机泵配套

所谓机泵配套就是根据水泵需要的功率去选配适合的动力机。目前农用动力机主要为电动机、柴油机两种。

1. 马力配套

马力配套就是动力机的马力应符合水泵配套所需要的马力。动力机的功率即水泵的配套功率。如果选用的马力过大，就可能出现"大马拉小车"的现象，不仅浪费能源，而且增加设备购置费，加大灌溉成本；反之，马力配小了，则形成"小马拉大车"的局面，如使用柴油机，就会产生拖不动的情况；使用电动机就会造成超负荷运转，烧坏电动机，均影响着农田灌溉。

目前，我国电灌区所使用的水泵，厂家均为带动力机的配套生产，不存在机泵配套问题。但在使用柴油机抽水的灌区，对于机泵配套问题，就需要认真研究，进行合理配套。

2. 转速配套

转速配套就是动力机转速与水泵的额定转速相一致。如水泵转速过高，超过额定转速，会产生动力机过载，或使水泵磨损加快；转速过低，则容易产生上水流量不足。同

样，电灌区问题不大。在使用柴油机皮带传动时，就要重视转速配套的问题了。机泵皮带轮直径与转速的关系为

$$D_\mathrm{m} = \frac{D_\mathrm{p} n_\mathrm{p}}{0.98 n_\mathrm{m}} \tag{8-2}$$

式中　0.98——因皮带轮打滑可能引起转速降低而加的一个折减系数；

　　　n_m、n_p——动力机、水泵的转速（r/min）；

　　　D_m、D_p——动力机、水泵的皮带轮直径（mm）。

三、提高田间工程标准，以实现节水灌溉

井灌区是用电和油提水的，故必须提高土地平整标准、渠道防渗标准及作物合理布局等，以实现节水灌溉。

（一）加强土地平整工作

土地越平整，灌水质量越高，单井控制的灌溉面积越大，效益越高。因此，在井灌区要求尽早实现园田化。

（二）提高渠道防渗标准

当前我国灌区大部分都为土质渠道，渠系利用系数较低据估计较好的灌区的渠系利用系数为 0.55～0.65，差的仅 0.24～0.32，致使灌溉水源浪费严重。因此，在井灌区节约用水的一项重要措施就是搞好渠道防渗。自 20 世纪 80 年代以来，井灌区渠道防渗效果显著。陕西、河南、新疆等地试验推广 U 形预制混凝土槽，输水快、省材料、防渗好，渠系利用率可达 80% 以上。

（三）合理安排作物结构

合理安排作物结构是提高水的利用率、增加灌溉面积，降低灌溉成本的重要措施之一。根据新疆枣园农场井灌经验，有以下几条：

（1）夏作物和秋作物合理配置，使井水在上半年和下半年都得到充分利用。

（2）粮食作物与经济作物合理搭配，以解决争水矛盾及增加经济收入。

（3）将夏作物种在离水井较远的田块，将秋作物种在离水井较近的田块，以适应水井夏季水量大、秋季水量小的水文特点。

（4）生长期长的作物品种与生长期短的作物品种相结合，可减少用水高峰。

（5）作物保墒灌溉、冬灌与生长期灌溉相结合，以充分利用早春水和冬闲水。

四、选用合理的灌水方式，保证作物丰产

良好的灌水方法，可以保证灌水质量，又能节能节水，有利于保持土壤结构和肥力。如果灌水方法不当，过量灌溉，会造成水源浪费；灌水不足，会造成作物受旱、减产。因此，正确选用灌水方法是进行合理灌溉、保证农业丰产的重要环节。

当前，井灌区主要采用的有地面灌水法（即畦灌和沟灌）、喷灌及滴灌。

（一）畦灌和沟灌

畦灌有明渠、腰灌、灌水沟及用田埂围成的水畦组成的临时灌溉网。实行畦灌，要合理选用畦田规格和控制入畦流量。根据各地经验，畦田以宽 1.35m、长 30～40m 为宜；入畦单宽流量控制在 2～3L/（s·m）较为合适。北方的小麦、窄行密植作物等，最适宜这种方法。

沟灌是在作物行间开挖灌水沟，水从输入沟进入灌水沟后，在流动过程中借助毛细管作用湿润土壤。它具有湿润土壤均匀、板结轻、蒸发损失小的优点，比畦灌可省水30%左右，并能适应地面坡度变化范围较大的特点。中耕作物多采用这种灌水方法。新疆自20世纪60年代以来，在土层薄、坡度较大的地区推广使用新的沟灌方法——细流沟灌，其效果甚好。

（二）喷灌和滴灌

喷灌是利用一种专门设备把有压水喷射到空中形成细小雨滴，如同降雨那样湿润土壤的灌水方法。它具有省水、省工和增产的优点。根据国内喷灌试验证明，喷灌较地面灌溉方法省水约20%~30%，增产可达10%~20%。近年来新疆生产建设兵团农五师九十团，在盐碱地进行喷灌，其效果更为明显，农业连年获得丰收。

滴灌是将具有一定压力的地下水，通过管道滴头均匀地滴入植物根系附近的土壤。它不会产生深层渗漏、蒸发损失，适用于任何地形和土壤，可以认为它是一种最省水的先进灌溉方法。

第二节 水井的管理养护与修复

在机井建设不断发展的情况下，由于忽视成井工艺等原因，故产生一些机井质量较差的现象。有的机井则是因为管理使用不善、缺乏维修保养等原因，而产生涌砂、坍塌等问题。所有这些都极大地加大了地下水开发利用的费用，加重了农业的负担。为了使井灌区的水井经常处于良好的工作状态，加强对水井的管理养护与修复就具有更重要的现实意义。

一、加强水井管理的责任制

为了"加强经营管理，讲究经济效益"，就必须狠抓水井管理的责任制。在推行管理责任制时，应坚持从实际出发，因地制宜地采用统包结合方法，尊重群众的意愿，并按水井的管理权属，实行各种形式的责任制，以达到提高机井的经营管理水平，降低井灌成本的目的。

二、加强水井的养护

（1）建立健全水井技术档案。包括水井地质结构图，抽水试验和水质化验等技术资料，以便在水井发生事故时有据可查。

（2）做好水井运行记录。其中包括水井抽水时间，抽水次数，静动水位，出水量，含砂量和水质变化情况等。一旦发现情况，应查明原因，进行处理。

（3）注意水井周围是否发生沉陷，一旦发现应及时处理，以便防止出现井管折断，水泵损坏或水井报废等事故。

（4）定期进行维护性抽水。农用水井大多数是季节性用水。水井如停止使用时间过长，容易发生出水量减少现象。特别是在含水层颗粒较细的地区，往往会使水井滤水管堵塞。故机井在停灌期间应定期（1~2月）进行一次维护性抽水，每次历时不得小于4h。

（5）定期进行维护性清淤。水井在使用过程中，总会出现井底淤积现象，其原因是多方面的。有的是因为滤料不合格，拦不住泥沙，造成淤积；有的是井管接口包扎不严密，抽水时泥沙从接缝中流入井内；还有的是抽水洗井不及时、不彻底，井内泥沙过多；再者是管理不善，不盖井口，投入砖石或雨冲风刮进入泥沙等。当发现井内泥沙淤积过多时，应立即进行清淤。

三、加强机泵的维修管理

为提高井泵装置效率，必须定期地加强井用水泵和动力机的维修管理。

1. 加强水泵的运行管理

（1）在运行中定期进行水泵测试分析，应寻找出水泵装置效率偏低的原因，并采取果断措施进行处理，使水泵迅速地处在高效区工作。

（2）注意搞好井泵配套。井灌区经过一段开采后，地下水位会有所下降。枯水年份可能下降很大，水井出水量减少，水泵可能产生吊泵或偏离高效区。故应把不同井上的水泵，按其出水能力和扬程进行调换。

（3）科学的安装水泵。应减少深井泵叶轮级数和输水管长度。有些井灌区不管动水位埋深大小，井管有多少装多少，结果管路长度超过净扬程很多，管路损失大，效率低。故应根据机井动水位埋深来拆除叶轮的级数及少装输水管路以达到减少无效扬程，提高效率，降低能耗的目的。

（4）搞好机泵人员的技术培训。为了提高管理水平，搞好井泵维修保养，必须对机泵管理人员进行技术培训以便提高水泵工况。

2. 加强对动力机的管理

在水泵运行过程中，应经常监视水泵与动力机的配套情况。

（1）要使动力机的功率符合水泵所需功率。如果出现不配套情况，应根据需要及时调换。

（2）要使动力机的转速符合水泵配套所需。如果水泵转速低于动力机时，水井出水量就要减小，甚至不出水；反之，会加速水泵的磨损。

（3）提高传动效率。如果动力机为柴油机时，可改平皮带传动为直联传动，可使传动效率为 100%。

3. 提高管路效率

可采取机泵下卧，缩短管路；加大管径的方法来减少水泵管路损失。

4. 检修保养机泵各个部件

为使机泵处于良好的工况，对水泵和动力机各个部件均应进行擦洗保养或去旧更新。这样，机泵效率将会有很大的提高。

第三节 地下水动态与观测

为了合理有效的开发利用地下水，必须对地下水的动态进行全面的研究。只有在掌握地下水动态变化规律的基础上，才能达到安全可靠和兴利除害的目的。

一、地下水动态长期观测的目的

地下水动态长期观测工作系指根据当地的水文地质条件和对地下水动态分析研究的要求，建立地下水长期观测站网，定期观测地下水运动要素。为此，地下水长期观测工作的任务，应根据不同水文地质单元区的地下水埋藏、分布和运动特征，以及不同开发利用的目的予以确定。归纳起来大致有以下几个方面的工作。

（1）系统而准确地对灌区长期观测网中各观测井孔进行水位、水量、水温和水质的观测，记录与取样化验等工作。并对这些资料进行整编分析研究，以便掌握地下水动态变化规律，及时进行预测预报。

（2）通过多年观测分析，查明影响灌区地下水补给项（如降水入渗、地表水入渗、灌溉回归入渗及地下水侧向补给等）和消耗项（如地下水的侧向排出，泉水溢出，蒸发及开采等），以便对地下水实行调整和控制措施。

（3）根据地下水动态资料，选择合理的参数计算方法，地下水资源计算与评价方法，并对井灌区规划前地下水资源评价予以验证，为合理开发地下水资源提供准确可靠的基础资料。

（4）根据地下水情，研究井灌区建设的合理布局及水泵安装、运行管理的合理方案。并要研究在水情条件恶化的情况下，地下水人工回补的适宜方式和工程措施。

（5）加强水质监督，了解地下水污染和盐化情况，以便制定适宜的防治方案，防止其继续恶化和蔓延。

二、地下水长期观测站网的建设

由地下水长期观测站网获得的资料，是充分分析研究地下水动态变化规律的最基本资料。因此，不仅要在已开发地区及时建立长期观测网，而且要在即将开发的地区有计划的、有目的地布置站网。这将对掌握地下水的动态规律是十分必要的。

（一）观测网的布设

观测网的布设应视井灌区或流域的地形、地貌、水文气象和水文地质条件而定。按其用途可分为基本观测网和专用观测网。前者是为掌握区域性面积地下水，在开发利用前后及其开采过程中，年内年际的地下水动态变化规律和发展趋势，为区域水资源统一规划，地下水资源评价，合理开发利用及地下水资源管理等提供依据。后者主要是为农牧业生产重点地区，国民经济的其他部门开发利用地下水的水源地和为其他专门问题布设的。其布设原则、方法和要求，可按原水利电力部水文局颁布的《地下水观测试行规定》（以后简称《规定》）的有关条例执行。

1. 基本观测井网

区域内或流域内面上的观测井有分层观测井，控制边界条件的观测井，均衡观测井，灌溉回渗观测井，地下水补给与排泄观测井等均列入基本观测井。

在平原地区和一些大中型盆地内的冲洪积平原，土地广阔且地面坡度较平缓的地区，面上观测井应大体均匀分布。而在黄土高原的塬区，可平行地下水流向，布设一些测线观测井，而在黄土残塬（梁、峁）区，可选择有代表性地段布设少量的观测井。

观测井布设密度要求：①水文地质条件复杂，开发利用程度较高的地区，密度可大些；反之密度可小些；②满足省（直辖市、自治区）地两级水利部门掌握地下水动态编图的需要；③满足分区估算水账的要求；④土地辽阔、人烟稀少的地区，可适当减少。简而言之，其布设密度指标定为 $50\sim150km^2$ 布设一眼观测井。对面上布设的重点观测井，以能够掌握区域地下水运动变化为原则，但每个水文地质单元至少应有一眼观测井。

分层观测井布设的要求是，能控制主要含水层和重要开采层；边界观测井主要是为了查明地下水侧向补给量或排泄量，可依据边界性质极其地下水位的影响范围确定。

2. 专门观测井网

专门观测井网，包括试验研究站、均衡试验、盐碱地改良、抽咸补淡、人工回灌等井网的布设，应尽量与基本观测井网相结合，视具体要求而布设。

（二）观测内容

1. 水位观测

地下水位是自然因素与人为因素综合作用的结果，反映的最为直接和明显，所以它是掌握井灌区地下水动态变化趋势、进行人工控制地下水运动的最基本资料。因此，地下水位观测时间、测量次数，重点井与一般井，灌溉季节与非灌溉季节，汛期与非汛期等均应有所不同。

重点井：每日1次或安装自记水位计。

一般井：每月观测3次的应在5、15、25日进行；每月6次的应在1、6、11、16、21、26日进行观测。但在地下水位变化较大的时期（降水季节、汛期与灌溉期等）应加密观测，观测时间一般应同步进行。

2. 开采量确定

在开采状态下，所提取的地下水量是引起地下水位下降的主要因素。在运用数理统计法和非稳定流井群叠加法求取水文地质参数、进行地下水资源计算时，开采量是必不可缺少的资料。为此，要求定期对机井进行水量观测，并统计开采时数和开采总量。

实测单井开采量是做好开采量统计的基础，应予以重视，不断积累经验，改进工作。

（1）对机井流量进行测量时，应在出水量较为稳定时进行。抽水历时较短时，测量流量一次即可；若抽水历时较长时，需测量2～3次。

（2）抽水前要测量静水位，抽水停泵后要观测稳定水位。与此同时，应记载每次抽水的开机、停机时间，浇地亩数，灌溉何种作物，灌水定额和耗电量（或耗油量）等。

（3）单井开采流量以 m^3/h 为单位，观测时应取不少于两次量测的平均值。

3. 水质监测

为了研究地下水的水质变化，或监测水质污染情况，应开展水质监测。在通常情况下，在每年的最高水位期和最低水位期均应进行观测，采取水样进行分析。水质污染情况监测，要求采样密，应每月化验1次。

在《规定》中指出，地下水的水质化验如与地表水一致的部分，其分析项目、分析程序、允许误差等，均按《水文测验试行规范》及《水文测验手册》中有关规定进行。本《规定》如下。

（1）地下水在天然条件下，水化学成分的测验，主要提供天然状态下的地下水水质的基本资料。

（2）在统一规划的井网中进行取样分析，在积累10年资料以后，除保留少数观测井长期连续测验外，其余可以考虑停测或间测。

（3）在咸苦水分布区、盐渍化地区、海滨地区、除统一规划的观测井并进行水化学成分测验外，还应辅以面上调查。

(4) 在已发生地下水污染的地方或可能发生污染的地区，要进行调查。这项工作应按当地政府统一部署，与环保、卫生防疫等部门密切合作进行。

4. 水温观测

水温观测应当同水位观测同时进行。通常应将水温计放置在井中水面以下 1~2m 处，如井下有热异常的含水层（组），这时应将水温计放置在含水层（组）所在的深度。在测量时，水温计的放置时间不得少于 3~5min。读数精度到 0.2℃，并需重复观测 2 次，取其平均值。当与其他地表水体有联系时，也应同时观测其地表水的水温变化。

5. 泉水观测

（1）泉水观测为掌握泉水流量，出露高程，水化学和水温的动态变化，为评价水资源以及其他目的提供资料。

（2）选择有代表性的泉，例如以正在开采利用或流量较大的泉作为观测点。对于呈泉群形式出流的泉，要采取工程措施，使之汇流后进行观测。

（3）泉水流量测量的方法，应广泛使用堰测法、流速仪法等。除泉水观测点外，还应开展调查统测手段，以取得更多的泉水资料。

三、长期观测资料的整理与分析

长期观测必须经过整理分析，才能应用。故必须坚持资料整理分析工作，方能查明地下水动态规律、进行地下水资源计算以及地下水位的预测预报，并在不断总结的基础上，进一步提高地下水动态研究的科学水平。

（一）长观资料的整理内容

（1）对地下水动态及其各种影响因素的经常性资料，以及室内外的试验成果，均必须按照《规定》进行整理。其中包括日常整理、月整理及年终整理。编写年终报告时，应进行系统的分析，写好报告并附上各种动态图件。

（2）在资料整理中，最重要的是地下水位、开采量、水质和水温等确切数字的记载。每年每月均应统计记录最大值、最小值、变化幅度及其平均值，并编汇出综合图表。各种资料数据应用表格形式反映，其中有：①地下水观测井一览表；②逐日地下水位表；③地下水位表；④地下水位特征值表；⑤地下水单井开采量成果表；⑥农用机井地下水开采量统计表；⑦地下水水温表；⑧地下水化学分析成果表。

其表格形式、内容请参考《规定》。综合图表的内容应根据观测资料来确定，一般应包括观测井的水位、水质、水温及单井流量等的变化曲线图。按照有关规定，还应编绘出丰水期、平水期和枯水期的地下水位等值线及埋深图，丰、枯水期的地下水矿化度图和水化学类型图等。

（3）对区域内的水文气象、水文地质以及人为因素等资料也要进行处理，并以图表形式表示。也可将与其密切相关的观测点结合起来，绘制出各种图件，例如，基线井地下水位纵剖面图。如果地质资料较完善还可绘制成水文地质立体图，以便更好的说明地下水动态与其各影响因素的关系。

（二）长观资料的分析计算

地下水观测资料的分析，是一项重要的工作，应给予重视，及时分析。要满足生产上的需要，提高对地下水运动规律的认识，积累有价值的分析成果，并为以后改进观测工作、分析方法、改善资料提供依据。

在整理分析好的长观资料的基础上，具体用它来解决含水层的参数计算，及地下水资源评价问题。

1. 利用地下水均衡方程反求含水层参数

地下水均衡是指在一定时段内、一个均衡地段，地下水的补给量与排泄量之间的相互关系，即

$$\text{地下水贮存量的变化增量} = \text{补给量} - \text{排泄量}$$

根据某些时段内实际观测资料中各种因素的数值，可建立一组线性代数方程组，列出计算框图，编制出计算程序，即可求得各参数值。

2. 运用地下水动态分析法，计算降雨入渗补给系数和潜水给水度

利用地下水长观资料，分析研究由于降雨入渗补给而引起的地下水位的抬高，或由于地下水的开采引起的地下水位下降，依据这些资料就可求得降雨入渗补给量和给水度，这种方法称为地下水动态分析法。

(1) 降雨入渗补给量的确定

$$P_r = 1000\mu(\Delta)\Delta H \tag{8-3}$$

式中　P_r——降雨入渗补给量（mm）；

$\mu(\Delta)$——潜水含水层给水度；

ΔH——降雨入渗引起的地下水位上升幅度（mm）。

这种方法简单明了，只要有较长系列、较可靠的地下水长观资料及给水度 $\mu(\Delta)$，便可得到满意的结果。特别是在开采地区，引起地下水位升降的原因很多，处理好各影响因素及正确确定参数 $\mu(\Delta)$ 是该法的关键。但是，只要对该地区实际情况进行认真的分析，采用安徽省五道沟均衡场或江苏徐州地区湖西均衡场的试验成果，是不难得到的。

降雨入渗补给系数可用下式表示，即

$$\alpha = \frac{P_r}{P} \tag{8-4}$$

式中　P——次降雨量（mm）；

α——降雨入渗补给系数。

(2) 给水度 $\mu(\Delta)$ 的确定方法。在潜水含水层中实行开采抽水，均会引起地下水位的下降，形成降落漏斗。这时，就可以利用疏干的漏斗体积与其抽水量之间的关系，求出给水度，其计算公式为

$$\mu(\Delta) = \frac{W}{V} \tag{8-5}$$

式中　W——开采抽水量（m³）；

V——疏干的漏斗体积（m³）。

(3) 利用长期开采资料，运用非稳定流的开采强度法反求弹性释水系数 μ^* 和压力传导系数 a。

3. 计算地下水资源

(1) 根据均衡方程所求得的水文地质参数和水文参数，运用长观资料，可以分别算出

地下水的各个补给项和排泄项，综合评价出地下水的资源量。

（2）根据长观资料，运用数理统计的方法，建立回归方程，对地下水资源进行预测预报，选取最佳经济效益的开采量。

第四节 井灌（排）区工程技术经济分析

工程技术经济分析的目的在于，节能节水，以充分发挥其效益。为此，必须使机井的投资、年费用、效益、单位水量成本、水费、能源消耗等技术指标达到最合理，以降低井灌成本，提高井灌效益。

一、工程投资

投资是井灌工程经济分析中的一项重要指标。通常系指建设前的勘探费、机井钻凿费、机泵配套费、输配电线路、电器设备费以及渠系工程配套费等。井灌工程投资在建设前应进行一次可行性研究，其目的是为了决定投资可行还是不可行。井灌工程在北方地区是一项重要的水利工程，因此，必须预测工程的经济效果。

二、年费用

在机井系统管理中，年费用（或称成本）包括直接费用和间接费用两部分。直接费用是在一年内的经常性开支，如能源消耗费、维修费、行政管理费及人员工资等。间接费用则不一定用于当年，而是每年按投资比例提取，供一定目的和在一定时期内使用，如机井设备的折旧费和大修费等。年费用实际为年抽水的成本费。

$$年费用 = 直接费用 + 间接费用 = 年运行管理费 + 折旧费$$

（一）年运行管理费

1. 能源消耗费

可用下式计算，即

$$C_1 = N_1 t_1 f_1 g + N_2 t_2 f_2 g \tag{8-6}$$

式中　C_1——年能源消耗费（元）；

　N_1、N_2——灌溉与非灌溉部门动力机额定功率（kW）；

　t_1、t_2——灌溉与非灌溉部门动力机年运行小时数（h）；

　f_1、f_2——灌溉与非灌溉部门耗能电价[元/(kW·h)]，或燃料油价，（元/kg）；

　g——单位功率耗能量；电动机 $g \approx 1$；柴油 $g = 1.36 \dfrac{G_T}{N_e}$（kg/kW）；$G_T$ 为柴油机的小时耗油量；N_e 为有效功率。

如果采用电动机配套，还应计入电损（变损、线损）费用。

2. 维修费

包括日常养护和定期大修费用，可根据井灌设施实际使用情况分析确定。

3. 管理费

包括人员工资、行政管理费以及观测、试验等费用。可根据井灌区规模大小、管理形式和有关规定确定。

（二）折旧费

机井系统在管理运行过程中，随着时间的延长，必然会逐渐损耗而丧失其原始价值，即所谓的贬值。实质上就是机井系统固定资产的实际损耗费。更新机井系统而需积累的资金，应在其使用期内逐渐提取，直至累积资金到该机井系统的总投资（还包括货币贬值）时为止。

目前采用两种计算方法，即静态法和动态法。所谓静态法是指对投资效益或管理效益进行分析时，不考虑货币的时间价值，只根据国家规定的经济技术指标作比较而定。动态法是指一切货币活动都有时间价值，所以不论投资和效益都是随时间变化的动态过程。因此，它是以货币的时间价值作为分析基础的；

1. 静态折旧法

计算公式为

$$d = \frac{K_1}{n} \tag{8-7}$$

式中 K_1——机井系统（井灌设施）总投资（元）；
      n——折旧年限（经济寿命年限）（a）；
      d——年折旧费（元）。

年折旧费和折旧年限与机井系统的实际寿命、经济寿命以及其他因素有关。实际寿命是指机井系统可能使用的最大年限。完善的机井实际寿命可达 20～30a，甚至更长。按实际寿命年折旧费太低，造成资金回收年限很长。经济寿命是指机井在使用期内，其年成本（包括年运行管理费和年分摊的设备成本费）达到最小时的寿命。实际上经济寿命比实际寿命短，为加快资金周转，一般多采用经济寿命作为折旧年限，见表 8-1。

表 8-1 井灌设施经济寿命年限表

项目		经济寿命年限（a）
机井：	多孔混凝土井管（包括混凝土井管）	10～15
	钢筋混凝土井管	15～20
	钢管	15～20
	铸铁管	20～25
渠道、井口工程及井房		10～15
机电设备：	电动机	8～10
	柴油机	5～8
水泵：	深井泵	4～6
	潜水泵	6～8
	离心泵	8～10
输变电设备		15～20

2. 动态折旧法

根据投资类别，分别按下列公式计算。

（1）偿还基金法（投资不计利息）

$$d = k_1 \left[\frac{i}{(1+i)^n - 1} \right] \tag{8-8}$$

（2）资金回收法（投资需计利息）

$$d = k_1 \left[\frac{i(1+i)^n}{(1+i)^n - 1} \right] \tag{8-9}$$

式中 i——年利率（%）；
      其他符号意义同上。

（三）还本年限的计算

还本年限也称偿还年限或资金回收年限，表示当机井系统交付使用管理后，通过逐年效益的积累，完全回收投资的年限，可用下式表示，即

$$T_b = \frac{K_1}{(B - C_2) + d} = \frac{K_1}{B_0 + d} \tag{8-10}$$

式中 T_b——还本年限 (a);
  B——多年平均毛效益（元）;
  C_2——多年平均的年运行管理费（元）;
  B_0——多年平均的净效益（元）;

其他符号意义同前。

还本年限不宜大于 5 年。

三、效益

井灌效益主要是灌溉后作物的产量和质量提高而增加的产值，应以灌区产量统计资料或灌与不灌对比试验资料确定。

尤其在井灌区，在讨论经济效益时，应考虑到抽水后，由于水位的降低，能实现预防盐渍化和改良盐碱地。这就是说，既要考虑农业增产效益，也要考虑排水效益，即双重效益。

（一）农业增产效益

(1) 灌区开发前后的农业技术措施基本相同，则农业的增产效益主要是灌溉效益。计算公式为

$$B = \left[\sum_{i=1}^{n} W(y - y_0)C + \sum_{i=1}^{n} W(y' - y'_0)C'\right]/n \tag{8-11}$$

式中 B——灌区多年平均总增产值，即毛效益（元）;
  C、C'——每公斤作物和作物副产品的价格（元/kg）;
  W——灌区作物种植面积（亩）;
  y——采取灌溉措施后的作物产量（kg/亩）;
  y_0——未采取灌溉措施的作物产量（kg/亩）;
  y'、y'_0——灌溉前后作物副产品的产量（kg/亩）;
  n——分析期限 (a)。

(2) 灌区开发后，农业措施相应地有较大的改进，从而增加了额外的农业投资。在这种情况下，农业的增产效益由农业、水利两个部门分摊，式（8-11）中的 B 应乘以灌溉效益分摊系数 ε，ε_B 即为灌溉的增产效益，即灌区多年平均总增产值。

（二）排水效益

排水效益是从工程兴建后，消除盐碱、渍、涝灾害面积和减轻碱、渍、涝灾害程度两方面来计算的。

同样，排水效益也可换算成作物增产效益指标。广义上讲，农业的增产效益应包括直接的农业增产和排水效果给农业带来的效益。

（三）水费

水费是井灌工程的效益。在制定水费标准时，一方面有利于实行按量计征水费，促进节约用水和计划用水；另一方面可以为养护维修工程提供资金，并增加管理的收入。水费可按下列公式计算，即

$$C = \frac{A}{\sum Q} \tag{8-12}$$

$$P = C + \frac{(S_1 + S_2)i}{\sum Q} \tag{8-13}$$

式中　　A——机井系统的某年度的年费用（元）；

$\sum Q$——机井系统的某年度的总抽水量（m³）；

C——水的成本（元/m³）；

S_1——固定资产（元）；

S_2——周转资金或流动资金（元）；

i——平均利润率；

P——水费（元/m³）。

四、技术经济指标

（一）机井和设备完好率

机井完好率系指完好井数与总成井数的百分比。其技术指标要求是，井管顺直，能顺利升降水泵；井的出水量不得低于成井验收的出水量的60%；井水含砂量不得大于成井验收时含砂量的110%；井水水质，必须符合饮用水和灌溉用水的水质要求。

设备完好率系指完好设备与配套设备的百分比。设备完好的技术指标，系指设备技术性能良好，能安全正常运行。在机井正常使用中，机井装置效率，电动机配套不能低于35%，柴油机配套不能低于30%。

（二）能源单耗

能源单耗系指从机井中提水1kt·m所消耗的能源数量（电能为kW·h，油料为kg）。它是具体反映电力井灌区（或柴油机抽水灌区）的机井配套、设备利用率、机组运行工况等的一项综合性技术经济指标。单耗越高，装置效率越低；反之，单耗越低，装置效率越高，即能源单耗与装置效率成反比。新疆米泉县井灌区1982年井泵抽水装置和耗能测试情况见表8-2。

表8-2　　　　　　　　　　　装置效率和耗能情况表

水泵类型 \ 项目	测试数量（套）	消耗[kW·h/（kt·m）]		装置效率（%）	
		平均	总平均	平均	总平均
离心泵	85	8.75	9.56	31.06	28.64
潜水电泵	33	10.36		26.23	

由表8-2可以看出，每千吨米耗电量超过水利部部颁标准5.44kW·h的1.76倍，装置效率低于部颁标准50%的2/3。其结果是亩耗电费过高，加重了农业的负担，如表8-3所列。

表8-3　　　　　　　　　　　新疆米泉县典型乡村亩耗电费统计表

乡村名称	项目	灌溉面积（亩）	年耗电量（kW·h）	年亩用电量（kW·h）	年亩用电费（元）
三道坝乡	东村	1730	342778	191.10	11.68
	西村	2800	741901	264.94	15.89
	红光村	1291	384072	297.96	17.84

续表

乡村名称	项目	灌溉面积（亩）	年耗电量（kW·h）	年亩用电量（kW·h）	年亩用电费（元）
古牧地乡	大破城村	5280	1065914	201.87	12.11
	锅底坑村	255	903347	340.20	20.41
羊毛工乡	协标村	1500	486610	298.72	17.92
	红雁湖村	660	313597	475.15	28.51
长山子乡	黑水村	1300	287246	209.52	12.57

由此可见，提高装置效率是节约能源、降低成本、减轻农业负担的一项重要措施。

(1) 能源单耗（e）计算公式为

$$e = \frac{\sum E}{(\sum VH_j/1000)} = \frac{1000 \times \sum E}{\sum VH_j} \qquad (8-14)$$

(2) 装置效率（η_e）计算公式为

$$\eta_e = \frac{\gamma Q H_j}{1000 N_i} \times 100\% \qquad (8-15)$$

式中　　e——能源单耗[kW·h/(kt·m)]或[kg/(kt·m)]；

$\sum V$——某一时段提水总量（t）；

H_j——水泵的净扬程（m）；

$\sum E$——同一时段所消耗的电能（kW·h）或油料（kg）；

η_e——水泵的装置效率；

γ——水的重度；

Q——水泵的出水量（m^3/h）；

N_i——由电源输入的功率（kW）。

(三) 单井流量控制的灌溉面积

指单井出水量 $1m^3$/h 所能控制的灌溉面积。根据先进井灌区的经验，$1m^3$/h 可以灌溉 10 亩地，一般只能灌 5 亩地左右。

(四) 单位水量成本

指年费用与年提水量的比值（元/m^3）。

总之，对井灌区经济技术分析，既要认真，又不能太繁琐。在分析时，应抓住几项主要技术指标，选用适宜的计算方法，每年均应进行分析研究，找出管理中的薄弱环节，予以克服和加强，务使管理费逐年降低和稳定，不断降低灌溉成本，促进农业发展。

第九章 地下水与环境保护

第一节 地下水超采引起的环境地质问题

合理开发利用地下水资源，既能够解决某些地区的供水问题，还可以有效的防治地下水位较高区的土壤盐渍化。此外，合理开发利用地下水资源，适当降低地下水位，有利于增加降水和地表水体的入渗补给量，有利于提高防洪、排涝标准，可以减少潜水蒸发损失，有利于增强"地下水库"的调蓄能力，显然，合理开发利用地下水资源对于经济发展、社会进步和改善环境都是有益无害的。但是，如果违反科学规律，长期过量开采地下水，必然引发生态环境问题。我国近20多年来对地下水的开发利用，一方面，为国民经济发展提供了水源保证，发挥了积极作用，做出了巨大贡献；另一方面，某些地区过量开采，引发了地下水位持续下降、海水入侵、咸水入侵、地面沉降、地面塌陷、荒漠化、水质污染等问题，造成了灾难，在一些区域引发了生态难民和巨大的经济损失。

一、地下水严重超采

1. 地下水超采概念

地下水超采是指一定地域内多年平均地下水实际开采量超过了该地域的多年平均地下水可开采量，并造成了地下水水位多年持续下降的现象。发生了地下水超采现象的地域称为地下水超采区；在超采区内，实际开采量中超出可开采量的部分称为该超采区的超采量。

用地下水的实际开采系数（K）衡量地下水的开采程度。地下水的实际开采系数指某区域多年平均实际开采量（AGW）与该区域的多年平均可开采量（GW）的比值，即 $K = AGW/GW$，$K > 1$ 是确定某区域地下水超采的必要条件，如果该区域同时发生了地下水水位持续下降现象，则该区域就是地下水超采区。

在超采区范围内，具有下列情况之一者，划定为严重超采区。

(1) 实际开采系数大于1.2。
(2) 年平均地下水位下降速率大于1.5m。
(3) 引起地面沉降，且沉降速率大于10mm/a。
(4) 发生了海（咸）水入侵或荒漠化现象。

超采是一个时段地下水补给量与开采量不均衡条件的产物，随着补给与开采条件的变化其范围与边界亦随之变化。

2. 地下水超采状况

据统计，全国共有地下水超采区164片，面积最小的仅有数十平方公里，最大的近1万 km^2；全国地下水超采区总面积181291km^2，其中，浅层孔隙潜水超采区面积99999km^2，深层孔隙承压水超采区面积87035km^2，深层孔隙承压水超采区与浅层孔隙水超采区重叠面积约为 13285km², (在这些地区，同时发生浅层孔隙潜水超采和深层孔隙承压水超采，甚至多层深层孔隙承压水超采); 碳酸盐岩裂隙溶洞水（以下简称岩溶水）超采区面积 7393km², 基岩裂隙水超采区面积 149km²。在这些超采区中，严重超采面积 77590km², 占总超采区面积的 42.6%。全国多年平均超采地下水量为 71.36 亿 m³, 其中，浅层孔隙潜水超采量为 42.78 亿 m³, 深层孔隙承压水超采量为 25.89 亿 m³, 岩溶水超采量为 2.54 亿 m³, 基岩裂隙水超采量为 0.15 亿 m³。1990 年后，地下水超采量较 20 世纪 80 年代有较大增加，1997 年地下水超采量已达 92 亿 m³（其中深层孔隙承压水超采 34.0 亿 m³)。

全国 240 个大型、特大型地下水源地中，有 53 个处于超采状态，年平均超采地下水 6.42 亿 m³。超采的水源地个数最多和年平均超采量最多的是山东省，仅大型、特大型地下水水源地就有 13 个超采，年均超采量近 1 亿 m³; 辽宁、江西、河北三省的大型、特大型水源地年超采量都在 0.5 亿 m³ 以上。

从行政分区看，全国有 24 个省（自治区、直辖市）存在地下水超采问题。河北省超采面积最大，达 66973km², 占该省平原区面积的 91.6%; 超采区面积超过 10000km² 的还有甘肃、河南、山西、山东等四省; 超采区面积在 1000~10000km² 的有新疆、江苏、上海、安徽、北京、天津、黑龙江、辽宁、内蒙古、陕西和浙江等 11 个省（自治区、直辖市); 超采区面积在 100~1000km² 之间的有宁夏、海南、江西、云南、广东和吉林省; 广西和湖北省的超采面积不到 100km²。河北省年均地下水超采量最多，为 32.0 亿 m³, 其次是：山西省 5.2 亿 m³、山东省 4.6 亿 m³、河南省 3.7 亿 m³ 和辽宁省 3.6 亿 m³。

从流域分区看，北方各流域片地下水超采问题较大，其中，海滦河片问题最为严重。海滦河片超采区面积 87796km²（占全国超采区总面积的 48.2%), 其中严重超采区面积 39881km²（占全国严重超采区总面积的 51.4%), 年地下水超采量 39.33 亿 m³（占全国超采总量的 55.1%), 累计地下水超采量约为 592.7 亿 m³（占全国累计超采总量的 64.3%); 松辽片地下水超采区面积 12521km², 其中严重超采区面积 9746km², 年均地下水超采量 6.98 亿 m³, 累计超采量约为 66.2 亿 m³; 黄河片超采区面积 20431km², 其中严重超采区面积 9232km², 年均地下水超采量 10.09 亿 m³, 累计地下水超采量约为 108.1 亿 m³; 淮河片超采区面积 23660km², 其中严重超采区面积 9999km², 年均地下水超采量 6.39 亿 m³, 累计地下水超采量约为 79.8 亿 m³; 内陆河片超采区面积 23951km², 其中严重超采区面积 3401km², 年均地下水超采量 4.10 亿 m³, 累计超采量约为 32.9 亿 m³。南方各流域片中，长江片超采区面积 11905km², 其中严重超采区面积 4700km², 年均地下水超采量 3.56 亿 m³, 累计超采量约为 35.7 亿 m³; 珠江片超采区面积 1027km², 其中严重超采区面积 631km², 年均地下水超采量 0.91 亿 m³, 累计地下水超采量约为 6.9 亿 m³; 东南诸河片和西南诸河片目前尚未发生地下水超采现象。

二、地下水超采引起的环境地质问题

超采地下水，其实质是破坏了地下水及其赋存介质天然状态下固有的生成—赋存—运动之间的平衡关系，亦即殃及了地下水原有的补排平衡关系，地下水必然要在新的条件（即开采条件）下寻求新的平衡，在寻求新的平衡的过程中，对原有的生态环境产生了一系列影响; 超采地下水表现形式是：引起了地下水位的持续下降、造成了开采井单位出水

量锐减甚至报废、局部饱水层或含水层被疏干甚至地下水源枯竭、生物群落减少、萎缩甚至消亡、泉水流量衰减甚至断流等。

1. 地下水位下降

地下水位急剧下降发生在城市供水区和一些以井灌为主的灌区，由于城市供水和灌溉大量开采地下水，造成地下水位下降，地下水漏斗扩大等问题。降落漏斗的出现还带来了一系列环境问题，如地面沉降、海水入侵等。地下水水位下降还使许多农用井干枯、报废，抽水费用增大。河北省现有50多万眼机井，每年有5%左右失去效用，40%的水井出水量达不到设计抽水流量的一半，机泵被迫多次更换或下卧，动力消耗和灌溉成本明显增高。

区域地下水位持续下降，降落漏斗面积不断扩大。这一现象在华北平原较普遍，深层水水位以 $3\sim5m/a$ 的速率下降，天津、沧州、衡水、德州一带下降漏斗已连成一片，面积达 3.18 万 km^2。其中沧州漏斗面积达 $9830km^2$，漏斗中心水位埋深达78m。浅层水水位降落漏斗分布于北京市及京广线沿线的保定、石家庄、邢台、邯郸到安阳一带，面积达 1.89 万 km^2。河北省东南部地处黑龙港流域的衡水市，现有机井70921眼，其中深井24814眼。井灌面积40万 hm^2，占全市总灌溉面积的85%。深井的密度2.8眼/km^2，平均开采模数为8万~11万 $m^3/(km^2 \cdot a)$。深层水的限采量为2.43亿 m^3，1999年深层水的开采量达到9.10亿 m^3，是限采量的近4倍，形成了著名的"冀枣衡"漏斗区，漏斗区中心水位埋深自1980年的50m下降到1999年的92m，"漏斗"不断扩大，面积已达到 $8772km^2$。导致地面沉降，至1987年累计沉降量达600mm，并且咸水下移，污染深层水。

近年来，由于控制开采量（如天津市区），地面沉降有所减缓，但在大部分城市地区，随着开采量的不断增大和时间的延续，深层水大部分漏斗还在不断扩展和加深。南方的江苏省苏锡常地区由于在城市地区过分集中开采深层地下水，地下水位下降较为严重。区域降落漏斗面积已达 $3000km^2$，漏斗中心水位埋深 $60\sim70m$，并与浙江省杭嘉湖漏斗相接。哈尔滨市在区域地下水水位下降漏斗中部 $100km^2$ 的范围内，由于水位下降导致地面沉降。1974年发现某些建筑物、地下管道开裂、弯曲、断裂、变形等现象。

沿海地区地下水开采量过大，已出现淡水位负值区，且负值区不断扩大，咸、淡水交界面大幅度向内陆推移。如山东省莱州市已有200多 km^2（1988年）的范围被海水污染，海水入侵速度达 $404.5m/a$，已有34个范围内无淡水饮用，已造成严重的社会问题。

地下水水位持续下降是地下水开采超量的主要标志，它不仅直接导致部分浅机井干涸、抽水设备更替、供水成本增大，而且还引发了其他一些地质环境问题。

2. 地面塌陷

地面塌陷也是一种地面变形现象，多发生在隐伏岩溶地下水开采区，因此，又称岩溶塌陷。由于过量开采岩溶地下水，疏干或部分疏干了溶洞，受重力作用，溶洞之上的松散覆盖物塌落，地面形成坑、槽、沟等塌陷现象，即为地面塌陷。

在我国北方、云贵高原和两广等开采岩溶地下水的地区，岩溶塌陷现象比较普遍。由于岩溶塌陷具有突发性，所以破坏性很大，往往造成人身伤亡和重大经济损失，尤其是在人群密集区及交通枢纽地带，危害特别大。

地面塌陷主要发生在覆盖型岩溶水源地和矿区。北方有河北唐山、秦皇岛石门寨水源地，辽宁省瓦房店、山东省泰安、枣庄、莱芜和陕西省的西安等地，南方有安徽省的淮南、淮北，浙江省的开化、江山，湖北的咸宁，湖南省的郴州，福建省的三明，云南省的昆明，贵州省的水城等20多个城市和地区。南方地面塌陷比北方严重。山东泰安市是北方地区典型的岩溶塌陷灾害城市，1977～1986年间共发生110处塌陷，其中，泰城铁路三角区就有40余处，铁路部门不得不采用铺设旱桥、水泥注浆等措施控制地面塌陷，以保证火车限速行驶，耗资近3000万元。南方地区的岩溶塌陷以西南部最为强烈，例如贵州省的水城，由于钢厂抽水，塌陷不断发生，截至1979年春，塌陷点已达307个，破坏了附近大片农田，毁坏了水城监狱等建筑物89座，曾因电线杆倒塌造成全城停电，地表污水沿塌陷坑槽灌入地下，导致多口饮用水井报废；又如，位于昆明市区的著名风景点翠湖，1976～1983年间因超采地下水造成翠湖湖底塌陷，产生严重水土流失、亭台倒塌、桥梁毁坏，每年都要投入大量的人力、物力用于堵洞防渗治理。

3. 地面沉降

大约从20世纪初起，世界工业迅速发展，造成在大量开发利用地下水的工业城市和一些石油采区陆续发生地面沉降现象，如日本的东京、大阪、新潟、长崎，美国的加州、内华达州、亚利桑那州、得克萨斯州、路易安娜州，墨西哥的墨西哥城等。地面沉降是又一公害，其所造成的直接危害是地面标高损失，再加上潮水或台风暴雨的影响，构成对低标高沿海、沿江城市的威胁。如美国长滩市因地面沉降而造成该市码头完全失效。上海市外轮停靠码头原标高5.2m，1964年已降至3.0m，高潮时江水上岸、装卸无法进行。桥墩下沉造成桥梁净空减小，影响水上交通运输。例如上海苏州河，原每天有2000条船通过，货物吞吐量1000～1200kt，现因桥下净空减小，大船不能通航，中小船通航时间也大为减小。随着地面垂直沉降并发生较大的水平位移，往往会对地面和地下构筑物造成严重危害。例如长滩市地面沉降使路面、铁轨、桥梁、建筑物、管道等都遭到严重破坏。在地面沉降区还常出现深井井管上升、井台破坏、高楼脱空、桥墩不均匀下沉等现象，危害市政建设和公民生命安全。

采油引起地面沉降以美国长滩市威明顿油田最为强烈，其最大沉降速率每年为71cm，总沉降量高达9m，水平位移3m。地面沉降是一种地面变形现象。地面沉降是由于开采深层承压地下水，降低了开采含水层的水头压力，从而导致粘土（淤泥）质隔水层及含水层中粘土（淤泥）质透镜体被压缩，引起地面区域性下沉的现象。地面下沉的高度，称作沉降量。深层承压水开采量、地下水水头损失量、地面沉降量三者之间在一定程度上存在着线性关系。超量集中开采深层地下水造成水位大幅度下降后，多孔介质释水土层压密，导致了地面沉降，如北方的天津、北京、太原、沧州、邯郸、保定、衡水、德州、许昌等城市，南方的上海、常州、苏州、无锡、宁波、嘉兴、阜阳、南昌、湛江等20多个城市。地面沉降造成市区雨后地面积水、建筑物破坏等严重危害。

由于开采深层承压地下水，我国不少地区或城市先后发生了地面沉降，有些地区相当严重。截至1995年，河北省境内累计地面沉降量超过100mm的面积已达36000km^2，其中，累计沉降量大于600mm的面积超过5000km^2，大于1000mm的面积有146km^2，累计最大沉降量已达1680mm；天津市在7300km^{2}的面积上发生了地面沉降，最大累计沉降量为3041mm，该市的地面沉降区已与毗邻的河北省地面沉降区连成一片。天津市区流经河北大街、大直沽地面沉降中心，堤岸沉降 2~2.5m，其他地段也沉降 1~2m，再加上河道淤积，使海河的泄洪能力由原设计的 1200m³/s 减少为 250m³/s。

截至 1997 年，苏州、无锡、常州三个地面沉降区也已连成一片，其中，沉降量大于 600mm 的面积为 1350km²，大于 300mm 的面积为 1800km²。南通及盐城两市的市区也有地面沉降现象发生，最大累计沉降量分别为 153mm 和 468mm。截至 1994 年，浙江省嘉兴市累计地面沉降量大于 50mm 的面积约 600km²，累计最大沉降量为 710mm，整个老城区的累计沉降量都在 400mm 左右。济宁市城区供水开采中层孔隙水，地下水的天然资源量为 9000 万 m³/a，开采资源量为 6000 万 m³/a，1995 年开采量达到 14465 万 m³/a，1996 年已形成水位埋深大于 20m 的超采漏斗，面积达 150km²，漏斗中心水位埋深已达 33.2m，目前仍以大于 1m/a，的速率下降。在市区长期超采地下水已形成明显的地面沉降，仅 1989 年 11 月~1997 年 11 月，市区地面沉降最大达 202.3mm，多年平均最大沉降速率为 25.3mm/a。地面沉降已造成地裂、房裂、井管上升、供水气管道变形，给地面高程低、防洪困难、排污不畅的济宁市城区的生产、生活造成重大的影响。太原地下水开采量占到总取水量的 80% 以上，从而人为地改变了地球水圈的平衡，使水文地质环境发生变迁。由此导致区域地下水位约 1m/a 速度下降形成大面积水位下降，降落漏斗达 500km²，漏斗中心水位降深达 100m，造成地面较大幅度的沉降，在有的强烈沉降区发生地面裂缝，据有关资料统计表明：1979 年和 1980 年两次地面沉降观测结果同 1957 年比较，1979 年累计平均下沉量为 254mm，1980 年为 301mm，发生地面沉降范围有 396km²，其中大于 100mm 地面沉降区有 215km²，沉降最大的达 819mm，平均以 19mm/a 的幅度下沉，严重影响了城市建设工程。

上海市开采深层承压地下水的历史悠久，早在 20 世纪 20 年代就已发生了地面沉降现象，1921~1965 年间，上海市区地面累计最大沉降量达 2630mm，地面标高已低于 1974 年黄浦江最高水位 2m 左右；1966 年后，通过人工回灌等综合治理措施，地面沉降得到初步控制，在 1985~1987 年间，由于深层承压水开采一度失控，地面再次沉降了 23.6mm。一些位于山间盆地以开采深层承压水为主要供水水源的城市，如西安市、太原市、大同市等，亦有地面沉降现象发生，西安市累计地面沉降量超过 55mm 的面积约 200km²，累计最大沉降量为 2001mm；太原市中南部沉降量较大，累计最大沉降量达 1300mm；大同市目前有两个地面沉降中心，累计沉降量一般为 40~50mm，最大累计沉降量为 124mm。

地面沉降造成的灾害是严重的。据估计，如果海平面上升 40cm，太湖的排洪能力将减低 20%。珠江三角洲河网地带大约有 25% 的土地在珠江基准高程 40cm 以下，主要是靠堤围防护。海面上升将会使这些堤围丧失其功能。地面沉降使原有的地面高程下降，从而降低了防洪、排涝、抵御风暴潮的标准和能力，影响工农业生产和国民生命财产的安全；地面沉降使得桥梁的净空减少，影响正常航运；地面沉降，特别是不均匀沉降，严重危及建筑物和市政设施的安全，造成水库大坝、河堤、楼舍等建筑物产生裂缝甚至溃坝或倒塌，如位于西安市的唐代大雁塔，因地面沉降已向北倾斜，西安、天津等城市已因地面沉降造成上下水管道和煤气管道断裂等现象。

4. 海水入侵

海水入侵是海岸地区地下淡水超量开采而造成的海水向陆地流动的地下径流。在天然条件下，沿海地区的地下淡水和咸水建立了水动力平衡。伸入陆地的楔形咸水和淡水体形成天然的交界面。如果大量开采地下淡水，则会由于降落漏斗的扩大使天然地下水面降低，破坏了咸淡水体之间的平衡，为了达到新的平衡，淡水和咸水界面就会向陆地方向推移，造成淡水体的污染。沿海城市和地区在滨海含水层中超量开采地下水，造成海水入侵含水层、地下水水质恶化及矿化度和氯离子浓度增高，如辽宁省大连市、锦西市，河北省秦皇岛市，山东省莱州湾、青岛市、烟台市，福建厦门市等地。据有关调查分析表明，目前，我国辽宁省黄海和渤海沿岸、山东省胶东半岛、河北省的秦皇岛市和广西北海市等地的部分沿海地区已发生海水入侵，海水入侵总面积已超过 $1500km^2$，其中地下水氯离子含量在 1000mg/L 以上的重海水入侵区的面积超过 $350km^2$。辽宁、山东两省的海水入侵最为严重，这两省的海水入侵面积达 $1400km^2$ 左右，我国的重海水入侵区也主要分布在这两省。海水入侵的直接结果是使得地下淡水的矿化度和氯离子浓度增高、水质变差，从而失去了原有的利用价值。因此，海水入侵给当地的工农业生产、民众生活及生态环境造成了极大的危害。在工业方面，水质变差使产品质量下降，并因氯离子的锈蚀作用缩短了金属设备的使用寿命；因水质处理或远距离调水增加了生产成本，甚至迫使工厂停产、搬迁或关闭。据不完全统计，仅辽宁省大连市因海水入侵在 1993 年造成的直接工业损失就超过 1 亿元。在农业方面，海水入侵造成粮食减产或绝收。例如：辽宁省沿海地区因海水入侵，有 580 眼机井报废，减少了灌溉面积 $2000hm^2$，每年减产粮食 1300 万 kg；山东省莱州市的海水入侵区内 2631 眼机井报废，$12002hm^2$ 高产田变成低产田，其中 $400hm^2$ 良田变成荒地，近年来，该市的滨海平原区因受海水入侵的影响，一般年景减产 30%，干旱年份减产 50% 以上，全市年平均减产粮食 5000 多万 kg。海水和地下咸水入侵造成的危害十分严重，20 世纪 90 年代初，海水和地下咸水入侵使我国沿海地区 2.44 亿 m^3 的地下淡水资源遭受污染，失去开发利用价值，使得沿海地区的供水矛盾更加尖锐。因海水和地下咸水入侵，河北省沧县已报废机井 8000 多眼，每年少开采地下水 1.3 亿 m^3 以上，减少井灌面积 4 万多 hm^2，每年减产粮食 2 亿 kg 以上；在民众生活方面，海水入侵造成 100 多万人口和 40 多万头大牲畜饮水困难，必须花费大量的人力、物力和财力进行远距离调水等措施解决人畜饮水问题，因不得不饮用遭到了海水入侵的地下水，引发或加剧了某些地方病，仅山东莱州市就有 1.56 万人患氟斑齿病或布氏菌病。

在我国滨海平原，有地下咸水（矿化度大于 2g/L）分布区 5 万 km^2 左右，在咸水含水层的上、下层，往往发育浅层淡水和深层淡水。当对咸水分布区内的浅层淡水、深层淡水或对咸水分布区的前沿地下淡水区进行过量开采时，会造成地下咸水向淡水含水层渗透补给，使原有的地下淡水变咸，亦即扩大了地下咸水区分布面积和增加了咸水含水层的分布厚度。这种现象称为咸水入侵。

根据河北省沧州市和山东省潍坊市的有关调查分析，咸水入侵现象相当严重。在沧州市沧县，地下水为咸—淡二元结构，由于过量开采深层承压淡水，该县范围内咸水体的底界，在 1976~1985 年 10 年间普遍下移了 20m 左右，也就是说，深层承压淡水的上部有 20m 左右咸化；在沧州市河间县中部，由于过量开采浅层淡水，造成分布该县东部的地下咸水入侵，不到 10 年时间，咸水入侵的水平距离达 6~10km，使得大片地下淡水变咸；在潍坊市的数个县，也都发生了程度与河间县类似的咸水入侵。与海水入侵一样，咸水入侵的直接结果也是使地下淡水变咸和地下淡水资源量减少,也造成了与海水入侵类似的灾害。

5. 土壤次生盐碱化

在一些地表水资源比较丰富、引水条件较好的半干旱、半湿润地区,由于大量引用地表水,进行大定额粗放型渠灌,造成浅层地下水水位长期处于高水位状态,土壤渍化而使得作物受渍,这种现象称为土壤次生盐渍化;因干旱、半干旱而强烈的潜水蒸发,导致地下水中的盐分在土壤中积累而使土壤盐碱化,这种现象称为土壤次生盐碱化。土壤中水分过分饱和并含盐量过大,都会严重影响作物的生长发育,使作物单产大幅度减少。目前我国尚有土壤次生盐渍化面积 100 万 hm^2 以上,主要分布在黑龙江省的三江平原,宁夏、内蒙古、河南、山东、陕西等省的引黄灌区,河北省运东地区,以及新疆维吾尔自治区北部的奎屯、石河子、昌吉等市和西部的叶尔羌河、阿克苏河灌区。在这些地区,减少引灌水量并适当开发利用地下水,使地下水位控制在合理的深度,降低潜水蒸发强度,既可以起到节约地表水、充分利用地下水的作用,又可以收到改良土壤、减轻或消除土壤次生盐渍化和增加作物单产的效果。

人们还没有深刻地认识到人类与自然应当和谐相处,自然规律应当受到尊重,以保持生态环境的良性循环。人们从来不把地下水作为一种赖以生存的宝贵财富,而把它看作是取之不尽的自然物,看作随土地所有的附属财富。甘肃民勤绿洲水恶性循环的模式为"开采→水位下降→水质矿化→土地沙化→生态环境恶化",如此反复循环。民勤盆地是石羊河流域的水盐聚积区,盐分在土壤中向上扩散,单向运动,在时间和空间上经历着不可逆过程。加之 20 世纪 70 年代以来到处打井,使高矿化度的地下水穿层运动,破坏了上层淡水体的分布规律,利用高矿化度的地下水反复提灌,反复消耗浓缩。据地质部门报道民勤湖区地下水矿化度普遍在 $4\sim10g/L$,最高矿化度达 $75.7\sim109.0g/L$,且每年以 $0.3\sim1.48g/L$ 的幅度递增。作物生育期每年灌水 7~10 次,灌溉定额按 $7500\sim9000m^3/hm^2$ 计,当地下水矿化度为 $3g/L$ 时,每年因灌溉在土壤耕作层积盐可达 $22.5\sim27.0t$,使盐碱化面积由 20 世纪 50 年代的 1.05 万 hm^2,70 年代的 1.27 万 hm^2,到 80 年代初猛增到 2.56 万 hm^2,仅 80 年代中、后期的几年中净增 0.81 万 hm^2,达 3.37 万 hm^2。土壤和地下水全方位处于积盐状态,每年因盐碱化直接少产粮食近 0.1 亿 kg。并使绿洲北部 7.6 万人,12.47 万头牲畜无淡水可饮。在荒漠绿洲区,水环境和水循环的变化使得水的影响对环境更为重要。

6. 荒漠化

人类进化发展的历史,是一部与自然斗争并向自然索取的历史,人类通过劳动从自然界获得生活、生产资料,繁衍了人类自身,创造了物质文明。不幸的是,当人们违背了客观规律,向自然界过度索取,以致超越了其负载能力时,就打乱了自然界的正常循环规律,并破坏了自己赖以生存的生态环境,从而危及本身的生存。我国是世界上受荒漠化危害最严重的国家之一,西北地区是气候干旱、降水量稀少、生态环境脆弱的地区。据统计,全国有 332 万 km^2 受到不同程度的荒漠化影响,西北地区占到 80%,并且每年以 $2640km^2$ 的面积在扩大。水是荒漠绿洲区生态因子中的主导因子。我国的楼兰、尼雅、锁阳、居延、统万等 20 多座有文字记载的历史名城都消失在沙漠之中。考古证明,它们多数是汉、唐时代的农垦区，几乎都毁于人类活动引起的生态环境恶化。由于水资源严重不足，且水土资源不平衡，下游过量开采地下水，造成地下水位急剧下降，天然绿洲退缩，林木草场严重退化，植物群落因脱墒而枯萎、死亡，导致土地沙化面积不断扩大。如位于腾格里沙漠南部的甘肃省民勤县，原本是一个富饶的绿洲，由于石羊河径流被上游充分地利用，不得不靠开采地下水维持民生，地下水的连年超采，绿洲区绝大部分面积的地下水位超过"生态警戒水位"，林木立地条件差，使成片的沙枣、红柳枯梢、死亡达 $8790hm^2$、白刺柴湾总面积为 6.9 万 hm^2，其中退化 3.64 万 hm^2，沙化 1.33 万 hm^2；农民过度采樵，年采伐量达 0.9 万 t，毁坏林区植被 $1800hm^2$，全县森林、植被覆盖率仅有 4.8%。在荒漠绿洲区，适合于沙生植物生长的临界水位称为地下水的生态水位（简称生态水位），生态水位必须控制在 3.5~4.0m，以作为严格控制地下水开采量的指标。在荒漠绿洲生态系统中草与乔、灌木一起组成绿洲的生态屏障，一旦遭劫，则不仅仅是生物群落的退化，生态系统结构的紊乱而是荒漠化的毁灭性的灾难。石羊河尾闾的青土湖、白亭海从中国版图上消失也仅仅是 30 多年前的事实。纵观历史，人们对绿洲"开垦→种植→灌溉→盐碱化→弃耕→荒漠化"的这种掠夺性的经营方式，没有认识到它的危机所在，开荒毁草实质上就是破坏生态，毁灭绿洲。近年出现在民勤的生态大移民就是最好的例证。

新疆的塔里木河和甘肃的黑河流域也面临着同样的问题，随着塔里木河流域国民经济发展和人口的增长，用水量逐步增加，塔里木河干流的流量逐渐减少，加之塔里木河中游用水浪费严重，致使塔里木河下游 320km 河道断流，塔里木河绿洲走廊正在消失。近年由于炸毁了塔里木河上游的部分大坝，才得于水量输送到下游，下游的绿洲才得以恢复。黑河流域土地沙化和沙尘影响也日益加剧，土地沙化面积平均每年以 $23.1km^2$ 的速度增加，由于土地沙漠化面积增加，沙尘暴危害加剧，影响范围达西北、华北、东北和华东地区，重要沙源之一是黑河流域下游的阿拉善地区。2001 年 2 月国务院决定用 3 年的时间实现黑河调水：当上游来水量为 15.8 亿 m^3 时，向下游下泄 9.5 亿 m^3。这 3 年执行的结果是上、下游分水矛盾非常尖锐，地处上游的张掖市（包括甘州区、临泽、高台县）的农业用水极为紧张，生态用水则更为紧缺。为弥补地表水的不足，农民在该区无序打井，大量开采地下水，使地下水处于负均衡状态。据调查，因缺水不能灌溉和地下水位下降而引起死亡的防风固沙林 4.25 万 hm^2、成片林 0.58 万 hm^2、濒临死亡 1.12 万 hm^2 和潜在死亡 0.55 万 hm^2。可以预言，张掖将是第二个民勤，民勤将是第二个罗布泊。

三、深层承压水的开采与地面沉降问题

由于深层地下水过量开采造成的承压水位大幅下降，导致地面下沉，并引发了一系列的环境地质问题。经调查发现，凡是深层承压水的超采区，几乎都不同程度地出现了地面沉降，给当地人民和经济建设带来巨大的经济损失，引起各界人士的关注，目前已成为地下水开发利用的焦点问题。

(一) 地面沉降的外因

很多学者对于地面沉降的问题进行了长时间的深入研究，地下水过量开采造成的地面沉降，可以归纳为以下主要方面。

1. 地面沉降与地下水开采的时间密切相关

上海、天津两个滨海城市地下水开采引发的地面沉降问题最大，对深层地下水过量开

采造成的地面沉降研究的也最多、最广、最深入。研究结果表明，发生地面沉降时间与地下水开采时间密切相关。

首先，表现在它们之间的多年相关上，例如上海市，1949～1961年，前一时段随着地下水开采量的缓慢增加，地面也伴随着缓慢下沉，后一时段随着地下水开采量急剧扩大，地面下沉量也迅速增加；1962～1965年，上海市开始削减地下水开采量和进行地下水回灌，地面沉降随之减轻。天津市区在1984年引滦入津前，深层地下水超采严重，地面年沉降速率约100mm。1985年以后，市政府实施了控制地面沉降的计划，市区地下水开采量由每年1亿m^3，逐步减少到1994年的0.38亿m^3，年沉降速率亦随之下降。但是，1998年以后，天津市深层承压水的开发利用量再次出现增长态势，随之，地面沉降又开始加剧。

其次，地面沉降与地下水年内的开采时间相关。上海市地下水的开采主要用于工业冷却用水，5～8月份开采量大，地面沉降量也大；1～3月份由于用水少，开采量降低，地面沉降量亦小。

2. 地下水主要开采区与地面沉降区的中心密切相关

在已知的地下水超采区和地面沉降区，地下水开采强度大的地区基本上与地面沉降的中心区相吻合，开采量大的地区，沉降量也大。河北的沧州市、天津市、浙江的嘉兴市等地地下水主采区即是沉降中心。

3. 地面沉降范围与地下水位降落漏斗的范围密切相关

从全国发生的地面沉降地区来看，其沉降范围基本上与水位降落漏斗的分布范围一致。这个问题无需解释，因为只有发生水位下降的地区，才可能出现因地下水开采而导致的地面沉降问题，否则即使发生地面沉降也与地下水开采无关。

4. 地面沉降量与地下水位的降幅相关

在地下水超采区，地下水的开采量直接影响着水位的下降幅度，开采量越大，水位降幅越大，其影响范围也越大。已有的资料证明，水位下降的幅度越大，地面沉降量随之增大。浙江嘉兴地区的观测资料的分析结果充分说明了这一点。

（二）地面沉降的内因

松散岩类中的土体既不是弹性体，也不是绝对的塑性体，它的应力、应变关系呈非线性关系。不论是含水层还是非含水层，土体受力后，首先是空隙或孔隙被压缩，其后是固体颗粒之间的组合被破坏，两种变化均使土体压缩或压密，体积变小。土体的这种应变绝大部分是不可逆的，因此，深层地下水的过量开采所造成的地面沉降，一般的说来是不可恢复的。

可压缩土层包括两种含义，其一是含水砂层本身，其二是含水层上覆或下伏的软土层。

1. 含水砂层

目前，我国发生地面沉降的地区，深层地下水的含水层主要是由中砂、细砂和粉细砂组成，很少见到由粗砂为主组成的含水层，尤其是滨海平原含水层颗粒较细，含水性能较差。在天然条件下，含水砂层孔隙中充满了水，与周围岩层基本处于压力平衡状态。在含水砂层被过量开采条件下，砂层中的水被部分抽取或全部抽取，含水砂层本身的压力被部分释放，同时，因周围岩层压力并没有得到释放，压力高于含水砂层，因此，遭到周围岩层的挤压，使其体积缩小。但是，从大量的实验中证明，含水砂层在孔隙中的水被抽取后，所产生的体积压缩很小，虽然是地面沉降的原因之一，但不是主要因素。含水砂层在孔隙中的水被抽取后，所产生的形变随之完成，但是完成该形变对地面的影响，则需要相当长的时间。含水砂层的形变有部分是可以恢复的。

2. 软土层

软土层主要是指在含水岩层上覆或下伏的粘性土，一般系指淤泥质层。室内实验和野外实验都证明了软土层具有吸水膨胀性和排水固结性，排水固结时体积缩小。在含水砂层水被抽取后，在其影响范围内的软土层发生卸载，并向含水层释水，发生排水固结现象。软土层的释水是随时间的延续而不断增加的，这个过程延续时间很长，有时需要几年、甚至几十年。这就是为什么在深层地下水超采区停止开采后地面沉降还将延续一段时间的缘故。软土层的排水固结所发生的形变，是永久性形变，是不可恢复的。因此，软土层释水后体积缩小，是造成地面沉降的主要原因。

（三）地面沉降的主要过程

综观全国深层承压水超采所引起的地面沉降区，大体上可以划分为四个阶段。

1. 地面沉降缓慢期

该阶段一般发生在深层承压水超采的初期，超采量较小，承压水水位缓慢下降，地面沉降量和沉降范围较小，沉降速率一般在 10mm/a 以下，并且因地面沉降引起的其他负效应不明显。例如，上海市在 1921～1949 年、河北省沧州市 1970～1979 年、嘉兴市 1964～1973 年深层承压水的开采所引起的地面沉降，就属于这个时期。

2. 地面沉降显著期

一个地区在地面沉降缓慢期出现以后，若地下水开采量继续扩大，那么，承压水位下降速度加快，地面沉降速率明显增大，一般沉降速率在 30mm/a 以下，发生地面沉降的范围迅速扩大，由此所产生的负效应已经突现出来。上海市 1955～1965 年、嘉兴市 1974～1983 年、沧州市 1980～1986 年、常州市 1976～1979 年的地面沉降状况大体相当这个时期。

3. 地面沉降急剧期

在地面沉降显著期发生以后，如果地下水开采量进一步扩大或继续保持超采，随着地下水累计超采量的增大，将出现地面沉降急剧发展，沉降范围迅速扩大，沉降速率一般达到 30mm/a 以上。该阶段地面沉降区的沉降中心与边缘的沉降量相差较大，往往形成不均匀沉降。因此，这个阶段地下水超采的负效应最强，危害最大。嘉兴市 1984～1990 年、常州市 1980～1981 年、沧州市 1986～1994 年基本上处于这一时期。

4. 地面沉降延续期

地面沉降发展到一定阶段后，必将引起社会和有关部门的注意，不仅是水资源主管部门要采取措施，限制地下水的超采，有的城市或地区政府直接进行干预，一般采取削减地下水开采量和进行地下水回灌等措施进行调控。例如，上海、江苏、浙江、北京、天津、河北等省（直辖市）自 20 世纪 60 年代以来均先后采取了类似措施。由于削减了地下水的开采量，许多地区的深层承压水水位逐渐趋于稳定，有的地区水位出现回升。由于地面沉降具有滞后性，即使将地下水开采量调控到可开采量以下，地面沉降仍将继续，但是，沉降速率明显变缓。目前，上海市、天津市和江苏省的苏锡常地区基本上处于该阶段。

上述四个时期是就典型地面沉降区而言的，具体到某一个沉降区并不一定都会出现这四个阶段，有时是跳跃式的，有时因超采较轻，仅出现第一阶段。每个超采区具体处于哪个阶段，应根据该区的地下水开发的历史和地面沉降情况来确定。

综上所述，我国东部平原区深层承压水的开采是这些地区地面沉降的主要原因，并带来了一系列的生态环境问题和严重的经济损失。因此，在制定东部平原区承压水开发利用策略时，以压缩开采量为主，力争将各分区超采量在短时间内压缩到位，即控制在可开采量之内，并应留有余地。总的来说，这类地区可开采量较小，除特殊用水外，应严格控制开采。

另外，深层承压水应区别对待，部分地区距补给源较近，补给速度相对较快，例如琼北平原、太原盆地等，补给量和可开采量相对比东部沿海平原大，开发利用策略也与之不同，但是，一旦解决了替代水源问题，也应加以控制。

第二节　地下水环境污染与防治

2005年3月22日是第十三届世界水日、第18届"中国水周"的第一天。据媒体报道，中国有3亿人面临饮水安全威胁，其中分布在华北、西北、东北和黄淮平原地区的6300万农村人口饮用水的含氟量超过标准。另外有3800多万的农村人口还在饮用苦咸水，约有1.9亿农村人口的饮用水源受到污染。

一、地下水污染

我国山丘区地下水和平原区深层承压水水质普遍良好，仅在少数矿区和个别地下水水源地，地下水受到轻度污染。平原区，特别是我国东部的黄淮海平原区，浅层地下水的污染问题比较严重。海河流域地下水资源量为273.4亿 m^3，受到污染的为171.5亿 m^3，占总量的62.7%，其分布面积占全流域面积的69.4%。在143800 km^2 的评价面积中，有61.7%面积上的地下水不适宜饮用，其中34.1%面积上的地下水不符合农田灌溉标准，完全丧失了使用价值。

（一）地下水污染状况

从全国范围看，地下水重污染区主要分布在城镇周围、排污河流两岸地带。在进行地下水资源质量评价的全国118个城市中，64%的城市地下水受到严重污染，33%的城市地下水轻度污染，仅3%的城市地下水基本清洁。从地区分布上看，北方地区比南方地区严重。在西北五省区进行地下水质量评价的69座城市中，有37座城市为Ⅳ、Ⅴ类水体，占评价城市总数的53.6%，其中宁夏8个城市水质全为Ⅴ类，新疆Ⅳ、Ⅴ类水的城市数为13个。

地下水污染物主要来自城镇生活污水和工业废水，其次是农业施用化肥、农药的面源污染。经调查分析得知，大多数城镇周围的地下水都受到生活污水的点状污染；在排污河流两岸地下水都受到线状污染；污水灌区及大量施用农药、化肥的地区，地下水都受到不同程度的面状污染。例如在河北省石家庄、沧州、衡水三个地市近30000 km^2 的浅层地下水，有机氯的检出率达100%，有机氯含量在0.05～0.15μg/L之间。又如在山西省太原市、陕西省西安市及河北省衡水、沧州、邯郸等市的郊区，因大量引用污水灌溉，造成了大面积浅层地下水的污染。

（二）地下水污染特点

地下水流动极其缓慢，因此地下水污染具有过程缓慢，不易发现和难以治理的特点，受污染的地下水域，在彻底控制其污染源后，一般需要几十年才能使水质复原。地下水的污染方式分直接污染和间接污染两种。前者是污染物直接来自污染源，在污染过程中污染物的性质不变，这是地下水的主要污染方式；后者是由污染物作用于其他物质，使这种物质进入地下水，形成污染，例如地下水中硬度的增加就是间接污染造成的，间接污染过程复杂，污染原因、污染来源和途径难于查出。

地下水污染途径可归纳为四类：

（1）间歇入渗型。是雨水或灌溉水等使污染物通过非饮水带，间断地渗入含水层，如淋滤固体废物堆引起的地下水污染。

（2）连续入渗型。由污水聚集处（如污水渠、污水池、污水渗井等）和受污染的地表水体，连续向含水层渗漏而造成的地下水污染类型，以上两类主要污染潜水。

（3）越流型。污染物通过越流方式从已受污染的含水层转移到未受污染的含水层。如通过破坏的井管污染潜水和承压水。

（4）径流型。污染物通过地下水径流进入含水层，污染潜水或承压水。如污染物通过地下岩溶孔道进入含水层。

地下水污染后难以复原，故应以预防为主，进行保护。最根本的保护办法是尽量减少污染物进入地下水的机会和数量，如对污水聚集地段进行防渗，选择具有渗透性最小的地质、水文地质条件的地点排放废物等。

（三）污染源

人类活动将大量未经处理的废水、废物直接排放江河湖海，污染地面水和地下水，人为造成水体污染的主要来源有如下几种：

（1）工业废水。这类废水成分极其复杂，量大面广，有毒物质含量高。其水质特征及数量随工业类型而异，大致可分三大类：①含无机物的废水，包括冶金、建材、无机化工等废水；②含有机物的废水，包括食品、塑料、炼油、石油化工以及制革等废水；③兼含无机物和有机物的废水，如炼焦、化肥、合成橡胶、制药、人造纤维等。

（2）生活污水。随着人口的增长与集中，城市生活污水已成为一个重要污染源。生活污水包括厨房、洗涤、浴室、厕所用水以及粪便等，这部分污水大多通过城市下水道与部分工业废水混合后排入天然水域，有的还汇合城市降水形成地表径流。由城市下水道排出的废污水成分也极为复杂，其中大约99%以上的是水，杂质占0.1%～1%。

（3）生活污水中悬浮杂质有泥沙、矿物质、各种有机物、胶体和高分子物质（包括淀粉、糖、纤维素、脂肪、蛋白质、油类、洗涤剂等）；溶解物质则有各种含氮化合物、磷酸盐、硫酸盐、氯化物、尿素和其他有机物分解产物；还有大量的各种微生物如细菌、多种病原体。据统计，每mL生活污水中含有几百万个细菌。污水呈弱碱性，pH值为7.2～7.8。生活污水中杂质含量与生活习惯和水平有关，通常用平均情况描述。我国生活污水的指标为：沉淀后的5天生化需氧量（BOD）为20~30g/（人·d），悬浮物（SS）为20~45g/（人·d）。

(4) 通过土壤渗漏或排灌渠道进入地表和地下水的农业用水回归水，统称农田排水。农业用水量通常比工业用水量大得多，但利用率很低，灌溉用水中的80%~90%要经过农田排水系统或其他途径排泄。随着农药、化肥使用量的日益增加，大量残留在土壤里、漂浮于大气中或溶解在水田内的农药和化肥，通过灌溉排水和降水径流的冲刷进入天然水体，形成面污染源。现代化农业和畜牧业的发展，特别是大型饲养场的增加，会使各类农业废弃物的排放量增加，给天然水体增加污染负荷。水土流失使大量泥沙及土壤有机质进入水体，是我国许多地区主要的面污染源。此外，大气环流中的各种污染物质的沉降如酸雨烟尘等，也是水体污染的来源。这些污染源造成了性质各异的水体污染，并产生性质各异的危害。

(四) 污染的危害

无机悬浮物污染的危害，主要指泥沙、土粒、煤渣、灰尘等颗粒状物质，在水中可能呈悬浮状态。这类物质一般无毒，会使水变浑浊，带颜色，给人厌恶感，因此属于感官"污染"，这类物质常吸附和携带一些有毒物质，扩大有毒物质污染。

有机污染物分耗氧有机物和难降解有机物。耗氧有机物在水体中即发生生物化学分解作用，消耗水中的氧，从而能破坏水生态系统，对渔业影响较大。正常情况下20℃水中溶解氧量（DO）为9.77mg/L，当DO>7.5mg/L，水质清洁；当DO<2mg/L，水质发臭。渔业水域要求在24h中有16h以上DO值必须大于5mg/L，其余时间不得低于3mg/L。

难降解有机物一旦污染环境，其危害时间较长。如有机氯农药，由于化学性质稳定，在环境中毒性减低一半需要十几年，甚至几十年；而水生生物对有机氯农药有极高的富集能力，其体内蓄积的含量可以比水中的含量高几千倍到几百万倍，最后通过食物链进入人体。如有机氯农药DDT可引起破坏激素的病症，给人的神经组织造成障碍，影响肝脏的正常功能，并使人产生恶心、头痛、麻木和痉挛等。这类中毒往往呈慢性，弄清症状需要花很长时间。

植物营养素污染的危害会引起水体的富营养化，藻类过量繁殖。在阳光和水温最适宜的季节，藻类的数量可达100万个/L以上，水面出现一片片"水花"，称为"赤潮"。水面在光合作用下溶解氧达到过饱和，而底层则因光合作用受阻，藻类和底层植物大量死亡，它们在厌氧条件下腐败、分解，又将营养素重新释放进水中，再供给藻类，周而复始，因此，水体一旦出现富营养化就很难消除。

富营养化水体对鱼类生长极为不利，过饱和的溶解氧会产生阻碍血液流通的生理疾病，使鱼类死亡；缺氧也会使鱼类死亡。而藻类大多堵塞鱼鳃，影响鱼类呼吸，也能致死。

含氮化合物的氧化分解会产生硝酸盐，硝酸盐本身无毒，但硝酸盐在人体内可被还原为亚硝酸盐。研究认为，亚硝酸盐可以与仲胺作用形成亚硝胺，这是一种强致癌物质。因此，有些国家的饮用水标准对亚硝酸盐含量提出了严格要求。

重金属毒性强，对人体危害大，因而水中的重金属含量是当前人们最关注的问题之

一、重金属对人体危害的特点：①饮用水含微量重金属，即可对人体产生毒性效应。一般重金属产生毒性的浓度范围大致是 $1\sim10\text{mg/L}$，毒性强的汞、镉产生毒性的浓度为 $0.1\sim0.001\text{mg/L}$；②重金属多数是通过食物链对人体健康造成威胁；③重金属进入人体后不容易排泄，往往造成慢性累积性中毒。日本的"水俣病"是典型的甲基汞中毒引起的公害病，是通过鱼、贝类等食物摄入人体的；日本的"骨痛病"则是由于镉中毒，引起肾功能失调，骨质中钙被镉取代，使骨骼软化，极易骨折。砷与铬毒性相近，砷更强些，三氧化二砷（砒霜）毒性最大，是剧毒物质。

石油类污染物比水轻又不溶于水，覆盖在水面形成薄膜，阻碍水与大气的气体交换，抑制水中浮游植物的光合作用，造成水体溶解氧减少，产生恶臭，恶化水质。油膜还会堵塞鱼鳃，引起鱼类的死亡。

酚类化合物污染的危害。人口服酚的致死量为 $2\sim15\text{g}$。长期摄入超过人体解毒剂量的酚，会引起慢性中毒。苯酚对鱼的致死浓度为 $5\sim20\text{mg/L}$，当浓度为 $0.1\sim0.5\text{mg/L}$ 时，鱼肉就有酚味。

氰化物能抑制细胞呼吸，引起细胞内窒息，造成人体组织严重缺氧的急性中毒。0.12g 氰化钾或氰化钠可使人立即致死。

病原微生物可引起各类肠道传染病，如霍乱、伤寒、痢疾、胃肠炎及阿米巴、蛔虫、血吸虫等寄生虫病。另外还有致病的肠道病毒、腺病毒、传染肝炎病毒等。

二、污染质的弥散作用

地下水被污染的过程主要是污染质与地下水混溶，即污染质在地下水中的弥散作用过程。地下水中污染质迁移和分布的时空规律，不仅决定于水文地球化学条件的变化，而且与水动力学条件密切相关。水中污染质与溶剂（水）的迁移和分布规律是不同步的，因为地下水赋存于多孔介质中，渗流过程存在着微观的不均匀性，所以污染质分布范围可以超过平均流速的允许范围，在浓度梯度和速度梯度作用下迁移和分布。

（一）弥散现象

【例1】 将可混溶的颜料溶液滴入静止的清水或水饱和的砂土中，很容易观察到颜料以一定的速度向四周扩散的现象，并一直持续到容器中水的颜色均一为止。这种现象就是弥散的具体表现之一。弥散现象不仅存在于静止状态的水中，同样存在于流动的地下水中。

【例2】 在均匀的一维流场的井水中缓慢连续地注入某种示踪剂溶液，在井周围的观测孔中取样测定，也会发现示踪剂逐渐扩散开来，不断地占有流动区域中越来越大的部分，并超出了仅按地下水平均流速所预期的占有范围。而且示踪剂不仅有沿流动方向的纵向扩展，同时还有垂直于流向方向的横向扩展。在流速极小的情况下，甚至会出现与流向相反的逆向扩展，自井向外，示踪剂的浓度从最大值渐变到零，其间不存在突变的界面。

【例3】 制作一个用清水饱和的均质砂柱，并造成一维稳定流动。若在上端瞬时（脉冲）注入含有示踪剂浓度为 C_0 的溶液，在砂柱末端测量渗出水中示踪剂的浓度 C_t 的变化，并绘制示踪剂相对浓度 C_t/C_0 的历时曲线（穿透曲线）。假如溶质运移与地下水平均流速一致，穿透曲线应该是直立的锋面。

(二) 弥散的概念

在多孔介质里，地下水渗流过程中，溶质（包括污染质）的分布范围能超过平均流速所形成的分布范围，占据越来越大的流域部分，这种非稳定和不可逆的稀释分散现象称为弥散现象。把形成弥散现象的分子扩散和对流弥散总称为弥散作用。

根据溶质分散与流向的关系，弥散可分为：纵向弥散，横向弥散，垂向弥散和逆向弥散。纵向弥散是指溶质沿地下水渗流方向上的扩展；横向弥散是指溶质在垂直地下水流向方向上的扩展；垂向弥散是指在地下水系统中铅直方向上的上下扩展；逆向弥散是指溶质在与地下水水流向相反方向上的扩展。地下水中各种不同方向的弥散，通常被统称为水动力弥散。还有的学者将由于岩层透水性的差异而引起的溶质分散称为宏观弥散。

(三) 水动力弥散的机制

水动力弥散是溶质在孔隙介质中的分子扩散和对流弥散共同作用的结果。

1. 分子扩散

分子扩散是由化学势梯度而引起的分子（离子）扩散运动，所以也称物理化学弥散。它决定于温度差、压力差和浓度差。当系统中压力和温度条件稳定时，主要在浓度梯度作用下产生溶质扩散，并使系统中浓度均一化，从而达到热动力平衡状态。纯分子扩散可用费克浓度梯度定律描述如下

$$I_m = -D_m \, grad\, C \tag{9-1}$$

式中 I_m——扩散通量（物质通过单位面积的数量）；

$grad$——矢量梯度；

C——物质浓度（活度）；

D_m——分子扩散系数。

式中负号说明物质向浓度减小方向扩散。分子扩散受浓度控制，在静止液体及流体中都存在，三度空间方向上都有分子扩散效应。

2. 对流弥散

对流弥散主要是纯力学作用结果，故亦称机械弥散，是溶液在多孔介质中运动时，流体内各点流速向量方向和大小不同而引起的溶质的分散。一般可分为三种情况：①由于流体的粘滞性而造成渗透通道轴线处流速大，靠近通道壁处的流速小；②由于通道口径不同，因而沿各通道轴的最大流速存在差异，即沿不同孔隙运动的流体产生速度差；③由于渗流质点所经路程长短不同，因而与主流线方向的运动速度产生差异。

在上述的孔隙中，由于存在微观流速的不均一性，而使得开始彼此靠近的溶质质点群在流动过程中不是一律按平均流速运动，而是不断细分，进入更为纤细的通道分支，从而使溶质逐渐扩展开来，超出按平均流速所预期扩展的范围。上述流体通过多孔介质流动时，由于微观速度的不均一所造成的物质运移现象称为机械弥散。

对流弥散的物质迁移量可用下式表示

$$I_k = CV \tag{9-2}$$

式中 I_k——物质对流迁移量；

C——物质在地下水中浓度（活度）；

V——地下水的流动速度。

三、海水入侵问题

（一）海水入侵的定义

沿海地带海水侵入地下含水层或河口地带海水倒灌使咸潮影响带扩大，并发生海水补给地下水的现象，称为海水入侵。

在沿海地带，内陆地下水和海水在天然条件下，处于一种相对平衡状态，由于自然条件的改变，特别是人类活动的影响，如地下水的不合理开发，这种平衡状态被打破，海水沿着各种途径向内陆推进，地下淡水资源遭受破坏，使地下淡水变咸。因此，通过控制地下水的开采来减弱或杜绝海水入侵，是地下水开发利用研究的重要任务之一。

海水入侵的范围、程度可通过地下水动态资料的分析加以确定。主要依据地下水中的氯离子含量和矿化度是否超过其背景值来衡量；而超过背景值的大或小，则是判断入侵强度的依据。

（二）海水入侵的平面和垂向分布

在易发生海水入侵的地区，根据电阻率和氯离子含量随深度的变化，将海水入侵程度分为三种类型：

（1）未入侵类型：地下水氯离子含量小于 100mg/L，曲线自上而下近于垂直，此类型一般均处于远离海岸、地下水未开发或开发利用较少的地带。

（2）轻度入侵类型：地下水氯离子含量随深度增加，氯离子含量小于 500mg/L。出现阶梯状变化，一般有两个界面，此类型一般距海岸稍远、地下水开发利用量接近可开采量的地带。

（3）重度入侵类型：重度海水入侵又可分两种情况：一种是上部轻微入侵，下部严重入侵，也呈现有两个界面的阶梯状，只不过界面更为明显，氯离子含量更高；另一种情况是从纵向上全部咸化，没有界面，其氯离子含量自上而下都很高，超过 1000mg/L，此类型一般分布在距离海岸较近、地下水超采或严重超采的地带。

（三）海水入侵的危害

海水入侵给工农业生产和人民生活带来了很大的危害，主要有以下几个方面。

1. 对工业生产的影响

改革开放以来，沿海地区工业生产发展很快，老厂改造，新厂增加，工业产值不断提高，是我国经济快速发展区。特别是一些经济技术开发区的兴建和发展，需要大量的淡水资源，海水入侵减少了可以利用的地下水资源，直接影响了企业的兴建和发展，有的厂矿已经兴建，由于无水而被迫停产和迁移。

2. 对农业生产的影响

由于海水入侵，使地下水中氯离子含量不断增高，一般都在 500~1000mg/L，有的地段达 2000mg/L，长年用这样的咸水灌溉，使土壤板结，植物枯萎，连年减产或绝收，菜田面积逐年减少，蔬菜品质也大幅度下降。另外，由于海水入侵，沿海地带大片灌木死亡，乔木枯干、甚至死亡，玉米大豆缺苗不齐。

3. 城乡供水井报废

由于地下水中氯离子含量已经大大超过了饮用水水质标准，致使一些水井报废，例如大连市的大魏家水源地有 9 眼井报废，南关岭地段有 2/3 的深井报废，金州城内水质全部咸化，无法饮用，营城子菜区 70%~80% 的深井也已陆续报废，严重影响了当地人民群众的生产生活。

（四）海水入侵的方式及主要原因

1. 海水入侵的方式

根据全国的调查结果，海水入侵大体可分为均匀入侵和非均匀入侵两种形式。

(1) 均匀入侵。主要发生在第四系松散岩层中，当含水层内地下水开采超过可开采量、并持续相当长时段的情况下，海水便向内陆相对均匀的含水层蔓延，海水呈面状均匀地向含水层侵入，海水入侵较为缓慢，并随降水或其他的地下水补给状况变化而变化。我国山东省莱州湾、河北省沧州市沿海以及青岛市的局部地区的海水入侵即为该种方式。某些情况下，当裂隙岩溶成网状均匀或基岩裂隙较均匀发育时，海水也表现出均匀入侵的特点，但其分布面积不大。

(2) 非均匀入侵。主要分布在我国沿海地带的裸露、半裸露裂隙岩溶分布区。例如我国的大连市金州以南地区和广西北海市的沿海岩溶区。这些地区由于地下水的超采，海水入侵呈非均质裂隙岩溶的线状及管道状入侵。海水入侵是不均匀的，无论在水平方向上，还是在垂直方向上都有差异性，表现出入侵面参差不齐的形态。在大连市海水入侵区，在非均质的线状入侵中，水平方向有距海近氯离子含量高，距海远氯离子含量低的特点；垂直方向上表现为上淡下咸的趋势。

2. 海水入侵的主要原因

海水入侵必须具备两个条件，其一是水动力条件，其二是水文地质条件。这两个条件必须同时具备，才会发生海水入侵。大连市市区和甘井子区等地，具备海水入侵的水文地质条件，但是，人为的改变地下水动力条件才是发生海水入侵的主要原因。

(1) 开采井的不合理布局和超量开采是海水入侵的最主要原因。多年来，由于工农业生产的迅猛发展，需水量急剧增加，开采井数和开采量也不断增加，以南关岭地段为例，1977 年开采井数 92 眼，1978 年增至 146 眼，1979 年为 171 眼，1990 年降为 84 眼，1977 年该地段实际开采量 50480m³/d，不合理的开采必然会改变局部地段地下水动力场的均衡状态。

(2) 降雨量的影响。降雨量的大小，直接影响着地下水补给量的多少。而往往在降雨量较少的年份，地下水的开采量又偏大，使地下水的动力条件发生显著变化。也就是说，降雨量小的年份，地下水的补给量减少，开采量增大，淡水水位降低，极易发生海水入侵。另外，易发生海水入侵的地区，尤其是沿海岩溶地下水分布区，地下水开采量应严格受可开采量制约，不应采用多年平衡的理论，即不能采用"以丰补歉"的开采方式。各沿海地区多年地下水开采的实践充分地证明了这一点，因此，要特别注意降水量偏小的年份进行地下水开采量的控制。

四、地下水保护与治理措施

我国的地下水资源全方位处于超采和污染的状态，也已经产生了严重的环境、地质、生态等问题，为了确保地下水资源的合理开发利用、国民经济的可持续发展及国民生活的安全，必要的法律法规措施和技术措施是非常重要的，也是非常关键的。

（一）水资源保护立法与统一管理

1. 建立流域管理机构

很多国家建立了国家（联邦）级和区域（或流域）级的二级机构，国家级机构负责全国范围内水污染控制和管理的协调工作，确定总的管理目标和准则。在一些国家，如加拿大、美国、德国和英国等，为了进行较好的协作和规划，都建立了统一的机构。

实行水资源保护的流域管理是许多国家经过长期的摸索而最终采取的方式。英国把一个流域作为一个整体，从水资源的开发、城市和工农业供水到污水的回收利用，进行水资源的综合平衡；从污染源治理、城市污水处理厂到河道净化工程，进行系统分析，统筹安排。英国这种管理体制是流域管理的典型。东欧一些国家也通过设立流域管理局来进行有效的水资源保护。我国也设置了流域管理机构，但地方政府为了所谓的"政绩"与流域管理机构争权夺利，使得管理机构工作无法开展，这需要通过立法来解决。

2. 建立完善的法律体系和执法体系

国外很多国家都建立了完善的与水有关的法律，并且做到了有法必依、违法必究，政府官员和市民在进行与水有关的工作时，以法律为准绳。我国也有不少的与水有关的法律，但地方官员往往无视法律的存在，权大于法，有法不依的现象普遍存在，所以我国的水域（包括地表水和地下水）遭到了空前的破坏，往往花费巨额经费治理水域，其结果毫无成效。如淮河流域的治理，花费600亿元经过多年的治理，结果与治理前没有多大差别，就是一个典型的例证。

(二) 地下水和地表水联合应用

联合应用地下水和地表水是当前许多国家开发水资源的一项基本政策。

地下水和地表水都参加水文循环，在自然条件下，相互转化。据前苏联 H·H·宾杰曼的研究，由于这种转化关系，在一个地区开采地下水，可以使该地区的河川径流量减少20%～30%。所以只有综合开发地下水和地表水，实现联合调度，才能合理而充分地利用水资源。

印度恒河流量季节性变化很大，雨季洪水泛滥，大量地表水无效流泄入海。而旱季却不能满足全部灌溉、通航以及提供胡夫利河分水的需要。为了进行调节，1972年，美国哈佛大学的雷维尔等人提出了一个恒河流域地表水与地下水综合利用方案。该方案要求在旱季大量抽取地下水利用，同时腾出地下空间，把雨季多余河水蓄存在地下含水层中，实现地下水与地表水相互结合，循环利用。按该方案计划，在恒河水系3200km长的沿河岸上，在宽6.4km的范围内建立井灌场。根据含水层的储水系数，把地下水位降低6～15m，就足以腾出620亿 m^3 的地下水库容，解决所需要的调节水量。

美国得克萨斯州圣安东尼奥及其周围城市都以地下水作为主要供水水源。上游的含水层受河水补给，下游的河流接受泉水的补给。该州水资源开发委员会组织多学科研究制定了地下水和地表水的最佳开发方案。评价时，一方面对河水进行精确的水文学研究，包括测定人工改变水文动态对河流径流量的影响，特别是研究由含水层补给的泉水流量与含水层总抽水量的关系；另一方面求得含水层可靠的水文参数。为了保证所选择方案可能产生的副作用最小，还研究了在水文和气象条件变化的情况下，水质组分和生态系统的变化。

(三) 地下水人工补给

地下水人工补给，又称为地下水人工回灌、人工引渗或地下水回注，是当今世界各国广泛采用的增加地下淡水补给的措施和方法。其实质就是借助某些工程设施将地表水自流或用压力注入地下含水层,以便增加地下水的补给量。它能有效地稳定地下水位下降,用来控制地面下降,改变地下水的水质;在含水层中建立淡水帷幕,防止海水或污水入侵;改变地下水的温度,保持地热水、天然气含气层或石油层的压力;处理地面径流,排泄洪水;利用地层的天然自净能力,处理工业污水,使废水更新等。

1. 人工补给的目的

(1) 补充地下水源。人工补给地下水是进行季节性和多年性的地下水资源调节、防止地下水含水层枯竭的行之有效的方法。与地表水库蓄水相比,人工回灌对增加地下水淡水资源具有更大的优越性:地下含水层分布广泛,厚度大,储水的容量也相当大;储存在地下的淡水温度恒定,蒸发损耗很小,具有天然自净能力,取用方便,能防止污染;地下储水不占地表耕地,不需要地面引水工程设施,投资小、经济合理。

早在 20 世纪 50 年代,国外已开始采用人工补给方法增加地下水补给量。据统计,国外人工补给地下水量占地下水总开采量比例:瑞士为 25%,美国为 24%,荷兰为 22%,瑞典为 15%,英国为 12%。我国在人工回灌地下水方面也开展了多年的研究,取得了很大成绩。例如上海市区,1963 年以后制定了地下水回灌计划,每年抽取地下水 0.14 亿 m^3,人工回灌 0.17 亿 m^3,使地下水位得到了控制。河北省南宫水库采用人工回灌,仅花费 2000 万元,就取得了有 1.12 亿 m^3 调节水量的地下水库,不但解决了当地的供水问题,而且确保了 375 万 hm^2 农田的用水量。目前,人工回灌技术正在我国北方及东部沿海一带的一些大中城市使用着。

(2) 控制地面沉降。人工回灌可以促进地下水位大幅度上升,增加土层回弹量。国内外许多研究结果说明,采取人工补给是防止地面沉降的有效措施。上海市 1966 年以来利用深井回灌及其他措施。基本控制了地面沉降。到 1974 年为止,地面标高保持在 1965 年的水平,并略有回升。

(3) 防止海水入侵。在河口滨海地区大量抽用地下水,就会破坏淡水和咸水的平衡,引起咸水楔形上升,气压力下降,产量降低。向含油层或含气层中高压回灌,以水挤油或气,能保持和增加石油或天然气的有效开采量,这种方法已在国外普遍应用。此外,在地热区采用人工回灌,可以明显增大地下热水开采量,甚至实现地下热水的人工自流。

2. 人工补给地下水的要求

可作为人工补给地下水的水源有地表水(江河、湖泊、水库、池塘)、工业回水和工业废水、城镇公共供水(自来水)、地下水等。其中又以地表水为主。补给水源不仅要有足够的水量,而且要符合一定的水质要求,若水质较差就必须经过净化和适当处理后才能作为回灌水源。确定回灌水源的水质标准时,一般应注意以下三个原则:①回灌水源的水质要比原地下水的水质好,最好达到饮用水的标准;②回灌后不会引起区域性地下水的水质变坏和污染;③回灌中不应含有能使井管和过滤器腐蚀的特殊离子或气体。

江河水含泥沙量大,而且常受生活污水和工厂排放的废水污染,有时含有毒物质,处理净化较为复杂;而湖泊、水库等水源,含泥沙量较少,净化处理较方便。工业回水一般混浊度较高,只要经过简易处理就可作为回灌水源。但工业废水大多含有多量的盐类和有毒物质,水质处理较为复杂,花费也大,一般经过三级处理后才能作为人工补给水源。若用某地区的地下水作为另一地区的回灌水源,一般均可汲取后直接输送到回灌井补给含水层,也可抽取同地区某一含水层中地下水补给另一含水层中。人工补给水的水质要求随目的、用途及所处水文地质条件等不同而有所不同,作为农业用水及工业用水来说,补给水的标准可比饮用水低些。

为了确保高效率地进行地下水人工补给,在确定补给地点时,必须对该地区的水文地质条件进行调查和研究,主要包括:岩石的空隙性、岩石的水理性质及包气带和含水层的厚度、埋藏条件,地下水径流和排泄条件,岩石的化学成分及自净作用等。

目前世界上利用的地下淡水中,河流冲积层中地下水占相当大比重,如美国占80%,前苏联占65%,德国占60%。地下水在冲积层的孔隙介质中径流较缓慢,回灌的地下水不易消失掉,且有利于大面积人工补给和开采,因此人工补给大都在冲积松散物组成的含水层中进行。

3. 人工补给的方法

人工补给是指人工回灌、人工引渗。这是借助某些工程设施,人为地将地表水通过渠系、坑塘、井、重力自流或用压力注入地下含水层中,以增加地下水的补给量,稳定或抬高营养剂氧气油污染带地下水位。地下水人工补给不仅是调节和控制地下水量的重要手段,也是改变地下水水质、治理地下水污染的有效措施。

已经污染的地下水,在断绝污染源后,经过一定时间的天然补给、运动,可以逐渐稀释和净化。但在地下水径流不很畅通的情况下,其自行净化过程十分缓慢。若采用人工补给的办法,利用地表水进行回灌,就可大大加快稀释和净化的过程。在采用人工补给来治理被污染地下水时,要定期了解补给水和被污染地下水的化学成分,掌握其变化情况。地下水的人工补给方法有直接法和间接法两种。

(1) 直接法。利用天然河道,采取一定的工程设施,如修建拦蓄工程、清理河床、开挖浅井等,扩大河流水面和延长蓄水时间,将洪水季节大部分流失的水通过人工引渗补给地下含水层。这种方法不仅增大地下水的储存量,也能控制洪水,减少雨季的灾害和土壤流失。直接法包括地面入渗法和井内灌注法。

1) 地表入渗法。一般采用坑塘、渠道、凹地、古河道、矿坑等地表工程设施及淹没灌溉等手段,使地表水自然渗透流入含水层。一般地表土层应有较好的透水性,如:砂土、粉土、砾石、卵石等。包气带厚度以10~20m为宜,若地下不太深处有隔水层,则可挖掘浅井或渠道,揭露下含水层。该方法的工程设施比较简单,基建费用不大,便于施工管理,但占地面积大,效率较低。地面入渗法又分为灌溉补给法、水盆地补给法和渠床入渗法三种。

灌溉补给法。农闲时灌区将水引入农田进行大定额灌溉,使其入渗补给地下水。

水盆地补给法。该方法包括水库渗漏和洼地、池塘渗漏补给。水库是通过大面积库底渗漏进行补给的,有些水库底部有弱透水层阻隔,但由于入渗面积大,补给仍是可观的。当水库对地下水补给占主导地位时,水库水位与地下水位变化一般存在线性关系,因此只要调节水库水位即可控制人工补给量。如北京市某水库蓄水后地下水位上升约1.3m,附近的水井出水量增大一倍以上。

利用废弃的洼地、坑地,经挖掘和修整后,可由坑底砂砾石裸露的低洼地区进行水洼地式补给。但事先应清除洼地表面所覆盖的杂草和淤泥,以增大入渗速度。如永定河漫滩上的废采石坑被用来进行渗入补给，以无害的工业废水为水源，整个放水期为 22d，地表水平均放入量为 $0.5m^3/s$。由于地下水得到了大量的新补给，附近的水源井平均出水量比以前增大了一半以上，解决了枯水期的供水问题。

渠床入渗法。此法利用未衬砌的土渠，渠底铺垫砂石，定期放水通过渠床的渗漏补给地下水。为保持渠底渗透性，应经常清理渠底杂物和淤泥。例如某水库下游有东、西两干渠。由于渠道放水而使两渠间水源井内水位显著上升，井的出水量增大了 1/3～1/2。为了增大渠道或其他地表水体对地下水的渗入补给，可在地表水体旁边凿井抽取地下水，使地下水位在某些地段降低，增大地表水水位与地下水位之间的水头差，诱导地面水大量渗入。此方法一般在砂、卵砾石地层效果较好。

渠道补给也可通过地面、地下相结合的形式引渗补给，在土层透水性差的河流冲积平原和滨海平原地区，可在地面下修筑暗渠引地表水入渗，这样可以不占耕地，地面渠道最好挖至砂层，使地面水直接与含水层相通。

2）井内灌注法。含水层上部若覆盖有弱透水层时，地表水渗入补给强度受到限制。为了使补给水体直接进入潜水层或深部承压含水层，常采用管井、大口井、竖井和坑道灌水注入地下含水层。在城市内将再生的工业和生活用水储存于地下，因受场地限制也多采用管井回灌。一般回灌多通过生产管井进行，只是在特殊情况下才修建专门的回灌井。

利用管井回灌水量集中、流速较大。但易于阻塞井管和含水层，常需要配备专门的水处理设备。将回灌水送至每口井，又需要安装输配水系统。为了提高回灌效率，有时还需水泵加压。因此注水回灌费用高，设备较复杂。但是注水回灌又有占地少、效率高、可直接回灌深部承压含水层的优点。

井内灌注补给可分为自流注入式和加压注入式（真空回灌、压力回灌），应根据含水层的岩性特征、渗透系数、地下水位、井的结构及设备条件来选择具体方法。井内灌注法包括自流回灌、真空回灌和压力回灌等方法。

自流回灌。自流回灌是将回灌水导入回灌井中，使回灌井中的水位与地下水水位间始终保持一个水头差，形成水力坡度，以促使渗流不断补给地下水。但含水层必须保证水路通畅，具有一定透水能力。这种方法投资小，但效率也低。

真空回灌。真空回灌也叫负压回灌，适用于地下水位埋藏较深（静水位埋藏深度大于 10m）、含水层渗透性能较好的地区；对回灌量不大的深井也可适用。

真空回灌法的管路安装如图 9-1 所示。首先在具有密封装置的回灌井开泵扬水，这时泵管和管路内充满水，然后停泵并立即关闭控制阀和出水阀，如图 9-2（a）所示。此时由于重力作用，泵管内的水体迅速向下跌落，在泵管内的水面与控制阀门之间造成真空。由于大气对泵管外面的深井管内有一个大气压的压力，所以泵管内的水柱只能下跌至静水位以上 10m 高度，这样才能与井管内的静水位保持压力平衡。此时压力真空表上将出现一个大气压的真空度，如图 9-2（b）所示，在这种真空状况下打开进水阀和控制阀门，因真空虹吸作用水将迅速进入泵管内，破坏原有的压力平衡，产生水头差，使回灌水克服阻力向含水层中渗透。

压力回灌。该方法适用于地下水位埋深小和渗透性较差的含水层，其管路安装是在真空回灌的基础上，再把井管密封起来，使水不能从井口溢出，如图 9-3 所示。也可直接

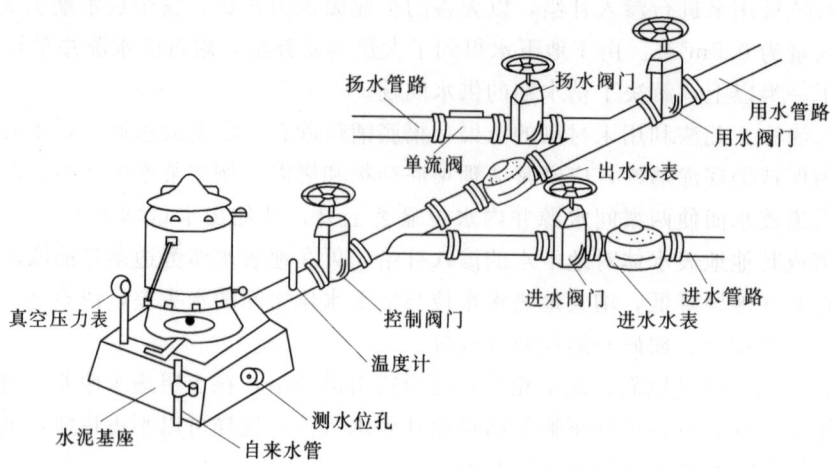

图 9-1　深井水泵真空回灌管路安装图

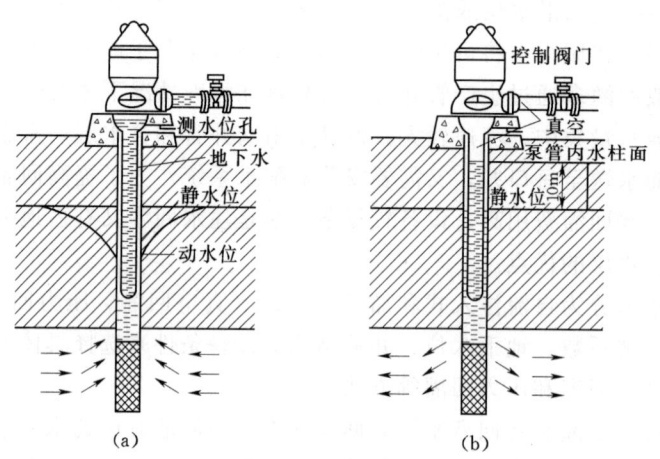

图 9-2　深井回扬与停泵拉真空示意图
（a）扬水；（b）停泵位真空

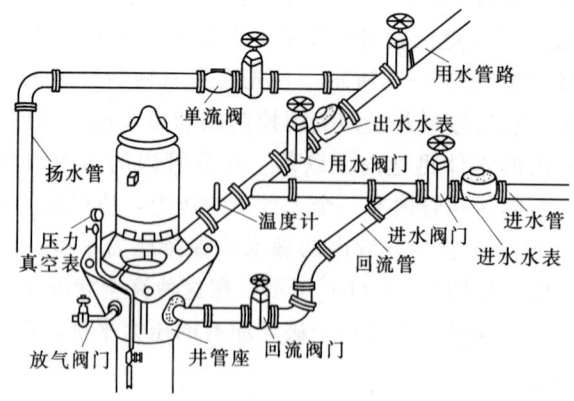

图 9-3　深井水泵压力回灌管路装置图

连接自来水管网,并用机械动力设备加压,以增加回灌的水头压力,使回灌水与静止水位间产生较大的水头差从而进行回灌。

当含水层的透水性比较稳定,各个回灌井的滤水管过水断面一定,管井结构相似时,回灌量便与压力成正比,但压力增加到一定数值时,回灌量就几乎再不增加了。压力过大还会导致井的损坏,因此回灌井的最佳压力必须根据含水层的特点及滤网强度来选择。

为了有效地保持井的回灌能力,回灌期间必须定期回扬,以便清除堵塞含水层和回灌井的杂质,对于细颗粒的含水层来说,这一步骤尤为重要。真空回灌的回扬方法较简单,只要关闭进水阀门,打开出水阀门及控制阀门,即可开泵扬水。压力回灌由于管路全封闭,泵管和井管同时灌水,因此回扬时可采用真空回扬、吸气回扬或回流回扬。

(2) 间接法。间接法,即诱导补给法。诱导补给法是一种间接的人工补给地下水方法。在河流或其他地表水体(如渠道、池塘、湖泊等)附近凿井,抽取地下水,使地下水位降低,从而增大地表水和地下水之间的水头差,诱导地面水大量渗入。此法一般在砂、卵石地层效果较好,如图9-4所示。抽水量达到一定量时,形成的降落漏斗面可以低于地表水体的底部,这时地表水由渗透转为渗漏补给地下水。

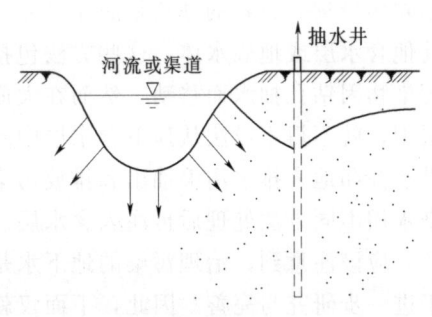

图9-4 诱导补给示意图

诱导补给除与地层的渗透性密切相关外,还同抽水井与地表水体的距离有关,距离越近诱导补给量越大。但为了保证天然净化作用,二者常需保持一定距离,而且水源井一般位于区域地下水流下游一侧比较有利。

位于河流沿岸的地表水取水设施都是直接引用河水,如果河水混浊,含泥沙量大,建设过滤澄清设施需要巨大耗资。但若河床是冲积的砂卵石组成,与地下水有密切的水力联系,则在河边开凿几口浅井,大规模汲取地下水就能诱导河水大量渗入补给地下水。通过天然过滤后不仅可清除河水的杂质、悬浮物等,而且河水中某些有害化学成分也会在渗流过程中被吸附。取水工程改变为抽取地下水后也大大降低了投资。一般地表水的矿化度要比地下水的低,通过诱导补给使地下水与地表水相互混合可改善地下水水质。只要含水层透水性好且有一定厚度,并与地表水体有良好的水力联系,通过诱导补给均能建立为水量丰富、水质好的地下水水源。

(四) 地下水污染的治理

国外的许多经验表明,受到污染的地下水含水层,在污染源被控制后,一般几十年、甚至上百年都难以使水质复原。德国巴伐利亚州一个地区从1954年起在一个干燥的砾石坑内堆放垃圾,从1967~1970年收集的资料证明:其坑下面的含水层已形成一个将近3km长的透镜体状污染层,其水质还将继续恶化,污染范围也正在延伸。另如美国纽约长岛一家飞机制造厂在20世纪20年代末期将清除的铬和富镉电镀废液排入地下,50年后在其附近打了一眼供水井,饮用此井水的人大部分生病,后发现皆为砷中毒,从井中取水样化验表明,井水中含砷量高达21mg/L(超过美国饮用水含砷量标准2000多倍),而当地土壤中的含砷量竟达3000mg/L~12000mg/L。1815年在英国的诺里其修建了一个煤气厂，于1830年就倒闭了，由鲸鱼油产生的酚醛化合物下渗并保留在当地地下白垩地层中，直到20世纪50年代还在污染新打的水井。在160年后的今天，这些渗入含水层中的有机物质仍没有消失。

地下含水层的分布在自然界是有限的，尤其是在城市、工农业生产基地附近的含水层，与该地区的居民生活和生产都密切相关。我们不能设想含水层一旦被污染就一弃了之，这些含水层往往都是唯一的供水来源，在没有其他水源可代替的情况下，如何挽救含水层并使被污染的含水层再生，是目前水资源保护的一项新课题和艰巨任务。如何净化被污染的含水层已引起一些发达国家环境水文工作者极大兴趣，并已投入到实验工作中来。

污染地下水的净化有两个基本方法，第一个方法是收容的办法，第二个方法实质上是消除污染物。收容的办法是防止已受污染的含水层中水质继续恶化，扩散到有水力联系的其他含水层或地表水体，这些方法包括消除污染源，例如衬砌废水坑或修筑挡土墙以阻止污染物因钻孔抽水而移动。然而在大面积"三废"造成危害的地方或水质极度恶化的含水层中，就不得不设法从地下含水层中除去污染物。最简单的清除污染物方法是利用已有的供水井和地表排水沟渠抽出和排放污染水，有时甚至需要专门打井抽水。也可把抽出的污染水用不同方法处理后再注入含水层。

应该注意到，治理污染的地下水是十分困难的，许多净化技术尚处在探索阶段，有待于进一步研究与完善。因此，下面仅就部分研究程度较高、已初步在实际中应用的治理技术和方法换土法、物理—化学法、生物净化法、抽水处理法和水力截获净化法等进行简介。

研究表明，在受污染的土层，即使停止污染物的渗入，许多污染物质也很难降解，尤其是不易分解的有机污染物和重金属将在土层中长期存留。所以要进行人工治理污染土层。目前一般采用换土法、微生物治理技术、焚烧法、表活剂清洗、吹脱法等。对于小范围土层污染比较严重的，多采用换土法。

1. 换土法

包气带土层可作为地下水的重要保护层，截留大量地面来的污染物，经过自身的净化功能将大部分污染物去除。但由于在一定条件下所截留的未被降解的污染物在淋滤、解吸、溶解等一系列作用下释放，而成为地下水的重要污染源。因此，从地下水环境保护的角度，如何发挥土层的净化功能，治理失去净化功能的污染土层就显得尤为重要。

换土法就是将含水层上部遭受严重污染的土层人工移走，更换上适合于生物生长、自净能力强的土层。这既清除了地下水的污染源，又为地下含水层建立起新的天然屏障。但这是一项巨大的土方工程。所以，换土法只能局部应用在原污染源堆积位置或土壤层遭到极严重污染地段。

2. 物理—化学法

包括活性炭吸附法、臭氧分离法、泡沫分离法、电解法、沉淀法、中和法、氧化还原法等。这些方法不仅可以用于处理抽到地面来的被污染的地下水，也可用在含水层中对污染的地下水体进行净化，以降低地下水的污染程度。

在已污染的含水层中打若干净化井，根据污染物的化学特征，在井中投入一定量的化学物质使其发生物理—化学作用。例如埋藏浅的潜水含水层常含有一些有机腐殖质，使地下水发出一些异味和臭味,如果从净化井中投入漂白粉,则可起到消毒、去味、除臭的作用。在铁、锰离子含量较高的含水层中,可以注入石灰水溶液,能明显起到除去铁、锰的作用。离子交换技术也可应用在地下水含水层的治理中,在硬度、碱度较高的地下水体中,由净化井内投入钠型交换剂可使水中硬度大大降低,若使用氢离子交换剂可使镁、钙、重碳酸根同时除去,从而达到硬水软化、脱碱的作用。也可将粒状活性炭投入净化井中,使某些有害物质被吸附掉。

3. 生物净化法

生物净化法是利用微生物处理被污染地下水的方法。生活在需氧或厌氧环境中的特殊微生物,能将有机污染物降解成为 CO_2 和 H_2O,而污染物是生物生长的重要碳源。微生物治理技术由于效果好、投资省、不产生二次污染、净化彻底而受到人们的推崇。

在地下水污染带中,微生物降解具有明显的分带性。在污染严重的区域内,由于水中溶解氧很低,此带为"还原带",硝酸盐还原菌、反硝化细菌、贝氏菌属、丝硫细菌等微生物活动于该带中。在"还原带"下游的一个区域,由于大部分有机污染物被降解,生化降解作用明显减弱,来自于土壤空气或地面入渗水流所携带的氧不再被大量消耗,此带称为"氧化带"。在"氧化带"及"还原带"之间具有一个"过渡带",其间可断续地测到溶解氧。过渡带中特有的细菌是铁细菌、纤毛细菌与嘉氏铁杆菌,它们可使二价铁转为三价铁,从而使可溶的二价铁产生淀析现象。

微生物靠降解污染物而获得自身生长繁殖所必需的碳源和能源。当水中的养分供应由于污染而增加,微生物的数量也会迅速增加,加快了污染物的降解速度。在掌握了地下水污染带的分布特征、污染物质的性质、污染程度和污染范围后,针对要净化的污染物,可利用生物净化井人工注入专门培养、驯化的细菌;也可通过地下曝气或通入氧气提高污染带中的溶解氧含量,促进微生物的生长繁殖,强化生物活性,加快微生物对污染物的降解与转化。需要注意的是,在投放菌种之前,要确保掌握治理区的环境条件、地质和水文地质条件、地下水动态及水体的物理和化学性质,以利微生物治理的有效性和可靠性。

图 9-5 表示了一种典型的现场生物治理系统。利用抽水井将污染地下水抽至地表面,在地面与氧和营养剂(N,P)等混合后重新注入污染的含水层中,在人工流场的控制下,实现对污染含水层的连续不断地净化。这一净化系统在美国部分地区的汽油泄漏治理中已获得了相当的成功,碳氢化合物的去除率达到 70%~80%。这一技术使用的关键在于:查清治理区的地质、水文地质条件;准确确定污染

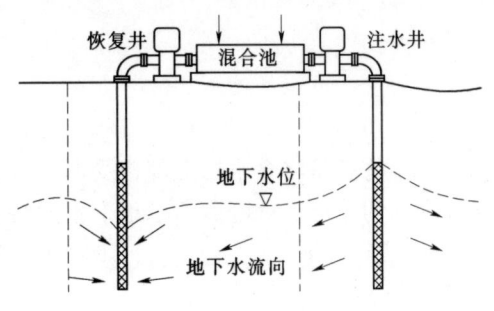

图 9-5 典型现场生物治理系统

物类型和污染范围、污染物含量;测定有关的水动力学和水化学参数;准确确定抽、注水量及氧、营养剂的投加量。

4. 抽水处理法

从含水层中直接抽出被污染的地下水,经过处理后排向地面水体或再补给地下水,这样长期的抽水过程可以促使被污染含水层水体的净化。该方法适用于大面积污染的含水

层，投资相对较小，是目前世界各国广泛采用的行之有效方法。

首先抽取被污染的地下水，然后把水中污染物的浓度降低到一定标准，被处理过的地下水可以重新注入含水层内，在条件许可情况下也可排放到附近的地表水体中。然而最简便和经济的方式，是将抽出的被污染地下水在适当地段进行农田灌溉。由于土壤是一个天然的过滤器，利用被污染的地下水进行灌溉，不仅可以使农业增产，还因土壤对污染物的吸附净化而达到最大化经济处理被污染地下水的目的。当被污染的地下水中有害物质浓度不高时，不会造成土壤对农作物的污染。大量抽取被污染的地下水进行灌溉，还可以促进被污染地下水的循环交替而增快净化速度，但必须注意土壤的自净能力、污染水体内有害物质浓度、灌溉方式和灌溉制度等，以防土壤被毒化而带来相反效果。

5. 水力截获净化法

水力截获净化技术的基本原理是通过一系列合理布置的抽、注水井，最大限度地抽取污染地下水，有效控制污染浮羽流的运移，实现污染含水层的净化。与物理截获（帷幕灌浆、板柱、水泥墙等）相比，具有费用少、易于施工、操作灵活、适应性强的特点。

水力截获技术一般与地面处理技术联合使用，其使用的前提条件是含水层的污染带的分布形态、范围及污染物浓度分布特征全部查清，污染源已被清除，同时地质、水文地质条件清楚。在此基础上，需要确定的参数是：①抽、注水井的合理数量；②抽、注水井的合理间距；③最佳井位、井深；④最优抽、注水量；⑤最佳水位降深。这是截获系统合理、有效的基本保证。只有合理地确定上述参数，才能正确地应用这一技术。

参 考 文 献

1. 水利部水资源司,南京水利科学研究院. 21世纪初期中国地下水资源开发利用. 北京:中国水利水电出版社,2004
2. 宋印胜. 地下水的环境地质问题及对策. 中国人口·资源与环境,2000. 10(专刊)41-42
3. 杨忠耀. 环境水文地质学. 北京:原子能出版社,1990
4. 尹喜霖. 哈尔滨市水资源开发利用存在问题及对策. 地下水,2002. 24(2):105-107
5. 张秀义,赵延宁. 衡水市地下水开发利用存在的问题及对策. 地下水,2003. 25(2):87-89
6. 李文贺. 水资源利用与保护. 北京:中国建筑工业出版社,2004
7. 《供水水文地质手册》编写组. 供水水文地质手册. 北京:地质出版社,1986
8. 戎信. 水文地质工程地质钻探概论. 武汉:武汉地质学院钻探教研室,1984
9. 西北农学院,华北水利水电学院编. 地下水利用. 北京:水利出版社,1981
10. 张席儒,赵尔慧,霍崇仁,郭西万编. 地下水利用. 北京:水利水电出版社,1988
11. 全达人主编. 地下水利用. 北京:水利水电出版社,1996
12. 山东水利学校,安徽水利电力学校合编. 地下水开发利用. 北京:水利电力出版社,1983
13. 李广贺,刘兆昌,张旭编. 水资源利用工程与管理. 北京:清华大学出版社,1998
14. 陈崇希. 地下水不稳定流井流计算方法. 北京:地质出版社,1983
15. 张蔚榛,沈荣开合编. 地下水文与地下水调控. 北京:中国水利水电出版社,1998
16. 张元禧,施鑫源合编. 地下水文学. 北京:中国水利水电出版社,1998
17. 朱学愚,钱孝星,刘新仁编著. 地下水资源评价. 南京:南京大学出版社,1987
18. 毕守海. 地下水,2003. 25(2):72-74
19. 陈家琦,王浩,杨小柳. 水资源学. 北京:科学出版社,2002
20. 地质矿产部水文地质工程地质研究所、天津地质矿产局. 京津唐地区地质灾害减灾防治实验研究,1995
21. 黄仙枝. 地下水环境变化引起的地面沉降问题. 山西水利,1997. 1
22. 施垌林. 地下水与绿洲可持续发展. 地下水,2000. 22(1):25-28
23. 施垌林. 论民勤绿洲的发展战略. 干旱区资源与环境,1991. 5(4):70-75